高等学校遥感科学与技术系列教材

武汉大学规划教材建设项目资助出版

城市遥感

——原理、方法和应用

邵振峰　编著

WUHAN UNIVERSITY PRESS
武汉大学出版社

图书在版编目(CIP)数据

城市遥感:原理、方法和应用/邵振峰编著 .—武汉:武汉大学出版社,
2021.2
高等学校遥感科学与技术系列教材
ISBN 978-7-307-22133-8

Ⅰ.城…　Ⅱ.邵…　Ⅲ. 城市环境—环境遥感—高等学校—教材
Ⅳ.X87

中国版本图书馆 CIP 数据核字(2021)第 020575 号

责任编辑:王　荣　　　责任校对:汪欣怡　　　版式设计:马　佳

出版发行:**武汉大学出版社**　(430072　武昌　珞珈山)
(电子邮箱:cbs22@ whu.edu.cn 网址:www.wdp.com.cn)
印刷:武汉中科兴业印务有限公司
开本:787×1092　1/16　印张:26.25　字数:619 千字
版次:2021 年 2 月第 1 版　　2021 年 2 月第 1 次印刷
ISBN 978-7-307-22133-8　　定价:79.00 元

高等学校遥感科学与技术系列教材

序

遥感科学与技术本科专业自2002年在武汉大学、长安大学首次开办以来，全国已有40多所高校开设了该专业。同时，2019年，经教育部批准，武汉大学增设了遥感科学与技术交叉学科。在2016—2018年，武汉大学历经两年多时间，经过多轮讨论修改，重新修订了遥感科学与技术类专业2018版本科培养方案，形成了包括8门平台课程（普通测量学、数据结构与算法、遥感物理基础、数字图像处理、空间数据误差处理、遥感原理与方法、地理信息系统基础、计算机视觉与模式识别）、8门平台实践课程（计算机原理及编程基础、面向对象的程序设计、数据结构与算法课程实习、数字测图与GNSS测量综合实习、数字图像处理课程设计、遥感原理与方法课程设计、地理信息系统基础课程实习、摄影测量学课程实习），以及6个专业模块（遥感信息、摄影测量、地理信息工程、遥感仪器、地理国情监测、空间信息与数字技术）的专业方向核心课程的完整体系。

为了适应武汉大学遥感科学与技术类本科专业新的培养方案，根据《武汉大学关于加强和改进新形势下教材建设的实施办法》，以及武汉大学“双万计划”一流本科专业建设规划要求，武汉大学专门成立了“高等学校遥感科学与技术系列教材编审委员会”，该委员会负责制定遥感科学与技术系列教材的出版规划、对教材出版进行审查等，确保按计划出版一批高水平遥感科学与技术类系列教材，不断提升遥感科学与技术类专业的教学质量和影响力。“高等学校遥感科学与技术系列教材编审委员会”主要由武汉大学的教师组成，后期将逐步吸纳兄弟院校的专家学者加入，逐步邀请兄弟院校的专家学者主持或者参与相关教材的编写。

一流的专业建设需要一流的教材体系支撑，我们希望组织一批高水平的教材编写队伍和编审队伍，出版一批高水平的遥感科学与技术类系列教材，从而为培养遥感科学与技术类专业一流人才贡献力量。

2019年12月

前　　言

城市遥感以城市为观测对象，利用遥感科学技术对城市场景从格局、要素、功能、演变等方面进行描述和监测，为城市环境评价、规划、模拟、预测等提供重要的信息源，已在城市规划、建设和管理中发挥着重要的支撑作用。作者根据多年来的科研成果和“城市遥感”课程的教学实践经验编写了本教材，供遥感、测绘、地质、规划、环境及相关专业本科生及研究生使用，也可供高等院校有关专业的师生和其他科研技术人员参考。

全书共分为 3 篇 23 章。其中，第一篇为第 1 章到第 6 章，内容主要包括城市时空谱观测模型等遥感原理；第二篇为第 7 章到第 14 章，讲述了城市遥感影像处理方法；第三篇为第 15 章到第 23 章，介绍城市遥感影像在相关行业的具体应用和发展前景。教材内容以基本原理、经典方法和已取得的应用成果为主，最后一章介绍了城市遥感的最新成果和发展趋势。

本书由邵振峰教授编写。本书经武汉大学遥感信息工程学院教学指导委员会评审，并经武汉大学教材建设中心审核。在审阅过程中，得到了李德仁院士、詹庆明教授和秦昆教授等的热忱支持和大力帮助，在此一并表示衷心感谢。

受编写时间和作者水平的限制，全书难免存在缺点和错误，敬请读者批评指正。

邵振峰

2020 年 12 月

目　录

第1章　城市遥感概述

遥感科学与技术，是在测绘科学、空间科学、电子科学、地球科学、计算机科学以及其学科交叉渗透、相互融合的基础上发展起来的一门新兴交叉学科。遥感科学与技术是不接触物体本身，用传感器采集目标物的电磁波信息，经处理、分析后，识别目标物，揭示其几何、物理性质和相互联系及其变化规律的现代科学技术。它利用非接触传感器来获取有关目标的时空信息，不仅着眼于解决传统目标的几何定位，更为重要的是对利用外层空间传感器获取的影像和非影像信息进行语义和非语义解译，提取客观世界中各种目标对象的几何与物理特征信息。

城市遥感以城市为研究对象，针对城市场景开展遥感科学与技术研究并将其应用于解决城市发展中出现的一系列问题，在城市规划、建设和城市管理中发挥着重要的支撑作用。利用遥感手段对城市环境从格局、要素、功能、演变等方面进行全面描述和监测，为城市环境评价、规划、模拟、预测等提供最重要的信息源，如利用中高分辨率遥感影像数据对城市土地覆盖和土地利用进行分类、城市信息提取、变化信息发现和时敏目标监测。目前城市遥感技术，已从对地观测发展到对人类活动的观测和服务。学习城市遥感课程，可以回答以下问题：

（1）城市遥感的研究对象是什么？

（2）城市遥感有哪些特点？城市遥感与草原遥感、林业遥感、山地遥感、极地遥感和海洋遥感有什么不同？

（3）城市遥感有哪些科学和技术难题？

（4）城市遥感有哪些具体的应用？城市遥感可为城市的可持续发展提供哪些支撑技术？

本章首先介绍城市遥感的需求，分析城市遥感的观测对象，再重点阐述城市遥感包含的内容。

1.1　城市遥感需求

城市是人类文明的重要组成部分，是伴随着人类文明与进步发展起来的。近几十年以来，全球经历了快速城市化的进程。据联合国统计，1950年全球城市人口占总人口的比例约30%，2018年这个比例已达到55%，预计在2050年将有68%的人口居住在城市。城市化促进了人类社会的发展，提高了人类物质和精神生活水平，同时也带来了一系列负面影响，城市扩张过程中对绿地系统的侵占破坏，人类生活、生产造成的环境污染与资源短缺，这些问题是无法忽视的（刘慧民，2019）。如何协调城市发展与生态环境的关系，已成为当前亟需解决的热点问题。

城市的健康发展是联合国 2030 年可持续发展议程的关注重点。联合国 2030 年可持续发展议程共包括可持续城市和社区等 17 项可持续发展目标（图 1-1）。这些目标涵盖气候变化、经济不平等、可持续消费等领域，致力于通过协同行动消除贫困、保护地球并确保人类享有和平与繁荣。联合国 2030 年可持续发展指标体系包括营养不足发生率、使用得到安全管理的饮用水服务的人口比例、能获得电力的人口比例、居住在贫民窟和非正规住区内或住房不足的城市人口比例等共 232 个指标，其中与城市有关的指标有 15 个，包括居住在贫民窟和非正规住区内或住房不足的城市人口比例、土地使用率与人口增长率之间的比率、城市建设区中供所有人使用的开放公共空间的平均比例等。

图 1-1　联合国 2030 年可持续发展议程

（https：//www. un. org/sustainabledevelopment/）

遥感技术可以在不直接接触的情况下，对目标物或自然现象远距离感知，快速获取城市发展的有关信息，既包括城市的宏观全貌数据，又可提取城市中一楼一桥的微观影像数据。遥感影像是开展城市化监测、管理和分析研究的重要信息源。城市遥感是遥感的一个重要应用分支，是遥感应用与城市科学两个领域的重要研究内容。

《国家新型城镇化规划（2014—2020 年）》指出，在我国城镇化快速发展过程中存在着一些必须高度重视并着力解决的问题：城镇空间分布和规模结构不合理、与资源环境承载能力不匹配，城市管理服务水平不高，自然历史文化遗产保护不力，城乡建设缺乏特色，城镇化健康发展存在阻碍。城市遥感可为国家新型城镇化规划与生态建设提供基础数据和支撑技术。城市遥感为城市管理者提供地理基础信息及其他与城市发展有关的资料，成为优化城镇化格局、科学规划城市发展、完善城镇化体制机制的基础（孙天纵等，1995；詹庆明等，1999；周成虎等，1999）。

过去 30 年，遥感技术在城市各个行业中已经陆续开展应用，主要包括以下 5 项。

1. 为城市文明提供宝贵的数字档案资料

图 1-2 所示为罗马古城 2002 年 QB 卫星遥感影像，记录了城市文明景观，游客排队参

观的场景也留下了清晰的记载。

图 1-2　罗马古城 QB 卫星遥感影像

2. 为城市规划提供现势性基础数据

城市内部资源设施的合理布局对城市发展、居民生活等极其重要，城市规划部门应用遥感信息，为城市管线布局、交通路线规划、不同功能用地建设规划提供数据支持（Weng，2014；Xian，2015）。遥感技术是地理市情普查和监测、城市自然资源调查和监测的重要技术手段，并为城市规划提供现势性最好的可视化基础数据。图 1-3 所示为 2002 年武汉市 QB 高分辨率卫星遥感影像，为武汉市城市规划和基础测绘提供了当时最现势性的工作底图。

3. 为城市变化检测提供技术支撑

遥感卫星观测范围广，一次成像可覆盖较大区域，且可以以一定周期对指定区域进行重复观测，城市卫星遥感影像为城市变化检测提供了数据支撑，通过遥感手段获取城市发展变化信息为城市管理者提供科学合理的决策支持（孙家炳等，1999；朱述龙等，2002；陈述彭等，2000；Watson，1983；Peng et al.，2019）。遥感技术在地面沉降、城市开发边界监测、基本农田保护等土地利用中，发挥着重要作用。图 1-4 为 2004 年武汉市 QB 卫星遥感影像，与图 1-3 相比较，在 2 年的时间内武汉市发生了哪些变化？这可以从遥感影像上提取出来，我们将在后续的章节中学习如何提取、检测这些变化。

图 1-3　2002 年武汉市 QB 卫星遥感影像

图 1-4　2004 年武汉市 QB 卫星遥感影像

4. 为城市“健康体检”提供支撑技术，监测城市环境变化

城市环境问题一直以来便备受关注。城市热环境影响居民的舒适度与健康，热红外卫星影像为城市热岛研究提供了大量数据。大气环境也对人类健康有重要影响，利用遥感数据对大气气溶胶进行研究，监测空气质量，这也是遥感技术的一个重要应用（Zhang et al.，2019；Sabins，2007）。再如，在太湖蓝藻监测、滇池和洱海水质保护监测中，遥感技术都发挥了重要作用。

城市遥感可支持城市热环境局部分析，图 1-5 显示了每个区域的地表覆盖情况，所选区域中数字越大，其建筑密度越高。区域 1 主要为物流仓储用地，建筑密度最低，由于地表覆盖基本为不透水面，植被较少，地表温度达到最高等级。区域 2 为教育科研用地、居住用地及行政办公用地的混合用地，这个区域的植被覆盖度高，植被与水体在该区域的降温效应显著。区域 3 为工业用地与居住用地的混合用地，是六个区域中地表温度最高的，这样的高温严重影响居住用地居民的舒适度。区域 4 隶属青山工业园，地表温度为六个区域中次高，见缝插针式地营造城市绿色微空间是该区域实现降温的可行渠道。区域 5 与区域 6 均为居住用地、教育用地及商业用地的混合用地。区域 5 的地表温度是六个区域中最低的，区域内水体降温作用远大于植被。区域 6 的建筑密度最高，建筑布局相当紧凑，降温途径主要是增加植被覆盖度与丰富度。

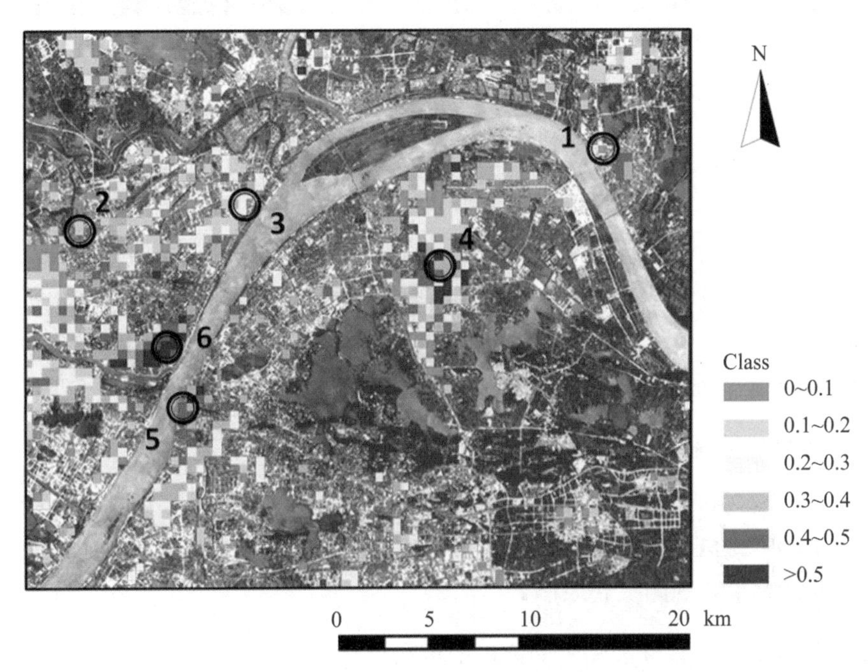

图 1-5 武汉市局部热环境等级图（刘慧民，2019）

5. 支持城市应急监测

例如，在 1998 年长江流域重大洪涝灾害、汶川地震（图 1-6）、舟曲泥石流、深圳泥石流等自然灾害发生后，城市遥感为灾区的灾害监测提供了及时的基础资料。

遥感技术在城市内各个领域得到普遍应用，是城市发展与规划的一个重要技术支撑，未来城市遥感这一学科的发展将为城市优化建设提供极大的动力。因而对于城市遥感的研究是非常必要的，也具有重大意义。

图 1-6　汶川地震后 0.3m 分辨率遥感影像

1.2　城市遥感观测对象

城市遥感以城市为观测对象，存在固有的复杂性。这种复杂性不仅体现在城市的土地利用和土地覆盖类型复杂，我们需要针对城市复杂场景发展新的时空谱观测模型，还体现在城市的社会经济活动包含实时的人流、车流和信息流，城市遥感观测对象需要从对地观测发展到对人类活动的观测。与非城市的观测区域相比，对城市的观测有以下 5 项典型特点。

1. 对城市土地覆盖和土地利用的观测

在水平空间上，城市地物类型丰富且要素紧凑，如图 1-7 所示，城市场景既包含植被和水域等天然的土地覆盖，也包含更多的建筑物和道路等土地利用信息。在水平空间上的地物信息通常通过垂直观测来获取。

2. 在立体空间上多角度观测不同高度的城市信息

对城市的观测，在空间尺度上还需要考虑不同高度的建筑物和植被的遮挡，因此，在立体空间观测方面需要同时开展水平、垂直观测，如图 1-8 所示。

3. 在时间尺度上需要监测城市土地利用和土地覆盖的变化信息

目前全球正处于城镇化快速发展阶段，且存在人地竞争矛盾。如图 1-9 所示，广州市石桥镇在 1976 年是以农业为主的城镇，到 1995 年经过 20 年的发展，已经变成现代化大都市的一部分，大量农田变成了建设用地。

4. 城市时敏目标的遥感检测和跟踪观测

从信息提取对象来看，城市存在大量的人流、车流等时敏目标，需要同时开展对地观

图 1-7 在水平空间上城市复杂地物类型示例

图 1-8 对有遮挡的植被信息的多角度观测

测和对社会现象的监测（Zhu et al.，2018）。如图 1-10 所示，可基于吉林 1 号视频卫星对移动的船只进行监测。图 1-11 为基于无人机监测城市实时交通状况的场景，尤其是在交通堵塞或有交通事故发生的情况下，通过无人机快速获取现场真实场景，为交通疏散和应急救援提供技术支持。在 2020 年新冠肺炎疫情发生期间，通过无人机检测居民居家隔离效果，如果发现有人员未戴口罩和聚集的场景，就可广播提示信息，实现对城市居家隔离效果的监测。

图 1-9　快速变化的城市示例

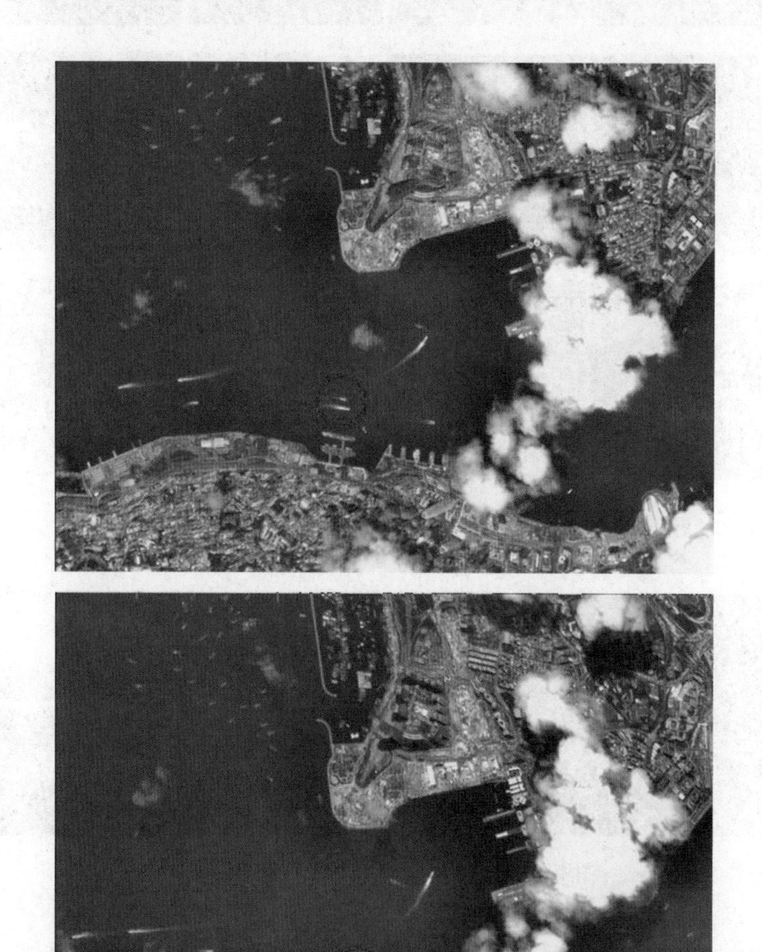

图 1-10　吉林 1 号视频卫星影像上的移动目标

图 1-11 无人机监测城市实时交通的场景

5. 对社会经济活动的观测

城市是人类文明的结晶，也是主要社会经济活动发生的集聚地。通过夜光遥感等观测手段，也可观测夜间经济。珞珈一号 01 星是世界上第一颗兼具遥感和导航功能的“一星多用”低轨微纳科学实验卫星，于 2018 年 6 月 2 日发射成功。珞珈一号 01 星的夜光遥感分辨率为 130m，可清晰识别道路和街区。夜光影像不只反映夜间城镇灯光等，可以广泛应用于城市社会经济参数估算、区域发展研究和重大事件评估等诸多研究领域。图 1-12 为珞珈一号 01 星的武汉市夜光遥感数据图，夜光遥感影像展示了城市社会经济活动。

图 1-12 珞珈一号 01 星夜光遥感影像展示的武汉市城市社会活动

1.3　城市遥感内容

国际城市遥感大会（Joint Urban Remote Sensing Event，JURSE）代表了国际上城市遥感领域最高水平的学术会议，其主要议题反映了当前国际上城市遥感的主要研究内容。2019 年 5 月，2019 年度国际城市遥感大会于法国瓦讷召开（http：//jurse2019. org/），大会主要议题包括：

（1）城市遥感数据源及传感器，包括描述城市特征的多源数据（多光谱、高光谱、高空间分辨率影像、合成孔径雷达 SAR 影像、热红外影像、倾斜影像等）、城市遥感新型传感器等；

（2）城市地区结构探测和特征化描述，包括开发区状态和变化调查、城市土地覆盖/利用制图、目标（街道、建筑物等）探测、LiDAR 和 InSAR 城市目标/现象与地表沉降三维监测、通过数据融合的二维/三维特征合并和分解；

（3）城市地区遥感影像解译算法，包括高空间分辨率遥感影像解译的算法、多源遥感数据融合等；

（4）城市发展模式与模拟，包括变化检测、城市发展建模等；

（5）遥感用于城市气象学、地质学和地质灾害，包括城市热岛效应，空气质量评价，沉降、地震等地质灾害，环境监测等；

（6）遥感在城市规划中的应用，包括城市规划、数字城市、城市保护中的遥感应用，以及基于遥感和其他模型的城市模拟；

（7）遥感在社会科学领域的应用，包括城市人口研究、公共安全与应急管理、大型社会活动中的遥感应用；

（8）遥感在智慧城市中的应用，包括城市环境监测、可持续发展建设、城市能量建模中的遥感应用。

总的来说，城市遥感的研究内容，包括由其作为一门应用学科所涉及的理论模型、技术方法和应用，因此，本教材分为三篇来详细讲述。

1.3.1　城市遥感理论模型

针对城市特定场景和观测对象，需要研究面向城市需求的观测模型和信息表达模型，这是城市遥感需要研究的理论模型。同时，还需要开展针对城市独特要素的遥感机理研究。本教材第一篇为城市遥感观测模型：包含天-空-地高分辨率对地观测模型。

遥感影像包含了大量的空间、时间和光谱特征，鉴于城市遥感观测的复杂性，通常需要综合考虑遥感影像的时间、空间、光谱特征以满足城市遥感观测的需求。理论上，城市遥感观测需要具有高时间分辨率、高空间分辨率和高光谱分辨率的数据。城市遥感时空光谱观测模型通过综合考虑空间、光谱、时间三个维度的特征，获取有效的城市区域遥感数据。模型的输入，即为时间特征、空间特征和光谱特征。模型的输出，是指融合不同分辨率、不同平台、不同类型的多源数据，获得具有更高空间、时间和光谱分辨率的高质量图像，将在第 5 章详细介绍。

与此同时，在城市遥感要素机理也需要继续开展研究，如城市热岛的和冷岛的形成机理等。遥感影像是地面物体反射或发射电磁波特征的记录，是地面景物真实、瞬间的写照（Hord，1986；李德仁等，2008；梅安新等，2001；Bachofer et al.，2019）。由于成像时采用的传感器不同、工作的电磁波波段不同、遥感平台不同、应用目的不同，形成了多种遥感影像，它们在城市遥感中的应用范围也各不相同（图 1-13）。

（a）天基遥感观测

（b）空基遥感观测

（c）地面遥感观测

图 1-13　面向城市复杂场景遥感需求的天空地时空谱协同观测

城市中的地物大多属于人工目标，如建筑物、道路、水体和绿地等，研究这些地物特有的波谱特征和影像特征是城市遥感技术的基础工作之一。通常情况下，由于卫星过境时间和天气情况都会影响成像质量，如图 1-14 所示，卫星过境时在城市区域形成大面积的阴影区域，严重影响其应用。

图 1-14　在城市影像上高层建筑物阴影严重

为应对这一局限性，航空多角度遥感技术从多个角度同时获得同一场景的纹理和几何信息，如图 1-15 为 SWDC-5 倾斜摄影相机获取的 4 个角度同一场景的影像数据。

1.3.2　城市遥感技术和方法

城市遥感以城市自然环境与人类活动为研究对象，信息提取的精度和自动化程度成为

图 1-15　SWDC-5 倾斜摄影相机获取的多角度遥感影像

制约当前城市遥感信息智能提取的瓶颈，其主要挑战在于：

（1）观测对象方面，城市遥感以城市尺度为观测对象，在时间维度上，城市发展变化快，城市人地竞争，观测要素复杂而时变；在空间维度上，需要同时开展水平、垂直立体化观测，不仅地物类型丰富、要素紧凑，还需要考虑不同高度的城市目标的观测需求。

（2）观测手段方面，因为城市地物更加碎片化，客观上需要更高的空间观测分辨率，但空间分辨率越高，引入的噪声越发严重，微观地物和社会经济活动的引入造成信息提取更加困难。

（3）观测目的方面，城市遥感既要观测城市的自然土地覆盖和土地利用现象，又要观测城市社会经济活动行为的变化，迫切需要发展从对地观测到对地和对人类活动观测的理论模型和实现方法。

以上科学问题的突破，将有助于实现城市遥感大数据中有效信息的智能提取，提升遥感观测数据服务于城市可持续发展的能力。

城市土地利用变化快，地表覆盖类型复杂；同时相对于非城市区域，城市各类遮挡严重、土地利用多样化，导致描述困难、信息自动提取难度大，面临的技术难题很多，因而自动化信息提取精度不高，如图 1-16 所示。

本教材第二篇为城市遥感技术和方法，主要是城市遥感影像预处理和处理的相关技术，具体包括城市遥感影像增强、融合、超分辨、分类、提取、三维重建、变化检测等技术。

1.3.3　城市遥感应用

城市遥感的应用很多，基本覆盖城市所有的行业，本教材第三篇为城市遥感技术应

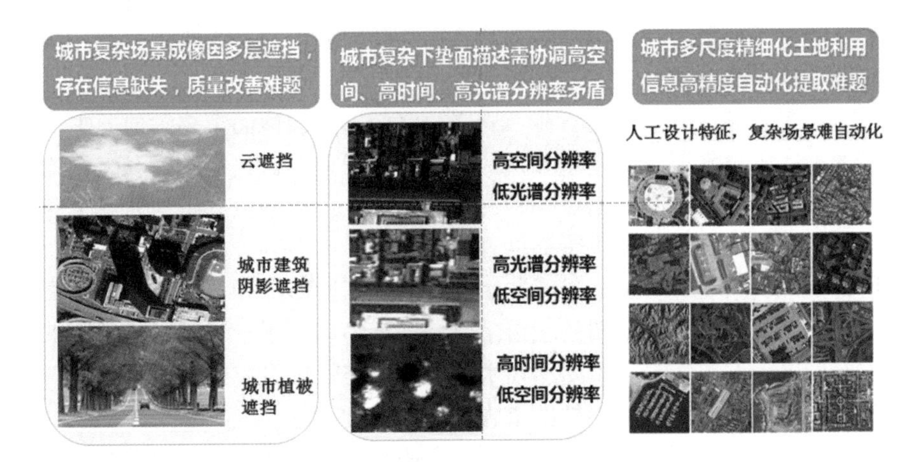

图 1-16　城市遥感数据处理面临的难题示例

用，主要面向城市自然资源、水体、园林、环境保护、地质等行业应用，包括本教材的第 11 章至第 23 章。典型的城市遥感应用包括：

城市典型要素信息提取：城市的典型地物主要包括道路、绿地、建筑物和湖泊等。城市的扩张伴随着日益突出的城市环境问题，使用遥感的方法提取城市地物信息，可以及时掌握城市土地地物信息，保持地理空间信息的现势性，有效地监测城市生态环境（杜培军等，2018；童庆禧等，2018；Shi et al.，2019；Sun et al.，2019）。

城市遥感影像检索：城市是人类活动最频繁的复杂场景，通过遥感影像检索技术从海量的遥感数据中快速且准确地找出目标区域符合需求的遥感影像，搜索和定位感兴趣的内容和服务。

城市三维重建：数字城市三维模型建设是城市信息化的重要部分。三维建模成果能较好地从多角度体现城市的立体景观，较直观且真实地还原城市风貌，服务于城市规划和民众生活（李安福等，2014；李德仁等，2008）。

城市变化检测：遥感影像变化检测技术可以监测城市发展和生态环境变化、协助城市管理，对于研究人类与自然环境交互关系、了解城市发展状况、辅助城市管理决策有着重要的意义（杜培军，2013）。

城市自然资源遥感监测：遥感技术的优势包括观测范围广、更新速度快、数据综合性强等，利用遥感影像对比分析、自动提取图斑技术、规划管理规则等数字技术实现城市总体规划的监管、城市重大项目的监管以及建设用地的监测。

城市不透水面信息遥感提取和监测：城市不透水面包括建筑、道路、停车场等典型地物，是衡量城市化水平和环境质量的关键指标参数，广泛应用于城市土地利用分类、城市人口密度评估、城市规划、城市环境评估、热岛效应分析以及水文过程模拟等研究。

城市热岛遥感监测：城市化引起的城市热岛对城市气候的影响重大，通过遥感手段获取的数据具有时间同步性好、覆盖范围广等优点，随着当前高分辨率卫星热红外遥感技术的发展完善，遥感观测方法在城市热岛的观测研究中发挥着重要作用。

城市地上生物量遥感反演：遥感技术可以快速准确地获取城市绿地的分布和绿化覆盖度信息，了解城市绿地景观的组成、种类和布局。开展城市地上生物量遥感反演，有利于合理利用城市土地资源，保证生态系统的完整性。

城市地质灾害监测：滑坡、泥石流、岩崩、路面塌陷和地面沉降等地质灾害威胁城市的可持续发展。遥感技术可以开展孕灾条件及诱发因素调查、灾害解译和编目等工作，服务于地质灾害隐患早期识别、长期监测和灾后评估全生命周期，支持地质灾害易发性、危险性和风险评估，为救灾、减灾决策提供重要的依据。

影像城市三维实景管理：随着遥感技术的发展，正射影像和可量测实景影像成为基础地理信息数字产品，基于电子地图的城市市政精细化管理向基于遥感影像的城市网格化管理与服务方向发展。城市实景管理遥感技术与实践将实景影像应用到数字城市管理中，推动相关部门和人员科学、高效地参与城市管理和决策。

城市空气质量遥感监测：城市中的车辆、船舶、飞机的尾气，工业企业生产排放，居民生活和取暖，垃圾焚烧等以及城市的发展密度、地形地貌和气象等都是影响空气质量的重要因素，利用遥感技术监测城市空气质量有利于改善城市空气质量和城市的可持续发展。

城市水环境遥感监测：城市水资源遥感监测主要包括城市湖泊变迁监测、城市水质监测等。遥感技术可以快速、准确、大范围、实时地监测水资源总量和城市废水污染情况，识别污染源、污染范围、面积和浓度。

思考题

1. 什么是城市遥感？城市遥感的主要研究对象包括哪些？
2. 与非城市区域的遥感影像处理相比，城市遥感影像处理有什么难点？
3. 城市遥感包括哪些内容？
4. 城市遥感观测要考虑哪些因素？
5. 城市遥感有哪些应用？

参考文献

[1] 邵振峰. 城市遥感 [M]. 武汉：武汉大学出版社，2009.
[2] 刘慧民. 城市热环境时空动态分析及规划策略研究 [D]. 武汉：武汉大学，2019.
[3] 孙天纵，周坚华. 城市遥感 [M]. 上海：上海科学技术出版社，1995.
[4] 詹庆明，肖映辉. 城市遥感技术 [M]. 武汉：武汉测绘科技大学出版社，1999.
[5] 周成虎，骆剑承，刘庆生. 遥感影像地学理解与分析 [M]. 北京：科学出版社，1999.
[6] 孙家抦，舒宁，关泽群. 遥感原理、方法与应用（修订二版）[M]. 北京：测绘出版社，1999.
[7] 朱述龙，张占睦. 遥感图像获取与分析 [M]. 北京：科学出版社，2002.

[8] 陈述彭，谢传节．城市遥感与城市信息系统［J］．测绘科学，2000（1）：1-8.

[9] 李德仁，王树根，周月琴．摄影测量与遥感概论（第二版）［M］．北京：测绘出版社，2008.

[10] 梅安新，彭望琭，秦其明，等．遥感导论［M］．北京：高等教育出版社，2001.

[11] Thomas M Lillesand，Ralph W Kiefer. 遥感与图像解译［M］．彭望琭，译．北京：电子工业出版社，2003.

[12] 李德仁，郭晟，胡庆武．基于 3S 集成技术的 LD2000 系列移动道路测量系统及其应用［J］．测绘学报，2008（3）：272-276.

[13] 杜培军．城市环境遥感方法与实践［M］．北京：科学出版社，2013.

[14] 李安福，吴晓明，路玲玲．SWDC-5 倾斜摄影技术及其在国内的应用分析［J］．现代测绘，2014，37（6）：12-14.

[15] 童庆禧，孟庆岩，杨杭．遥感技术发展历程与未来展望［J］．城市与减灾，2018（6）：2-11.

[16] 杜培军，白旭宇，罗洁琼，等．城市遥感研究进展［J］．南京信息工程大学学报（自然科学版），2018，10（1）：16-29.

[17] Watson Kenneth. Remote sensing［M］// Tulsa Okla. Society of Exploration Geophysicists，1983.

[18] Hord R Michael. Remote sensing：methods and applications［M］. New York：Wiley，1986.

[19] Peng D，Yang W，Li H，et al. Superpixel-based urban change detection in SAR images using optimal transport distance［C］//Urban Remote Sensing Joint Event，2019：1-4.

[20] Bachofer F，Esch T，Balhar J，et al. The urban thematic exploitation platform—processing，analysing and visualization of heterogeneous data for urban applications［C］//Urban Remote Sensing Joint Event，2019：1-3.

[21] Shi L F，Taubenbock H，Zhang Z X，et al. Urbanization in China from the end of 1980s until 2010—spatial dynamics and patterns of growth using EO-data［J］. International Journal of Digital Earth，2019，12（1）：78-94.

[22] Sun Z，Xu R，Du W，et al. High-resolution urban land mapping in China from sentinel 1A/2 imagery based on google Earth Engine［J］. Remote Sensing，2019，11（7）：752.

[23] Zhang S，Fang C，Kuang W，et al. Comparison of changes in urban land use/cover and efficiency of megaregions in China from 1980 to 2015［J］. Remote Sensing，2019，11（15）：1834.

[24] Sabins Floyd F. Remote sensing：principles and interpretation［M］. San Francisco：W. H. Freeman，2007.

[25] Weng Q. Global urban monitoring and assessment through earth observation［M］. Boca Raton，FL：CRC Press/Taylor and Francis，2014.

[26] Xian G Z. Remote sensing applications for the urban environment［M］. Boca Raton，FL：CRC Press/Taylor and Francis，2015.

[27] Zhu P, Wen L, Du D, et al. VisDrone-DET 2018: The vision meets drone object detection in image challenge results [C] //european conference on computer vision, 2018: 437-468.

第 2 章　城市遥感观测平台

从全球范围来看，城市地形类型多样，包含了平原、高原、山地、丘陵、盆地等各种地形。根据不同的城市地形特点，本章介绍面向需求的城市遥感观测平台。遥感平台是指安置传感器的运载工具，如一些用于特殊活动或目的的地面移动测量系统、平流层飞艇、探测气球、无人侦察机、卫星和航天器。传感器与平台结合起来确定了遥感影像数据的特性，尤其是其分辨率。例如，当一个特定的传感器从更高的高度进行观测时，获取的影像面积增加的同时，可以观测到的细节信息却减少了。根据城市对遥感数据的分辨率需求、数据类型需求、时间需求和预算标准，用户可以确定哪一种影像数据是最合适的。航空遥感平台和卫星遥感平台通常都装载一种或多种传感器。目前，平台成熟且能服务于城市综合应用的主要有地面移动遥感平台、航空遥感平台、倾斜摄影平台、航天遥感平台和海基遥感平台，用户根据需求以及预算标准选择合适的遥感平台以及相应的传感器。本章最后介绍空天地海协同的城市遥感平台。

2.1　城市各类应用服务对遥感平台的需求

在城市发展过程中，遥感技术因具有周期短、成本低、实效性高等特点，在城市规划、监管等方面可以发挥良好的作用。针对不同需求，应选择适合的遥感平台以及相应的传感器。下面简要介绍城市遥感平台的几个应用。

水体污染是目前重要的城市环境问题，常规监测手段不能满足对水质的适时、大尺度的监测评价要求。遥感监测可以对水质变化及时作出反应，长时间、动态的遥感监测能使有关部门掌握水质变化的趋势，针对实际水质变化制定具体方案，控制水质污染（Fichot et al.，2016）。利用卫星影像对城市水环境质量中的水质污染进行监测应用研究，建立了水质污染预测遥感模型，有效地监测城市水质污染状况（马跃良等，2003）（图 2-1）。

随着城市的快速扩张，城市中尤其在市郊以及城中村经常出现违建、私建、乱建问题。传统以人工进行检查的违章建筑监管不仅消耗比较多的人力和物力，同时其效率不是很高，而且在一定程度上存在监管滞后性。卫星影像存在回访周期长、云层遮挡无法获取完整影像等缺点，不能适应城市日新月异的发展建设速度。但通过应用无人机遥感技术，可以在检察范围内获得分辨率比较高的遥感影像（图 2-2），能在较短的时间内发现违章建筑的位置，进一步为当地政府部门提供良好的决策依据（Bhardwaj et al.，2016）。

全球气候变化与城市的快速发展会导致城市洪涝灾害发生频率的增加，产生较大的经济损失，威胁人民的生命安全（徐宗学等，2018）。针对这一情况，利用不同的传感器获取城市表面信息，为城市洪涝模拟提供数据支持（Jensen et al.，2010）。遥感技术在洪涝

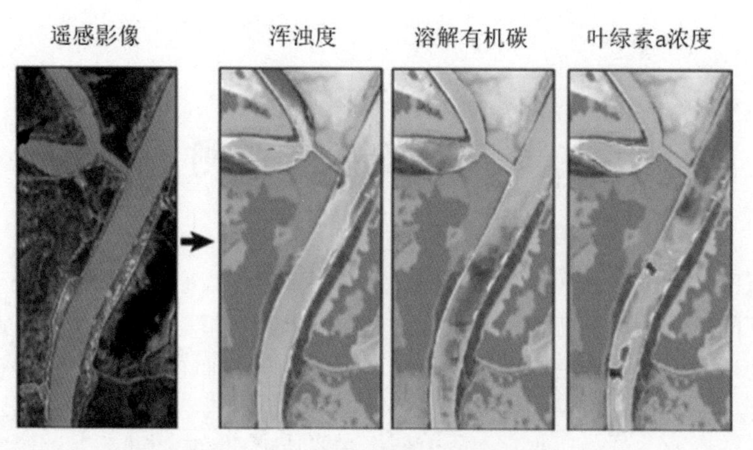

图 2-1　城市湖泊和滨海城市水质监测

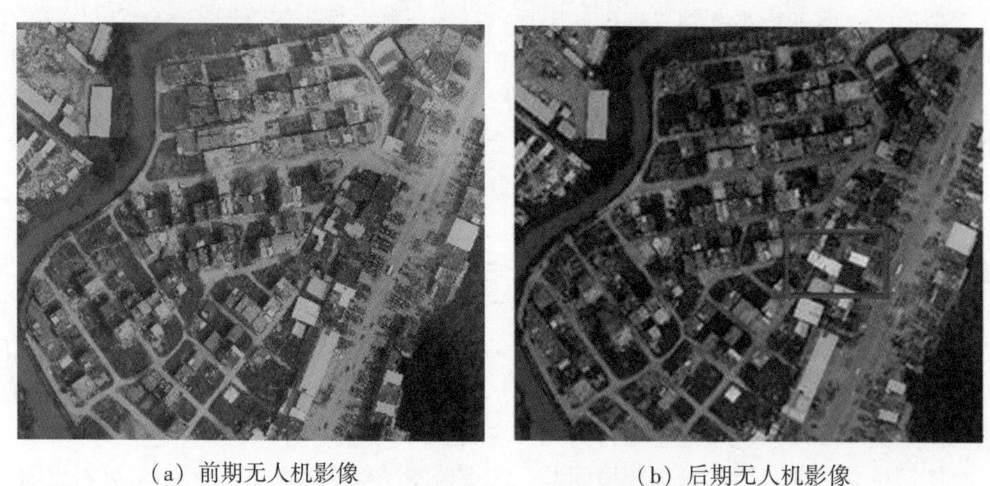

（a）前期无人机影像　　（b）后期无人机影像

图 2-2　城市违章建筑监测

模拟中的应用主要包括：①基于遥感的气象水文数据，如遥感雷达定量降雨预测预报、卫星遥感土壤水反演、遥感蒸散发反演以及洪涝过程信息等；②基于遥感的地表信息，如精细地形信息、土地利用信息、数字化河流和流域以及基于上述信息提取得到的水文水力学参数信息等。

对于海滨城市来说，还需要海上遥感平台的支持，如船载遥感监测平台。目前沿着各海岸带和内河的大城市，都设有海基或河基遥感平台。例如，珠海市横琴新区，就在海上建立了环岛电子围网遥感平台，通过红外检测、雷达监测、无人机巡查（图 2-3）、车载巡查、卫星定位、船舶自动识别系统等技术，构建一个针对横琴及其周边全天候闭合式电子信息围网，保障整个岛屿的可视、可感和可控。

图 2-3　基于车载激光雷达获取的城区精细地形信息

2.2　服务于城市各类应用需求的天基遥感平台

2.2.1　城市遥感常用的卫星平台

航天遥感平台主要指人造卫星、航天飞机和空间站。传感器的监测需要知道卫星的轨道参数。为了介绍遥感应用，我们需要先了解轨道参数的相关知识。

(1) 轨道高度：定义为卫星到地区表面的距离，单位通常为千米。通常情况下，遥感卫星飞行高度为离地面 150~36000km (GEO)。飞行高度影响着能看到地面的范围和能看到地面多大的细节，也影响着卫星的空间分辨率。

(2) 轨道倾角：是卫星飞行平面和赤道平面的交角。卫星飞行的轨道倾角，与传感器的视场、到地面的高度等都是可以观测的。

(3) 轨道周期：完成一次完整飞行所需要的时间。

(4) 重复飞行周期：两次连续经过同一个地方的时间差，通常用天来记录。

卫星传感器需要将遥感影像数据发送到地面进行分析和处理。获得的高分辨率全色影像和成像光谱仪数据能对城市空间数据的快速更新提供服务，多波段和多极化方式的雷达数据，能解决阴雨多雾情况下的城市全天候和全天时对地观测。

下面介绍几个在城市应用中常用的卫星遥感平台，包括美国的 QuickBird 卫星、WorldView 系列卫星，欧洲航天局 (European Space Agency，ESA，简称欧空局) 的 Sentinel-2A 卫星，法国的 SPOT 卫星、中国的资源三号卫星和高分辨率对地观测系统。

1. QuickBird 卫星

QuickBird 卫星于 2001 年 10 月由美国 DigitalGlobe 公司发射，是目前世界上最先提供亚米级分辨率的商业卫星（图 2-4），卫星影像分辨率为 0.61m。它具有引领行业的地理定位精度，海量星上存储，单景影像比同时期其他的商业高分辨率卫星高出 2~10 倍的优点。而且 QuickBird 卫星系统每年能采集 7500 万平方千米的卫星影像数据，在中国境内每天至少有 2~3 个过境轨道，存档数据以很高的速度递增。其基本参数如表 2-1 所示。

图 2-4　QuickBird 卫星

表 2-1　**QuickBird 卫星基本参数**

成像方式	推扫式成像
传感器	全色波段、多光谱
产品分辨率	全色 0.61~0.72m，多光谱 2.44~2.88m
波长	450~900nm
量化值	11 位
星下点成像	沿轨/横轨迹方向（+/−25°）
立体成像	沿轨 /横轨迹方向
辐照宽度	以星上点轨迹为中心，左右各 272km
成像模式	单景 16.5km×16.5km

续表

条带	16.5km×165km
轨道高度	450km
倾角	98°（太阳同步）
重访周期	1~6 天

2. WorldView 系列卫星

WorldView 卫星是美国 DigitalGlobe 公司的商业成像卫星系统。目前 WorldView 系列卫星已发射 4 颗，WorldView-1 于 2007 年 9 月 18 日发射成功，WorldView-2 于 2009 年 10 月 8 日发射成功，WorldView-3 于 2014 年 8 月 13 日发射成功。WorldView-4 卫星于 2016 年 11 月发射升空，在 617km 的预期轨道高度运行，目前因控制力矩陀螺（CMG）故障导致无法收集图像而报废。

图 2-5 为 WorldView 卫星的工作状态示意图，表 2-2 为 WorldView 卫星基本参数。

图 2-5　WorldView 卫星

表 2-2　**WorldView 卫星基本参数**

	WorldView-1	WorldView-2	WorldView-3	WorldView-4
轨道高度（km）	496	770	617	617
光谱特征	Pan	Pan+8MS	Pan+8MS+8SWIR	Pan+4MS

续表

	WorldView-1	WorldView-2	WorldView-3	WorldView-4
全色分辨率（m）	0.5	0.46	0.31	0.31
多光谱分辨率（m）		1.85	1，24	1.24
幅宽（km）	17.7	16.4	13.2	13.1
平均在 40°N 纬度回访/天	1.7	1.1	1	1
单景在区域覆盖（km）	111×112	138×112	69×112	66.5×112
单次立体覆盖（km）	51×112	63×112	28×112	26.6×112

3. Sentinel-2A 卫星

哨兵-2A（Sentinel-2A）卫星是“全球环境与安全监测”计划的第二颗卫星（图 2-6），于 2015 年 6 月 23 日发射。哨兵-2A 携带一枚多光谱成像仪，可覆盖 13 个光谱波段，幅宽达 290km。10m 空间分辨率、重访周期 10 天，从可见光和近红外到短波红外，具有不同的空间分辨率，在光学数据中，哨兵-2A 数据是唯一一个在红边范围含有三个波段的数据，这对监测植被健康信息非常有效。其基本参数如表 2-3 所示。卫星入轨运行后，开始采集地球陆地表面的高分辨率图像，包括大的岛屿、内陆和沿岸水域。

图 2-6　Sentinel-2A 卫星

表 2-3　**Sentinel-2A 卫星基本参数**

成像方式	推扫式成像
传感器	多光谱成像仪（MSI）
分辨率（m）	10（4 个谱段）、20（6 个谱段）、60（3 个谱段）

续表

光谱范围（μm）	0.4~2.4
辐照宽度（km）	290
视场	20.6°
重访周期	10天

4. SPOT-5卫星

SPOT-5卫星于2002年5月4日发射，是法国SPOT卫星的第五颗卫星（图2-7）。卫星上载有2台高分辨率几何成像装置（HRG）、1台高分辨率立体成像装置（HRS）、1台宽视域植被探测仪（VGT）等，空间分辨率最高可达2.5m，前后模式实时获得立体像对，运营性能有很大改善，在数据压缩、存储和传输等方面均有显著提高，其基本参数如表2-4所示。

图2-7　SPOT-5卫星

表2-4　**SPOT-5卫星基本参数**

成像仪	分辨率（m）	光谱范围（μm）	侧摆（°）	视场宽度（km）
HRG	多光谱：10	0.5~1.75	27	60
	短波红外：20			
	全色：5			
HRS	5×10	0.49~0.69	无	120×600
	高程精度：15			
VEGETATION	1.15	0.43~0.47	无	2250

5. 资源三号卫星

资源三号（ZY3）卫星是中国第一颗自主的民用高分辨率立体测绘卫星（图 2-8），搭载了 4 台光学相机，包括 1 台地面分辨率 2. 1m 的正视全色 TDI CCD 相机、2 台地面分辨率 3. 6m 的前视和后视全色 TDI CCD 相机、1 台地面分辨率 5. 8m 的正视多光谱相机。通过立体观测，可以测制 1∶5 万比例尺地形图，为国土资源、农业、林业等领域提供服务。卫星可对地球南北纬 84°以内地区实现无缝影像覆盖，回归周期为 59 天，重访周期为 5 天。其基本参数如表 2-5 所示。

图 2-8　资源三号卫星

表 2-5　**资源三号卫星基本参数**

有效载荷	谱段号	光谱范围(μm)	空间分辨率(m)	幅宽(km)	侧摆能力	重访时间(天)
前视相机	—	0. 50～0. 80	3. 5	52	±32°	5
后视相机	—	0. 50～0. 80	3. 5	52	±32°	5
正视相机	—	0. 50～0. 80	2. 1	51	±32°	5
多光谱相机	1	0. 45～0. 52	6	51	±32°	5
	2	0. 52～0. 59				
	3	0. 63～0. 69				
	4	0. 77～0. 89				

6. 国产高分辨率对地观测系统

自 2010 年高分辨率对地观测系统重大专项工程（简称高分专项工程）启动实施以

来，中国在9年间发射了9颗“高分”系列卫星，高分专项工程的各项成果已实现由试验应用型向业务服务型转变。“高分”系列卫星覆盖了从全色、多光谱到高光谱，从光学到雷达，从太阳同步轨道到地球同步轨道等多种类型，构成了一个具有高空间分辨率、高时间分辨率和高光谱分辨率能力的对地观测系统。

1）高分一号

高分一号（GF-1）卫星搭载了两台2m分辨率全色/8m分辨率多光谱相机，四台16m分辨率多光谱相机。卫星工程突破了高空间分辨率、多光谱与高时间分辨率结合的光学遥感技术，多载荷图像拼接融合技术，高精度、高稳定度姿态控制技术，5年至8年寿命高可靠卫星技术，高分辨率数据处理与应用等关键技术，对于推动中国卫星工程水平的提升，提高中国高分辨率数据自给率，具有重大战略意义。

2）高分二号

高分二号（GF-2）卫星是中国自主研制的首颗空间分辨率优于1m的民用光学遥感卫星，搭载有两台高分辨率1m全色、4m多光谱相机，具有亚米级空间分辨率、高定位精度和快速姿态机动能力等特点，有效地提升了卫星综合观测效能，达到了国际先进水平。高分二号卫星是中国目前分辨率最高的民用陆地观测卫星，星下点空间分辨率可达0.8m，它标志着中国遥感卫星进入了亚米级“高分时代”。

3）高分三号

高分三号（GF-3）卫星是中国首颗分辨率达到1m的C频段多极化合成孔径雷达（Synthetic Aperture Rader，SAR）成像卫星，于2016年8月10日在太原卫星发射中心用长征四号丙运载火箭成功发射升空，填补了民用高分辨率合成孔径雷达卫星的空白，标志着高分专项工程全天时、全天候对地观测能力初步形成，对服务经济社会发展、保障国家安全和民生安全具有重要意义。

4）高分四号

高分四号（GF-4）卫星于2015年12月29日在西昌卫星发射中心成功发射，是中国第一颗地球同步轨道高分遥感卫星，搭载了一台可见光50m/中波红外400m分辨率、大于400km幅宽的凝视相机，采用面阵凝视方式成像，具备可见光、多光谱和红外成像能力，设计寿命8年，通过指向控制，实现对中国及周边地区的观测。

5）高分五号

高分五号（GF-5）卫星是世界首颗实现对大气和陆地综合观测的全谱段高光谱卫星，是中国实现高光谱分辨率对地观测能力的重要标志。高分五号卫星所搭载的可见短波红外高光谱相机是国际上首台同时兼顾宽覆盖和宽谱段的高光谱相机，在60km幅宽和30m空间分辨率下，可以获取从可见光至短波红外（400~2500nm）光谱颜色范围里共330个光谱颜色通道，颜色范围比一般相机大了近9倍，颜色通道数目比一般相机多了近百倍，其可见光谱段光谱分辨率为5nm，几乎相当于一张纸厚度的万分之一，因此对地面物质成分的探测十分精确。

6）高分六号

高分六号（GF-6）卫星是一颗低轨光学遥感卫星，也是中国首颗精准农业观测的高分卫星。高分六号卫星配置2m全色/8m多光谱高分辨率相机、16m多光谱中分辨率宽幅相机，2m全色/8m多光谱相机观测幅宽90km，16m多光谱相机观测幅宽800km。

7）高分七号

高分七号（GF-7）卫星是光学立体测绘卫星，将在高分辨率立体测绘图像数据获取、高分辨率立体测图、城乡建设高精度卫星遥感和遥感统计调查等领域取得突破。高分七号卫星分辨率不仅能够达到亚米级，而且定位精度是目前国内最高的，能够在太空轻松拍出媲美《阿凡达》电影中的3D影像。投入使用后，将为我国乃至全球的地形地貌绘制出一幅误差在1m以内的立体地图。

8）高分八号与高分九号

高分八号与高分九号卫星是高分辨率对地观测系统国家科技重大专项安排的光学遥感卫星，主要应用于国土普查、城市规划和防灾减灾等领域。

2.2.2　多遥感平台编队组网

一种遥感器无法完成对地球和大气进行理想而全面的量测，因此必须通过组合几种遥感器数据才能实现全面的科学分析。其中一种方法是建立不同卫星遥感器的“列车”观测模式，它们按照较短的时间间隔处于同一轨道上，类似于编队飞行的飞机。美国国家航空航天局（National Aeronautics and Space Administration，NASA）演示的这种概念的最初想法是上午编队，包括领头的Landsat 7，EO-1（在Landsat 7后面几分钟），Terra（之后15分钟）和阿根廷的SAC-C卫星（之后30分钟）。这些卫星都在上午通过卫星赤道而升起。后来也建立了下午的“列车”，由Aqua领头，后面紧跟着几颗大气遥感卫星，其中包括Cloudsat（Aqua之后几分钟）和CALIPSO（之后2分钟），这些卫星处于下降轨道。各种遥感器采集数据的时间距离很近，从而使时间变化达到了最小，尤其是大气变化，大大方便了科学分析。每颗卫星的轨道参数都需要不断地进行调整，才能保持理想的时间间隔和相同的轨道。

2.3　城市航空遥感平台

航空遥感平台的实现根据操作要求有几种类型的飞机。飞机的高度和飞行姿态对比例尺和获取的影像有重要影响。飞机的飞行姿态受风的影响，其相对一个飞行轨道能够由三个不同的旋转角度来表示，分别是旁向倾角、航向倾角和像片旋角。机载卫星定位系统和导航系统能够在规则间隔下测量飞机的方位和三个旋转角度，用于校正因飞机高度和方位误差造成的遥感数据的几何变形。

在航空摄影测量中，影像是记录在硬拷贝材质上或者用数码相机记录数字影像。对于数字传感器，如多光谱扫描仪，获取的数据可以存储在磁带上和其他的海量存储设备里或者直接传输到接收站。下面分别介绍两种航空遥感平台。

1. 载人航空遥感平台

载人航空遥感平台可集成遥感任务载荷、机载卫星通信系统、作业管理系统、高精度稳定平台、位置姿态测量系统等设备，形成先进的对地观测系统，实现强大的航空遥感信息获取、数据综合处理与管理功能。例如，由中国科学院空天信息创新研究院研发的新舟60飞机遥感平台（图2-9），为后续航空遥感系统安全运行管理以及新型任务载荷的适航取证积累了宝贵经验，奠定了坚实基础。

图2-9 新舟60飞机遥感平台

高精度轻小型航空遥感具有精度高、成本低、效率高等优点，是快速获取高精度遥感数据的有效手段（关艳玲等，2011）。图2-10是国家高技术研究发展计划（863计划）重点项目“高精度轻小型航空遥感系统核心技术及产品”的成果。高精度轻小型航空遥感业务系统由飞行平台、高精度POS与惯性稳定平台、高精度轻型组合宽角数字相机（数字测绘相机）、轻小型机载激光雷达（LiDAR）、高精度与小型化POS及稳定平台、高效快速数据处理系统构成，可根据不同应用需求以多种组合模式运行。组合模式主要包括稳定平台+POS+数字测绘相机、稳定平台+POS+LiDAR+数字相机、稳定平台+数字测绘相机+GPS等不同模式的结构集成。

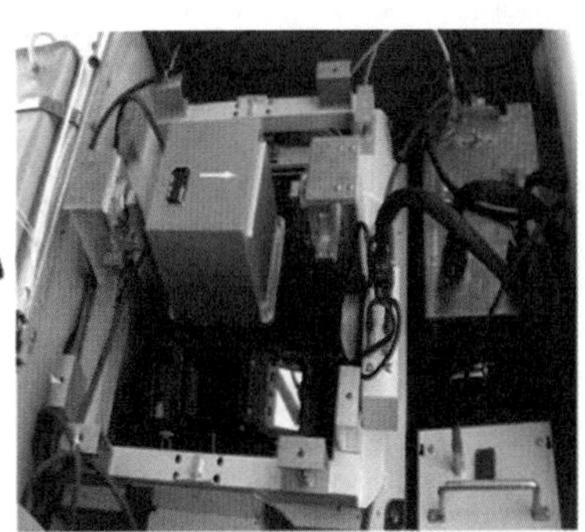

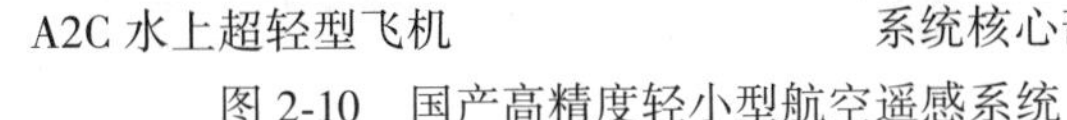

A2C水上超轻型飞机　　系统核心部件

图2-10 国产高精度轻小型航空遥感系统

采用航空倾斜摄影平台能够为规划部门同时采集三维建模所需要的纹理数据和几何数据，结合航空摄影测量需求，可考虑选择高空有人飞机、低空无人机多种飞行器方案。

2. 无人机平台

目前，大范围航测虽然早已用上油动、电动固定翼飞机，但是专业的测绘无人机由于价格过于昂贵，在实际项目运用中受到限制（周海龙等，2019）。随着近年来无人机和计算机视觉技术的发展，以大疆为主的各种小型轻便无人机开始进入测绘遥感领域，而且应用范围越来越广，优势比较明显（刘建国，2019）。图 2-11 是大疆 Inspire2 专业级无人机，其参数如表 2-6 所示。

图 2-11　大疆 Inspire 2 无人机平台

表 2-6　**大疆 Inspire 2 无人机参数**

GPS 悬停精度	垂直：±0.5m（下视视觉系统启用：±0.1m）
	水平：±1.5m（下视视觉系统启用：±0.3m）
最大旋转角速度	俯仰轴：300°/s；航向轴：150°/s
最大上升速度	P 模式/A 模式：5m/s；S 模式：6m/s
最大下降速度	垂直：4m/s；斜下降：4~9m/s
最大水平飞行速度	94km/h 或 26m/s（Sport 模式下）
最大起飞海拔高度	普通桨：2500m；高原桨：5000m
最大可承受风速	10m/s
最大飞行时间	约 27min（使用 Zenmuse X4S）
	约 23min（使用 Zenmuse X7）
工作环境温度	-20℃至 40℃
轴距	605mm（不含桨，降落模式）

城市航飞须符合该城市管理要求，特别注意以下几点要求：

(1) 在飞行无人驾驶航空器前，使用者应当向空管部门提出飞行计划申请，经批准后方可实施；

(2) 严禁在“禁飞区”上空飞行；

(3) 在限飞区严格遵守飞行高度、速度要求。

2.4 城市地面遥感平台

地面移动遥感平台，目前主要有服务于可量测影像数据采集的移动测量系统，服务于城市智能交通的路面检测系统，以及塔载传感器服务于城市污染监测的各类遥感监测平台（李德仁，2012）。

图 2-12 展示的移动道路测量平台是在机动车上装配 GPS（全球定位系统）、CCD（全景相机，成像系统）、INS/DR（惯性导航系统或航位推算系统）等传感器和设备，在车辆高速行进之中，快速采集道路及两旁地物的可量测立体影像序列（Digital Measurable Image，DMI），这些 DMI 均具有摄影测量解析所需要的外方位位置元素和姿态元素，配合精准的时刻参数，在严密的摄影测量检校参数支撑下，任意空间、时间序列上的 DMI 构成立体像对，实现多层次的测量和数据库无缝融合以及任意任时的按需测量。

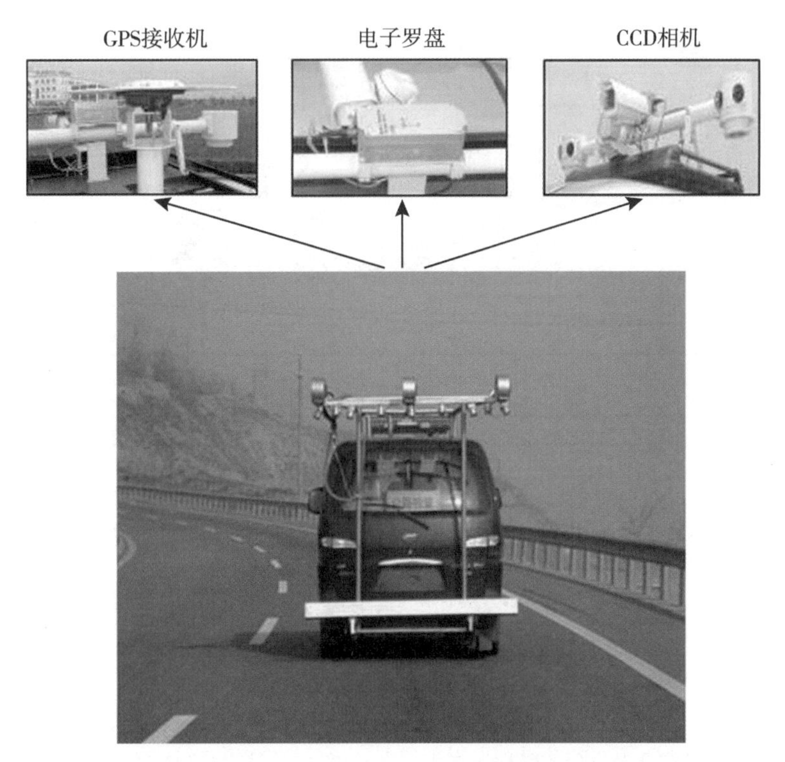

图 2-12 配备了 GPS、电子罗盘和量测 CCD 相机的移动道路测量系统

2.5　海滨城市水上遥感平台

对于海滨城市来说，还需要海上遥感平台的支持，如船载遥感监测平台。目前沿着各海岸带和内河的大城市，都设有水上遥感平台。利用搭载在无人船或有人船遥感平台上的传感器可完成大气污染监测、目标识别、移动测量、海岸或河岸监测等任务。

如图 2-13 所示，船载水上水下一体化三维移动测量系统，主要由水上水下数据同步采集子系统、多源数据融合处理子系统等子系统构成。其中，水上水下数据同步采集子系统由三维激光扫描仪、高分辨率全景相机、声呐测深设备、多传感器同步控制设备、GPS/IMU 定位定姿设备，以及多源数据一体化同步采集软件等组成，用于移动测量的三维激光点云、测深数据、全景影像、时间同步数据和定位定姿数据等的同步采集。多源数据融合处理子系统由 GPS/IMU 定位定姿数据处理、全景影像处理、三维激光扫描数据处理、测深数据处理和多源数据一体化测图处理软件组成，用于完成对系统多源数据的集成、配准、融合以及定位测图。该系统支持数字水利、智能航道、海洋海岛测量、堤岸监测等示范应用。

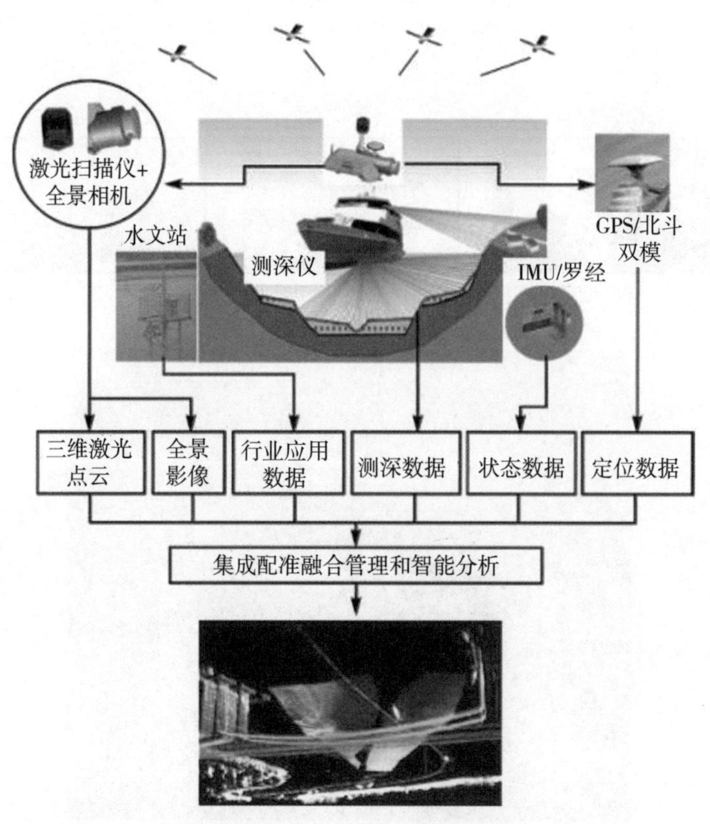

图 2-13　中海达船载水上水下一体化三维移动测量系统

2.6 城市遥感协同观测平台

在空间数据，特别是三维空间数据采集与更新方面，单一的遥感平台存在一定的局限性，单一的观测角度只能获取局部区域的有效数据，造成数据空洞现象。航空摄影测量与遥感平台虽然可以提供目标的空间信息、纹理特征等，但获取的主要是建筑物的顶面信息，漏掉了建筑物立面的大量几何和纹理数据，同时存在因遮挡导致的影像信息缺失等问题；而地面摄影测量平台只能获取建筑物的立面信息；车载移动测量平台能较好地提供场景三维描述的激光点云数据，但数据含有较多噪声，目前还难以提取形体信息及拓扑关系，同时对于狭窄的地区，移动车量无法采集数据。不同的遥感观测平台获取的数据之间往往存在互补性，因此多遥感平台协同观测可以获取更加丰富的数据（李德仁等，2008）。

无人机平台与地面移动测量车采集平台协同观测，如图 2-14 所示，可以解决城市复杂环境下因道路物体阻挡导致移动测量车辆采集数据的缺失，以及因遮挡导致无人机成像信息缺失等问题。通过协同观测，信息互补，实现城市三维无缝全息时空数据空地一体化协同观测。

图 2-14 无人机平台与地面移动测量车采集平台协同观测示例

图 2-15 为无人机与车载移动测量车协同观测平台采集的武汉大学信息学部数据。由于树木的遮挡，无人机无法获取树叶下的地面信息，造成数据空洞。而移动测量车可以获取地面的立面信息，包括立面影像和三维点云数据，可以很好地弥补无人机影像下数据空洞这一缺陷。

珠海市横琴新区属于滨海城市，该新区在构建城市云平台时，构建了多平台协同的城市视频大数据时空智能分析技术体系，满足城市多平台业务下不同空间尺度目标立体监控监测的需求。针对不同的视频采集平台和数据特点，分别建立了相适配的技术，如图 2-16 所示，具体包括以下三大技术。

图 2-15　无人机与移动测量测车协同观测平台采集的武汉大学信息学部数据

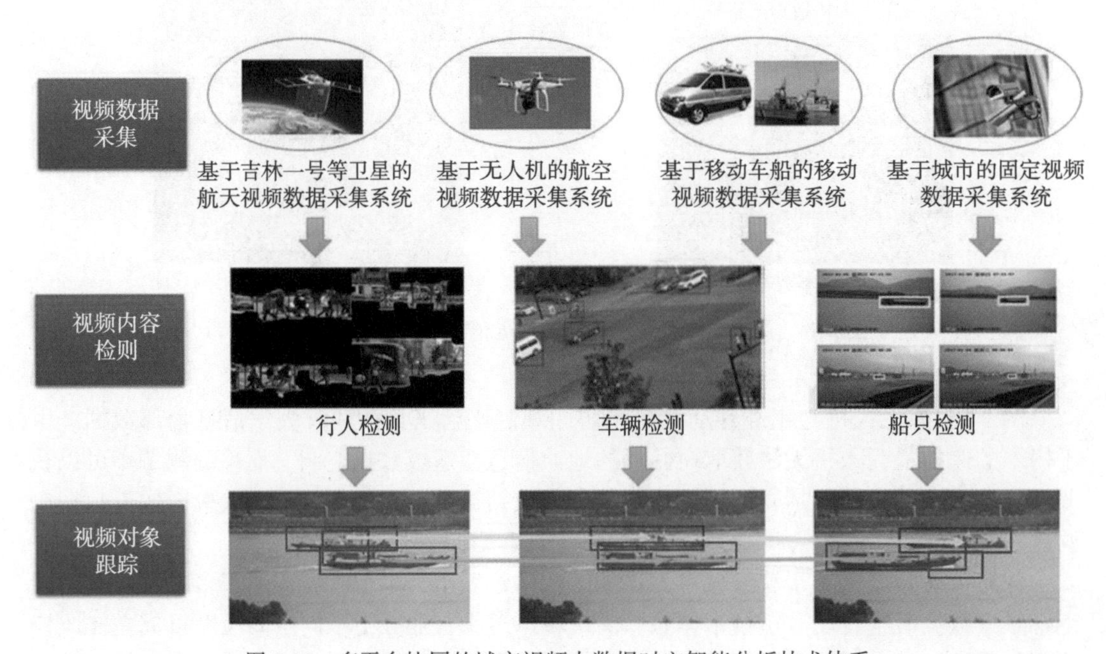

图 2-16　多平台协同的城市视频大数据时空智能分析技术体系

（1）天基卫星视频数据获取和处理技术：针对视频卫星数据观测角时刻变化特点，建立了天基视频的快速预处理和分类技术，能够快速对天基视频数据进行处理分析和应用。

（2）空基无人机视频获取和处理技术：实现了无人机视频数据的高效目标提取和处理技术，能够对船只等目标进行快速识别、跟踪，并实时计算目标移动位置。

（3）地基固定、移动视频获取和处理技术：建立了基于地面监控视频大数据的异常行为自动识别和预警的系统，实现了视频大数据时空智能分析、移动目标交接、视频和影像与 GIS 数据的融合等功能。

思考题

1. 相比于航空遥感平台和地面移动遥感平台，航天遥感平台在城市遥感应用中有什么优势？
2. 航空遥感平台在城市观测中有哪些挑战？
3. 介绍一个地面移动遥感平台在城市遥感中的应用。
4. 未来城市遥感平台有哪些发展趋势？
5. 城市遥感观测平台在面向城市各类应用过程中会遇到哪些难点？

参考文献

[1] Bhardwaj A, Sam L, Akanksha, et al. UAVs as remote sensing platform in glaciology: Present applications and future prospects [J]. Remote Sensing of Environment, 2016, 175: 196-204.

[2] Jensen A M, Chen Y Q, Mckee M, et al. AggieAir — a low-cost autonomous multispectral remote sensing platform: New developments and applications [C] // Geoscience & Remote Sensing Symposium, 2010.

[3] Fichot C Cédric, Downing B D, Bergamaschi B A, et al. High-resolution remote sensing of water quality in the San Francisco Bay—Delta Estuary [J]. Environmental Science & Technology, 2016, 50 (2): 573-583.

[4] 马跃良，王云鹏，贾桂梅. 珠江广州河段水体污染的遥感监测应用研究 [J]. 重庆环境科学，2003 (3): 13-16, 59.

[5] 徐宗学，程涛，洪思扬，等. 遥感技术在城市洪涝模拟中的应用进展 [J]. 科学通报，2018, 63 (21): 2156-2166.

[6] 关艳玲，刘先林，段福州，等. 高精度轻小型航空遥感系统集成技术与方法 [J]. 测绘科学，2011, 36 (1): 84-86, 80.

[7] 刘建国. 基于大疆无人机测绘产品制作方法的研究 [J]. 智能城市，2019, 5 (18): 72-73.

[8] 周海龙，周光耀. 基于大疆无人机测绘产品制作方法研究 [J]. 测绘与空间地理信

息，2019，42（1）：154-155，162.
[9] 李德仁．论空天地一体化对地观测网络［J］．地球信息科学学报，2012，14（4）：419-425.
[10] 李德仁，郭晟，胡庆武．基于 3S 集成技术的 LD2000 系列移动道路测量系统及其应用［J］．测绘学报，2008（3）：272-276.

第3章　城市遥感传感器

本章介绍城市遥感中两类主要的传感器，即主动传感器和被动传感器。被动传感器通常包括各类相机、摄影机、多光谱扫描仪、热红外扫描仪等；主动传感器包括雷达、激光雷达、声呐等，所有这些都可以用于测高和成像。各种遥感器都有各自的特点和应用范围，可以互相补充。例如，光学照相机的特点是空间几何分辨率高，解译较易，但它只能在有日照和晴朗的天气条件下使用，在黑夜和云雾雨天时不能使用。多光谱扫描仪的特点是工作波段宽，光谱信息丰富，各波段图像容易配准，但它也只能在有日照和晴朗天气条件下使用。热红外遥感器和微波辐射计的特点是能昼夜使用，温度分辨率高，但也常受气候条件的影响，特别是微波辐射计的空间分辨率低，更使它在应用上受到限制。侧视雷达一类有源微波遥感器的特点是能昼夜使用，基本上能适应各种气候条件（恶劣天气除外）。在使用波长较长的微波时，它还能检测植被掩盖下的地理和地质特征；在干燥地区，它能穿透地表层到一定深度。

3.1　城市遥感对各类传感器的需求

城市场景复杂，存在各类遮挡，环境脆弱，各类自然灾害和突发的人为灾害需要开展遥感监测。城市的精细化管理需要空间分辨率遥感影像，通常以高空间分辨率光学遥感影像为主，如国产高分二号卫星、北京二号卫星、高分一号卫星、资源三号卫星和国外WorldView系列卫星、GeoEye-1、QuickBird、IKONOS、Pleiades、SPOT-6/7等高空间分辨率遥感影像。

城市的土地利用多样，各类材质复杂，需进行有效区分，城市生产、生活导致水质污染，需要应用多光谱和高光谱遥感影像监测水质变化，因而需要这类传感器，如美国的AIS、AVRIS、WIS、PROBE、TEEMS、MODIS、Hyperion、FTHSIAHI、SEBASS卫星，澳大利亚Hymap、ARIES、TIPS卫星，加拿大CAS卫星，德国ROSIS卫星，法国IMS卫星，芬兰AISA卫星，欧空局CHRIS卫星，日本GLI卫星，以及中国MAIS、PHI、OMIS-1、CMODIS、Env-DD卫星等；很多城市地质条件复杂，存在地面沉降，需要开展监测，大范围的地面沉降监测一般采用GPS测量方法和InSAR监测方法；城市不透水面增加导致出现热岛效应，需要热红外传感器，如NOAA/AVHRR传感器、MODIS、Landsat TM6传感器等；地质勘察、建筑设计、文物修复、容积计量等可以使用激光扫描仪；灾害监测、环境监测、测绘等需求可采用SAR传感器，如对地观测系统（EOS）使用的合成孔径雷达（EOS-SAR）、美国宇航局（NASA）的Sir-C/X-SAR、欧空局的高级合成孔径雷达（ASAR）和中国的HJ-1C卫星等。

遥感技术中电磁能量的测量是通过装载于静止或运动的遥感平台上的传感器实现的，为适应不同的应用，目前已经开发出不同类型的传感器。传感器是测量和记录电磁能量的设备，传感器可以分为：被动传感器、主动传感器和主被动集成的更为复杂的传感器系统。被动传感器依赖外部能量来源，而主动传感器有自己的能量来源。一个传感器测量反射能量或者辐射能量，特定波长波段测量的能量与地球的表面特征有关，测量结果在影像数据中存为像素。

被动传感器：依赖外界的能量来源，通常是太阳，有时是地球本身。目前被动传感器在波长范围覆盖的电磁光谱范围从小于1pm到大于1m（微波）。

主动传感器：有自己的能量来源。主动传感器由于不依赖不同的照明条件，因而其测量受到更多的控制。主动传感器方法包括雷达、激光雷达、声呐等，所有这些都可以用于测高和成像（孙家抦，2009）。

主被动集成传感器系统：集成了主动传感器和被动传感器，当前先后出现同时兼具三维空间信息获取与地物多/高光谱信息提取的多光谱激光雷达传感器系统和高光谱激光雷达传感器系统。

3.2　城市被动遥感传感器

被动遥感传感器包括航空相机、多光谱扫描仪、影像分光仪和成像光谱仪、微波辐射计等，本节分别介绍它们。

3.2.1　航空相机

（数码）相机系统、透镜和胶片（或CCD），是航空或航天摄影测量的主要组成部分，低轨道卫星和NASA空间航天任务也使用传统相机技术。相机中的胶片类型要确保在400nm至900nm范围内的电磁能量能被记录。航空相机有广泛的应用，如在城市中进行摄影测量获得立体像对，从而获得城市精确的三维坐标。尽管航片有很多的应用，但主要用于中、大比例尺绘图和地籍制图。现在模拟图常被扫描，以在数字环境中存储和处理。第4章将展示各种航片的例子。最近的发展是数码相机的使用，它不需要使用胶片，直接提供数字影像数据。下面介绍两款有代表性的航空相机：飞思iXU150航空相机和飞思iXU-RS1900航空相机。

飞思iXU150（图3-1）搭载5000万像素CMOS传感器，感光度范围ISO100-6400，连拍速度达8fps，可感知红外波段光线。机身卡口兼容施耐德28mm、55mm、80mm等一系列中画幅镜头。机身内置USB3.0接口，支持外接存储设备、控制设备以及GPS等配件。这款相机主要用于无人飞机，因此抛弃了一贯的铝制机身设计，采用了更轻、结构更加坚固的镁合金材料，可以抵抗更加恶劣的拍摄环境。

iXU-RS1900双镜头相机（图3-2）在多种航空测绘应用中是传统大画幅相机的优秀替代品：从遥感到精准农业、灾害管理和监测。第一代iXU-RS1900采用双90mm镜头，用于捕获RGB信息。它配备高度敏感的CMOS传感器，兼具很短的曝光时间——1/2000秒。该传感器可提供1.9亿像素（16470×11540）图像，兼具较高的传感器灵敏度、较短的曝光时间和先进的第一代 RS 快门技术，使测绘应用所需的高质量航空图像成为可能。

图 3-1　iXU150 航空相机

图 3-2　iXU-RS1900 航空相机

3.2.2　航空摄影机

航空摄影机简称“航摄机”，是一种专用于在飞机或其他飞行器上向地面进行摄影的照相机。摄影机是一种使用光学原理来记录影像的装置。摄影机在发明初时是用于电影及电视节目制作，但现在已普及化。正如照相机一样，早期摄影机需要使用底片（即录像带）进行记录，但现在数码相机的发明使影像能直接储存在快闪存储器内。更新型的摄影机，则是将影像资料直接储存在机身的硬盘中，不仅可以动态录影，还可以静态拍摄，从而在一定程度上取代数码相机。航空摄影机使用卷片，多形成 24cm×24cm 的画面，用 150mm 广角镜头拍摄。除此之外，还有 1 台机身附带 4 个镜头，供从某照片制作合成彩色照片的多光谱摄影机。航空摄影机具有空中侦察时进行单张航空像片的摄影和多张全面覆盖的地形摄影测量两种用途，在城市中航空摄影机主要用于空中侦查和城市地形测量。

3.2.3　多光谱扫描仪

多光谱扫描仪量测反射的太阳光中可见光和近红外部分，它系统地扫描地表，从而量测可见地区在以上波段的反射能力。由于它可以同时处理几个波段，因此叫作多光谱扫描仪。例如，2~2.5μm 段的反射特征（如 Landset TM7 波段）会给出土壤矿物化合物的信息，而红色光和近红外段的综合反射特征会给出关于植被的某些信息，如单位面积或体积内的生物的数量和健康状况。因此，一种扫描仪的波段的确定，取决于传感器设计的应用领域。在城市应用中，多光谱遥感常被用于水质评估、土地利用分类、城市绿化率估算和城市边界扩张监测。以水质遥感监测应用为例，多光谱遥感可用于水体中总磷、总氮、氨氮、化学需氧量、叶绿素浓度、悬浮物浓度、浊度等指标的面域水质的评估，以及河湖健康态势智能感知机制、水环境关键因子语义提取、典型水域环境风险评估（如城市黑臭水检测）等具体应用。

图 3-3 展示的是由上海同繁勘测工程科技有限公司自主研发的一款可搭载在无人机上的低空多光谱传感器——极视一号低空多光谱航摄仪。该传感器系统采用大画幅 CMOS 传感器，在 400~1000nm 光谱范围内具备稳定高效的量子效率，是保证成像系统高空间分辨率与高光谱分辨率的基础。多光谱成像系统结构采用多传感器搭配多滤镜结构，便于小型化、轻量化。整个传感器系统可根据应用目的、任务量等因素，灵活调整搭载传感器的数

量以及观测波段位置，可同时记录 400～1000nm 光谱范围内 3～8 个不同波段影像，每个波段影像光谱分辨率高 10nm，地物分辨率最高可达 1cm/pixel。

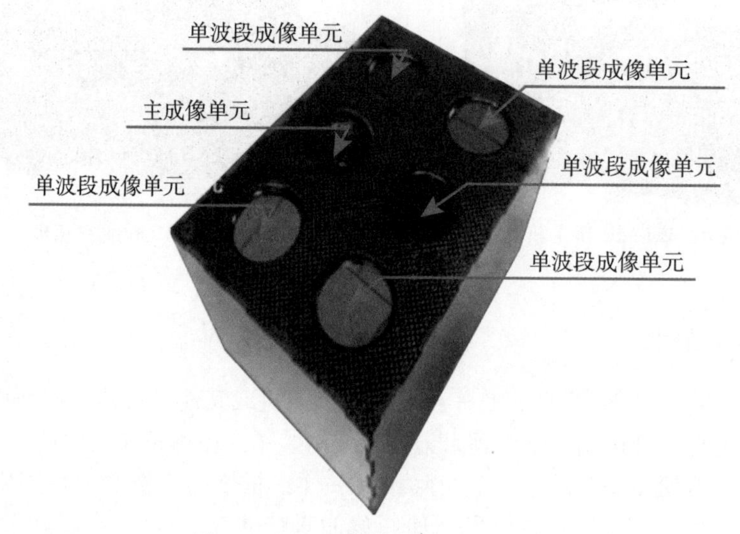

图 3-3　极视一号低空多光谱航摄仪

芬兰 SPECIM 公司的 AISA 系统（图 3-4）是针对航空和国防应用开发的专业解决方案，涵盖 VNIR（380～1000nm），SWIR（1000～2500nm）和用于热成像的 LWI（7.6～12.4μm）光谱范围，其独有的荧光探测成像光谱仪 AisaIBIS 和同时采集 VNIR-SWIR（400～2500nm）的 AisaFENIX 系列成像光谱仪，使 AISA 系统成为在航空高光谱领域的市场领导者。AISA 系统采用了 GPS 组件和惯性制导系统（INS）进行定位和确定方向。并通过综合惯性传感器和陀螺仪的输出数据判断初始轨迹（速度、位置、高度）。

图 3-4　高光谱航空遥感成像系统 AISA

3.2.4　影像分光仪和成像光谱仪

影像分光仪是一种用来准确测量光线偏折角度的仪器，可以将一束混合光分成多束纯光，一般用于光谱分析。影像分光仪由一个入射狭缝，一个色散系统，一个成像系统和一个或多个出射狭缝构成，其利用光电倍增管等光探测器在不同波长位置上测量谱线的强度以测知物体或影像中含有何种元素。这种技术被广泛的应用于空气污染、水污染、食品卫生、金属工业等的检测中。这种光谱曲线取决于被量测物质的化合物成分和宏观结构，因此，影像分光仪的数据可用于确定地表的化合物成分，地表水的叶绿素含量，或所有地表水悬浮物的集中程度。

成像光谱仪是新一代传感器，图3-5展示了成像光谱仪的基本原理。在20世纪80年代初正式开始研制，研制这类仪器的主要目的是在获取大量地物目标窄波段连续光谱图像的同时，获得每个像元几乎连续的光谱数据，因而称为成像光谱仪。目前成像光谱仪主要应用于高光谱航空遥感，在航天遥感领域高光谱也开始应用。

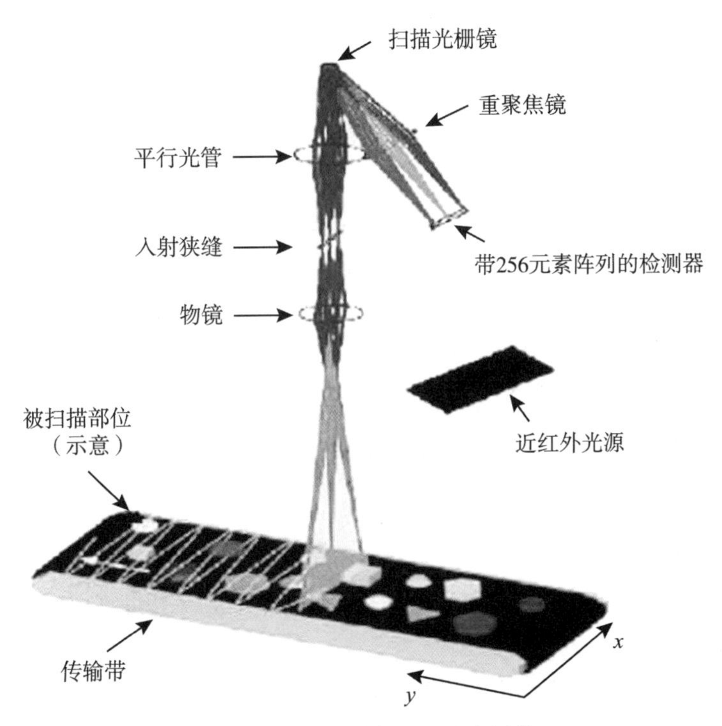

图3-5 成像光谱仪原理示意图①

在城市领域，影像分光仪和成像光谱仪以其高光谱分辨率的特点，常被应用于确定地物类型和进行环境监测。

3.2.5 热红外扫描仪

热红外扫描仪是根据被测地物自身的热红外辐射，借助仪器本身的光学机械扫描和遥感平台沿飞行方向移动形成图像的遥感仪器。热红外扫描仪测量8~14μm之间波段的热

① https://pic. baike. soso. com/ugc/baikepicz/621/20200621013524-672653218_jpeg_400_378_19266. jpg/o.

数据。这一范围的波长直接和物体的温度相关联。因此，大多数的遥感系统都在设计上包含了热红外传感器。热红外扫描仪同时可以用于研究城市热岛效应，并用于监测不考虑释放热能的植物之后水环境的温度。

3.2.6　微波辐射计

微波辐射计是利用被动地接收各个高度传来的温度辐射的微波信号来判断温度、湿度曲线，能定量测量目标（如地物和大气各成分）的低电平微波辐射的高灵敏度接收装置，其实质上是一个高灵敏度、高分辨率的微波接收机。地表或地下的物体会发射一定的长波长的微波能（波长从 1cm 到 100cm）。任何温度高于开尔文绝对零度的物体都会产生电磁辐射，称之为黑体辐射。自然材料可能会比同等同能情况下的理想黑体产生较少的电磁辐射，这一点可以用一个发射率小于 1Å（$1Å=\times10^{-10}m$）的微波辐射计记录某物体的发射辐射来证明。这种能量能够被记录的程度取决于各种不同材料的属性，如含水量。被记录的信号叫作亮度温度。物理表面温度可以通过亮度温度计算得到，但是必须要知道发射率（马超，2014）。水体的发射率为 98%~99%，几乎接近为黑体，而陆地上地物特征则显示出不同的发射率。并且物质的辐射发射率会随着条件的改变而改变。例如，潮湿的土壤会比干燥的土壤具有显著的更高的发射率。因为黑体辐射很微小，所以必须在相对较大的区域量测能量，从而使得被动的微波辐射计具有低空间分辨率的特征（金亚秋等，1990）。城市领域中，微波辐射计常被用于局部气候监测及与之相关的局部气象灾害监测等。图 3-6 展示的是一幅全球尺度的微波辐射计对地辐射图。

微波辐射计分两类：频谱式和连续式，前者频率窄，工作于微波谐振线上，后者用于遥感具有宽广频谱特性的目标。微波辐射计在军事侦察、气象学、海洋学和天文学等领域中得到广泛应用。微波辐射计还可以分为图像型和非图像型，其中采用扫描天线的扫描微波辐射计就是图像型辐射计，其特点是天线可以对地面目标进行扫描探测，获取地面目标的微波辐射信息，把所获取的信息转换成以灰度等级显示的物体图像。扫描方式有两类：

（1）电扫描，如雨云 5 号和雨云 6 号气象卫星上的电扫描微波辐射计；

（2）机械扫描，如雨云 7 号和海洋卫星 1 号上的扫描多通道微波辐射计和泰罗斯 N 号上的微波探测器。

从微波辐射计出现至今，人们已经发展了地基、空基（含飞机导弹气球平台）、星基（含卫星飞船航天飞机平台）这些基于各种平台的系列微波辐射计。在目前基于各个运载平台的微波辐射计中，星基微波辐射计以微波辐射计独有的特点和从卫星高度获取全球资料的便利性，成为从卫星上观测地球的一种重要手段。由于地基、空基辐射计是星基辐射计的基础，其发展更加迅猛，但众多的地基、空基辐射计没有数量有限的星基辐射计更受关注（李靖等，1998）。全功率微波辐射计原理如图 3-7 所示。

微波辐射计在城市领域能够用于探测土壤温度、降水、大气水汽含量、积雪、土壤成分、城市附近海面温度，还可以得到植被生长情况，监测林火及暴风雪等自然灾害和生态环境的动态变化等，尤其适合中小尺度天气系统的状况监测。

图 3-6　微波辐射计对地辐射图（全球）

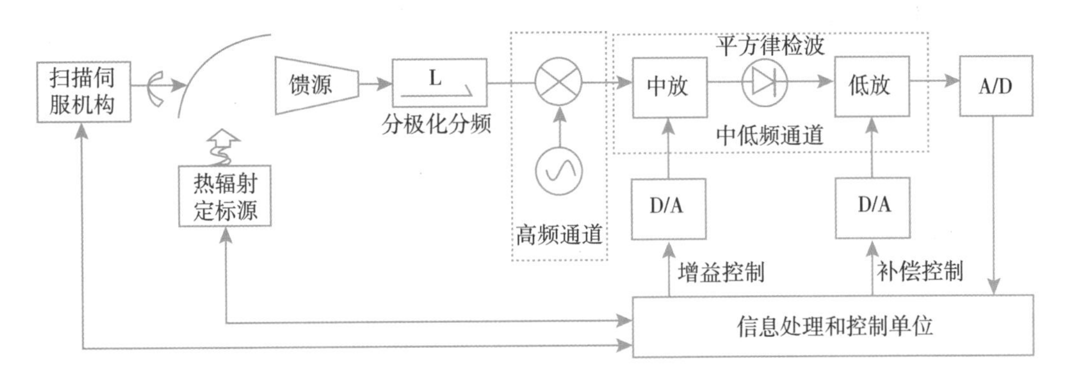

图 3-7　全功率微波辐射计设计原理

3.3　城市主动遥感传感器

主动遥感传感器包括激光扫描仪、成像雷达、雷达高度计等传感器。

3.3.1　激光扫描仪

三维激光扫描仪作为三维激光扫描系统的主要组成部分，是由激光发射器、接收器、时间计数器、马达控制可旋转的滤光镜、控制电路板、微电脑、CCD 机以及软件等组成，是测绘领域继 GPS 技术之后的一次技术革命。它突破了传统的单点测量方法，具有高效率、高精度的独特优势。三维激光扫描技术能够提供扫描物体表面的三维点云数据，因此可以用于获取高精度、高分辨率的数字地形模型。

激光扫描仪放置在飞机或直升机上，而且利用一束激光量测传感器到位于地面上点之间的距离。然后，利用卫星位置系统和惯性导航系统（INS），距离的测量是结合在传感器位置点上提取信息来计算地形海拔高度（罗东山，2015）。激光扫描为地形图的描绘产

图 3-8　RIEGL VZ-4000

生详细的、高分辨率的数字地形模型（DTM）。激光扫描仪具有高精度、高效率的优点，一般情况下 40m 范围内点位中误差低于 12mm，20m 范围内点位中误差低于 6mm，且相比于传统单点测绘方法，激光扫描仪测量频率可达 50 万点/秒，因此激光扫描也能用于制作详细的城市建筑物的 3D 模型产品。同时，由于主动式传感器量测不易受环境光线条件影响，相比于基于光学影像的城市建筑物 3D 建模，激光扫描仪在城市室内外一体化建模领域具有独特优势。便携式的基于地面的激光扫描仪可被用于斜向与横向测量（马浩，2018）。下面介绍一种经典的地面三维激光扫描系统：RIEGL VZ-4000。

RIEGL VZ-4000（图 3-8）是 VZ 系列三维激光扫描仪，提供了优越的高达 4000m 的超长距离测量能力，并且延用了 RIEGL 其他扫描仪对人眼安全的一级激光。RIEGL V-Line 系列扫描仪基于独一无二的数字化回波和在线波形分析功能，实现超长测距能力。RIEGL VZ-4000 甚至可以在沙尘、雾天、雨天、雪天等能见度较低的情况下使用并进行多重目标回波的识别（徐锐等，2015）。

此外，常用的地面三维激光扫描仪还有 RIEGL VZ-6000、RIEGL VZ-400i、RIEGL VZ-2000i，其与 RIEGL VZ-4000 相比，各自的特点见表 3-1。

表 3-1　**四种常见的地面三维激光扫描仪性能对比**

TLS Scanner	地面三维激光扫描仪 VZ 系列			
	RIEGL VZ-6000	RIEGL VZ-4000	RIEGL VZ-400i	RIEGL VZ-2000i
关键词	超长测距，高速	较长测距，高速		
概况	具备在线波形处理功能的超长测距三维激光扫描仪	具备在线波形处理功能的较长测距三维激光扫描仪	高性能三维激光扫描仪	长距离高速三维激光扫描仪
人眼安全等级	Laser Class 3B	Laser Class 1	1	1
目标反射率 80%最大测距	5800m	3900m	770m	2500m
目标反射率 10%最大测距	2800m	1750 m		
自然物体最小测距	5m	5m	0. 5m	1. 0m
精度	15mm	15mm	5mm	5mm
有效测量率	最大 222000 meas. /s	最大 222000 meas. /s	最大 500000 meas. /s	最大 500000 meas. /s
垂直线扫描-最大扫描角度	60°（+30°/−30°）	60°（+30°/−30°）	100°（+60°/40°）	100°（+60°/−40°）
垂直线扫描-最小角度步宽	0. 002°	0. 002°	0. 0007°	0. 0007°

续表

TLS Scanner	地面三维激光扫描仪 VZ 系列			
	RIEGL VZ-6000	RIEGL VZ-4000	RIEGL VZ-400i	RIEGL VZ-2000i
水平框扫描-最大扫描角度	360°	360°	360°	360°
水平框扫描-最小角度步宽	0.002°	0.002°	0.0015°	0.0015°
冰川和雪原测量	★★★			
陆地和矿山测量	★★★	★★★		★★★
监测	★★★	★★★	★★★	★★★
城市环境测量	★★★	★★★	★★★	★★★
考古和文化遗产保护	★★★	★★★	★★★	★★★
城市建模	★★	★★	★★★	★★★

除地面激光扫描仪外，还有移动三维激光扫描系统。借助激光扫描仪辅助的传感器，如 GPS（全球定位系统）和惯性测量装置（惯性测量单元），移动三维激光扫描系统能够记载扫描所获得的移动数据。移动激光扫描仪可安装在如船、火车和越野车等移动平台上。常见的移动三维激光扫描仪有 RIEGL VMX-2HA、RIEGL VMX-1HA、RIEGL VUX-1HA、RIEGL VMZ 等。下面以 RIEGL VMX-2HA 为例介绍移动三维激光扫描系统。

RIEGL VMX-2HA（图 3-9）是一套高速、高性能的双扫描仪移动测图系统，即便安装车辆在高速公路上行驶，依然可以提供极高的点密度、精度以及丰富的属性信息。RIEGL VMX-2HA 采用 2000000 测量速率和 500 线/秒的扫描速度，适用于各种专业的移动测图应用。该系统由两个 RIEGL VUX-1HA 高精度 LiDAR 传感器和一个高性能 INS/GNSS 单元组成，这些传感器被安装在一个按空气动力学制作的保护罩内。相机接口可支持最多九台可选配相机，精确的地理参考影像能够和 LiDAR 数据相互补充。

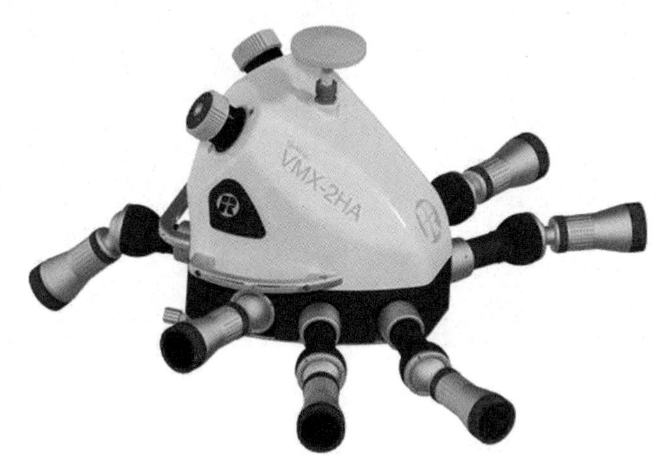

图 3-9　RIEGL VMX-2HA

3.3.2　成像雷达

成像雷达是向飞行平台行进的垂直方向的一侧或两侧发射微波，将从观测目标返回的后向散射波以图像的形式记录下来的雷达。成像雷达可分为真实孔径雷达（RAR）和合成孔径雷达（SAR）。常见的雷达传感器有对地观测系统（EOS）使用的合成孔径雷达（EOS-SAR）、美国宇航局（NASA）的 Sir-C/X-SAR、欧空局的高级合成孔径雷达（ASAR）和中国的 HJ-1C 卫星搭载的 SAR 雷达等。图 3-10 和图 3-11 分别展示了欧空局高级合成孔径雷达的搭载卫星 Envisat 和中国的 HJ-1C 卫星。

图 3-10　欧空局高级合成孔径雷达搭载卫星 Envisat

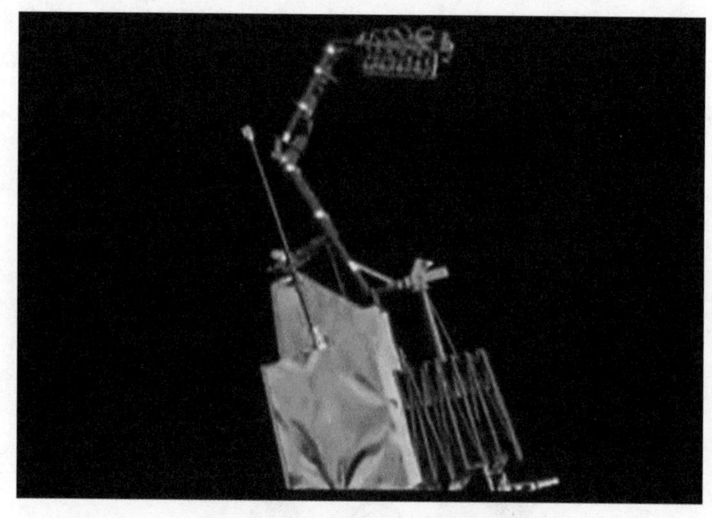

图 3-11　中国的 HJ-1C 雷达卫星

雷达方式在 1～100cm 范围内起作用。不同的波段对应于地球表面不同的特性。雷达的反向散射受所发射的信号和所阐述的表面特征影响。由于雷达是主动的传感器系统而且所应用的波长能够穿透云层，它不管是白天还是晚上，不管在什么样的天气条件下都能获取影像，尽管影像可能会或多或少地受大雨的影响。成像雷达对地形起伏变化敏感，常被应用于城市地表沉降变化的监测。

同一地区的两张立体雷达影像融合能提供有关地形高度的信息。类似地，SAR 干涉测量法（InSAR）包含在几乎相同的位置所获得的两张雷达影像。这些影像不是在不同时间，就是利用两个系统在相同位置所获得的，而且能被用于评估高精度（5cm 或更高）的高度或垂直方向的变形。这种垂直方向的运动可能会受石油和天然气的开采或由地震引起的地壳变形的影响（游新兆等，2002）。

目前激光雷达（LiDAR）在遥感领域中得到越来越广泛的应用。激光雷达，是以发射激光束探测目标的位置、速度等特征量的雷达系统。其工作原理是向目标发射探测信号（激光束），然后将接收到的从目标反射回来的信号（目标回波）与发射信号进行比较，作适当处理后，就可获得目标的有关信息，如目标距离、方位、高度、速度、姿态、甚至形状等参数，从而对飞机、导弹等目标进行探测、跟踪和识别。它由激光发射机、光学接收机、转台和信息处理系统等组成，激光发射机将电脉冲变成光脉冲发射出去，光学接收机再把从目标反射回来的光脉冲还原成电脉冲，送到显示器（Jelalian，1980）。

常用的 LiDAR 传感器有机载和无人机载两种。下面以 RIEGL VQ-1560 II 和 RIEGL mini VUX-2UAV 为例分别介绍机载 LiDAR 传感器和无人机载 LiDAR 传感器。

RIEGL VQ-1560 II（图 3-12）是一种双通道波形处理机载 LiDAR 系统，基于拥有高达 4MHz 的激光脉冲发射频率，具备更高的性能和效率。当飞行作业高度在 1500ft 至 12100ft（1ft=0.3048m）范围时（目标反射率>20%），可提供不低于 120 万点/秒的测量速率，结合不同的激光功率模式，可以优化采集参数，以满足特定项目的需要。这些特点使 RIEGL VQ-1560 II 变得非常灵活，它的数据采集范围极广，同时具备超高的点密度和数据采集效率。RIEGL VQ-1560 II 采用 RIEGL 独有的前-后扫描能力，使其可以从不同角度获取更有效、更高精度的高点密度数据。配合 58°大视场角以及多种扫描参数配置方案，能够实现高效的点云数据获取。RIEGL VQ-1560 II 无缝集成了高性能 IMU/GNSS 系统以及 1.5 亿像素的 RGB，可额外增配一个相机系统。

RIEGL mini VUX-2UAV（图 3-13）是一款极其轻小的无人机专用激光扫系统，适合搭载在小型直升机和无人机上。这款 RIEGL mini VUX-2UAV 提供了 100kHz 和 200kHz 的激光发射频率。在 200kHz 的频率下，传感器可提供多达每秒 200000 次的测量速率，为采集地面小物体的无人机应用提供了密集点模式。RIEGL mini VUX-2UAV 能够采集 360°全景扫描数据，采集的数据存储于一个易于插拔的 SD 卡上，也可以通过网线存储到电脑上，结合扫描仪的低功耗，可与大多数 UAS/UAV/RPAS 进行直接集成。基于 RIEGL 先进的波形处理技术，RIEGL mini VUX-2UAV 通过波形数字化合成实时波形处理技术，进行高速的数据采集，可以在茂密的植被下得到高精度的测量成果。其另外一个特点是优化后的波长可用于冰、雪地形测量。

机载 LiDAR 系统还有 RIEGL VQ-780 II、RIEGL VP-1、RIEGL VQ-880-G 等型号。无人机载 LiDAR 系统还有 RIEGL VUX-1UAV、RIEGL BDF-1 等型号。

图 3-12　RIEGL VQ-1560 II

图 3-13　RIEGL mini VUX-2UAV

3.3.3　雷达高度计

雷达高度计被用来测量平行于卫星轨道的地形轮廓。它们提供轮廓，譬如测量的单一的线，而不是影像数据。雷达高度计在 1cm 或 6cm 波长范围内起作用，而且能够确定精度为 2~5cm 的高度。

雷达高度计对相对较光滑的表面如大海及小比例尺的大陆地形模型制图很有用（王融等，2008）。雷达高度计可用于河流、湖泊水位的监测，包括流经城市的河流和城市内部湖泊的水位监测。

3.4　城市遥感主被动集成传感器系统

传统的被动多/高光谱遥感技术虽然能获取大量的地物光谱信息，但是其在空间三维信息提取方面又存在不足。此外，由于多/高光谱传感器为被动探测方式，其获取的地物信息受光照、大气等因素的影响也较为严重。

同时，激光雷达自 20 世纪 60 年代出现以来，经过了由简单到复杂、由低级到高级的发展过程，其种类不断增加，功能不断完善和发展，应用领域越来越广泛和深入，并成为近年来快速发展的一种新型对地观测技术（宋沙磊，2010）。但由于传统激光雷达多为单波段激光雷达系统，光谱信息相对不足，导致其对地物物性信息的探测能力有限。

针对城市复杂场景的应用需求，现有应用中通常将单波段激光雷达数据与被动多/高光谱遥感数据进行融合，从而在一定程度上弥补二者的不足，但其固有的根本缺陷仍然存在（龚威，2012）。为克服主动遥感传感器和被动遥感传感器的局限性，近年来开始研制了主被动集成的传感器系统。

当前先后出现同时兼具三维空间信息获取与地物多/高光谱信息提取的多/高光谱激光雷达。多光谱激光雷达与高光谱激光雷达的主要区别在于激光通道的数量以及传感器的光谱分辨率的高低，下面将分别介绍多光谱激光雷达传感器系统和高光谱激光雷达传感器系统。

3.4.1 多光谱激光雷达

无论是激光雷达结合被动成像遥感技术，还是双波长激光雷达探测技术都存在一些不足，为了更好地挖掘激光雷达对地观测的能力，近年来国际上开始展开了对多波长激光雷达观测技术的研究。美国内布拉斯加大学的研究小组研制了多波长机载偏振激光雷达系统（Tan、Narayanan，2004），该系统设计采用1064nm和532nm两个波长进行激光发射，采用双波长和双偏振探测器的四通道进行接收，并获得了机载探测数据。该系统主要用于探测植被，研究植被在双波长的回波强度及其偏振信号，然而由于1064nm和532nm并不处于植被探测的最佳波段区域，因此在植被探测的应用上仍然会有一定的局限性。爱丁堡大学和瑞士大学的Felix Morsdorf（Morsdorf et al.，2009）在意大利FinnMechanica公司的技术支持下，提出了4波长冠层探测激光雷达Multispectral Canopy LiDAR（MSCL，图3-14），采用绿色、红色和近红外4个波长并完成虚拟森林监测。该项研究目前还处于提出理念构想阶段，采用模拟的方式进行多波长激光探测。

另一种技术则是完全模仿高光谱技术原理，采用白光激光照射和多通道阵列接收的白光激光雷达（Kaasalainen et al.，2007）。虽然在原理上，该技术可获得很好的物性探测能力，但由于激光能量的分散，在目前的技术条件下，其探测灵敏度和发射激光功率都达不到实现机载遥感探测应用的要求。

3.4.2 高光谱激光雷达

高光谱激光雷达探测技术是近年来发展起来的新兴探测技术，它将高光谱成像技术和激光雷达测距技术结合起来，能同时获取目标物的图像信息、光谱信息、位置信息等，实现对目标物的多维数据获取，具有测量范围大、实时性强、应用性广等特点，因此各国科学家都对高光谱激光雷达展开了深入研究。图3-15为芬兰大地测量所研发的高光谱激光雷达，图3-16为英国赫瑞瓦特大学研发的高光谱激光雷达。

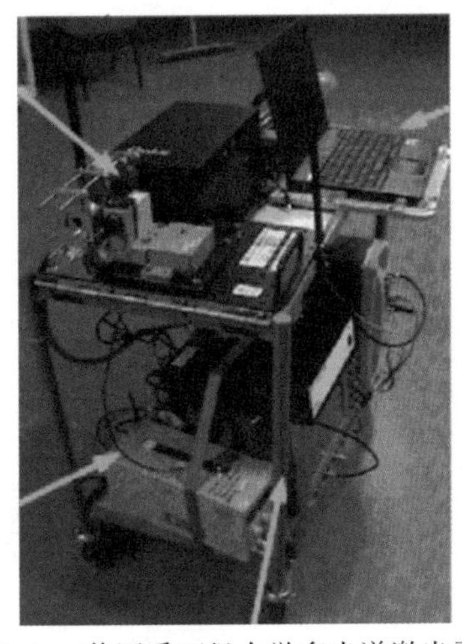

图3-14 英国爱丁堡大学多光谱激光雷达

图3-15 武汉大学高光谱激光雷达

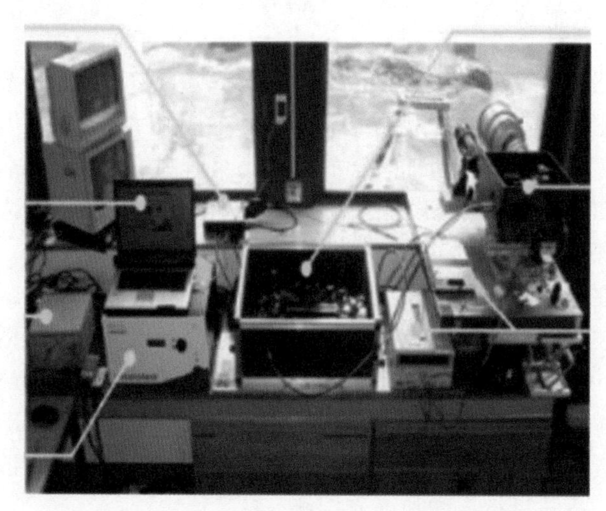

图 3-16　英国赫瑞瓦特大学高光谱激光雷达

目前，我国有源高光谱激光雷达尚处于理论研究和验证阶段。我国的国家重点研发计划“地球观测与导航”专项也正在支持此类设备的研发。

思考题

1. 城市遥感对传感器有什么要求？
2. 可用于城市遥感的主动传感器主要有哪些？获取的数据能满足城市哪些应用需求？
3. 可用于城市遥感的被动传感器主要有哪些？获取的数据能满足城市哪些应用需求？
4. 主被动集成传感器在数据采集城市复杂场景信息时有哪些优势？

参考文献

[1] 孙家抦．遥感原理与应用（第二版）[M]．武汉：武汉大学出版社，2009.
[2] 马超．黑体辐射测量系统设计与实验研究 [D]．哈尔滨：哈尔滨工程大学，2014.
[3] 李靖，姜景山．微波辐射计的逆向辐射对定标及辐射测量的影响 [J]．遥感学报，1998，2（4）：241-244.
[4] 金亚秋，张俊荣，赵仁宇．多频段微波辐射计对土壤湿度的遥感和理论计算 [J]．遥感学报，1990（3）：195-203.
[5] 罗东山．无人直升机激光扫描系统测图试验研究 [J]．测绘技术装备，2015，17（4）：85-87.
[6] 马浩．利用地面移动测量系统三维激光扫描技术优势探讨 [J]．工程技术研究，2018，27（11）：94-95.
[7] 游新兆，乔学军，王琪，等．中国地震局地震研究所．合成孔径雷达干涉测量原理

与应用［J］. 大地测量与地球动力学，2002，22（3）：109-116.
［8］王融，刘建业，熊智，等. 地形对雷达高度计卫星自主导航精度影响分析［J］. 传感器与微系统，2008（3）：49-51，54.
［9］徐锐，康慨，王陆军. RIEGL VZ-4000 三维激光扫描仪在水利水电工程地形测绘中的应用［J］. 地矿测绘，2015（1）：38-40.
［10］Jelalian A V. Laser radar systems［C］// Eascon 80，Electronics & Aerospace Systems Conference，1980.
［11］龚威. 多光谱对地观测激光雷达［C］// 第 10 届全国光电技术学术交流会，2012.
［12］宋沙磊. 对地观测多光谱激光雷达基本原理及关键技术［D］. 武汉：武汉大学，2010.
［13］Tan S，Narayanan R M. Design and performance of a multiwavelength airborne polarimetric lidar for vegetation remote sensing［J］. Appl. Opt.，2004，43（11）：2360-2368.
［14］Morsdorf F，Nichol C，Malthus T，et al. Assessing forest structural and physiological information content of multi-spectral LiDAR waveforms by radiative transfer modelling［J］. Remote Sensing of Environment，2009，113（10）：2152-2163.
［15］Kaasalainen S，Lindroos T，Hyyppa J. Toward hyperspectral lidar：measurementof spectral backscatter intensity with a supercontinuum laser source［J］. IEEE Geoence & Remote Sensing Letters，2007，4（2）：211-215.

第4章 城市遥感数据特性

城市是人类活动的集中区域，并且不断经历着快速变化的过程，需要及时进行监测和分析。城市遥感技术可表征城市地表的区域环境，描述城市复杂的人工地物、多样的人工和自然植被类型、易富营养化和污染的城市湖泊的几何特征和光谱特征。利用各类专家知识和计算机技术对遥感影像解译的影像特征信息，并综合分析遥感影像的波谱特征、极化、时间、空间特征以及相关的各类信息，可以为城市管理与可持续发展提供可靠的数据支持和技术支撑。

城市遥感数据的特征与传感器平台系统有关，用户可根据观测需求获取城市特定空间—光谱—时间的遥感数据。遥感数据的不同特性是选取数据的重要依据，数据可用性和成本也影响遥感数据的选择。本章分别介绍城市场景可见光遥感影像、多光谱遥感影像、高光谱遥感影像、热红外影像、微波遥感影像、LiDAR 数据、夜光遥感影像的数据特性，为后续章节中具体城市遥感应用的数据选择提供决策依据。

4.1 城市可见光遥感影像的数据特性

在城市遥感中，应用最广泛的数据仍然是可见光遥感影像数据，城市可见光全色遥感数据常用于城市人工地物、植被、水系等典型要素提取的数据源，下面将分别介绍城市房屋、道路、绿地、水体等地物的特性。

4.1.1 城市房屋影像特征

在可见光遥感影像上（图 4-1），房屋色调较浅，建筑物形状、纹理都具有很强的规律性。高度较高的房屋在影像上通常会形成阴影，阴影的轮廓还反映了房屋的高度和形状。从一幅卫星遥感影像上通常能看到整个城市建成区，这有利于对整个城市建成区的完整调查（徐涵秋等，2010）。城市的道路、广场及新建成区色调较亮，一般城市建筑物的色调较浅。

4.1.2 城市道路影像特征

城市道路在可见光遥感影像上呈亮色调网状线条（图 4-2），其几何形态通常为纵横道路和多方向道路，边缘形状为直线、圆曲线或缓和曲线，城市道路网排列规律，纹理特征明显。道路的色调与道路的铺设材料有关，如沙石路、水泥路的色调较浅，沥青路、潮湿的土路的色调较深。在中低分辨率卫星遥感影像中，城市中较窄的道路不易分辨出宽度，只能分辨出线形。在高分辨率光学遥感影像上，人流、车流和交通辅助设施都清晰可见，为提取道路提供了辅助信息，但也因为噪声太多，影响道路的自动化提取精度。

图 4-1　城市房屋可见光遥感影像示例

图 4-2　城市道路可见光遥感影像示例

4.1.3　城市绿地影像特征

城市绿地是指以自然植被和人工植被为主要存在形态的城市用地，受城市所处地理位置的影响而具有明显的物候特征。城市绿地的植被类型主要包括草地和树木。草地主要位于社区、广场的休闲或景观用地内。城市的树木包括小范围的森林、公园、行道树和独立的古树名木。在可见光遥感影像上（图 4-3），城市绿地色调呈绿色，长势茂盛的林地的色调深，草地的色调浅。城市绿地也具有明显的形状和位置特征，行道树分布于道路两侧，公园等城市绿化呈规则形状排列。纹理特征上，草地纹理的强度特征高于树木。

图 4-3　城市绿地可见光遥感影像示例

4.1.4　城市水体影像特征

城市水体包括城市的江、河、湖泊、水库、苇地、滩涂和渠道等，滨海城市的水体还包括近海海域。

对于可见光遥感影像（图 4-4），遥感影像上水体的纹理较均匀，但色调较复杂，这与水体的深浅、含沙量、受污染的程度、河流的流速等因素有关。一般情况下，水体越深，色调越深；水体越浅，色调越浅；水体含沙量越大，色调越浅；水体受污染的程度越重，色调越深；静止的水体色调相对较深，湍急的河流色调相对较浅。

（a）城市湖泊

（b）河流

图 4-4 城市水体可见光遥感影像示例

4.2 城市多光谱遥感影像的数据特性

随着城市多光谱数据的发展，城市植被和水体在多光谱遥感影像具有显著的光谱特征。植被的光谱特征可以在遥感影像上有效地与其他地物区别开来。同时，不同的植被各有自身的波谱特征，成为区分植被类型、长势和是否有病虫害的依据。水系光谱特征有助于水体界限的确定、水体悬浮物质的确定、水温的探测、水体污染的探测和水深的探测。

4.2.1 城市绿地影像特征

城市的不同区域，植被在彩红外影像上的颜色、色调、形状等特征不同。城市森林公园在影像上呈现深红色条状、暗红色或黑色块状；公园、游园的绿地在影像上为位于城市内部的红色地块，形状多为规则方块状；社区绿地一般为建筑周围的规则面状浅红色地块，面状草地中通常有点状树木排列；交通行道绿化在影像上呈细长条状，边缘与道路相接，由于行道树间距较大，部分行道树的阴影在高分辨率影像上清晰可见；水田一般为城市外围的规则深红色地块；而旱地一般为不规则的红色地块（图 4-5）。研究城市不同区域的不同植被类型的分布有助于森林城市、园林城市和生态城市的建设。

不同植被类型，由于组织结构、季相、生态条件的差异而具有不同的光谱特征、形态特征和环境特征，在遥感影像中可以表现出来（刘良云，2014）。

健康植物的波谱曲线有明显的特点，影响植被光谱的因素有植被本身的结构特征，也有外界的影响，但外界的影响总是通过植被本身生长发育的特点在有机体的结构特征中反映出来的。从植被的典型波谱曲线来看，影响植被反射率的主要因素有植物叶子的颜色、叶子的细胞构造和植被的水分等。当植物生长状况发生变化，其波谱曲线的形态会随之改变。健康植被与受损植被的光谱曲线在可见光区的两个吸收谷差异不明显，而在 0.55μm 处反射峰随着植被叶子受损程度而变低、变平。近红外光区的变化更为明显，峰值被削

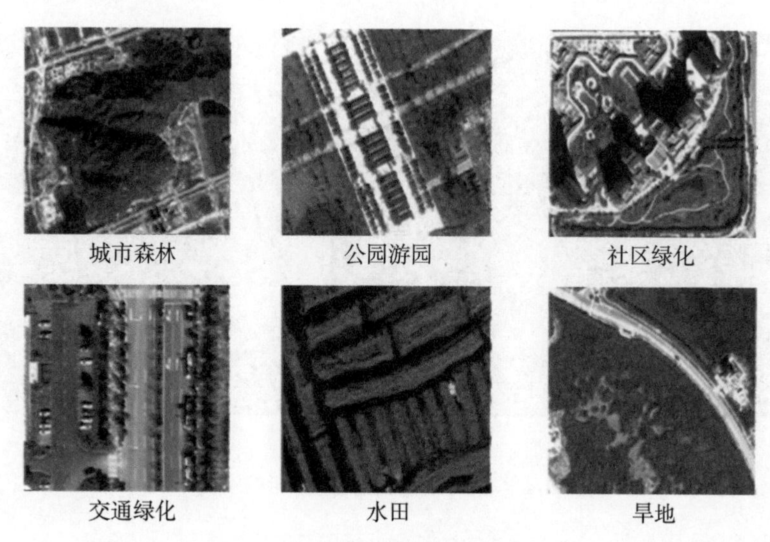

图 4-5　城市绿地彩红外影像

低，甚至消失，整个反射曲线的波状特征被拉平。通过光谱曲线的比较，可获取植被生长状况的信息。

结合植被的光谱特征，选用多光谱遥感数据经加、减、乘、除等线性或非线性组合方式的分析运算，产生某些对植被长势、生物量等具有一定指示意义的数值，即植被指数。它用一种简单而有效的形式——仅用光谱信号，实现了对植物状态信息的表达。

4.2.2　城市水体影像特征

太阳光照射到水面，少部分被水面反射回空中，大部分入射到水体。入射到水体的光，又大部分被水体吸收，部分被水中悬浮物反射，少部分透射到水底，被水底吸收和反射。被悬浮物反射和被水底反射的辐射，部分返回水面，折回到空中。因此传感器所接收到辐射就包括水面反射光、悬浮物反射光、水底反射光和天空散射光。由于不同水体的水面性质、水体中悬浮物的性质和含量、水深和水底特性等不同，从而传感器上接收到的反射光谱特征存在差异，为遥感探测水体提供了基础（马荣华，2010）。

在彩红外遥感影像上，水体主要通过影像颜色及纹理来判别，水体一般呈蓝色，受污染较重的水体呈黑色，水体含沙量大的河流呈浅绿色。

对水体的研究通常还包括宏观的水系生态环境的研究。对水系的遥感研究是通过对遥感影像的分析，获得水体的分布、泥沙、有机物等状况和水深、水温等要素的信息，从而对一个地区的水资源和水环境等进行评价，为水利、交通、航运及资源环境等部门提供决策服务。水系光谱特征的解译内容包括：水体界限的确定、水体悬浮物质的确定、水温的探测、水体污染的探测、水深的探测等，根据上述相关因素光谱特征的研究，针对不同地质环境和地质灾害体的电磁信息进行归类，分析其最优的特征信息组合，为灾害分析、预警和未来遥感技术的发展提供依据。

4.3 城市高光谱影像的数据特性

城市地物类型复杂多样，不同类型的人工下垫面的光谱特性复杂，地表异质性强，这给城市遥感应用带来困难，常用的高分辨率遥感影像对行道树、阴影遮挡的地物，阴影与水体混淆等场景下的分类都存在较大误差。高光谱数据能够更全面、细致地获取地物光谱特征及其差异性，从而大幅度提高地物分类的类别精细度和准确度，有助于实现城市地物的精细分类（Zhong et al.，2015）。图 4-6 为城市高光谱影像的精细分类结果，通过高光谱遥感能够精细区分不同材质的屋顶、道路类型。

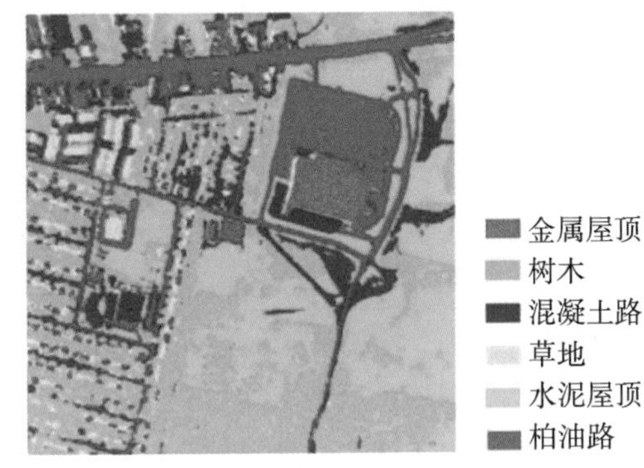

图 4-6 城市高光谱遥感影像及对应的影像分类结果图

高光谱遥感影像在城市植被参数反演中的应用主要包括：生化组分参数反演，如叶绿素、类胡萝卜素以及氮素等；生物物理参数反演，如叶面积指数（LAI）；植被与环境相互作用因素反演，如光合有效辐射（FPAR）（童庆禧等，2016）。应用遥感技术测量和分析叶子乃至冠层的生物化学信息在时间、空间的变化，可以了解植物的生产率、凋落物分解速度及营养成分有效性；根据各种化学成分的浓度变化可以评价植被的长势状况；通过城乡植被的参数差异可进一步研究城市热岛对植被物候的影响。

城市水环境方面，利用高光谱遥感影像可以对城市各类水表层的光学参数进行反演（如水温、溶解氧、悬浮物、叶绿素、化学需氧量、氨氮、总氮），从而确定包括浊度、真光层厚度等一系列理化参数。

随着珠海一号卫星的发射，高光谱小卫星星座的发展迎来新的机遇（李先怡等，2019）。珠海一号高光谱卫星设计传输 32 个波段，空间分辨率可达到 10m，扫描带宽可达 150km，具备独特优势：空间分辨率高，幅宽大，星座规模多，重访周期短。其数据在城市遥感应用方面具有很好的前景。图 4-7 为依据珠海一号卫星制作的珠海市近海海域悬浮物浓度分布图。

随着高光谱遥感的发展，世界各地科研工作者进行了大量的光谱测量，获得了丰富的光谱资料。高光谱数据库数据最主要的特点是：将传统的图像维与光谱维的信息融合为一体，在获取地表空间影像的同时得到每个地物的连续光谱信息，从而实现依据地物光谱特征的地物成分信息反演与地物识别。以城市透水铺装为例，测量不同透水铺装的光谱库，

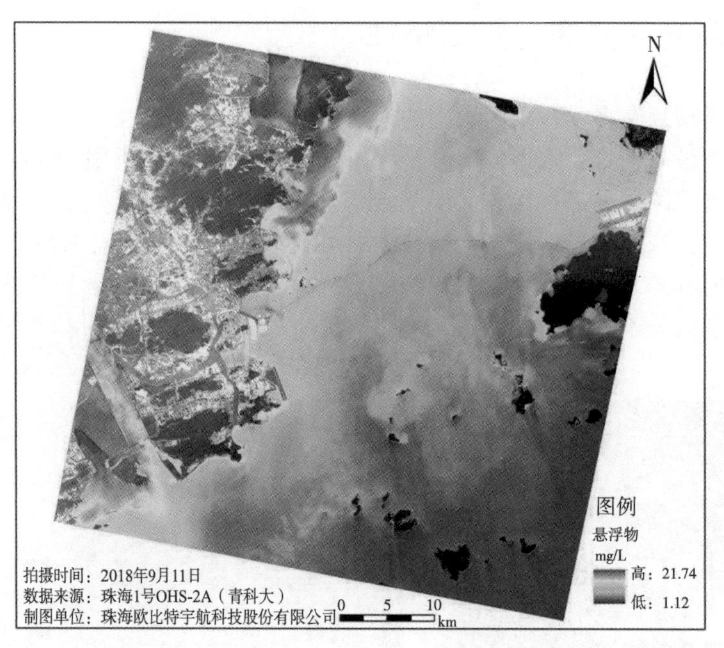

图 4-7　珠海市近海海域悬浮物浓度分布图

有助于分析不同材质的透水特性。

4.4　城市热红外影像的数据特性

热红外影像记录了地物的热辐射特性，它依赖于地物的昼夜辐射能量成像，白天、夜间均能成像。

热红外影像记录了地物辐射温度分布，用色调的变化描述了地物的热反差。一般来说，热红外影像（正片）上的浅色调代表强辐射体，表明其表面温度高；深色调代表弱辐射体，表明其表面温度低。由于热扩散作用，热红外影像反映目标的信息往往偏大，且边界不清晰。热红外影像中水的信息与其他陆地景物明显不同，对环境中水分含量等信息反演敏感。

一般地物白天受太阳辐射温度较高，呈暖色调；夜间物质散热，温度较低，呈冷色调，土壤和岩石尤为明显。

城市中的道路、停车场等人工铺设地物吸热快，白天比周围区域的温度更高，夜里散热较慢，仍保持比周围区域温度高，因此在昼夜热红外影像上都显得比周围区域更亮。

水体的比热容和热惯量大，对红外波段几乎全部吸收，自身辐射发射率高，以及水体内部以热对流方式传递温度等特点，使水体表面温度较为均一，昼夜温度变化慢而小。白天，水热容量大、升温慢，比周围土壤岩石温度低，呈暗色调；夜间，水的热量散失慢，比周围土壤岩石温度高，呈浅色调。水体可作为判断热红外成像时间的可靠标志，如果水体具有比邻近地物较暖的标记，成像时间为夜间；反之，为白天。

树木等植被的辐射温度较高，夜间热红外影像呈现暖色调。白天植被虽然受阳光照射，但是因为水分蒸腾作用降低了叶面的温度，使植被较周围土壤温度低，因此在热红外影像上较周围地物的色调暗。但针叶林略有例外，这是由于针叶林树冠的合成发射率高。

城市的航空热红外影像在白天的影像特征类似于光学航空遥感影像，热建筑物呈现亮白色，道路呈浅灰色，水体呈黑色。图 4-8 是美国亚特兰大昼夜热红外影像。夜间影像中，水体呈现亮白色，整体温差明显减小；建筑群中尽管由于局地“热岛”效应色调较亮，但是无阴影，无立体感，温度差异显著减弱；沥青街道由于白天吸热多，夜间仍保留较多余热而显得更为明显。

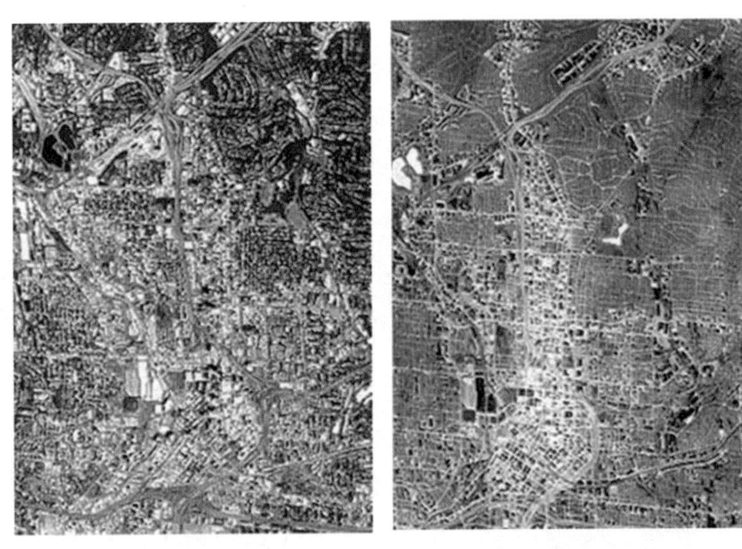

(a) 白天影像　　　　(b) 夜间影像

图 4-8　美国亚特兰大昼夜热红外遥感影像

城市遥感中，热红外遥感影像有着广泛的应用（赵英时等，2012）。环境污染检测方面，烟尘物质影响探测器记录，影像上形成冷异常；油污染的油膜辐射率低于水面而呈现冷异常；工业热流、热管道以及建筑物的热泄露、污水热异常、城市热岛效应等热污染也能在热红外影像上呈现。

4.5 城市微波遥感影像的数据特性

微波雷达遥感影像不同于可见光和红外遥感，它主动发射电磁波，并侧视成像导致了其特有的几何特征——近距离压缩、顶底位移、透视收缩等原理性几何失真（舒宁，2000）。

雷达影像与光学影像在成像机理上有本质的不同，影像上所反映的信息也有很大的区别。光学影像主要反映地表物质组成、水分含量等不同导致的光谱特征差异；雷达影像主要反映地物介电常数、湿度、表面粗糙度等所体现的后向散射特性差异。雷达影像实质上是地面目标对雷达发射信号散射的回波强度和相位的记录影像。显然，地物散射特性的研究是雷达影像解译的依据，也是成像雷达微波遥感定量化研究的基础。地物散射特性通常由散射系数来描述。

对于居民地等人工建筑，地物的形状对微波的反射方向和强度产生显著的影响。房屋的墙壁等与地面构成的二面或多面反射体产生角反射效应，造成雷达波束呈现双像或多次角反射，且反射方向相同或相交，回波从而大大增强。房屋等含有金属结构，介电常数增大，产生强烈的雷达后向散射。因此，在微波遥感影像上，房屋多呈现明显亮斑，居民地整体呈现星散状的亮白色斑点，易于识别。

由于城市呈线状，其走向与雷达波束方向的夹角会影响其在影像上的呈现。当道路坡向迎着雷达波束时，不仅阴影的明暗效应能提高识别能力，而且产生的角反射效应使回波大大增强，更利于识别。至于水泥路面、柏油广场等光滑人工地物表面，对微波产生镜面反射，雷达天线接收不到回波信号，影像呈暗黑色调，仅在近于垂直入射时信号强。图 4-9 是北京奥林匹克公园国家体育场附近的雷达影像和光学影像对比。

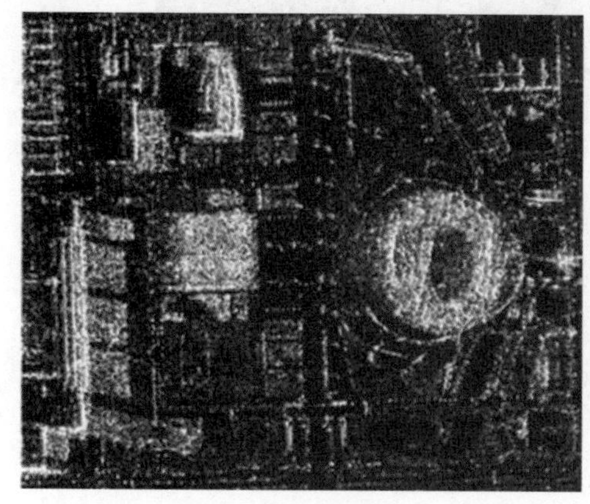

（a）雷达影像　　（b）光学影像

图 4-9　城市建筑雷达影像和光学影像对比

4.6　城市 LiDAR 数据的数据特性

LiDAR 是一种集激光、全球定位系统（GPS）和惯性导航系统（INS）三种技术于一体的系统，LiDAR 系统应用于城市遥感可以获得点云数据，并生成精确的数字化三维模型。LiDAR 系统作为高速度、高性能、高精度、长距离的航空测量设备，其数据应用于城市遥感具有无可比拟的优势。第一，LiDAR 可以在白天、夜晚或相当恶劣的天气条件下作业，全天时、全天候地获取地面三维测量数据。第二，LiDAR 点云能“部分”透过植被，针对城市范围内的树木，可以同时测量地面和非地面层。第三，可以在地面反射率比较低的区域工作，如反射率只有约 5%的沥青路面。第四，可以对城市细小目标进行探测，如电力线的提取等（赖旭东等，2014）。

由于 LiDAR 数据为离散的点云，城市范围内应用时通常需要得到 LiDAR 点云的高程特征和强度特征图，依据不同的强度特征和高程特征，区分建筑、道路等典型地物。城市范围内 LiDAR 数据的高程特征图通过归一化数字高程模型（Normalized Digital Surface Model，nDSM）表达。nDSM 模型生成方式为：首先由激光点云中的第一次回波点内插得到数字表面模型（Digital Surface Model，DSM），随后采用渐进三角网滤波方法首先从 LiDAR 数据中提取地面点，从而内插得到数字高程模型（Digital Elevation Model，DEM）；两者相减即可得到 nDSM。建筑物屋顶和植被相对于其他地物具有明显的归一化高度。图 4-10 为航空影像和 nDSM 的提取结果。

（a）城市区域航空影像

（b）LiDAR 提取 nDSM 结果

图 4-10　航空影像与 nDSM 提取结果

点云强度图同样通过第一次回波强度信息内插得到。强度信息反映激光落在不同材质的物体表面具有不同的回波能量。地面介质表面的反射系数决定了激光回波能量的多少，地面介质对激光的反射系数取决于激光的波长、介质材料以及介质表面的明暗黑白程度。反射介质的表面越亮，反射率就越高。沙土等自然介质表面的反射率一般为 10%～20%；植被表面的反射率一般为 30%～50%等。由于反射率取决于表面介质材料，不同地物具有不同的反射介质表面，自然地物表面（如植被）对激光的反射能力要强于人工地物（如建筑物、道路等）介质。多重回波通常是高层植被、建筑物边缘对激光信号的多次反射引起的，高层植被以及建筑物边缘部分能够产生较大的回波数和回波号。

除了高程特征和强度特征等直接特征，也可以通过局部统计的方法从 LiDAR 点云数据获得高程纹理和几何特征。

4.7　城市夜光遥感影像的数据特性

夜光遥感影像在无云条件下，可以反映夜间城镇灯光状况，有人类活动和灯光使用的人工建筑及路网等地物可清晰呈现（李德仁等，2015）。图 4-11 是武汉大学夜光遥感试验星珞珈一号传回的阿联酋阿布扎比和迪拜地区的夜光遥感影像，图中的城市结构和道路网清晰可见。相比于普通的遥感卫星影像，夜光遥感影像更多地反映人类活动，夜光遥感在社会经济参数估算，城市化检测与评估、重大事件评估、环境及健康效应研究等领域有广泛的应用。

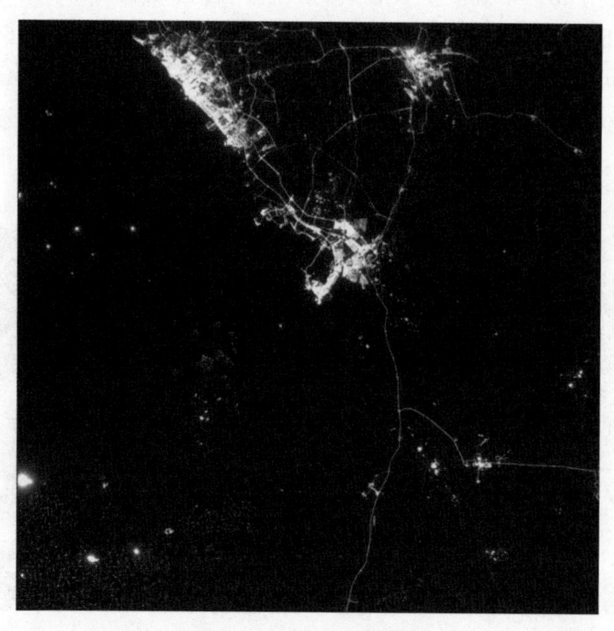

图 4-11　夜光遥感影像

思考题

1. 简述城市房屋、道路、绿地、水体在可见光全色遥感影像上的特征的不同点。

2. 结合城市居民地和植被在可见光、红外、热红外、微波影像上的不同特征，分析在提取城市居民地和植被时该如何选择遥感数据？

3. 结合城市房屋、道路的影像特征，分析如何提取城市建成区的范围？

4. 结合图 4-10 的城市昼夜热红外影像，分析城市建筑、道路、水体和植被各有什么特征？

5. 城市水体中有机物质、悬浮泥沙、水深、水温等因素都会影响其光谱特征，请结合遥感数据特性谈一谈城市水体光谱特征有哪些用途？

参考文献

[1] 赵英时，等. 遥感应用分析原理与方法（第二版）[M]. 北京：科学出版社，2012.

[2] 李先怡，范海生，潘申林，等. 珠海一号高光谱卫星数据及应用概况 [J]. 卫星应用，2019 (8)：12-18.

[3] 徐涵秋，杜丽萍．遥感建筑用地信息的快速提取［J］．地球信息科学学报，2010，12（4）：574-579.
[4] 刘良云．植被定量遥感原理与应用［M］．北京：科学出版社，2014.
[5] 马荣华．湖泊水环境遥感［M］．北京：科学出版社，2010.
[6] Zhong Y，Wu Y，Xu X，et al. An adaptive subpixel mapping method based on MAP Model and class determination strategy for hyperspectral remote sensing imagery［J］. IEEE Transactions on Geoscience and Remote Sensing，2015，53（3）：1411-1426.
[7] 童庆禧，张兵，张立福．中国高光谱遥感的前沿进展［J］．遥感学报，2016，20（5）：689-707.
[8] 舒宁．微波遥感原理［M］．武汉：武汉大学出版社，2000.
[9] 赖旭东，戴大昌，郑敏，等．LiDAR点云数据的电力线3维重建［J］．遥感学报，2014（6）：1223-1229.
[10] 李德仁，李熙．论夜光遥感数据挖掘［J］．测绘学报，2015，44（6）：591-601.

第5章　城市遥感观测模型和数据获取方法

城市遥感以城市自然环境与人类活动为研究对象，遥感数据获取面临着多方面的挑战，主要包括：

（1）在观测对象方面，城市遥感以城市尺度为观测对象，在时间维度上城市发展变化快，城市人地竞争，观测要素复杂而时变；在空间维度上需要同时开展水平、垂直立体化观测，不仅地物类型丰富、要素紧凑，且还需要考虑不同高度城市目标的观测要求。

（2）在观测手段方面，因为城市地物更加碎片化，客观上需要更高的空间观测分辨率，但空间分辨率越高，引入的噪声越发严重，微观地物和社会经济活动的引入造成信息提取更加困难。

（3）在观测需求方面，城市遥感既要观测城市的自然土地覆盖和土地利用现象，又要观测城市社会经济活动行为的变化，迫切需要发展从对地观测到对地和对人类活动观测的理论模型和实现方法。

5.1　城市遥感观测需求

5.1.1　遥感数据的时空特性

城市发展速度极快，城市监测需要有及时更新的遥感数据作为支撑。随着小卫星群计划的推行，可以用多颗小卫星组网，实现每3~5天对地表重复一次采样，获得高分辨率全色影像和成像光谱仪数据。多波段、多极化方式的雷达卫星，将能解决阴雨多雾情况下的全天候和全天时对地观测，能满足城市应急监测和自然灾害风险快速评估的迫切需求。美国1m分辨率IKONOS卫星和0.61m分辨率的QuickBird卫星以及中国的高分系列卫星的遥感影像能大大提高城市空间数据更新能力。

5.1.2　数据的有效性

遥感数据的分辨率分为空间分辨率（地面分辨率）、光谱分辨率（波谱带数目）、时间分辨率（重复周期）和辐射分辨率。

以地面分辨率为例，Landsat卫星的MSS影像，像素的地面分辨率为79m，而1983—1984年的Landsat 4-5上的TM（专题制图仪）影像的地面分辨率则为30m，法国的SPOT-5卫星采用新的三台高分辨率几何成像仪器，提供5m和2.5m的地面分辨率，并能沿轨或异轨立体成像。美国IKONOS-2和QuickBird卫星，分别能提供1m与0.61m空间分辨率的全色影像，4m与2.44m空间分辨率的多光谱影像。2013年4月，我国国家高分辨率对地观测系统重大专项天基系统中的首发星高分一号卫星在酒泉卫星发射基地成功发射，可提供2m空间分辨率的全色影像和8m空间分辨率的多光谱影像。我国自主研制的首颗空间分辨率优于1m的民用光学遥感卫星高分二号于2014年8月成功发射，可提供1m空间分辨率的全色影像和4m空间分辨率的多光谱影像。所有这些都为城市遥感的定量化研究提供了保证。

（a）GF-2多光谱影像

（b）GF-2全色影像

图5-1　城市高分二号卫星影像示例

5.1.3　遥感数据的价格

卫星遥感的主要应用是根据卫星影像解译出人们所需要的信息，主要根据影像的灰度、颜色、纹理、结构、形状等许多信息来确定，目前大部分卫星遥感（除SAR以外）是根据光谱成像理论获取信息。鉴于地物光谱受到周围环境、大气衰减等许多因素的影响，使得影像特征和地物间的关系极为复杂，给影像解译带来了极大困难。

目前从商业渠道购买高空间分辨率卫星数据的价格较高，且时效性也不能满足要求。因此，从国际遥感发展动向及中国国情出发，发展以高空快速大型机载平台为中坚系统，由卫星遥感、中低空准实时遥感集成系统、地面信息获取系统等构成的多高度信息获取技术系统。

5.2　城市时空谱观测模型

城市遥感是遥感的一个重要分支，它以城市为观测对象。在城市遥感观测过程中，观测对象通常具有多维度、多尺度、多模式的特点，城市场景高度异质化，造成遥感信息提取的精度和自动化程度都是最低的。城市遥感在三维空间数据采集、复杂场景的自动信息提取、变化区域的及时更新、时间敏感目标的检测与跟踪等方面面临着挑战。

鉴于城市遥感观测的复杂性，通常需要综合考虑遥感影像的时间、空间、光谱特征以满足城市遥感观测的需求。理论上，城市遥感观测需要具有高时间分辨率、高空间分辨率和高光谱分辨率的数据。然而现在还不存在针对城市遥感的对地卫星观测计划，目前的城市遥感观测一般协同现有的多源卫星数据进行观测，以满足特定的观测需求。因此，本节通过综合考虑时间、空间和光谱三个维度的特征，对城市观测过程进行抽象，构建城市时空光谱观测模型，用于指导根据城市观测需求选择卫星进行协同观测，为海绵城市、智慧城市建设提供有效的、丰富的数据源。

5.2.1　城市时空谱观测理论模型

在遥感影像中，由光谱差异所反映的影像空间特征在信息提取中起着非常重要的作用，尤其在高空间分辨率影像中。在实际应用中，空间分辨率是首先要考虑的空间特征。当空间分辨率满足要求时，然后根据观测需求可以提取更多的空间特征。常用的空间特征包括边缘、形状、纹理、高度、语义特征等。因此，空特征间集合 I_{spatial} 可以表示为

$$I_{\text{spatial}} = \{h_{\text{edge}},\ h_{\text{shape}},\ h_{\text{texture}},\ h_{\text{height}},\ \cdots,\ h_{\text{semantic}}\} \tag{5-1}$$

式中，h_{edge}，h_{shape}，h_{texture}，h_{height} 和 h_{semantic} 分别表示边缘、形状、纹理、高度、语义等空间特征。我们可以根据城市遥感观测的具体需求，仔细选择所需要的空间特征。需要注意的是，当影像的空间分辨率较低时，需要考虑混合像元的问题。

光谱特征是遥感影像中最重要的特征，它能充分反映观测对象的生物化学特征。不同的观测对象具有不同的光谱响应，这是遥感观测的物理基础。然而，对于波段较少、光谱分辨率较低的图像，同物异谱、同谱异物现象比较明显。此时，需要借助高光谱遥感来缓解这一问题。高光谱遥感可以获得一定范围内连续、精细的地物光谱曲线，在很大程度上提高了对地球表面的观测能力。目前常用的光谱特征可用式（5-2）表示：

$$I_{\text{spectral}} = \{h_{\text{bands}},\ h_{\text{indexes}},\ h_{\text{SD}},\ h_{\text{SA}},\ h_{\text{SID}},\ \cdots,\ h_{\text{CC}}\} \tag{5-2}$$

式中，h_{bands} 表示地物的光谱反射率；h_{indexes} 表示通过波段间运算得到的指数特征，如归一化植被指数（NDVI）、归一化水体指数（NDWI）等，这两个特征通常是从多光谱图像中提取出来的；h_{SD}，h_{SA}，h_{SIA} 和 h_{CC} 分别代表高光谱图像的光谱导数、光谱角、光谱信息散度和相关系数等光谱特征。高光谱图像虽然包含了大量的光谱特征，但特征之间容易存在相关性，导致大量的信息冗余。此外，高光谱遥感的空间分辨率普遍偏低。

在城市遥感观测中，类似于土地利用更新、灾害评估等需要检测地物的变化信息的观测任务，对影像时间维度的信息有一定的要求，此时必须考虑影像的时间分辨率。此外，对于一些时间特性强的目标，通过多时相的观测，可以挖掘出许多有助于目标观测的时间特征，这些特征可用式（5-3）表示：

$$I_{\text{temporal}} = \{h_{\text{spatial}}(t_1,\ t_2,\ \cdots,\ t_n),\ h_{\text{spectral}}(t_1,\ t_2,\ \cdots,\ t_n),\ h_{\text{DTW}},\ \cdots,\ h_{\text{statistics}}\} \tag{5-3}$$

式中，$h_{\text{spatial}}(t_1,\ t_2,\ \cdots,\ t_n)$ 表示不同时间的空间特征；$h_{\text{spectral}}(t_1,\ t_2,\ \cdots,\ t_n)$ 表示不同时间的光谱特征；h_{DTW} 表示动态时间扭曲距离（DTW）特征；$h_{\text{statistics}}$ 表示时间序列图像的均值、方差等统计特征。

通过综合考虑空间、光谱、时间三个维度的特征，我们对城市遥感过程进行了抽象，提出了一个城市时空光谱观测模型。模型的输入即为时间特征、空间特征和光谱特征。根据模型的输出，将模型可以分为两种类型：数据质量改进模型和信息提取模型。数据质量改进模型是指融合不同分辨率、不同平台、不同类型的多源数据，获得具有更高空间、时间和光谱分辨率的高质量图像。这类模型可以用式（5-4）建模：

$$I = O(I_1,\ I_2,\ I_3,\ \cdots,\ I_K) \tag{5-4}$$

式中，I_1，I_2，I_3，…，I_K 表示多源图像；O 表示融合模型；I 表示模型的输出，即更高质量的图像。

一般来说，遥感影像主要包含三种类型的特征，即空间特征、光谱特征和时间特征，每幅图像 I_i 由这三个分量组成，如式（5-5）所示：

$$I_i = I_{i,\ \text{spatial}} \oplus I_{i,\ \text{temporal}} \oplus I_{i,\ \text{spectral}} \tag{5-5}$$

式中，$I_{i,\ \text{spatial}}$，$I_{i,\ \text{temporal}}$ 和 $I_{i,\ \text{spectral}}$ 分别表示空间、时间和光谱特征集。

然而，由于传感器技术工艺的不同，多源图像往往只聚焦在某一分量上，而在其他分量上表现较弱。例如，高分辨率图像具有较高的空间分辨率，但时间和光谱分辨率较低。因此，在构建时空光谱观测模型时，需要从空间、时间和光谱三个方面考虑，建立多源图像对各分量的约束关系，从而融合各分量，得到一幅质量更高的图像，该过程可以用式（5-6）表示：

$$I = F(\{I_{i,\ \text{spatial}}\}_{i=1}^{K}) \oplus F(\{I_{i,\ \text{temporal}}\}_{i=1}^{K}) \oplus F(\{I_{i,\ \text{spectral}}\}_{i=1}^{K}) \tag{5-6}$$

式中，$F(\cdot)$ 为各图像的融合函数。

此外，时空光谱观测模型的输出可以根据不同的任务从影像中提取出信息，这种具有特定任务的观测模型可以抽象为

$$Y = O(I_1,\ I_2,\ I_3,\ \cdots,\ I_K;\ T) \tag{5-7}$$

同样，在任务 T 的约束下，可以从空间、时间和光谱三个方面提取特征，输出有用的信息，该过程可以用式（5-8）表示：

$$Y = H(F(\{I_{i,\ \text{spatial}}\}_{i=1}^{K};\ T) \oplus F(\{I_{i,\ \text{temporal}}\}_{i=1}^{K};\ T) \oplus F(\{I_{i,\ \text{spectral}}\}_{i=1}^{K};\ T)) \tag{5-8}$$

式中，$H(\cdot)$ 为信息提取函数。

虽然遥感图像包含了大量的空间、时间和光谱特征，然而，并不是所有的特征都是需要的。需要我们在空间、时间和光谱分辨率满足具体任务要求的情况下，根据观测任务和目的进行选择。接下来，我们将结合实例描述如何对时空光谱观测模型中的空间、光谱、时间特征进行约束。

5.2.2 城市时空谱观测模型中的空间特征约束规则

在城市遥感观测中，空间特征通常需要从空间分辨率，是否需要三维信息，观测对象是否具有明显的形状、纹理等方面进行约束，本小节将以城市生物量反演为例阐述如何选取空间特征。

遥感技术通过构建遥感数据提取特征与实测生物量之间的关系，可以有效反演植被生物量。然而，城市生物量的遥感反演研究多集中在森林方面，主要使用的是中、低分辨率遥感影像，如 Landsat、MODIS 等，由于城市地区植被景观特征异质性较大，中、低空间分辨率的遥感影像不适用于城市场景。因此，反演城市植被生物量需要高空间分辨率的影像。

对于乔木，其生物量与树木的高度、胸径等参数具有较强的相关关系，因此在城市植被生物量遥感反演过程中需要对树木进行三维信息的提取。此外，植被具有与其他地物显著不同的纹理特征，且其纹理特征与生物量之间也存在一定的相关关系，所以在城市植被生物量遥感反演过程中，植被的纹理特征也应该予以考虑。

根据上述对空间特征的约束，以广东省珠海市横琴新区开展城市植被生物量反演为例，利用激光雷达获取与植被生物量相关的高度等三维信息，利用 WorldView-3 卫星数据提取植被的纹理特征，最终从激光雷达数据中提取了树冠高度、树冠覆盖度和树冠形状三类空间特征（表 5-1），从 WorldView-3 影像中提取了均值、方差、同质性等 8 种纹理特征（表 5-2）。

表 5-1　**激光雷达数据提取的空间特征**

类　型	特　征	描　述
树冠高度	H_{max}	点云的最大高度
	H_{mean}	点云的平均高度
	H_{p}	点云的百分位高度
	H_{sd}	点云高度的标准差
	H_{cv}	点云高度变化系数
	H_{var}	点云高度的方差
	H_{ske}	点云高度梯度
	H_{kur}	点云高度峰值
树冠覆盖度	Cov	冠层回波面积与总波面积之比
树冠形状	CRR	树冠缓解率

表 5-2　**WorldView-3 影像提取的空间特征**

特　征	描　述
ME	均值
VAR	方差
HO	同质性
CO	对比
DI	不同
EN	熵
SM	二阶矩
CC	相关系数

我们使用随机森林（RF）算法估计研究区生物量。因此，根据上述的城市时空光谱观测模型，城市植被生物量估算过程可建模为：

$$I_{spatial} = F(\{I_{i,\ spatial}\}_{i=1}^{K};\ \text{biomass}) = \{H_{max},\ H_{mean},\ H_{p},\ \cdots,\ \text{SM},\ \text{CC}\}$$
$$\text{AGB} = \text{RF}(I_{spatial}) \tag{5-9}$$

式中，I_{spatial} 是使用的空间特征；RF(·) 表示随机森林算法；AGB 为地上生物量。

图 5-2 为利用 RF 模型的生物量图。本研究采用决定系数（R^2）、均方根误差（RMSE）和相对均方根误差（RMSEr）三个指标来评价生物量估算的准确性。RF 模型具有较高的精度，R^2 为 0.6913，RMSE 为 26.98，RMSEr 为 0.4418。

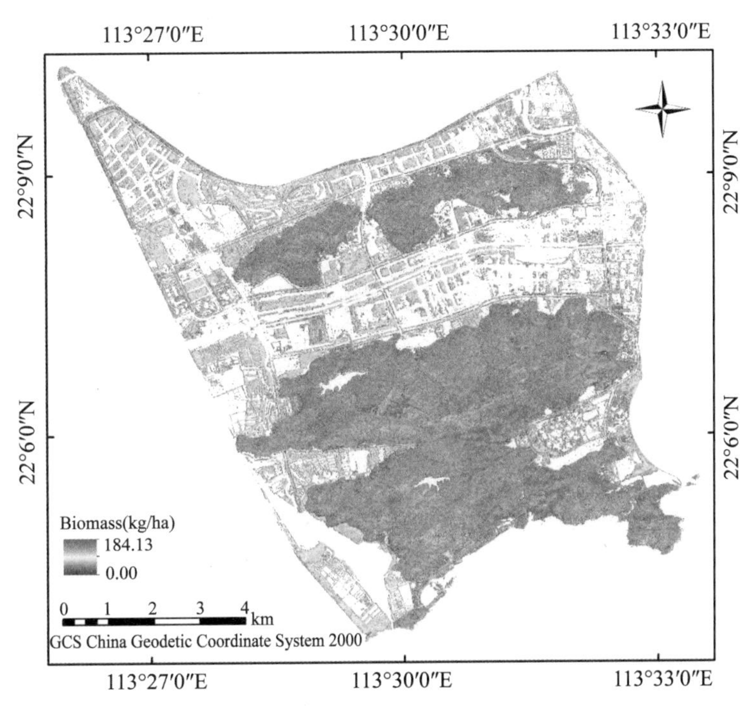

图 5-2　用随机森林算法反演的城市生物量结果图

5.2.3　城市时空谱观测模型中的光谱特征约束规则

光谱特征是遥感影像中最重要的特征，也是最常用的特征。本小节以城市洪涝灾害监测为例，阐述如何针对这一特定任务对光谱特征进行约束，进而选取合适的光谱特征。

2020 年 7 月以来，长江流域进入雨季，造成长江中下游洪水量超出水位预警值。巢湖作为长江中下游五大淡水湖之一，水位达到 150 年来最高值，达 13.43m，严重威胁环绕巢湖的合肥市居民的生命、财产安全。因此，监测巢湖洪水淹没范围对合肥市的保护具有重要意义。

由于受降雨等天气条件的影响，光学遥感传感器无法获得有效数据。合成孔径雷达（SAR）作为一种主动探测器，由于其波长较长，不容易受气象条件和日照水平的影响，可以穿透云层、雾霾、沙尘等天气条件。根据这一特性，SAR 可以全天时、全天候地对地球进行观测。因此，可选取 SAR 影像作为巢湖洪泛区监测的数据源。针对 SAR 图像中水体后向散射系数低的特点，采用阈值法提取水体，此观测过程可建模为

$$I_{\text{spectral}} = F(\{I_{i,\ \text{spectral}}\}_{i=1}^{K};\ \text{floodmapping}) = \{\delta\}$$

$$Y = \text{Threshold}(I_{\text{spectral}}) \tag{5-10}$$

式中，δ 表示后向散射系数；I_{spectral} 表示使用的光谱特征；Threshold(·) 表示阈值提取函数。

水体提取结果如图 5-3 所示。从图 5-3 可以看出，与 2020 年 7 月 20 日相比，2020 年 7 月 24 日的淹没面积明显增加，但到 2020 年 7 月 26 日，淹没面积并没有明显扩大。这些信息可以为决策者提供有用的数据，可用于指导救灾和减灾工作。

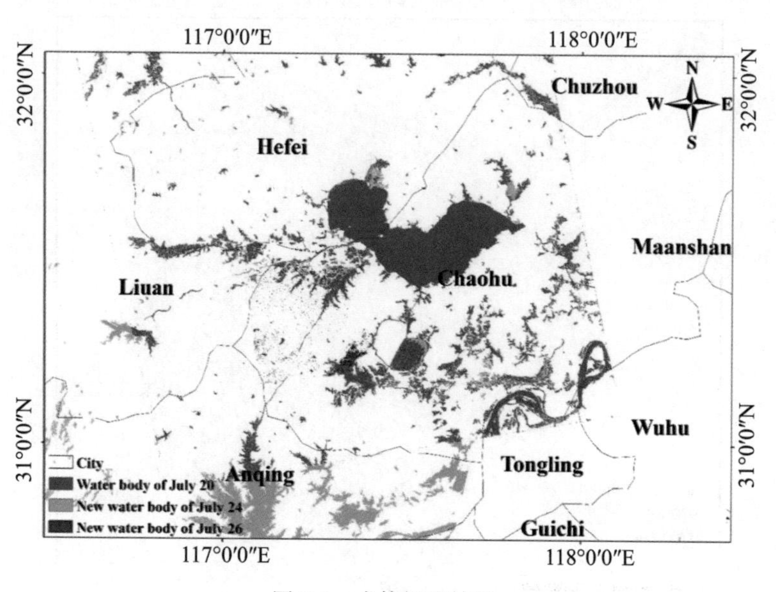

图 5-3　水体提取结果

5.2.4　城市时空谱观测模型中的时间特征约束规则

在城市遥感观测过程中，某些任务对时间特征具有一定的要求，如城市植被物候研究。本小节以城市植被物候研究为导向，阐述如何获取满足城市植被物候研究的遥感影像。

城市热岛引起的气温上升会影响植被物候。研究城市热岛对植被物候的影响具有重要意义，因为植被生长对水、能量和碳交换有显著影响，而水、能量和碳交换又对气候有重要反馈。在物候研究中，中分辨率成像光谱仪（MODerate Resolution Imaging Spectroradiometer，MODIS）和高级甚高分辨率辐射计（Advanced Very-High Resolution Radiometer，AVHRR）能够为地表观测提供日测数据，是两种最常用的数据源。然而，这些数据的空间分辨率非常粗糙，无法适用于高度异质性的城市区域。随着 2008 年美国地质调查局（USGS）免费向全球用户开放 Landsat 系列数据获取通道，具有 30m 空间分辨率、8 天重复周期、跨度 50 年的 Landsat 系列卫星已成为城市物候研究非常有潜力的数据源。但由于受天气、光线等的限制，Landsat 的实际有效观测频率为双周到双月，甚至更少，无法满足城市物候研究的要求。值得庆幸的是，随着 2015 年和 2017 年欧洲分别发射的 Sentinel-2A 和 Sentinel-2B 卫星，结合 Landsat 和 Sentinel-2 MSI 双系统可以进行密集的全球观测，周期为2~3天。但是，这两个数据的空间分辨率不一致。

为了解决这个问题，如果采用本书第9章的时空融合模型超分辨率卷积神经网络（ESRCNN），融合 Landsat 8 和 Sentinel-2 影像，可以生成一幅空间分辨率为10m、重访周期为2~3天的新影像。该模型可表示为

$$I = \text{esrcnn}(L8_{t1}, L8_{t2}, L8_{t3}, \cdots, S2_{t1}, S2_{t2}, S2_{t3}) \tag{5-11}$$

式中，$L8_{ti}$ 表示在 t_i 时刻获取的 Landsat 8 图像，$S2_{ti}$ 表示在 t_i 时刻获取的 Sentinel-2 图像，I 表示融合的图像。通过应用该时空融合模型，用户可以获得类似于10m的空间分辨率和2~3天的时间分辨率的 Landsat 8 数据，从而为城市物候观测等对时间分辨率有着特殊要求的观测需求提供有效的遥感数据源。

5.3 城市卫星影像数据获取方法

为了加强对地球表层的科学研究，美国国家航空航天局（NASA）自1991年启动了对地观测系统计划，于1999年12月发射 TERRA 卫星，卫星上共载有云与地球辐射能量系统测量仪（Clouds and the Earth's Radiant Energy System，CERES）、中分辨率成像光谱仪（MODIS）、多角度成像光谱仪（Multiangle Imaging SpectroRadiometer，MISR）、先进星载热辐射与反射测量仪（Advanced Spaceborn Thermal Emission and reflection Radiometer，ASTER）以及热带污染测量仪（Measurements Of Pollution In The Troposphere，MOPITT）。MODIS 是其中最有特色的仪器，MODIS 数据具有36个波段，地表分辨率为250~1000m，并实行全球免费接收的政策。MODIS 数据由于其空间分辨率及波段数的特点，可用于宏观的城市地表覆盖变化、城市生态监测等研究（刘闯等，2000）。

自1972年 Landsat 1 卫星发射以来，长达40年历史的 Landsat 系列卫星数据成为应用最为广泛的卫星数据，为地球表面监测作出了巨大的贡献，也是城市遥感领域的重要数据源之一。继 Landsat 1-4 卫星相继失效后，Landsat 5 于2013年退役，Landsat 8 于2013年发射成为 Landsat 系列的主力军。Landsat 8 搭载有陆地成像仪（Operational Land Imager，OLI）与热红外传感器（Thermal Infrared Sensor，TIRS）两个传感器：OLI 有9个波段，除全色波段空间分辨率为15m以外，其他波段空间分辨率为30m；热红外传感器 TIRS 有两个波段，分辨率为100m。Landsat 1-3 卫星重返周期为18天，Landsat 4-8 卫星（除发射失败的 Landsat 6）的重返周期均为16天，考虑到 Landsat 数据15~100m的空间分辨率以及相对较短的重返周期，该数据广泛应用于城市遥感年际变化动态监测中。

DigitalGlobe 公司的商业成像卫星系统 WorldView 系列卫星在很长一段时间内被认为是全球分辨率最高、响应最敏捷的商业成像卫星，WorldView-1 于2007年9月18日发射，可提供0.5m空间分辨率的全色影像，WorldView-2 于2009年10月8日发射成功，可提供0.5m空间分辨率的全色影像和1.8m分辨率的多光谱影像，WorldView-3 于2014年8月13日发射成功，可以采集0.31m空间分辨率的影像，由于美国政府禁止商业公司出售空间分辨率优于0.5m的卫星影像，原始数据需经重采样到0.5m分辨率。WorldView-4 卫星在美国东部时间2016年9月26日从范登堡空军基地发射。WorldView-4 能够拍摄获取0.3m全色分辨率和1.24m多光谱分辨率的卫星影像，使得 WorldView-4 具有与

WorldView-3 卫星传感器相似的分辨率。图 5-4 为城市区域 WorldView-4 卫星影像示例。

图 5-4　城市区域 WorldView-4 卫星影像示例

近年来我国高分卫星快速发展，发射了一系列高分卫星，目前高分系列卫星覆盖了从全色、多光谱到高光谱，从光学到雷达，从太阳同步轨道到地球同步轨道等多种类型，构成了一个具有高空间分辨率、高时间分辨率和高光谱分辨率能力的对地观测系统，表 5-3 为高分系列卫星相关参数。

表 5-3　　高分系列卫星参数

卫星	发射时间	空间分辨率	幅宽	波段
高分一号	2013 年	全色 2m，多光谱 8m	60km	全色、蓝、绿、红、近红外
高分二号	2014 年	全色 0. 8m，多光谱 3. 2m	45km	全色、蓝、绿、红、近红外
高分三号	2016 年	1~500m	10~100km	C 频段 SAR
高分四号	2015 年	50~400m	400km	可见光近红外，中波红外
高分五号	2018 年	30m	60km	可见光至短波红外，全谱段
高分六号	2018 年	全色 2m，多光谱 8m，多光谱 16m	90km	全色、蓝、绿、红、近红外

高分一号卫星可提供 2m 空间分辨率的全色影像和 8m 空间分辨率的多光谱影像。高分二号卫星搭载有两台高分辨率全色和多光谱相机，星下点空间分辨率可达 0. 8m，可提供 1m 空间分辨率的全色影像和 4m 空间分辨率的多光谱影像，标志着我国遥感卫星进入了亚米级“高分时代”。高分六号卫星于 2018 年 6 月发射，是一颗低轨光学遥感卫星，配置 2m 全色、8m 多光谱高分辨率相机和 16m 多光谱中分辨率宽幅相机，2m 全色、8m 多光谱相机观测幅宽 90km，16m 多光谱相机观测幅宽 800km。高分六号卫星与高分一号卫星组网实现了对中国陆地区域 2 天的重访观测，极大地提高了遥感数据的获取规模和时

效，有效弥补国内外已有中高空间分辨率多光谱卫星资源的不足，提升国产遥感卫星数据的自给率和应用范围。图 5-5 为高分六号全色多光谱融合影像。

图 5-5 高分六号全色多光谱融合影像示例

高分三号卫星，于 2016 年 8 月 10 日发射升空，是中国首颗分辨率达到 1m 的 C 频段多极化合成孔径雷达成像卫星，也是世界上成像模式最多的合成孔径雷达卫星，具有 12 种成像模式。它不仅涵盖了传统的条带、扫描成像模式，而且可在聚束、条带、扫描、波浪、全球观测、高低入射角等多种成像模式下实现自由切换，既可以探地，又可以观海，达到“一星多用”的效果。高分三号的空间分辨率为 1~500m，幅宽为 10~650km，不仅能够大范围普查，一次可以最宽获得 650km 范围内的图像，也能够清晰地分辨出陆地上的道路、一般建筑和海面上的舰船。由于具备 1m 分辨率成像模式，高分三号卫星成为世界上 C 频段多极化 SAR 卫星中分辨率最高的卫星系统。图 5-6 为高分三号卫星影像。

合成孔径雷达（SAR）是一种主动微波成像传感器，通过发射宽带信号，结合合成孔径技术，SAR 可以在距离向和方位向同时获得二维高分辨率影像（邓云凯等，2012）。与光学遥感、高光谱遥感相比，SAR 具备全天候、全天时的成像能力，同时具有一定穿透性，SAR 影像可以反映地表微波散射特性。SAR 已被广泛应用于自然资源普查、自然灾害监测等各个领域，也是城市遥感研究的一个重要数据源。由于过度开采地下矿藏资源或地下水资源而引起的地表沉降是我国近年来最严重的地质灾害之一，城市地表沉降是一个缓慢的过程，张永红等（2009）利用 SAR 干涉点目标形变信息提取技术，获取了苏州市区 1992—2002 年的地表沉降信息，研究结果证明 SAR 干涉点目标技术可应用于城市地表

图 5-6　高分三号卫星影像示例

形变监测。王聪等（2018）基于 Envisat ASAR（2003—2010 年）及 Radarsat-2（2010—2016 年）两个时段的时间序列 SAR 影像，利用 PS-InSAR 技术提取通州区的高精度沉降数据，并结合地下水水位数据、土地利用数据等分析该地区地面沉降的成因及其变化特征。

我国首颗民用高分辨率光学传输型立体测图卫星——资源三号卫星（ZY3）于 2012 年 1 月 9 日成功发射，该卫星的主要任务是长期、连续、稳定、快速地获取覆盖全国的高分辨率立体影像和多光谱影像，为国土资源调查与监测、防灾减灾、农林水利、生态环境、城市规划与建设、交通、国家重大工程等领域的应用提供服务。资源三号上搭载的前、后、正视相机可以获取同一地区的三个不同观测角度立体像对，能够提供丰富的三维几何信息，填补了我国立体测图这一领域的空白，具有里程碑意义。资源三号 02 星（ZY3-02）于 2016 年 5 月 30 日，在我国在太原卫星发射中心用长征四号乙运载火箭成功发射升空。这是我国首次实现自主民用立体测绘双星组网运行，形成业务观测星座，缩短重访周期和覆盖周期，充分发挥双星效能，长期、连续、稳定、快速地获取覆盖全国乃至全球高分辨率立体影像和多光谱影像。资源三号 02 星前后视立体影像分辨率由资源三号 01 星的 3. 5m 提升到 2. 5m，具有 2m 分辨率级别的三线阵立体影像高精度获取能力，为 1∶5 万、1∶2. 5 万比例尺立体测图提供了坚实基础。双星组网进一步加强了国产卫星影像在国土测绘、资源调查与监测、防灾减灾、农林水利、生态环境、城市规划与建设、交通等领域的服务保障能力。资源三号卫星参数如表 5-4 所示。

表 5-4 资源三号卫星参数

卫星代号	有效载荷	波段号	光谱范围（μm）	空间分辨率（m）	幅宽（km）	侧摆能力	重访时间（d）
ZY3	前视相机	—	0. 50~0. 80	3. 5	52	±32°	5
	后视相机	—	0. 50~0. 80	3. 5	52	±32°	5
	正视相机	—	0. 50~0. 80	2. 1	51	±32°	5
	多光谱相机	1	0. 45~0. 52	6	51	±32°	5
		2	0. 52~0. 59				
		3	0. 63~0. 69				
		4	0. 77~0. 89				
ZY3-02	前视相机	—	0. 50~0. 80	2. 5	51	±32°	3-5
	后视相机	—	0. 50~0. 80			±32°	
	正视相机	—	0. 50~0. 80	2. 1		±32°	
	多光谱相机	1	0. 45~0. 52	5. 8		±32°	3
		2	0. 52~0. 59				
		3	0. 63~0. 69				
		4	0. 77~0. 89				

5.4 城市航空影像获取方法

安装在飞机上对地面自动进行连续摄影的摄影机称为航摄机，航摄机结构复杂，具有精密的全自动光学及电子机械系统。近年来数码航摄机已逐渐取代光学航摄机，成为航空影像的主流传感器，数码航摄机主要分为三类：单面阵航空数码相机、多面阵航空数码相机和三线阵航空数码相机。

单面阵航空数码相机获取的影像幅面较小，通常为 4K×4K 或 3K×4. 5K 左右，影像分辨率高，相机无框标，但像元排列非常规则，不需要进行内定向。

多面阵航空数码相机克服了大像幅 CCD 生产的困难，使用多个小面阵合成一个大面阵，代表性产品有 Z/I 公司生产的 DMC 及奥地利 Vexcel 的 UltraCamD（UCD）/UCX。DMC 由 4 台黑白影像的全色波段相机、4 台多光谱相机组成，排列方式如图 5-7 所示，摄影时同步曝光。4 台全色波段相机均倾斜安装，之间的距离为 170mm/80mm，分别为前/右（F/R）视、前/左（F/L）视、后/右（B/R）视和后/左（B/L）视，所获得 4 幅影像之间有一定的重叠，经过纠正拼接后提供给用户。UCD 相机同样由 4 台黑白影像的全色波段相机及 4 台多光谱相机组成，不同之处在于 4 台全色波段相机按照航线航向顺序等间隔排列，每台相机承影面上的 CCD 数目及位置各不相同，依次为：四个角各一块、上下各一块、左右各一块、中心位置一块，共有9块CCD面阵，摄影时前后顺序曝光，9个小面阵拼接为1个大面阵。

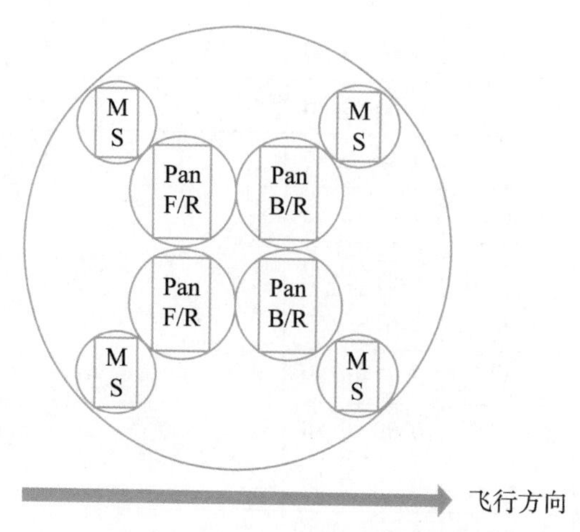

图5-7　DMC数码航空摄影示意图

由徕卡公司和德国航天中心共同开发的ADS40三线阵航空数码相机自2001年进入市场后，在测绘、自然资源勘查等方面得到了广泛应用。ADS40由3组全色波段的CCD阵列和4个多光谱CCD组成，每个CCD有12000个像素，全色波段每组由两个CCD并排放置，CCD之间存在半个像素约3.25μm的错位，这种设计可以提高几何分辨率。ADS40系统利用三线阵中心投影的CCD相机，能够为每一条航带连续地获取不同投影方向和不同波段的影像，其中任意两张不同投影方向的影像都可以构成立体像对。单幅影像只能确定物点所在的空间方向，而两幅相互重叠的影像可以构成立体像对而获得物点的空间坐标。

利用机载传感器所获取的航空影像，使用摄影测量方法采集空间数据，进行4D产品生产，是航空影像应用于城市遥感研究的一个重要途径。4D产品包括数字高程模型（DEM）、数字表面模型（DSM）、数字正射影像（DOM）、数字线划地图（DLG）。

无人机是近年来一个新兴的低空遥感平台，无人机遥感平台具有结构简单、成本低、风险小、机动性高、实时性强等优点。以无人机作为遥感平台获取实时高分辨率遥感影像数据，既可以克服传统航空遥感受制于航时、气象条件等缺点，也能弥补卫星遥感平台不能获取某些感兴趣区域信息的不足，同时避免了地面遥感工作范围小、视野窄、工作量大等因素，对操作人员的技术要求低（李德仁等，2014）。由于无人机摄影平台具有机动、灵活、快速等特点，无人机倾斜摄影测量已成为航空摄影测量的重要手段和国家航空遥感监测体系的重要补充，以无人机作为摄影平台可以快速获取城市建筑物立面信息，且影像分辨率高，提高了精细三维数据的获取能力，促进了倾斜摄影测量三维建模的发展（杨国东等，2016）。

无人机在自然灾害监测中发挥了不可替代的作用，无人机航拍很好地弥补了卫星遥感、航空遥感等对地观测手段的观测精度不高、时效性差等不足，获取的大量实时高分辨率影像可为城市应急救灾决策与指挥提供可靠、全面、及时的灾情信息。2008年5月12日汶川地震发生后，灾区受到了毁灭性的破坏，交通陷入瘫痪，为了及时了解灾区受灾情况，救援人员使用无人机遥感系统对灾区进行无人机航拍，对获取影像进行处理后，评估灾情，为抗震救灾提供了有效的决策支持。2017 年 8 月 8 日四川省阿坝藏族羌族自治州九寨沟县发生 7.0 级地震，国家电网四川省电力公司应急部门利用无人机航拍对灾区进行三维建模，获取灾区电力设施的信息和地质灾害即时信息，为技术人员进行灾区电力抢修提供可靠的数据支撑。

图 5-8 为无人机航拍城市遥感影像示例，数据地点为武汉市青山区南干渠游园，无人机影像为正射遥感影像，空间分辨率达到 0.03m。

图 5-8　武汉市青山区南干渠游园无人机航拍遥感影像示例

5.5　城市车载移动测量数据获取方法

卫星遥感与航空遥感平台可获取大范围的城市地表信息，但由于城市建筑密集、成分复杂，很难获得地物的完整信息，如建筑物立面纹理等，且航天与航空遥感限制因素多、成本高昂、现势性差，制约了城市遥感的发展。车载移动测量系统的出现有效弥补了这些不足，在智慧城市、交通管理、公共安全等领域表现出巨大的应用潜力。

车载移动测量系统获取的数据主要包括影像序列和三维点云：影像具有较高分辨率，包含丰富的颜色和纹理信息；点云数据直接获取物体表面点的三维坐标，但其空间分辨率较低且有效测量距离有限。目前常用的街景地图是直接对影像序列进行处理后进行直观展示得到的，将两种数据结合使用进行城市建筑三维重建是近年来的研究热点。基于点云数据和影像数据的建筑物三维重建的基本步骤为点云数据获取、建筑物点云识别、几何模型重建及纹理映射。尽管车载移动测量系统获取数据极其高效快捷，但这种获取方式仍存在局限性，它无法获得建筑物背面或车辆无法驶入区域的数据，龚健雅等（2015）提出可以将移动测量系统与其他数据源结合，如使用由手机或普通相机拍摄的具有地理坐标的众源影像对车载移动测量数据进行补充。

图 5-9 为车载移动测量系统，是由高精度光纤或激光惯性导航系统（INS）、全景相机（CCD）、920m 超远距离激光扫描仪（LiDAR）及高等级防护罩组成，在高速行进之中，快速采集空间位置数据和属性数据，同步存储在计算机中经专门软件编辑处理，形成街景、激光点云及各种专题数据成果的先进地理信息采集系统。

图 5-9　车载移动测量系统

图 5-10 为车载移动测量系统数据获取流程，在数据采集过程中，需要对移动测量系统进行初始化，调整 GPS/INS 信号，然后根据提前设定好的路线行驶，进行持续扫描，获取连续的影像。CCD 获取的影像需要进行立体匹配，然后结合 INS 姿态信息和 GPS 位置信息，构建影像索引数据库，最后建立数据库及电子地图。

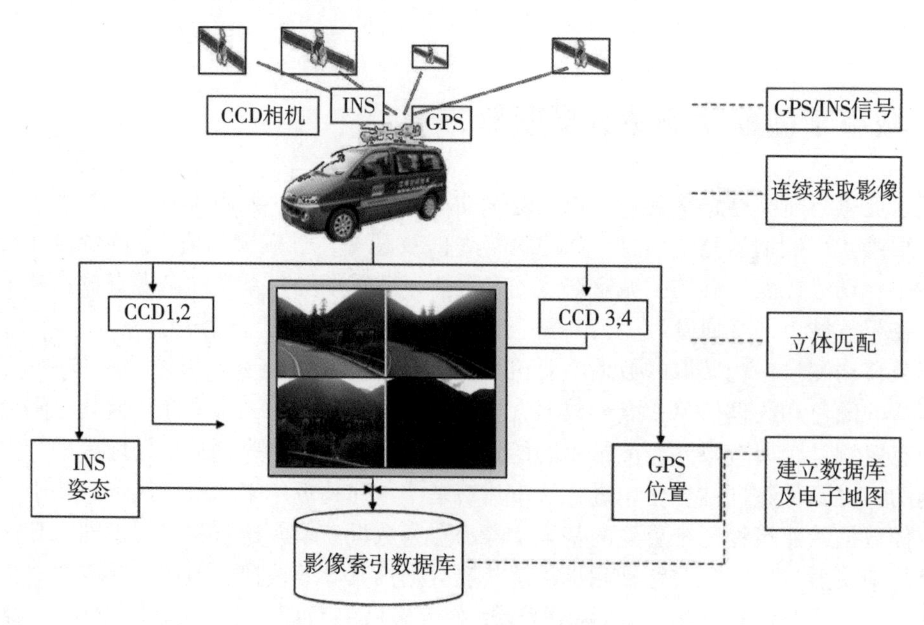

图 5-10　车载移动测量系统数据获取流程

5.6 城市机车多平台多传感器组网影像获取方法

多传感器集成与融合技术从20世纪80年代初以军事领域的研究为开端，迅速扩展到军事和非军事的各个应用领域。多传感器集成是指利用在不同的时间序列上获得的多种传感器信息，按一定准则加以综合分析来帮助系统完成某项任务，包括对各种传感器给出的有用信息进行采集、传输、分析与合成等处理。多传感器集成的基本出发点就是充分利用多个传感器资源，通过对这些传感器及其观测信息的合理支配和使用，把多个传感器在空间或时间上的冗余或互补信息依据某种准则进行组合，以获得对被测对象的一致性解释或描述。单个传感器在环境描述方面存在无法克服的缺点。首先，由于单个传感器只能提供关于操作环境的部分信息，并且其观测值总会存在不确定以及偶然不正确的情况。因此，单个传感器无法对事件作出唯一全面的解释，无法处理不确定的情况。其次，不同的传感器可以在不同环境下为不同的任务提供不同类型的信息，而单个传感器无法包括所有可能的情况。最后，由于单个传感器系统缺乏鲁棒性，所以偶然的故障会导致整个系统无法正常工作，甚至会给重要的系统造成灾难性的后果。多个传感器不仅可以得到描述同一环境特征的多个冗余的信息，而且可以描述不同的环境特征。

在空间数据特别是三维空间数据采集与更新方面，传统的测绘手段都存在一定的局限性。航空摄影测量与遥感虽然可以提供目标的空间信息、纹理特征等，但获取的主要是建筑物的顶面信息，漏掉了建筑物立面的大量几何和纹理数据。而地面摄影测量只能获取建筑物的立面信息；车载激光点云数据能较好地提供场景的三维描述，但数据含有较多噪声，目前还难以提取形体信息及拓扑关系。不同的数据获取手段之间往往存在互补性，因此利用多传感器获取多源数据融合方法来建立3D模型一直是人们关注的焦点。

城市复杂场景，单一的观测角度只能获取局部区域的有效数据，造成数据空洞现象。为了解决城市复杂环境下因遮挡导致的无人机成像信息缺失等问题，实现城市三维无缝、全息时空数据的空地一体化快速获取，可考虑集成无人机平台与地面移动测量车采集平台，根据本书第2章2.6节城市遥感协同观测平台的数据获取方案，通过空地多平台、多传感器组网协同快速观测，实现城市复杂场景全息时空信息的空地一体化精准快速完整采集。

图5-11为机-车集群多传感器集成系统采集流程，高精度POS系统（位置和姿态测量系统）支持下免像控无人机与移动测量车自主组网集群技术，可以实现空地协同组网观测，获取时间同步、地理参考统一的影像、点云、位置、姿态等信息，有效获取复杂城市场景多角度影像，通过多源影像融合，实现对城市复杂场景的时空谱融合观测。

机-车集群的空地协同观测调度、实时数据传输和多传感器集成系统，集成无线4G、卫星通信、北斗多模手段，实现空地实时通信；根据通讯链路监控数据与机-车作业特点进行调度指令的优化组合，实现机-车数据动态调度；利用抗多径自适应信道均衡、载波快速捕获跟踪、机载总线协议、多核并行处理等高速率数据传输技术，实现机-车协同数据采集。

该系统包含了移动测量车和无人机设备，移动测量车内配备了两台高性能计算机，一台用于实时监控无人机数据，另一台用于实时监控车载采集数据（可见光影像和点云数据）。作业时将车辆开到指定区域，将无人机展开升空，采集过程中因地面物体遮挡导致车辆无法采集的地方，可用无人机从空中进行同步采集；同时车载移动测量数据可以弥补无人机影像下因树木、建筑物等遮挡造成的缺失信息，达到面向城镇三维无缝、全息时空信息精准快速获取的能力。相对于单一的无人机传感器或单一的车载移动测量传感器，机-车集群多传感器集成系统提供了一个有效的观测模型和数据获取解决方案。该采集方法的流程如图 5-11 所示。

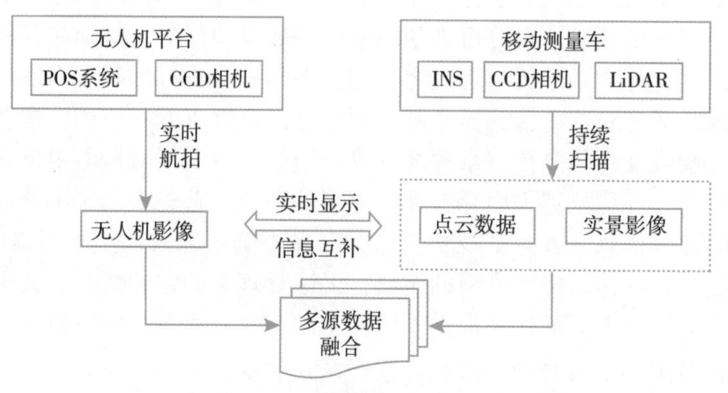

图 5-11　机-车集群多传感器集成系统采集流程

图 5-12 为机-车集群多传感器集成系统在武汉大学信息学部采集数据的场景：（a）为无人机平台，搭载了高精度 POS 系统；（b）为车载平台，搭载了激光惯性导航系统（INS）、全景相机（CCD）、激光扫描仪；（c）为高性能计算机显示的无人机实时影像数据；（d）为高性能计算机显示的车载移动测量实时数据。（c）和（d）两台高性能计算机

图 5-12　机-车集群多传感器集成系统

都集成到（b）的车载内部，实现实时机-车集群多传感器集成。

5.7 城市众源遥感影像获取方法

众源地理数据是指由大量非专业人员志愿获取并通过互联网向大众或相关机构提供的一种开放地理空间数据，是近年来国际地理信息科学领域的研究热点（Goodchild，2007；Howe，2006；Heipke，2010）。众源地理数据具有数据量大、获取成本低、现势性高等特点，代表性的众源地理数据有 GPS 路线数据（如 OpenStreetMap，图 5-13），用户协作标注编辑的地图数据（如 WikiMapia），各类社交网站数据（如 Twitter、微博等），街道用户签到的兴趣点数据等。

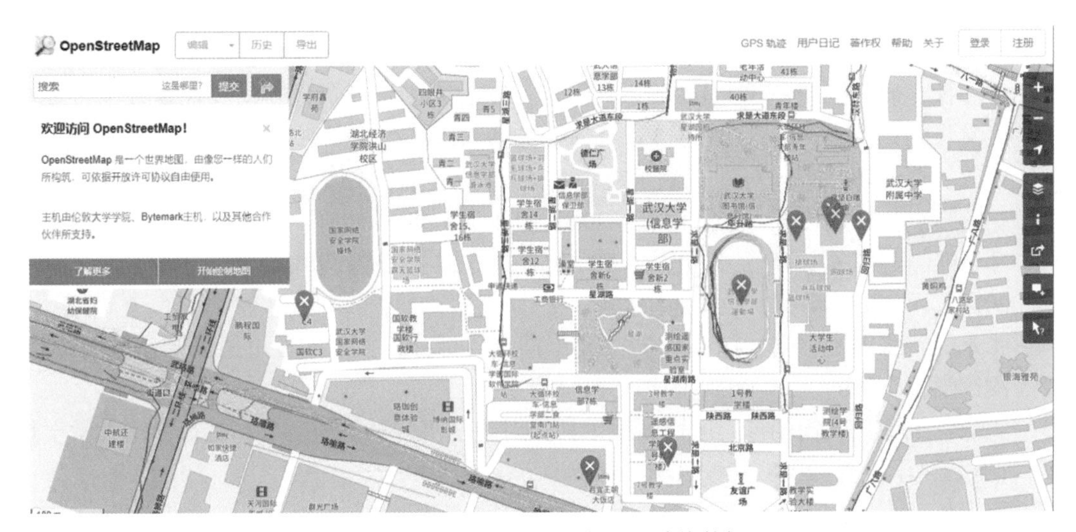

图 5-13 OpenStreetMap 中 GPS 路线数据

城市众源影像是众源地理数据的一部分，用户使用智能手机、平板电脑等设备拍摄影像，通过互联网发布后成为信息发布者，如微博、微信等社交软件都提供上传照片并在地图上关联实际地理位置的功能，如图 5-14 所示。为了城市治安管理，目前城市范围内安装大量监控摄像头，重点区域实现监控摄像全覆盖，如近年来多个城市推行的“雪亮工

图 5-14 城市众源影像示例

程”等，这些公共联网的监控视频数据也可作为城市众源影像数据的一部分，作为航天、航空和地面车载遥感平台的补充手段。

思考题

1. 城市遥感数据获取需要考虑哪些观测需求？
2. 举例说明城市一个行业的具体应用对遥感影像的时间、空间、光谱需求。
3. 城市众源影像有哪些获取途径？
4. 若需要研究某城市的不透水面变化情况，讨论如何选择遥感数据？

参考文献

[1] 徐涵秋，唐菲．新一代 Landsat 系列卫星：Landsat 8 遥感影像新增特征及其生态环境意义［J］．生态学报，2013，33（11）：3249-3257.

[2] 刘闯，葛成辉．美国对地观测系统（EOS）中分辨率成像光谱仪（MODIS）遥感数据的特点与应用［J］．遥感信息，2000（3）：45-48.

[3] 邓云凯，赵凤军，王宇．星载 SAR 技术的发展趋势及应用浅析［J］．雷达学报，2012，1（1）：1-10.

[4] 张永红，张继贤，龚文瑜．基于 SAR 干涉点目标分析技术的城市地表形变监测［J］．测绘学报，2009，38（6）：482-487，493.

[5] 王聪，王彦兵，周朝栋．通州区城市扩张对地面沉降的影响［J］．首都师范大学学报（自然科学版），2018，39（4）：68-74.

[6] 李德仁，李明．无人机遥感系统的研究进展与应用前景［J］．武汉大学学报（信息科学版），2014，39（5）：505-513，540.

[7] 杨国东，王民水．倾斜摄影测量技术应用及展望［J］．测绘与空间地理信息，2016，39（1）：13-15，18.

[8] 龚健雅，崔婷婷，单杰，等．利用车载移动测量数据的建筑物立面建模方法［J］．武汉大学学报（信息科学版），2015，40（9）：1137-1143.

[9] Goodchild M F. Citizens as sensors：the world of volunteered geography［J］. GeoJournal，2007，69（4）：211-221.

[10] Howe J. The rise of crowdsourcing［J］. WIRED Magazine，2006，14（6）：1-4.

[11] Heipke C. Crowd sourcing geospatial data［J］. ISPRS Journal of Photogrammetry and Remote Sensing，2010，65（6）：550-557.

第6章　城市遥感影像解译原理

遥感影像解译理论是从遥感图像上得到地物信息所进行的基础理论和实践方法的研究，它完成地物信息的传递并起到解释遥感图像内容的作用。遥感影像解译是一门涉及数字图像处理、物理、地学、生物学等领域学科的综合性技术，按照其目的和任务可以分为普通地学解译和专业解译。

本章介绍的城市遥感影像解译继承了《遥感图像解译》（关泽群等，2007）中提出的遥感图像解译的相关内容，重点描述在城市场景中显著的特征解译标志，并列举实例进行分析。

6.1　城市遥感大数据的解译需求

目前，天空地多平台多传感器都获取了各类影像数据，城市遥感影像多源异构，通过几十年的积累，已形成了城市遥感大数据。对城市时间系列遥感大数据的解译，将有助于揭示城市发展规律，并支持城市的可持续发展。

6.1.1　城市遥感大数据的影像空间解译

将遥感数据看成影像，是最接近于人的认知习惯的方法。这种理解方式提供了地理空间概念。在影像中各像素与地面景观中相应范围内的地物相联系，像素之间的几何关系反映了现实地物之间的空间关系，因此人们可以对影像进行很直观的解译。图6-1为影像示意图，该图提供了城市区域真彩色和假彩色影像。事实上，在遥感影像分类中，样本获取的一种常用方法就是结合影像区域实地的先验知识直接从影像中勾画。另外，影像空间所提供的空间信息可以作为一种重要的分类辅助信息（常称之为上下文信息）。在较高空间分辨率的遥感数据分类中上下文信息尤为重要。影像空间这种表达方式的最大不足之处在于：影像通常为单波段灰度影像或三波段真（假）彩色影像，人眼视觉系统不能充分地感知光谱遥感数据的全部信息；对于高光谱影像，该问题更加突出。

6.1.2　城市遥感大数据的波谱空间解译

波谱空间可以理解为一个二维坐标空间，其中横坐标代表不同的波段，纵坐标代表辐射强度。不同地物在各波段有不同的电磁波反射和吸收特性，在遥感数据中表现为不同的辐射强度。理论上讲，如果传感器的波谱范围足够宽，灵敏度和分辨率足够高，波谱曲线区分不同地物的可分性就越强。因此利用波谱空间这种表达方式，人们可以非常直观地根

（a）真彩色影像

（b）假彩色影像

图 6-1　影像空间真彩色和假彩色影像特征

据不同地物的波谱曲线分析它们内在物理性质的差异；反之，也可以根据地物的不同物理特性，寻找解译和判读的最佳波段（孙家抦，2009）。

在城市，人工建造的城市下垫面类型丰富多样，材质各有不同，在波谱空间可以进行良好区分。以城市典型下垫面为例，其波谱空间呈现如图 6-2 所示的波谱特征。

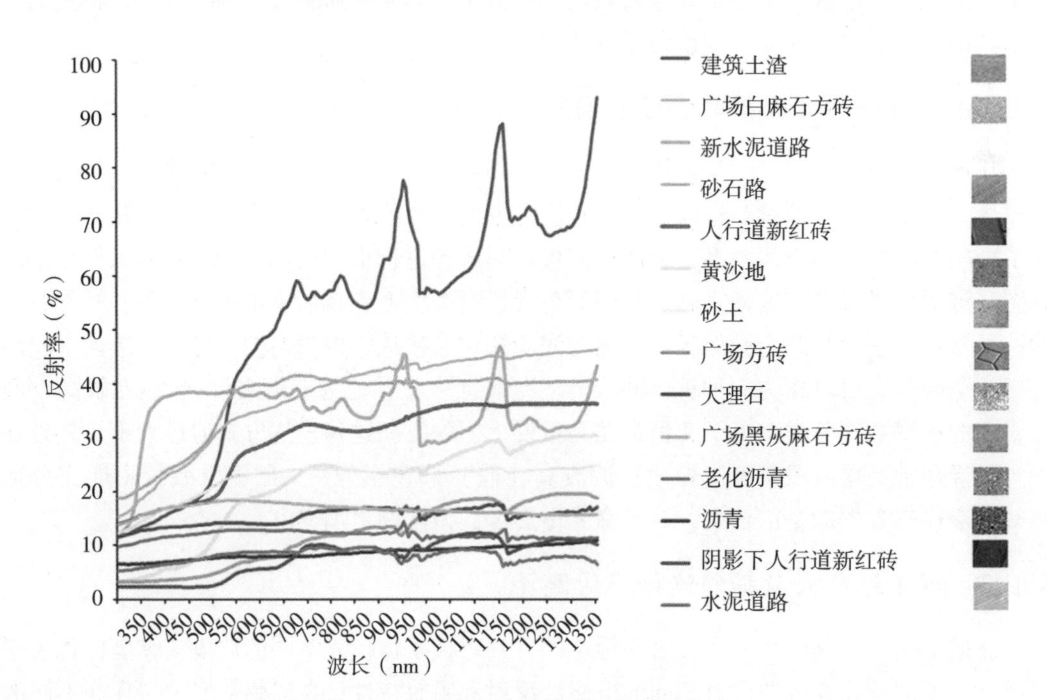

图 6-2　波谱空间典型城市地物光谱曲线

6.1.3 城市遥感大数据的特征空间解译

把不同地物在两个波段的辐射强度值绘制在二维平面上，可以得到一个二维特征空间（Lillesand et al.，2003）。每个像素对应两个波段的辐射值，在该二维特征空间中可以表示为一个点，即二维向量。假如多光谱遥感数据中有 10 个波段，就可以将每个像素的 10 个辐射值表示为一个 10 维向量，它是 10 维特征空间中的一个点。

这种理解方式显然不够直观，人们难以想象高维空间中数据的分布方式。但在数学处理中，这种表达方式却非常便于处理，而且可以充分地利用每个像素在所有波谱的信息。大多数模式识别方法是首先通过某种方式确定不同类别样本在特征空间的分布区域，然后根据未知样本在特征空间中落在哪个区域中来判定其类别（舒宁，2004）。以图 6-3 为例，根据其中的分类面，未知样本将分类为建筑。

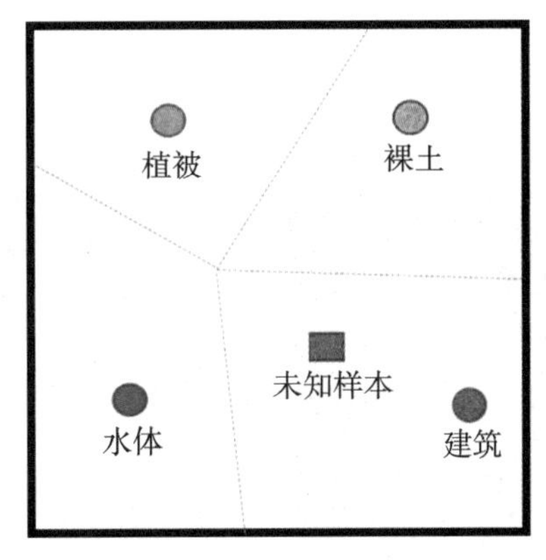

图 6-3　特征空间的地物分类原理图

有相当一部分模式识别方法并不是直接在上述特征空间中分类，而是将数据映射到另外一个特征空间进行类别判断。这时，初始的特征空间通常被称为“输入空间”，映射变化后的特征空间被称为“特征空间”。

6.2 城市遥感影像解译标志

遥感图像光谱、辐射、空间和时间特征决定图像的视觉效果，并导致物体在图像上的差别，即解译标志。城市遥感解译标志给出了区分城市遥感图像中物体或现象的可能性。

在《遥感图像解译》（关泽群等，2007）中谈到，遥感图像解译的标志包括：直接解译标志和间接解译标志。直接解译标志是地物本身和遥感图像固有的，可以用较为简单的观测或量测方法就加以确定，通常情况下，能够获取的直接解译标志越多，解译结果就越可靠。间接解译标志不直接与物体相关，它有助于排除由直接分析直接解译标志所作结论的多义性，或取得物体的补充特性。直接解译标志包括：影像色调和色彩、形状、尺寸、纹理、图案、阴影、立体外貌等。在城市，具有显著性特征的直接解译标志主要包括：色调和色彩、形状、阴影、纹理等。间接解译标志包括：地形地貌、土壤土质、地物关系、植被、气候、位置等。在城市，具有显著特征的间接解译标志包括物体的位置和物体间的相互关系等。

6.2.1　城市遥感影像直接解译标志

1. 城市地物的色调和色彩

单波段卫星影像和黑白航片都是以像元的灰度反差，即色调来表现的，如图 6-4（a）所示。在城市，人工建筑物的色调较浅，周围的绿地和水体色调较深。

在彩色影像上不同目标呈现出不同的颜色，表现为不同的亮度（I）、色调（H）和饱和度（S）值，如图 6-4（b）所示。在城市，人工建筑物的颜色特征表现为其屋顶的颜色，通常为浅灰色、红色或蓝色。在标准假彩色彩红外影像上，植被上一般呈红色，生长茂盛的植被呈亮红色，生长状态不佳或者病虫害的植被呈深红色或粉红色。净水在彩红外影像上呈现暗蓝色或黑色，水体中含有悬浮物质时，通常呈现浅蓝色。

（a）城市灰度影像

（b）城市立交桥彩色影像

图 6-4　色调和色彩解译标志

2. 城市地物的形状

形状标志是物体或图形由外部的面或线条组合而呈现的外表，它是最为直观的标志。如电线杆呈点状，道路呈线状，湖泊呈面状等。采用经典的边缘提取算子，可以提取地物的边缘形状特征，进行半自动解译，如图 6-5 所示。基于一定的形状描述子，可进行如图 6-6 所示的自动解译。

3. 城市地物的各类阴影

由于城市区域建筑物和构筑物的遮挡，阴影是城市遥感影像较为常用的解译标志，如

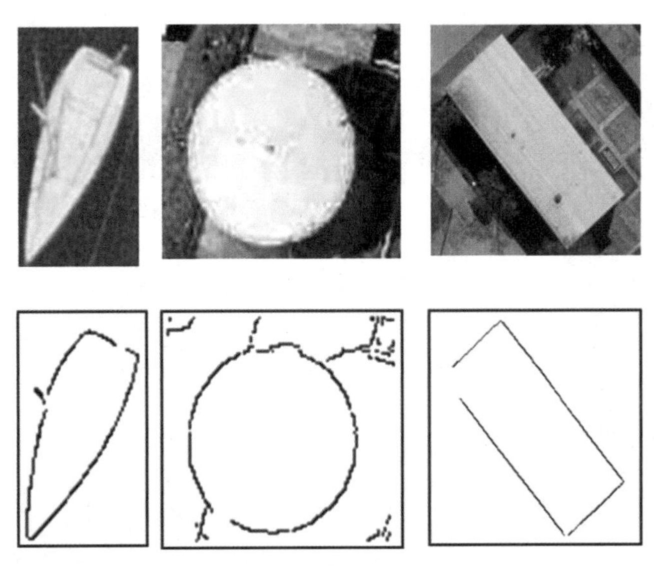

图 6-5　基于形状检测算子的半自动解译

图 6-6　基于一定的形状描述子的游船自动解译

图 6-7 所示。不同类型的遥感影像阴影的意义不同。可见光范围内的阴影分为本影和落影，本影指地物未被阳光直射部分的图像，落影指目标投落在地面的影子的图像。在城市，建筑物的阴影有助于判断建筑物的高度和形状。

图 6-7　建筑物阴影

4. 城市地物的纹理

纹理是由许多细小的地物的色调重复出现组合而成。纹理分析可以从两个层面开展：第一是从纹理的物理意义角度分析，主要包括纹理强度、密度、方向、长度、宽度等；第二是和地理意义相联系。在城市，城市草地和林地的纹理特征通常为不规则的点状、格状或块状，图 6-8 为城市的草地和树木的纹理特征，依据二者纹理特征的不同有助于区分草地和树木，例如，草地纹理的强度特征高于树木。

6.2.2　城市遥感影像间接解译标志

间接解译标志包括城市独特的地形地貌、土壤土质、地物关系、植被、气候、位置等。在城市，具有显著性特征的间接解译标志包括物体的位置和物体间的相互关系等。

1. 城市物体的位置

位置是地物所处的地理环境在影像上的反映，位置特征提供了目标地物与背景环境的关系，从而对图像解译有间接的指引。例如：图 6-9 是宜昌市的遥感影像，图中方框内为葛洲坝，由其横跨河流的位置特征再结合形状特征，很容易判读出此处为水利工程设施。

2. 城市物体间的相互关系

城市属于复杂场景，物体间的相互关系通常指多个地物目标之间的空间配置关系，易

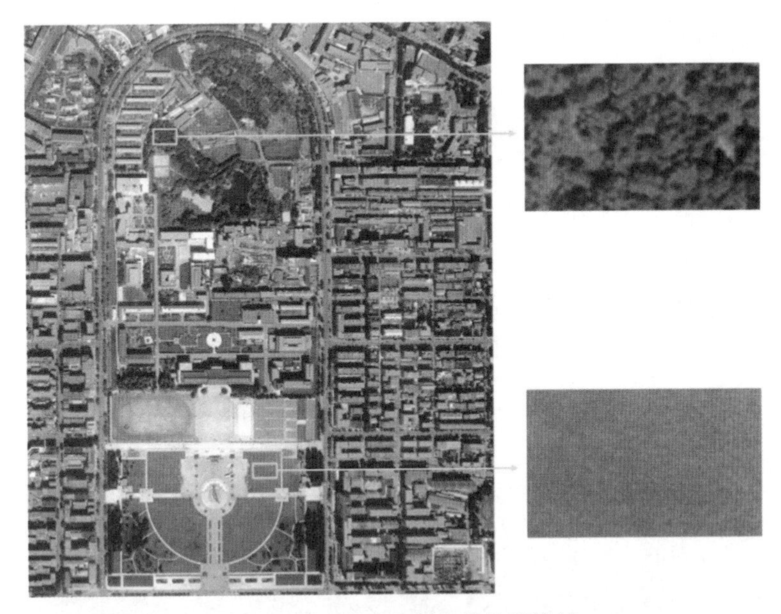

图 6-8 城市草地和树木的纹理特征

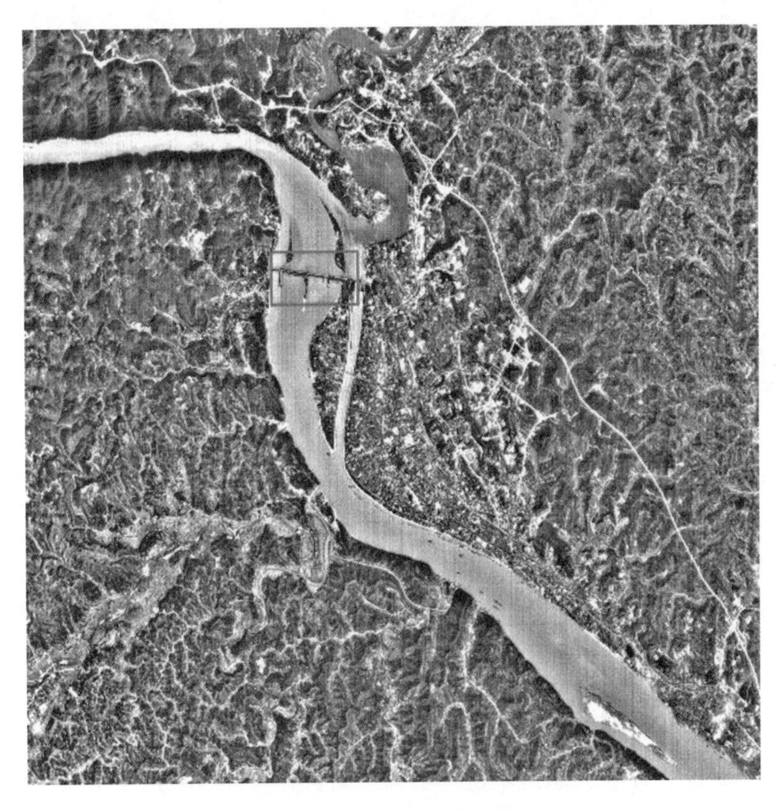

图 6-9 葛洲坝遥感影像

于识别的地物目标对于周围地物就有明显的指示作用。如图 6-10 所示，图中易于识别的飞机有助于判读亮白色线状地物是登机廊桥，该场景为机场。

图 6-10　某机场遥感影像

6.3　城市遥感影像解译的流程

城市遥感影像解译是从数据的影像空间、波谱空间、特征空间理解城市遥感影像，运用遥感图像光谱、辐射、空间和时间特征的差别提供的城市遥感影像解译标志，识别城市相关的目标，定性、定量地提取目标的分布、结构、功能等信息的过程。根据城市遥感影像解译的目的的不同，解译流程和方式各有不同，例如，城市土地利用现状解译，是在影像上先识别土地利用类型，然后在图上测算各类土地面积。由于城市遥感影像是对复杂城市场景信息的综合反映，其对应的地理环境是复杂的、多要素的、多层次的具有动态结构和明显地域差异的开放巨系统，城市地表环境受地质、地貌、水温、土壤、植被、人为要素、社会生态的综合影响，因此城市遥感图像解译常常需要人工判读和自动解译相结合，并需要专家知识的介入。城市遥感影像解译采用知识库、模型库，根据遥感影像处理技术，实现对城市遥感影像的快速、准确解译，主要步骤包括影像去噪、影像增强、影像分类、影像镶嵌、影像解译等，通过对遥感图像上的各种特征进行综合分析、比较、推理和判断，最后提取出感兴趣的信息。

根据这一解译原理，城市遥感影像解译与解译的基本框架如图 6-11 所示。首先，对需要解译的影像进行辐射校正和几何纠正处理，同时根据影像质量进行适当的去噪和增强处理；然后，对选定的感兴趣区域（Region of Interest，ROI）中的城市目标或者城市区域进行影像分割，在影像分割的基础上完成影像人机交互解译；最后，基于解译的结果进行影像数字解译。

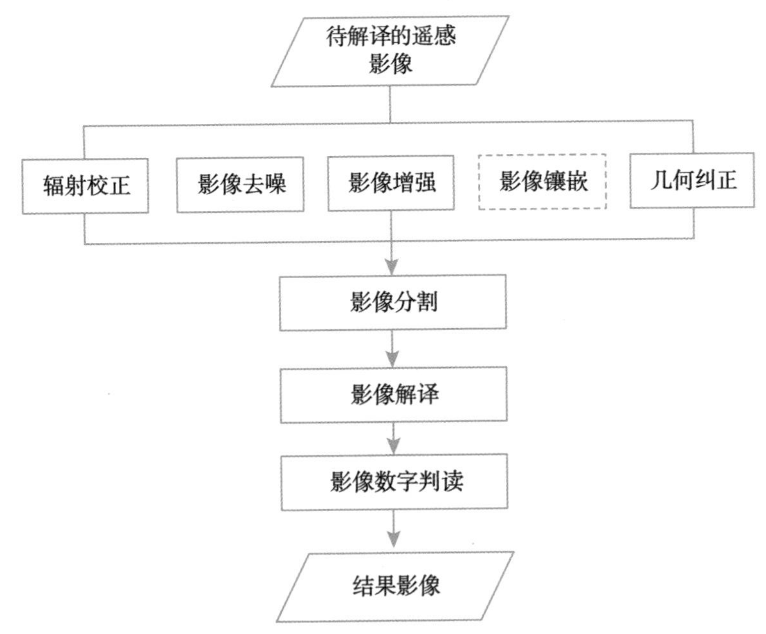

图 6-11　城市遥感影像解译基本流程（图中虚线框表示可选过程）

6.4　城市遥感影像解译方法

城市遥感影像解译按照解译方式可以分为目视解译和数字解译两种。目视解译是指专业人员通过眼睛直接观察或借助辅助判读仪器在遥感影像上获取特定目标地物信息的过程。数字解译是指以计算机系统为支撑环境，结合利用模式识别与人工智能技术，根据图像中目标地物的各种影像特征，以及专家知识库中目标地物的解译经验和成像规律，进行分析和推理，实现对遥感图像的理解，完成对遥感图像的解译。数字解译又分为人机交互的解译方法和计算机自动解译方法。

6.4.1　城市遥感影像人工解译方法

目视解译是一种依靠目视判读提取信息的方法，该方法通过人的经验和相关的资料进行分析推理，提取出有用的信息。

人工目视解译的实际流程一般分为以下四个步骤。

1. 发现目标

根据各类特征和解译标志，先大后小，由易到难，由已知到未知，先反差大的目标，再反差小的目标，先宏观地观察，再微观地分析等，并结合专业判读的目的去发现目标。当目标之间的差别很小的时候，可以使用光学或数字增强的方法改善图像质量，提升视觉效果。

2. 描述目标

对发现的目标从光谱特征、空间特征、时间特征等方面描述建立特征目标判读一览表，作为判读的依据。

3. 识别和鉴定目标

利用已有资料，结合判读人员经验，通过推理分析的方法将目标识别出来。判读出来的目标需要经过鉴定后才能确认。鉴定方法中，野外实地鉴定的结果最可靠，鉴定后应列出判读正确和错误对照表，最后求出解译的可信度水平。

4. 清绘和评价目标

影像上各种目标确认后，清绘出各种专题图。对于清绘出的专题图，可以计算各类地物的面积，经评价后可以提出管理、开发、规划等方面的方案。

通常情况下，影响城市遥感影像目视解译效果的因素包括：解译者的基本知识水平、解译者的经验积累、解译者对工作区的了解、遥感成像时期与成像质量、工作地区情况复杂程度等。

在当前城市遥感的研究中，人工目视解译依旧具有不可替代的应用实例。例如，监督学习的影像分类需要人工勾画样本，当前流行的深度学习算法应用于遥感影像也依赖于大容量的含标注信息的遥感影像，样本的勾画和影像的标注常通过人工目视解译的方式获取。如图 6-12 所示，为利用遥感影像标注的裸土、房屋、道路、硬质铺装、植被、水体等样本类型。

6.4.2　城市遥感影像人机交互解译方法

遥感图像解译的实质是对遥感图像进行分类，并具体圈定它们的分布范围，提取有用信息。由于城市遥感影像的地物光谱特征一般比较复杂，且存在异物同谱和同物异谱的现象，自动分类一般很难达到令人满意的解译精度，而人工目视解译则具有很大的灵活性和适应性，缺点是工作量大、效率低。如果在解译过程中，对于特征明显、地学条件一致的影像区域采用自动监督分类方式，对于地物特征复杂、不适合自动分类的影像区域采用人工解译的方式进行专题信息提取，则可以在不增加系统复杂性的前提下，充分发挥人脑与电脑的各自优势以提高解译的速度与精度。

城市人机交互解译需要把人工目视解译和数字影像处理、遥感与地理信息系统、地学知识和信息技术等结合起来。常见的城市人机交互解译流程包括：解译范围的人工选取、

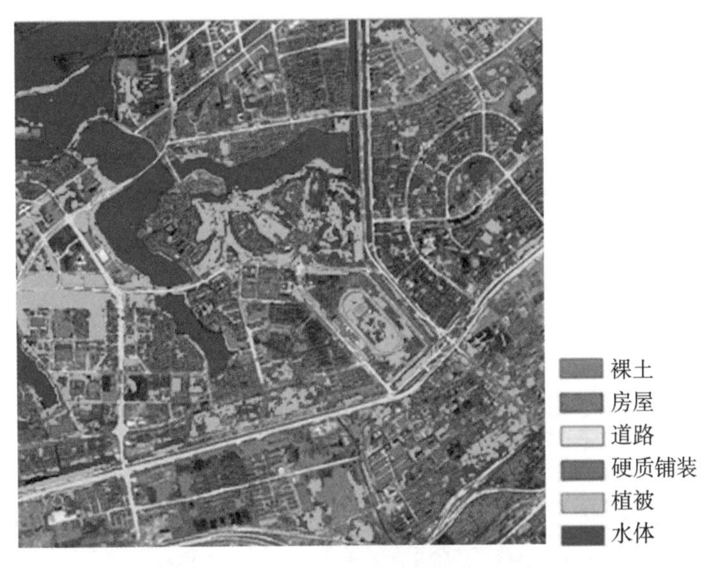

图 6-12　城市遥感影像样本标注应用示例

影像预处理、影像自动分类、碎部综合、绘线填充和影像编辑等环节。下面简单介绍几种应用实例。

1. 城市遥感影像大尺度场景解译

城市遥感应用的研究通常需要将影像分为不同的场景，场景解译可以是指将城市按照社会文化属性分为不同的功能区，也可以是指按照地物的自然属性分为建筑物密集区、非密集区等。城市遥感影像场景解译可以首先利用计算机自动分割算法，在大尺度场景下将影像分割成块状同质区，然后通过目视解译各同质区的场景类别。图 6-13 是大尺度场景下的地物分割效果及解译效果，通过目视解译确定了城区、城郊结合区、山区、水域四类场景。

（a）分割效果　　（b）场景解译效果

图 6-13　城市遥感影像场景解译图

2. 城市街景影像人工辅助解译

由于城市遥感影像场景的复杂性，以及阴影、遮挡等现象，计算机自动解译后一定会存在部分误分类，因此在计算机自动解译后应当进行人工修正。对于城市的阴影和遮挡区域，可以结合城市街景影像进行人工判断，从而对解译结果进行修正。图 6-14 为存在遮挡的行道树下街景图像和阴影区域的街景图像，使用街景地图进行人工判读以辅助计算机解译，可以弥补遥感影像的信息缺失。

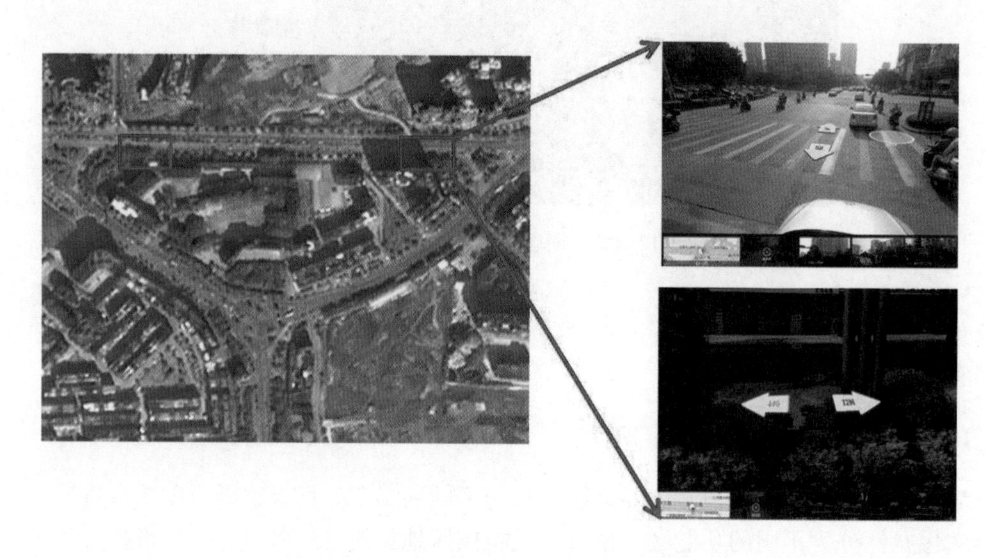

图 6-14　城市街景影像人工辅助解译示例

3. 矢量特征引导的城市交互式解译

对道路特征信息不明显的影像，道路的解译常采用人机交互的方式，通常需要人工选择种子点、中心线或面状区域进行引导，然后运用区域增长算法进行自动解译。图 6-15 为城市道路解译中的引导方式示例，进行交互式解译。

（a）种子点引导

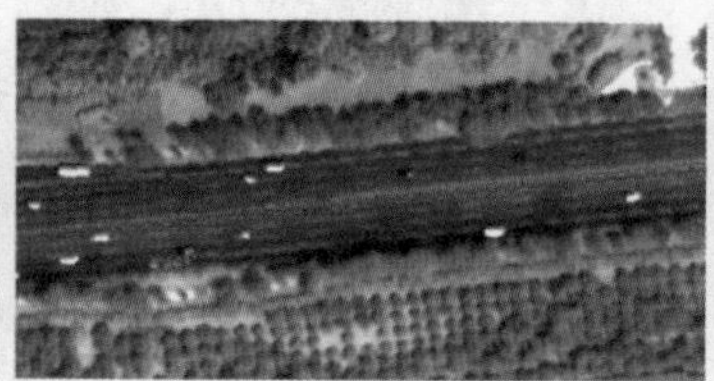

（b）中心线引导

（c）矩形引导

图 6-15　城市道路解译中的引导方式示例

6.4.3　城市遥感影像自动解译方法

从遥感影像中获取目标信息，这是智能传感器发展的必然趋势。早期的全自动解译是指采用基于内容的图像检索等方法，也包括较简单的模板匹配等方法，根据目标的几何特征或者独特的纹理特征，通过自动解译可以考虑多重判据的集成与融合（季顺平，2018）。随着神经网络、深度学习等技术的发展，通过大量的训练样本来训练模型可以实现自动解译。根据任务的不同，深度学习应用于遥感影像的全自动解译主要体现在影像检索、语义分割、目标检测和实例分割等应用中。

1. 影像自动检索应用

遥感影像的生产能力较以前有较大提高，遥感影像的自动检索对于城市遥感影像的管理和使用十分重要。由于遥感影像数据庞大，覆盖范围广，涵盖地物类别复杂，在实际处理中，通常将遥感影像分割成固定大小的瓦片，然后判断并检索这个瓦片属于哪一类或哪些类，进行单标签或多标签的标注（Zhou et al.，2017）。图 6-16 为遥感影像瓦片的单标签检索的应用示例。

图 6-16　城市遥感影像单标签检索应用示例

2. 城市遥感影像语义自动分割应用

城市遥感影像语义分割是指在像素层面分割出一类或多类的城市场景，如把图像分割为人工建筑、道路、植被、水域等。语义分割的含义更接近于传统的遥感图像分类。以单目标分割为例，将目标像素集合的标签设置为 1，作为正样本，其他的图像区域设置为 0，作为负样本。这样任务就是从原始图像开始学习特征表达，完成图像的二值分割。城市建筑、道路的全自动提取就是单目标语义分割的结果，图 6-17 为针对道路语义分割结果的解译示例。

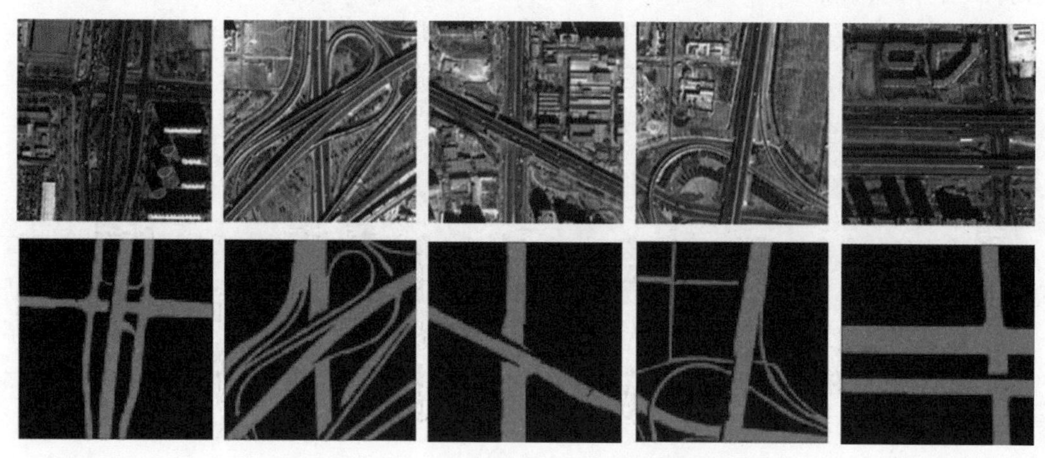

图 6-17　道路语义分割结果示例

3. 城市目标自动检测应用

城市目标自动检测与图像检索或语义分割有一定的联系，但区别也很明显。遥感图像检索是实现感兴趣目标或区域的图像块的定位和检索，并不能识别物体的数量和精确位置。语义分割是像素级的操作，而不是在目标或对象层次。目标检测指识别并定位出“某类物体中的某个实例”，如建筑物类别中的某栋房屋。全自动的目标识别通常归结为最优包容盒的检测。例如，待检索目标是飞机或建筑物，则其轮廓的外接矩形框则为其包容盒。包容盒检测也称为包容盒回归。回归与标签分类相对。如以上所述的图像检索、语义分割，类别标签都是离散量，可归纳为一个分类问题。而包容盒回归所对应的标签是连续量，即四个坐标值。要得到这些连续量的最优估计，在数学中就是一个回归问题（Xia et al.，2018）。图 6-18 是遥感影像船只目标检测的例子，其中的红色方框即为得到的包容盒。

4. 城市建筑物实体自动分割应用

城市建筑物实体自动分割应用比目标识别更进一步：它不但需要对每个目标进行精确定位（Hafiz et al.，2020），还需要对包容盒内的物体进行前景分割。图 6-19 是城市建筑物实例分割示例，其不仅在目标和对象层次对每个建筑物实现定位，还对每个包容盒内进行了前景分割。

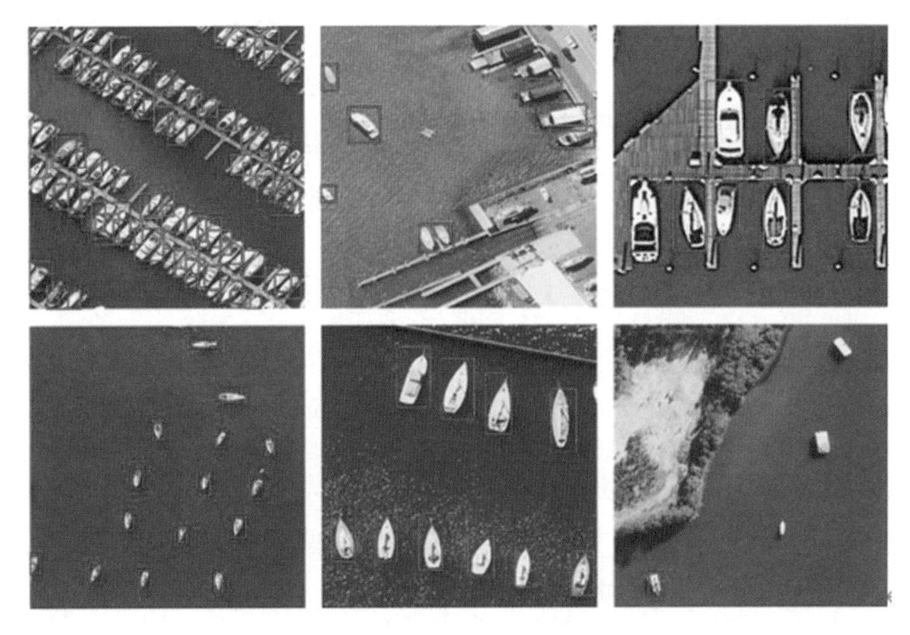

图 6-18　港口城市遥感影像船只目标检测示例

图 6-19　城市建筑物实例自动分割示例

思考题

1. 举例说明城市遥感影像有哪些解译需求？

2. 城市遥感影像有哪些直接解译标志和间接解译标志？举例比较两者的异同是什么？

3. 请结合一个实际应用，画出城市遥感影像解译的流程图。

4. 城市遥感影像人工解译、人机交互解译、全自动解译三种解译方法各有什么特点？结合实例说明这三种方法分别有哪些实际应用？

参考文献

[1] 关泽群，刘继林．遥感图像解译［M］．武汉：武汉大学出版社，2007.

[2] 孙家抦．遥感原理与应用（第二版）［M］．武汉：武汉大学出版社，2009.

[3] Lillesand T，Kiefer R，遥感与图像解译（第 4 版）［M］．彭望琭，等，译．北京：电子工业出版社，2003.

[4] 舒宁．模式识别的理论与方法［M］．武汉：武汉大学出版社，2004.

[5] 季顺平．智能摄影测量学导论［M］．北京：科学出版社，2018.

[6] Zhou W，Newsam S，Li C，et al. PatternNet：a benchmark dataset for performance evaluation of remote sensing image retrieval［J］. Isprs Journal of Photogrammetry & Remote Sensing，2017，145：197-209.

[7] Xia G S，Bai X，Ding J，et al. DOTA：a large-scale dataset for object detection in aerial images［C］// 2018 IEEE/CVF Conference on Computer Vision and Pattern Recognition，2018.

[8] Hafiz A M，Bhat G M. A survey on instance segmentation：state of the art［J］. International Journal of Multimedia Information Retrieval，2020，9：171-189.

第7章　城市遥感影像增强方法

随着现代遥感技术的不断进步与发展，获取的遥感影像数据越来越多，且空间分辨率也越来越高，如 IKONOS、QuickBird、WorldView-2 等。高空间分辨率卫星数据为遥感技术的应用提供了新的途径和方向。由于受到传感器自身性能、恶劣天气、光照不均等外部因素的影响，获取的影像常常会出现边缘模糊、颜色失真、噪声污染、对比度低及阴影遮挡等问题，导致影像质量变差，严重影响影像的判读及影像的信息提取。因此，为了改善影像质量及提取更多可用信息，城市遥感影像中的云检测、阴影检测、图像增强成为促进影像分析和理解领域发展的关键内容之一。

本章重点介绍城市遥感影像云检测和阴影检测的若干方法、城市遥感影像色调调整的几种主要方法。对于遥感影像云检测，目前在遥感图像应用中较常使用的是传统的物理方法。近年来，随着遥感技术和计算机技术的不断发展，统计方法、神经网络聚类、SVM 等原来较难实现的方法也得到了发挥使用。这些新的方法比物理方法的检测精度高，而且不需要遥感器具备多个谱段数据。对于遥感影像的阴影检测，在一些特定领域，阴影处理方法得到了较好的应用，但是因为阴影形成机理的复杂性，至今还没有一种通用的阴影检测方法。例如：基于传统 K-L 变换方法的阴影检测中的复杂性问题，基于遥感影像多波段运算的阴影检测中图像必须包含特定的波段信息而造成的非实用性问题，基于连续阈值的阴影检测中高分辨遥感影像地物的异物同谱和同谱异物现象而造成特征相似问题等。就理论而言，由于像元函数本身的复杂性，想要完全消除阴影，恢复阴影区内地物的本来面貌几乎是不可能的，因此目前的阴影去除方法都有自身的局限性，并没有统一的方法体系。对于影响色调调整，现有的影像增强方法可分为传统的影像增强方法和其他影像增强方法。其中，传统的影像增强方法又可以细分为空域影像增强方法和频域影像增强方法。其他经典的影像增强方法主要有：基于模糊集理论的影像增强方法、基于人工神经网络的影像增强方法和基于视觉特性的影像增强方法等。影像的质量问题是多种多样的，因此，在对影像进行增强之前应分析影像存在的问题，并选择合适的影像增强方法。

7.1　城市遥感影像云检测方法

目前遥感图像云检测方法众多，总的来说有物理方法、基于云的纹理特性和空间特性的检测方法、模式识别的检测方法和综合优化方法等（图 7-1）。其中，应用最多的方法为物理阈值法，如 Saunders 等（1988）提出的云检测方法，它选用一组物理阈值进行云检测。Ackerman 等（1998）提出的云检测方法应用于 MODIS 数据，它综合考虑了几种光谱谱段进行阈值检测的结果，最后判断某个给定像素是否是云。该方法相对于以前的物理阈值法检测更为精确，但是在某些特定的条件下，如夜间下垫面为沙漠区域时，以及下垫面为海岸线、河流和内陆湖泊时，由于云和下垫面的反射率相近，难以进行正确的辨别，因而有时会检测出错误的云（图 7-2）。

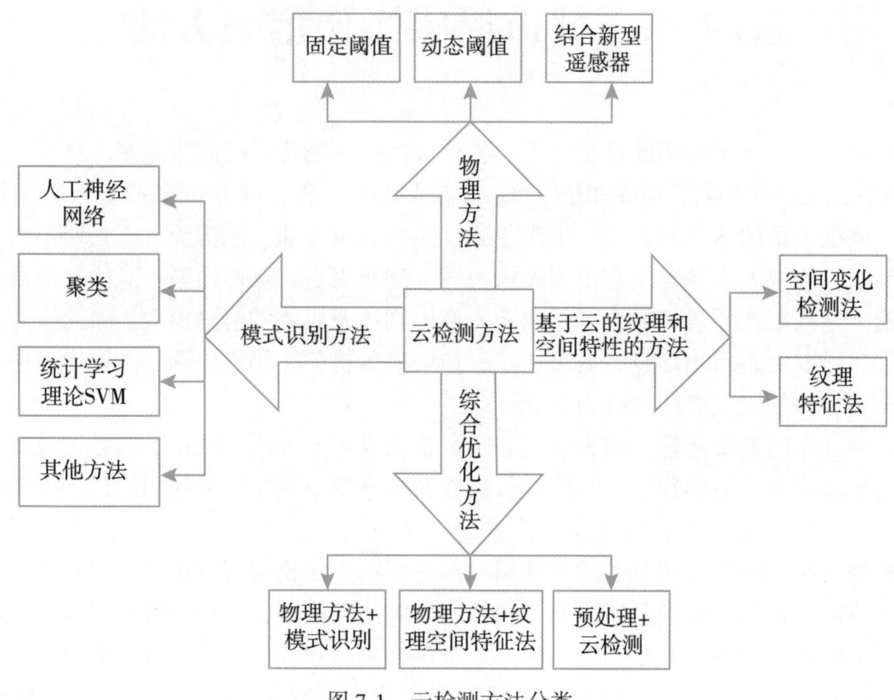

图 7-1　云检测方法分类

物理阈值法因为依据某些光谱谱段的数据进行检测，所以一般仅局限于特定的遥感器数据，普适性较差。还有一些云检测方法仅作用于局部的地理区域或背景区域，如 Ebert（1987）、Key 等（1989）和 Welch 等（1992）提出的云检测方法关心的是极地地区云和地表的区分；Garand（2009）提出的云模式自动分类方法，它基于高度、反照率、形状、云的分层特征以及图像的二维功率谱特征，但仅适用于在海洋背景上的情况。另一类较复杂的遥感图像云检测技术是人工智能技术发展的结果，但它们中的大部分需要依赖于辅助数据来设置阈值。如 Merchant 等（2010）的全概率贝叶斯法，使用气候学和数字天气预报的预报数据来建立先验知识，Baum 等（1997）提出的模糊逻辑分类方法，它基于气团的类型来区分晴空和云。无论是哪种遥感图像的云检测方法，对于薄云和低云，由于和下垫面之间的亮度对比度很低，不管是在建立可靠的训练数据上，还是在设置光学阈值上都比较困难，因此这是遥感图像云检测面临的一大难点，也是各国研究人员面临的一个极具挑战性的工作。

7.1.1　城市遥感影像云检测的物理方法

遥感图像云检测的物理方法，即将多光谱物理特性应用于单个的像素上进行检测。早期的物理方法包括 ISCCP（International Satellite Cloud Climatology Project）法、CLAVR

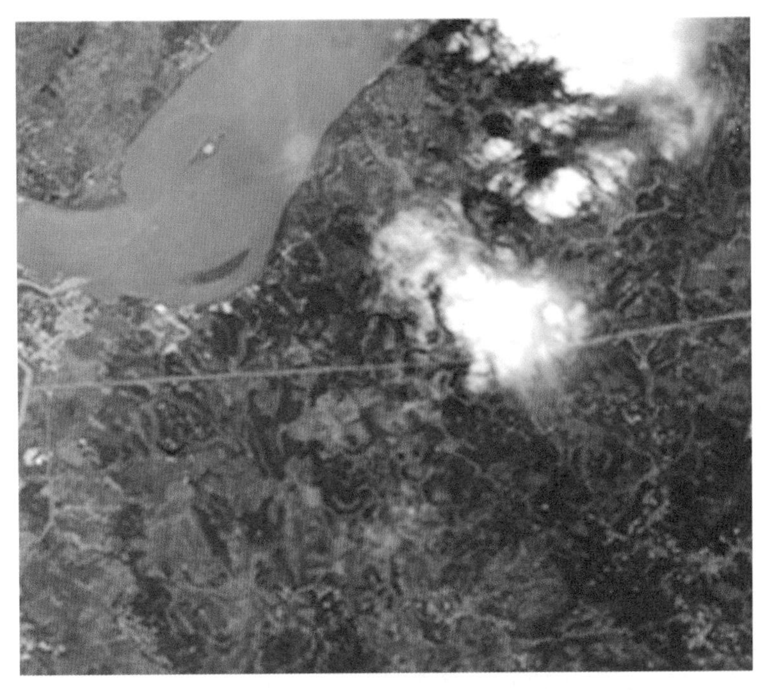

图 7-2　城市遥感影像中的云遮挡

(The NOAA Cloud Advanced Very High Resolution Radiometer) 法等，这些方法虽然取得了一定的成果，但是由于当时所使用的遥感器谱段较宽，谱段数目也很少，因而大大影响了云检测的效果。随着多光谱/高光谱卫星的发射，如 TERRA 和 AQUA 等，基于多光谱分析的云检测技术得到了快速的发展。尤其是自 1999 年以来，美国第二阶段对地观测系统计划（EOS）中搭载的中分辨率成像光谱仪 MODIS 的应用，其遥感数据在波段和分辨率方面都较以前有很大改进。MODIS 遥感器共有 36 个光谱波段，辐射分辨率达 12bit，数据量大约相当于 AVHRR 同期数据量的 18 倍，这些优势使得基于 MODIS 数据的云检测方法一度成为研究的热点，研究的成果也最多，其中大多是利用可见光或近红外光谱阈值法实现云检测，其利用的是云的高反射率和低温特性，算法简单，检测效果较好。其缺点是当地面覆盖了冰、雪、沙漠，或云为薄卷云、层云和小积云时，很难将云和地面区分开来，因为大部分光谱方法只适用于特定的场景或是识别不同的云，其他性能好的阈值法大多只针对于某种特定的遥感器进行设计。尽管如此，近年来，随着新型遥感器的不断出现，云检测的物理方法仍然被广泛使用，如 2004 年法国空间研究中心（CNES）研究的 POLDER 仪器是第一个可以获得偏振光观测的星载对地探测器。遥感图像云检测的物理方法，其关键在于如何进行物理特性阈值的选取和如何降低运算量以便于硬件实现这两个问题上。

早期的云检测物理方法使用的阈值为固定阈值，随着云检测的要求越来越高，固定阈值由于检测的局限性逐渐被淘汰，越来越多的研究开始集中于动态阈值的设计（图 7-3），典型的有采用人工干预的方式选取阈值；使用一些特定区域的参数来确定不同通道的阈值，使得阈值是根据每个场景的特定情况动态变化的，该算法可以适应于太阳仰角的变化，而且非常有效。动态阈值法对中高纬度地区进行云检测和云分类，其阈值自适应于实际的大气和表面状态以及太阳和卫星的几何视角，并可以将云像素分为十种类型等。

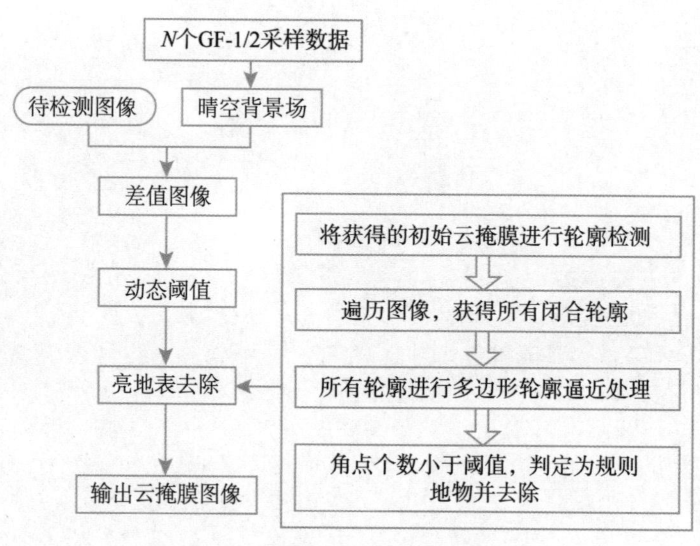

图 7-3　一种基于动态阈值的云检测方法

由于云检测的物理方法运算量较大，因此大多是应用在地面系统中进行数据分析，硬件实现方面的研究较少。目前已有的研究有实时云检测硬件实现系统，该硬件系统采用 SRC-6E 平台的星上可重配置计算机（Reconfigurable Computers，RCs）进行算法实现，云检测使用 Landsat 7 ETM +（Enhanced Thematic Mapper）的 ACCA 算法（Automatic Cloud Cover Assessment），通过对图像数据进行两遍扫描来确定每一景中的云量，使云的多变性对云量估计的影响降到最低限度。

7.1.2　基于纹理和空间特性的城市遥感影像云检测方法

基于云的纹理和空间特性的检测方法与物理方法本质上都属于阈值法，只是检测的依据不同，物理方法进行遥感图像云检测的依据是辐射值，即辐射信息，而纹理和空间特性的方法进行云检测的依据是图像的空间信息。随着遥感图像空间分辨率的提高，纹理特征在遥感图像处理过程中的作用越来越重要，而遥感图像中云的存在显著增加了辐射度的空间变化性。因此使用云的纹理和空间特性进行云检测是一个有效的途径（图 7-4），其中比较常用的方法有空间变化检测法和纹理特征法。

空间变化检测法的思想是被云覆盖图像的辐射变化剧烈程度要高于干净的图像，主要方法是计算每一个像素邻域的辐射变化值并与某个阈值进行比较。空间变化检测法适合于对海洋背景上的云区检测，缺点是计算量较大。如 Solvsteen 等（1995）提出的空间变化检测法用于海洋背景上的云检测，方法是在整幅图像上计算每个小矩形区内的变化值，例如，小矩形区内的标准偏差大于某个阈值，那么该矩形区就被判为云，和该方法相关的是空间一致法（Spatial Coherence）。

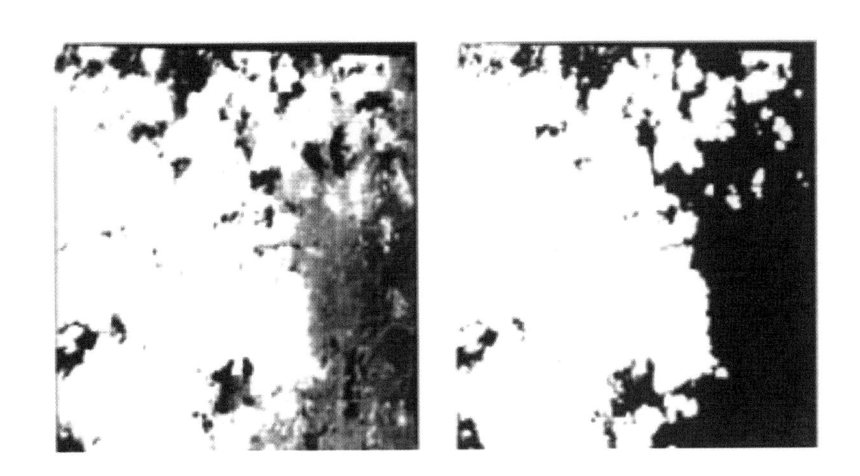

图 7-4　基于纹理和空间特性的云检测方法

纹理特征法利用图像纹理是反映图像光谱亮度值空间变化的一种特征这一特性进行云检测。云的纹理特征属于随机纹理，它的纹理基元虽然千变万化，但是与下垫面物体相比，有自己不同的统计纹理特征：如云区一般比下垫面亮，对应的灰度级较高；云的边缘呈现出比较尖锐的变化，有较多的灰度突变特征。云图像的特征分为三类：①灰度特征，包括均值、方差、差分、熵和直方图；②频率特征，包括 DCT 变换域特征、小波变换域特征；③纹理特征，包括 Sobel 边缘、共生矩阵。

7.1.3　基于模式识别的城市遥感影像检测方法

模式识别是 20 世纪 60 年代初迅速发展起来的一门学科，它所研究的理论和方法在很多学科和技术领域中得到了广泛的重视，推动了人工智能系统的发展，扩大了计算机应用的领域。计算机技术的发展，使得模式识别技术在遥感领域中得到了广泛的应用，并给云检测提供了另一个有效的途径。模式识别的遥感图像云检测方法结构如图 7-5 所示，该类方法的研究有两个关键点：第一点是如何进行云的特征提取和选择；第二点就是如何进行云的检测器设计。

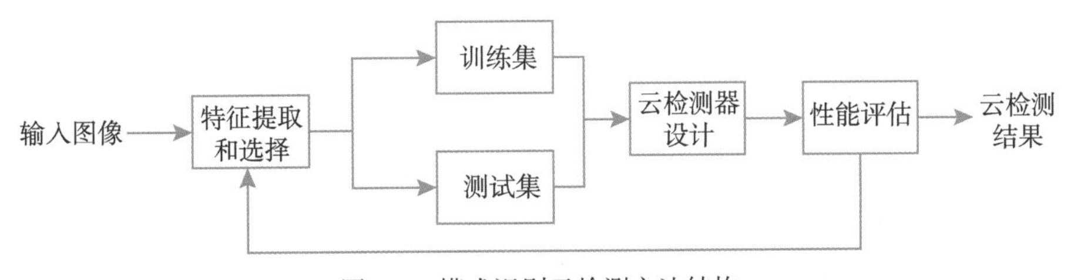

图 7-5　模式识别云检测方法结构

不同的特征对于云的检测能力是不同的，如何提取并优选云的特征是云区检测的关键问题。云的类型多样，形态各异，很难用单一的形状和尺寸特征去描述，但是其内在的物理特性和成像属性共同决定了其图像所呈现的特征。云的物理特性包括高反射率和呈自然晶体状。成像属性可以概括为大尺度和特有的空间分布。高反射率和大尺度的特性在影像上表现为光谱特征，自然晶体特性在影像上表现为分形几何特征，而特有的空间分布在影像上的表现则为纹理特征。

云层在 0. 3~0. 7μm 的可见光范围内和从 0. 7μm 至 2. 5μm 近红外波谱范围内的散射平均，且在此波段范围内均有较高的反射率，但是它与波长的变换趋势相反，若波长减小，云的光谱反射率会增加，当波长减小到 0. 7μm 时，云的反射率接近于 1。在 0. 58~0. 68μm 波段范围内，晴空无云区域的地物反射较少，而雪在此波段内的反射较高，反射率为 0. 6。1. 38μm 是强水汽吸收波段，因为水蒸气会影响地表的反射，使得它很难穿透水汽进而到达传感器入口处。这在一定程度上导致低处的云层具有较低的反射率，而高处的云层具有很高的反射率。

纹理特征既可以从宏观上较好地兼顾图像结构，也可以从微观描述图像特性，被称作是三大显著性低层视觉特征之一。图像上面某一个像素块内的纹理特性与其灰度分布密切相关，它是在多个像素点区域内进行统计。云的形态各异且无固定类型，因而其纹理具有随机性，但是它又与下垫面地物之间有很大的差异，云的灰度较集中，都分布于某一范围内且灰度值普遍高于下垫面地物。对于云的三种纹理特征——灰度共生矩阵、傅里叶功率谱和小波，小波特征的分类能力最好，其次是灰度共生矩阵特征，傅里叶功率谱特征的分类能力最差。灰度共生矩阵中选择了对比度、均值、方差、平方和、相关、同质性（角二阶矩）和熵，其中熵的分类能力最好，其次是同质性。常见的三种纹理特征提取方法为小波变换法（WT），奇异值分解法（SVD）和基于灰度的共生矩阵法（GLCM），将这三种特征提取方法均应用在 PNN 神经网络上进行比较，三种特征云分类的正确率接近，但从分类的效果上看，SVD 和 GLCM 比 WT 稍好，由于 GLCM 的存储量大，计算量大，所以从综合性能比较来看，SVD 更好。

此外，随着模式识别、机器学习和计算机视觉技术的成熟，影像分类领域取得了一系列突破。基于分类器的云检测方法无需确定大规模阈值或最优特征值而被广泛使用，Movia 等（2016）利用不同波段计算出指数特征，结合无监督分类方法，实现了用于土地利用分析的 RGB-VHR 图像的阴影检测与去除。Surya 等（2015）利用光谱影像匹配技术进行颜色变换并生成比率影像，然后应用模糊 C 均值聚类方法进行云检测。Tian 等（2001）设计出一种概率神经网络分类器，利用时序上下文信息跟踪影像序列中的变化，并在训练和更新方案中采用最大似然（ML）准则。Vivone 等（2014）在经典的最大后验概率-马尔可夫随机场（MAP-MRF）方法中引入了一种新的惩罚项，以减少接近云边缘像素的错分类。为了实现特征的自动提取，近年大量深度学习模型被应用于以像素或分割的超像素为研究对象的目标检测中，该类模型主要以卷积、池化操作为中心，设计深层网络模型结构，从而实现分类效果（图 7-6）。

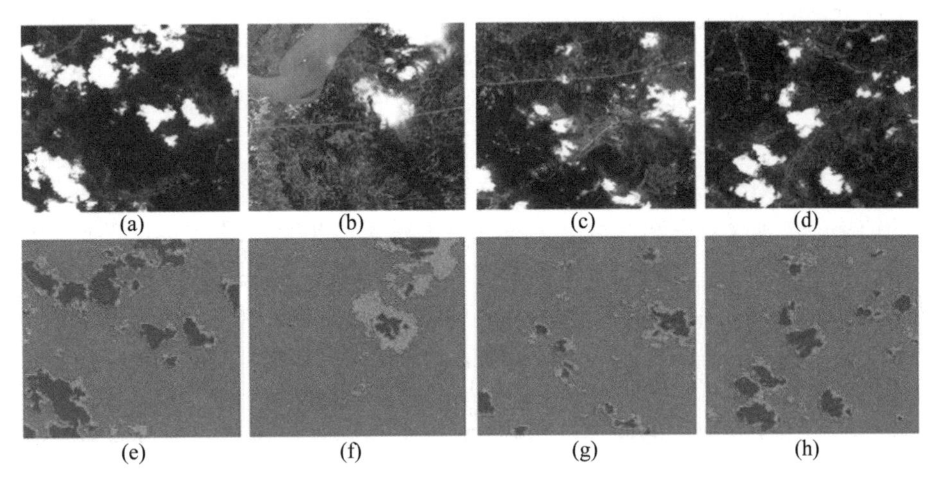

图 7-6 基于卷积神经网络的云检测方法

7.2 城市遥感影像阴影检测方法

随着遥感技术的发展，卫星传感器空间分辨率大大提高，高分辨率的遥感影像为我们提供了更加详尽的信息，在遥感应用方面开创了新的领域。但是，遥感影像中地物信息相对复杂，实现对地物信息的自动判断和提取一直是遥感图像处理、模式识别、计算机视觉等众多领域的热点和难点问题。随着城市化的发展，在高密度的城市环境中，成像光源被建筑物阻挡而产生了阴影。由于高分辨率卫星的轨道较低，地物阴影成为遥感影像中不可避免的组成部分，因此影像中的阴影对图像分析和处理的影响也越来越大。阴影是由于光照辐射不足造成的，它会削弱影像中的光学特征信息，影响阴影覆盖区域的色调、形状等特征，这也意味着图像信息的损失，导致图像的降质现象。

一方面，阴影的存在会对图像匹配、模式识别、地物提取以及数字摄影测量等工作产生影响。在图像匹配时，由于阴影噪声的模糊作用，影像中的地物特征变得不明显，继而影响像对匹配的精度和速度；在模式识别时，阴影会与灰度值低的地表物体相混淆，造成模式识别的误识率增大；在地物提取时，阴影遮挡地表信息，破坏地物边缘的连续性，会影响数字图像的特征提取；在数字摄影测量中，阴影会影响自动三角测量和正射影像图的生成。另一方面，阴影也提供了一些额外信息，阴影的形状、大小可以确定光源的强度、位置，推断出光源的空间信息；阴影的长度、宽度能反映建筑物的高度，再利用建筑物平面在太阳方位上的面积投影，可以估算出建筑物的高度和容积率；同时，在数字城市工程的三维建模中，阴影的适当加入可以增加观察者的立体感和空间感。

对阴影检测方面的研究最初是在计算机视觉领域开展的，随着最近 10 年中数字图像的快速发展，人们对基于视频流信息处理中的阴影检测日益关注，具体应用体现在视频监控、交通控制、行人导航等方面。遥感领域的阴影检测通常可分为基于特征检测方法和基于模型方法两大类。

基于特征的阴影提取一般是利用阴影的几何和光学特性，如颜色、阴影结构、边界等。基于特征的阴影检测方法中，最早是利用影像上阴影区域的亮度比周围像素亮度值低的性质进行阈值分割，从而提取阴影区域，如利用 HSI、HSV、YCbCr 等不变颜色空间进行高空间分辨率航空影像上的阴影属性分析。Salvador 等（2001）先利用光度彩色不变量特征，提取出候选阴影区域，再根据假设的条件，比较亮度影像和光度彩色不变量影像边缘检测的结果，得到投射阴影区域。王军利、王树根（2002）采用 K-L 变换和均值平移理论对彩色航空影像进行了阴影检测。虢建宏等（2006）使用多波段检测阴影的方法和基于能量信息补偿去除阴影的理论模型，较真实地还原了原始地物特征。基于模型的阴影检测通常是利用简单的阴影特征结合目标场景光照的先验知识来提取阴影。由于目标场景的光照的先验模型不易获取，所以基于模型的阴影检测只能利用于特定的场景，具有一定的局限性。Stevens（2011）提出了一种基于光线方向和目标建筑高度以及数字地形图的技术方法进行阴影检测。Jiang 和 Ward（1992）成功利用了光线方向结合几何模型进行了简单环境中的阴影检测。图 7-7 为城市遥感影像阴影检测和去除示例。

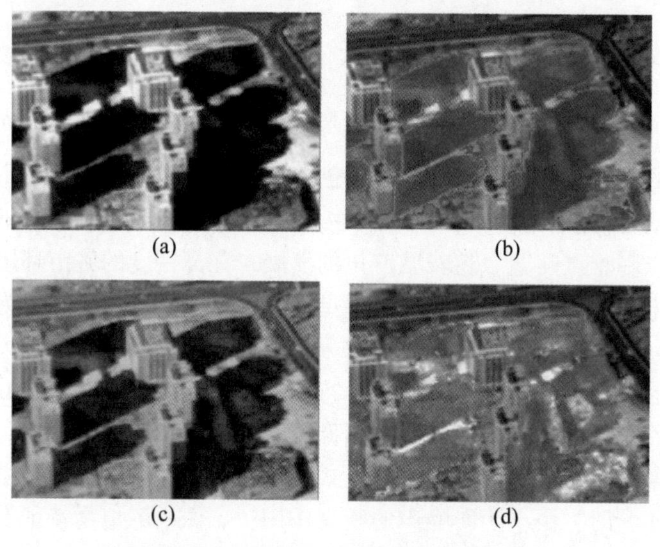

图 7-7　城市遥感影像阴影检测和去除

7.2.1　基于 K-L 变换的城市遥感影像阴影检测

由 K-L 变换的原理可知，K-L 变换的正交基是由不同的向量组组成，对于每个向量组，都有一个相应的基向量与之对应。从上述 K-L 推导的变换矩阵可知，该矩阵不仅能反映 K-L 变换的特性，而且保存了原始影像的像素值信息。由此可知，在 K-L 变换中，变换矩阵中的特征向量所对应的特征值可以反映原始遥感影像的光谱信息。王树根等（2004）基于 K-L 变换矩阵提供的信息，对 K-L 变换进行改进，以原始影像的协方差矩阵的特征值直接表征 K-L 变换，大大简化了计算步骤，克服了传统 K-L 变换算法的复杂性和非实用性。将改进后的 K-L 变换运用到遥感影像中，需经过以下步骤才能得到变换后影像：

（1）读取原始 RGB 遥感影像，获得各分量的灰度值；

（2）对影像的每一个波段，分别计算每个波段的灰度平均值 m_k（$k=1, 2, 3$）；

（3）将影像中每个像素的三个分量组成一个向量，即把每个像素的 R、G、B 值表示为 x_1，x_2 和 x_3，则每个像素就可以表示为向量 $\boldsymbol{x}$，即 $\boldsymbol{x}=(x_1, x_2, x_3)$；

（4）通过计算每个波段之间的方差，则协方差矩阵可以表示为

$$\sum = \begin{pmatrix} \delta_{1,1} & \delta_{1,2} & \delta_{1,3} \\ \delta_{2,1} & \delta_{2,2} & \delta_{2,3} \\ \delta_{3,1} & \delta_{3,2} & \delta_{3,3} \end{pmatrix} \tag{7-1}$$

其中每个波段之间的方差可以通过如下公式计算：

$$\delta_{i,j}^2 = E[(x_i - m_p)(x_j - m_q)] \tag{7-2}$$

式中，m_p，m_q 分别对应 i 波段和 j 波段的灰度平均值。

（5）利用线性代数的方法，可以判断出协方差矩阵是一个满秩矩阵，即行列式不等于零。再根据求特征向量和特征值的方法，准确得出特征根 λ_1，λ_2，λ_3，并对特征根进行排序，$\lambda_1>\lambda_2>\lambda_3$，然后求出特征根相对应的特征向量 Y，构成特征向量矩阵，即 $\boldsymbol{Y}=(Y_1, Y_2, Y_3)$。

（6）对特征向量矩阵 $\boldsymbol{Y}$ 进行转置，得到 K-L 变换矩阵 $\boldsymbol{A}$。

（7）再将变换矩阵 $\boldsymbol{A}$ 与原影像进行卷积计算，得到变换后的影像 $g(x, y)$，即

$$g(x, y) = \boldsymbol{A} * f(x, y) \tag{7-3}$$

式中，$*$ 表示卷积运算。

7.2.2 城市遥感影像多波段阴影检测算法

多波段阴影检测方法首先利用在近红外波段基于直方图阈值法提取阴影（近红外波段比其他单波段的提取精度高），同时也利用绿光波段影像与蓝光波段影像的差值或者比值，对所得影像进行基于直方图阈值法提取阴影。两者提取的阴影特点可以形成互补，有利于进一步提高阴影检测的精度。多波段遥感影像阴影检测根据近红外波段及蓝、绿波段提取的阴影的结果进行融合，得到最终的阴影提取结果，其流程图如图 7-8 所示，其中 n 为奇数，且 $n \geqslant 3$，$R > n \times k$，k 为像元宽度。

7.2.3 基于连续阈值的城市遥感影像阴影检测

光谱比模型和 Otsu 阈值分割模型在检测地物复杂的高分辨遥感影像中的阴影有很大的局限性，因为高分辨遥感影像中地物异物同谱和同谱异物现象更为常见，某些地物的光谱特性与阴影的特性相似，导致很难正确检测阴影。针对上述的问题，结合色调 H、亮度 I 的性质以及指数函数的特点，基于连续阈值的阴影检测方法（STS），即通过改进后的光谱比模型，更进一步增强阴影区域与相似地物的差别，使得阴影提取精度提高的方法应运而生。

为解决上述产生的问题，首先对原始的 HSI 色彩空间进行改进，得到改进后的 HSI 色彩空间，如式（7-4）至式（7-6）所示：

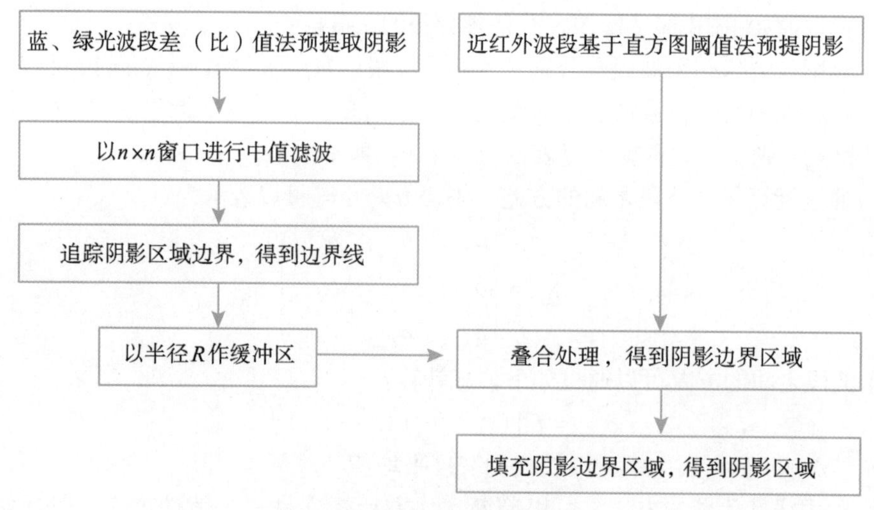

图 7-8　多波段阴影检测算法流程

$$\begin{pmatrix} I \\ V_1 \\ V_2 \end{pmatrix} = \begin{pmatrix} \frac{1}{3} & \frac{1}{3} & \frac{1}{3} \\ \frac{-1}{\sqrt{6}} & \frac{-1}{\sqrt{6}} & \frac{2}{\sqrt{6}} \\ \frac{1}{\sqrt{6}} & \frac{-2}{\sqrt{6}} & 0 \end{pmatrix} \begin{pmatrix} R \\ G \\ B \end{pmatrix} \tag{7-4}$$

$$S = \sqrt{V_1^2 2 + V_2^2} \tag{7-5}$$

$$H = \left(\arctan\left(\frac{V_1}{V_2}\right) + \pi\right) \times \frac{255}{2\pi} \tag{7-6}$$

改进后的光谱比模型中，主要利用色调 H 分量和亮度 I 分量，因为阴影区域在这两个分量下的特征明显，易于提取。

将原始图像的 RGB 转换为 HSI 空间后，再通过式（7-7）得到灰度图像 $R(x, y)$。

$$R(x, y) = \frac{H(x, y) + 1}{I(x, y) + 1} \tag{7-7}$$

在某些情况下，当 $H(x, y)$ 和 $I(x, y)$ 的值归一化到［0，1］参与计算后，拉伸到［0，255］得到的灰度图像，会产生不理想的阴影检测结果。因此将 $R(x, y)$ 灰度值归一化到［0，255］，用以达到阴影增强的目的。但是生成的 $R(x, y)$ 图像根据单阈值分割后，道路区域也常被识别为阴影。因此，针对这个缺点提出了改进的光谱比模型，整个模型如式（7-8）及式（7-9）所示：

$$R'(x, y) = \begin{cases} e^{-\frac{(r(x, y) - T)^2}{4\sigma^2}} \times 255, & r(x, y) < T \\ 255, & r(x, y) \geq T \end{cases} \tag{7-8}$$

$$r(x, y) = \mathrm{round}\left(\frac{H(x, y)}{I(x, y) + 1}\right) \tag{7-9}$$

其中，T 和 σ 的值由式（7-10）及式（7-11）得到。

$$\sum_{i=0}^{T} P(i) = P_s \tag{7-10}$$

$$\sqrt{\sum_{i=0}^{T-1} P(i)(i-T)^2} = \sigma \tag{7-11}$$

式中，$P(i)$ 是指图像 $r(x, y)$ 归一化到［0，255］后，灰度值为 i 的概率。

原始 RGB 图像先转换到改进后的 HSI 色彩空间，再结合改进后的光谱比模型，得到阴影增强图像 $R'(x, y)$。在 $R'(x, y)$ 图像中，道路区域与阴影区域的灰度差值明显增大。式（7-10）中，P_s 值是经过不断的实验和人工判别来确定的。假设阴影像素的个数在整幅图像中占的比例大于 $1-P_s$，而在大多数彩色航空图像中，阴影像素的个数远小于非阴影像素的个数，利用一个较大的 P_s 值计算 T 和 σ。当 P_s 为 0.95 时，具有较好的阴影提取结果。

经过上述模型的改进，阴影区域显著增强，但通过 Otsu 全局分割后，仍然存在一些非阴影的区域被检测为阴影。为了进一步提高阴影检测的精度，同时利用全局阈值和局部阈值的方法来实现。整个检测过程主要分为两部分：一是初步检测，从候选粗阴影像素中分离出不是真阴影像素的候选阴影像素；二是精确检测，利用非阴影像素的位置和性质以及阴影的特性，从候选阴影像素中精确检测出真阴影像素。整个算法的流程如图 7-9 所示。

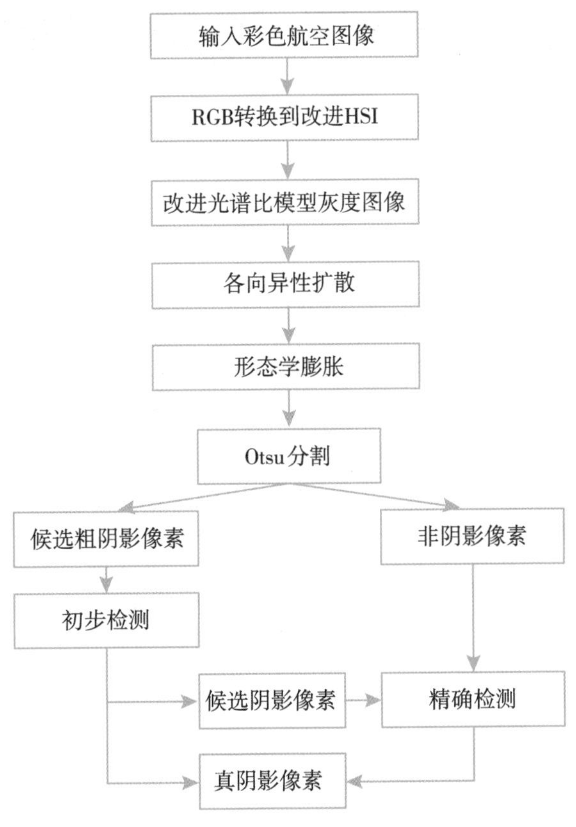

图 7-9　基于连续阈值的阴影检测方法流程图

具体来说，首先将 RGB 彩色航空图像转换到改进后的 HSI 色彩空间，再根据改进后的光谱比模型得到阴影增强的灰度图像。由于图像中存在很多噪声，阴影区域的边缘信息比较模糊，需要在一定程度上滤除噪声。各向异性扩散不仅在同质区内可以滤除噪声，还能使边缘信息增强。再利用形态学中的膨胀方法，结合 3×3 方形结构元素，增大候选阴影区域，以获取更多阴影信息。最后结合 Otsu 阈值方法，把原始彩色航空图像分成候选粗阴影像素和非阴影像素两大类（图 7-10）。要获得更精确的阴影像素，必须继续检测候选粗阴影像素中的每个像素，得到更准确的真阴影像素。

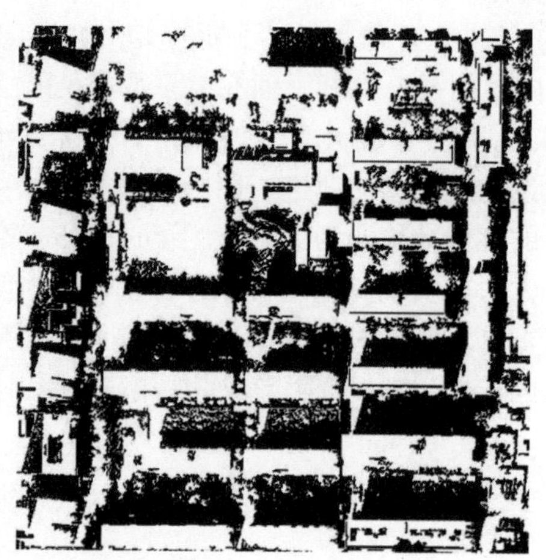

图 7-10　连续阈值的阴影检测结果

7.3　城市遥感影像色调调整方法

影像增强的主要目的是改善影像的质量和视觉效果，使之更加适合视觉观察或者机器分析和识别，以便获取更多的有效信息。由于影像增强与物体特性和处理目的等密切相关，尽管处理方式多种多样，但是都有很强的针对性，并不存在一种通用的、适用于各种状况的影像增强方法。为了适应不同应用需求，产生了许多经典的影像增强方法。本节总结归类现有的影像增强方法，将现有的影像增强方法分为：传统的空域和频域影像增强方法，基于模糊集理论的影像增强方法，基于人工神经网络的影像增强方法和基于视觉特性的影像增强方法，并对这些经典的影像增强方法进行详细的概述和比较。

7.3.1　城市遥感影像空域增强方法

空域影像增强是直接对影像的像素进行处理，空域影像增强方法主要分为两类：空域变换增强方法和空域滤波增强方法。

1. 空域变换增强方法

在空域变换增强方法中，影像中任意一个像素点增强后的像素值仅与原始影像中对应点的像素值有关，而与其邻域的像素值无关。空域变换增强方法主要包括灰度变换和直方图处理。空域变换增强的关键是设计合适的映射函数。映射函数的设计主要分为两类：一类是根据图像特点和处理工作的需要，人为地设计映射函数，试探其处理效果；另一类是从改变影像整体的灰度分布出发，设计映射函数，使变换后的影像的灰度直方图达到或者接近预定的形状。

1）灰度变换

灰度变换的主要目的是使影像动态范围增大，对比度得到拉伸，影像更加清晰，特征对比更加明显。灰度变换利用点运算修正像素灰度，由输入像素点的灰度值确定相应输出点的灰度值，而不改变图像内的空间关系。灰度变换函数主要包括线性变换函数、分段线性变换函数和非线性变换函数三类。基本的灰度变换函数如图 7-11 所示。图 7-12 为灰度变换示例。

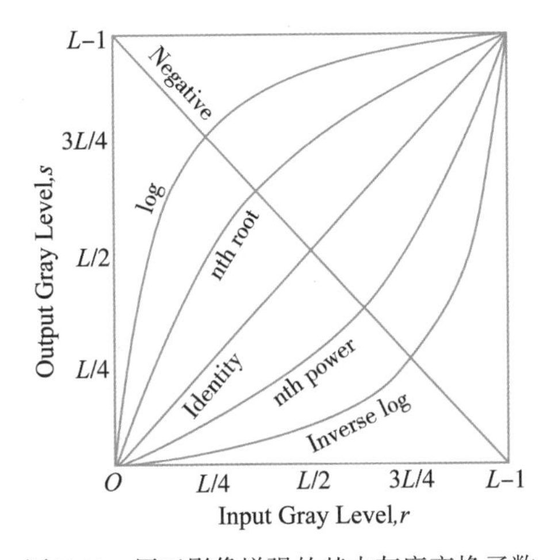

图 7-11 用于影像增强的基本灰度变换函数

2）直方图处理

影像的直方图是影像各灰度值统计特性与灰度值的函数，它描述了影像中的每个亮度值 DN 的像元数量的统计分布。

（1）直方图均衡化。

直方图均衡化，即直方图归一化，是指选择合适的变换函数 $T(r)$ 对已知灰度概率密度函数为 $P_r(r)$ 的原始影像进行修正，得到一幅灰度级具有 $P_s(s)$ 均匀分布的新影像。直方图均衡化的中心思想是把原始影像的灰度直方图从比较集中的某个灰度区间进行非线性拉伸，重新分配影像的像素值，使得一定灰度范围内的像素数量大致相等，把原始影像直方图分布变成均匀分布的直方图分布。直方图均衡化方法能够扩展像素取值的动态范围，达到增强影像整体对比度的效果。

彩色影像的直方图均衡化方法主要分为两类。一类是在 RGB 彩色空间内分别对每个彩色分量进行直方图均衡化处理，再将 R、G、B 三个分量进行合成得到最终的结果影像；另一类是将影像从 RGB 空间转换到 HSI 空间，仅对亮度分量 I 进行直方图均衡化处理，

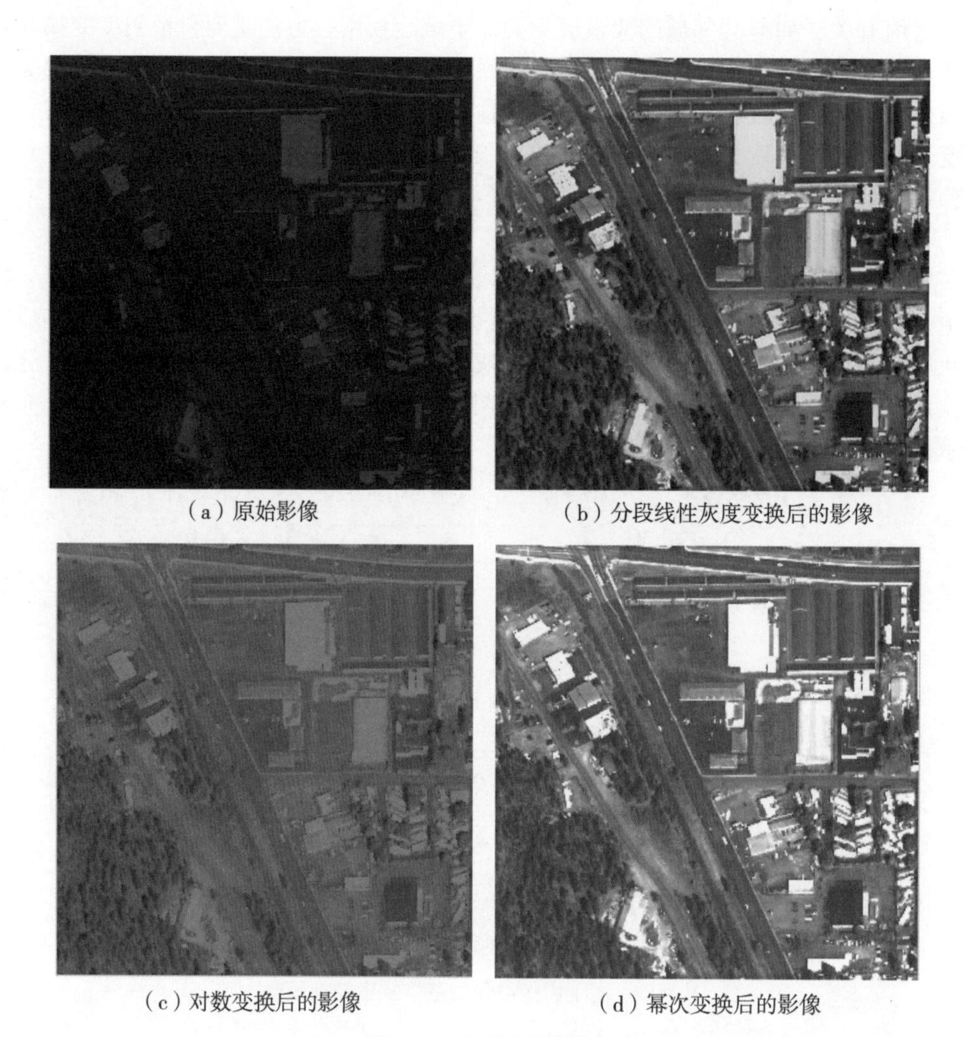

（a）原始影像　（b）分段线性灰度变换后的影像

（c）对数变换后的影像　（d）幂次变换后的影像

图 7-12　灰度变换示例

并保持色调分量 H 和饱和度分量 S 不变，再转化到 RGB 空间，得到最终的结果图像（图 7-13）。

均衡化后的影像比原始影像的灰度级范围更宽，处理过程中所需的参数完全来自影像本身，不需要任何额外的参数，是一种有力的自适应增强工具，而且该方法很容易实现。直方图均衡化通常在影像灰度比较集中于某一段的情况下，均衡化后的效果较好。但是，直方图均衡化的本质是减少影像的灰度级以获取对比度的增大，原来的直方图中频数较小的灰度级被归入很少几个或一个灰度级内，输出影像的实际灰度变换范围很难达到影像格式所允许的最大灰度变化范围，导致图像部分细节丢失。此外，直方图均衡化只能产生一种近似均匀的直方图，其值与理想值仍可能存在较大差异，并非最佳值。

一些学者在直方图均衡化算法的基础上又提出了一些改进算法。Kim（1997）提出了一种保持亮度特性的直方图均衡算法（BBHE）。Wan 等（2011）提出了一种二维子图直

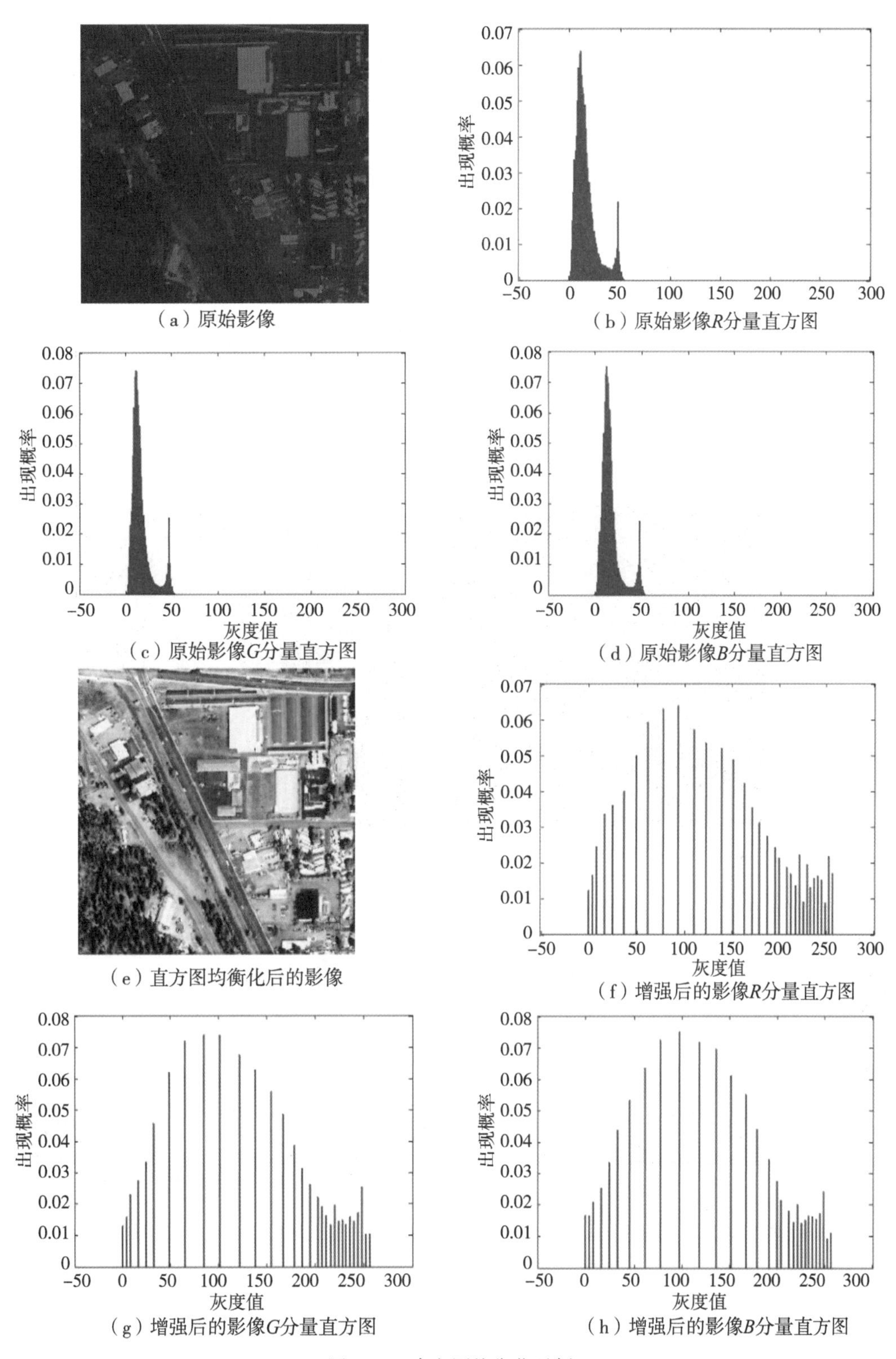

（a）原始影像　（b）原始影像R分量直方图

（c）原始影像G分量直方图　（d）原始影像B分量直方图

（e）直方图均衡化后的影像　（f）增强后的影像R分量直方图

（g）增强后的影像G分量直方图　（h）增强后的影像B分量直方图

图 7-13　直方图均衡化示例

方图均衡化算法（DSIHE）。Chen 和 Ramli（2004）提出最小均方误差双直方图均衡算法（MMBEBHE）。其他一些基于直方图均衡化的局部增强的算法主要有：递归均值分层均衡处理（RMSHE）、动态直方图均衡算法（DHE）、多层直方图均衡算法（MHE）、递归子图均衡算法（RSIHE）、保持亮度特性动态直方图均衡算法（BPDHE）、亮度保持簇直方图均衡处理（BPWCHE）等。这些算法与传统的直方图增强算法相比，增强效果均有所提高，但是算法也更加复杂。

（2）直方图规定化。

直方图规定化，即直方图匹配，使原始影像的直方图与另一幅影像的直方图匹配或者生成具有指定直方图的影像的方法。直方图规定化能够突出感兴趣的灰度范围，使影像质量得到改善，可以看作直方图均衡化方法的改进。直方图规定化是有选择地对影像进行增强，且需要人为地给定需要的直方图，能够得到特定增强的结果。图 7-14 为直方图规定化示例。

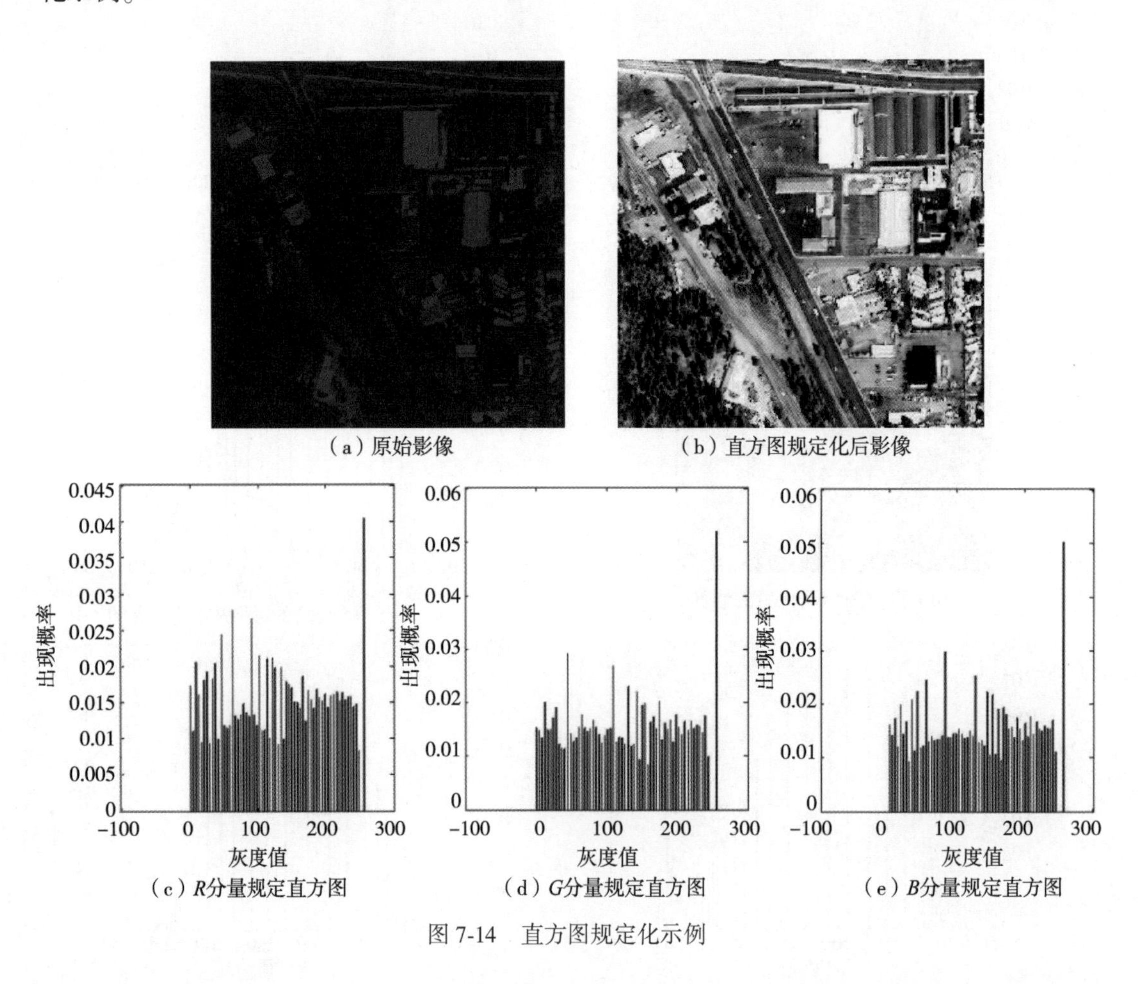

（a）原始影像　（b）直方图规定化后影像

（c）*R*分量规定直方图　（d）*G*分量规定直方图　（e）*B*分量规定直方图

图 7-14　直方图规定化示例

空域变换增强方法运算简单，能够在很大程度上提高影像的全局对比度，但是这类方法没有考虑成像的物理光学特性，忽略了单个像素与其他像素之间的联系，以及像素与整幅影像的联系，也无法构建一条适用于大部分影像的每个像素的映射曲线，因此增强后的影像会存在细节和边缘信息丢失、颜色失真等缺陷。

2. 空域滤波增强方法

在空域滤波增强方法中，影像中任意一个像素点增强后的像素值与原始影像中对应点的像素值及其邻域的像素值均有关。空域滤波增强方法中常用的滤波器主要包括平滑滤波器和锐化滤波器。定义一个点（x，y）邻域的主要方法是利用中心在点（x，y）的正方形或矩形子图像，子图像的中心从左上角开始 T 操作应用到每一个位置，得到该点的输出。假设 T 操作在以（x，y）为中心的矩形邻接域时，其表达式为

$$g(x,\ y) = \sum_{s=-a}^{a}\sum_{s=-b}^{b} w(s,\ t)f(x+s,\ y+t) \tag{7-12}$$

最常用的是 3 × 3 的邻域（模板），其表达式为

$$\begin{aligned} g(x,\ y) = {} & w(-1,\ -1)\times f(x-1,\ y-1) + w(-1,\ 0)\times f(x-1,\ 0) + \cdots + \\ & w(1,\ 1)\times f(x+1,\ y+1) \end{aligned} \tag{7-13}$$

1）平滑空间滤波器

平滑滤波通常用于消除或减弱影像中具有较大、较快变化的部分的影响，通常这些部分对应高频分量，因此也会导致影像细节和边缘信息的丢失。空域平滑滤波器对应于频域低通滤波器，频域越宽，空域越窄，平滑作用越弱；反之，频域越窄，空域越宽，模糊作用越强。针对不同的噪声类型需要采用不同的平滑滤波器。平滑滤波器一般可分为线性平滑滤波器和非线性平滑滤波器。

（1）线性平滑滤波器。

线性平滑滤波器即均值滤波器，均值滤波采用的方法主要是邻域平均法，即对待处理的像素点 (x，y) 选择一个由其近邻 M 个像素组成的模板，并求该模板中所有像素的均值，再把该值赋给像素点 (x，y) 的算术平均值 $g(x,\ y) = \frac{1}{M}\sum f(x,\ y)$ 作为邻域平均处理后的灰度值。常见的均值滤波器包括：算数均值滤波器、几何均值滤波器、谐波均值滤波器和逆谐波均值滤波器等。均值滤波器的主要目的是减弱或者消除影像中的高斯噪声，改善影像的质量。但是，均值滤波对椒盐噪声的处理效果不是很好。在消除噪声的同时对影像的高频细节造成破坏和损失，使得影像变得模糊，而且随着邻域的增大，影像的模糊程度也越严重。图 7-15 为线性平源滤波示例。

（2）非线性平滑滤波器。

非线性平滑滤波器即中值滤波器，是指先将掩模内欲求的像素及其领域的像素值排序，确定出中值，并将中值赋予该像素点。中值滤波的原理是：将模板中心与像素位置重合，读取模板下各对应像素的灰度值，然后将这些灰度值按从小到大的顺序排成 1 列，找出排在中间的灰度值，并将这个中间值作为模板中心位置的像素值。中值滤波器适用于含有椒盐噪声的影像，不适用于线、尖顶等细节较多的影像。常见的中值滤波器包括：二维中值滤波器、加权中值滤波器和自适应中值滤波器等。中值滤波器的消噪效果取决于模板的尺寸和参与运算的像素数。中值滤波能够有效清除噪声，同时保持良好的边缘特性，适

（a）原始影像

（b）含有高斯噪声的影像

（c）3×3模板平滑滤波后的影像

（d）5×5模板平滑滤波后的影像

（e）7×7模板平滑滤波后的影像

（f）9×9模板平滑滤波后的影像

图 7-15　线性平滑滤波示例

合于消除椒盐噪声。但是，中值滤波对高斯噪声的处理效果不是很理想。对于一些复杂的影像，可以使用复合型中值滤波达到更好的滤波效果。图 7-16 为非线性平滑滤波示例。

2）锐化空间滤波器

锐化空间滤波器通常用于消除或减弱原始影像中灰度值变化比较缓慢的部分，目的是突出影像的边缘或者增强影像细节。空域锐化滤波器对应于频域高通滤波器，空域有正负值，在接近原点处为正，远离原点时为负。影像模糊的实质是受到平均运算或者积分运算的影响，若使影像变清晰，需要对其进行逆运算，这就是锐化的数学机理。常用的锐化方法有梯度算子法和二阶导数算子法。

常用的梯度算子有 Roberts 算子，Prewitt 算子，Sobel 算子和 Krisch 算子等。Roberts 算子边缘定位较准，但对噪声比较敏感。Sobel 算子比较简单，锐化的边缘信息较强。Prewitt 算子与 Sobel 算子相比，有一定的抗干扰性，影像效果比较干净。Krisch 算子对噪声有较好的抑制作用。

二阶导数算子法为 Laplacian 算子法，是最常见的线性锐化滤波器，这种滤波器的中心系数应为正的，而周围的系数应为负的。Laplacian 算子获得的边界是比较细致的边界，反映的边界信息包括了许多的细节信息，但是所反映的边界不太清晰。Laplacian 检测模

（a）原始影像

（b）含有椒盐噪声的影像

（c）3×3模板中值滤波后的影像

（d）5×5模板中值滤波后的影像

（e）7×7模板中值滤波后的影像

（f）9×9模板中值滤波后的影像

图 7-16　非线性平滑滤波示例

板的特点是各向同性，其对孤立点和线端的检测效果较好，但是边缘方向信息丢失，同时对噪声比较敏感。典型的 Laplacian 算子如图 7-17 所示。图 7-18 为锐化空间滤波示例。

0	-1	0
-1	5	-1
0	-1	0

（a）在加强高频分量的同时能够保持低频分量

-1	-1	-1
-1	9	-1
-1	-1	-1

（b）具有边缘锐化作用

1	-2	1
-2	5	-2
1	-2	1

（c）具有平滑和锐化的操作数

图 7-17　典型的 Laplacian 算子

7.3.2　城市遥感影像频域增强方法

频域影像增强是将原始影像以某种形式变换到频域空间，利用该空间的特性改变影像

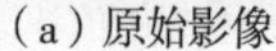
(a) 原始影像　　(b) 运动模糊影像　　(c) 锐化后的影像

图 7-18　锐化空间滤波示例

中的不同频率分量，再变换到原影像空间中的一种间接的影像增强方法。图像变换方法包括傅里叶变换、离散余弦变换（Discrete Cosine Transformation，DCT）、小波变换、霍特林变换、Radon 变换、沃尔什和哈达玛变换等。频域影像增强主要是借助滤波器实现影像增强，不同的滤波器滤除和保留的频率不同，因而可获取不同的增强效果。频域影像增强方法主要有低通滤波器、高通滤波器、同态滤波器、带通和带阻滤波器等。

1. 低通滤波器

影像的边缘、跳跃部分以及噪声对应影像傅里叶变换中的高频分量，大面积的背景区域则对应影像傅里叶变换中的低频分量。要在频域中减弱噪声、跳跃部分等对影像的影响，就必须设法减弱这部分频率的分量。而低通滤波器的主要目的就是滤除影像高频分量，而保留低频分量，起到平滑影像的作用。选择不同的传递函数能够得到不同的增强效果，根据传递函数的不同，可以将低通滤波器分为理想低通滤波器，巴特沃斯（ButterWorth）低通滤波器和高斯低通滤波器等。利用卷积定理，可以将低通滤波写成以下形式：

$$G(u,\ v) = H(u,\ v) * F(u,\ v) \tag{7-14}$$

式中，$F(u,\ v)$ 是含噪影像的傅里叶变换；$G(u,\ v)$ 是平滑后影像的傅里叶变换；$H(u,\ v)$ 是低通滤波器的传递函数。利用传递函数 $H(u,\ v)$ 将 $F(u,\ v)$ 的高频分量进行衰减并得到 $G(u,\ v)$，对 $G(u,\ v)$ 进行反变换得到最终的结果影像 $g(u,\ v)$。

1）理想低通滤波器（ILPF）

理想低通滤波器是指小于截止频率 D_0 的频率可以完全不受影响地通过滤波器，而大于 D_0 的频率则无法通过滤波器。理想低通滤波器的传递函数为

$$H(u,\ v) = \begin{cases} 1, & D(u,\ v) \leqslant D_0 \\ 0, & D(u,\ v) \geqslant D_0 \end{cases} \tag{7-15}$$

其中，截止频率 D_0 是一个非负整数，有两种定义：一种是取 $H(u,\ 0)$ 降到 1/2 时对应的频率；另一种是取 $H(u,\ 0)$ 降到 $1/\sqrt{2}$。$D(u,\ v)$ 是从点 $(u,\ 0)$ 到频率平面原点的距

离，即 $D(u, v)=\sqrt{u^2+v^2}$。理想低通滤波器会产生模糊和振铃现象，在影像上会出现一系列同心圆环，增强效果不是很理想。图 7-19 为理想低通滤波示例。

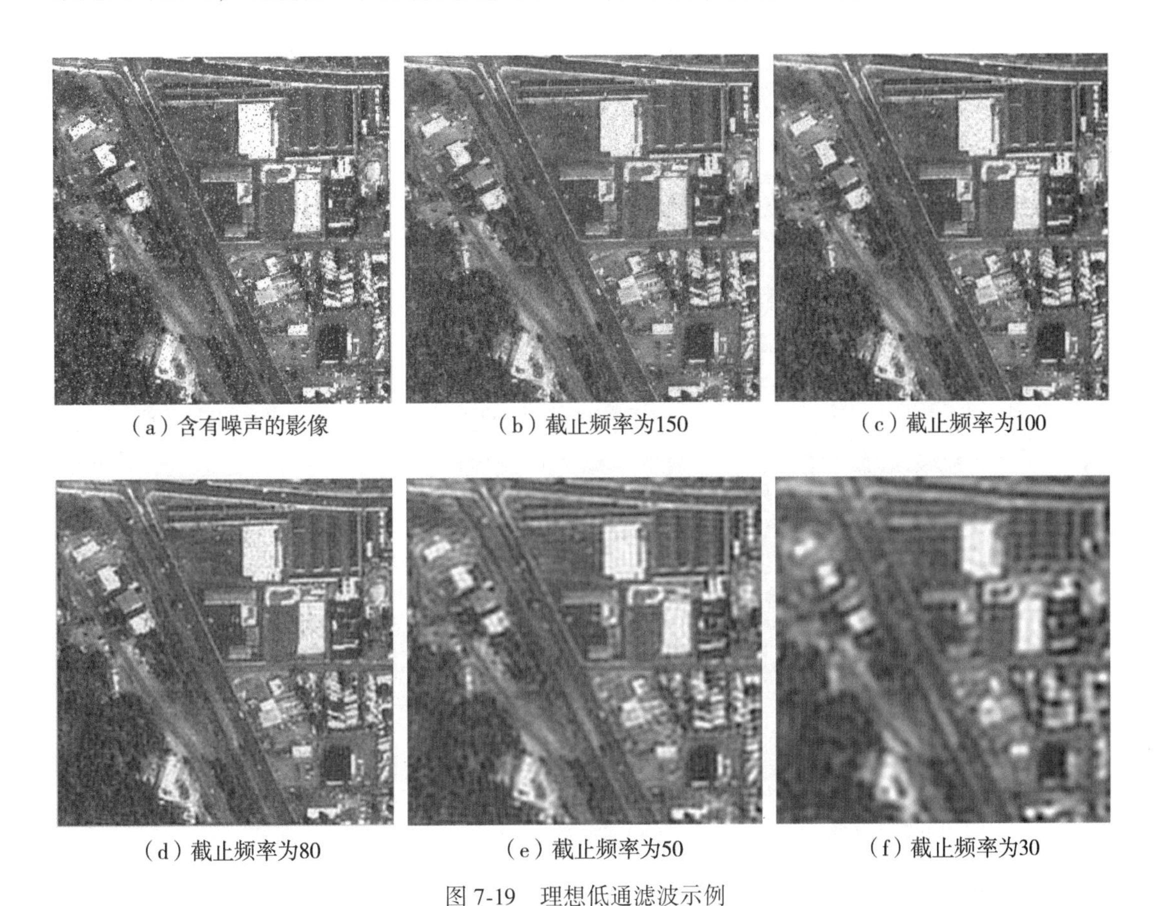

（a）含有噪声的影像　（b）截止频率为150　（c）截止频率为100

（d）截止频率为80　（e）截止频率为50　（f）截止频率为30

图 7-19　理想低通滤波示例

2）巴特沃斯低通滤波器（BLPF）

n 阶巴特沃斯滤波器的传递函数为

$$H(u, v)=\frac{1}{1+\left[\frac{D(u, v)}{D_0}\right]^{2n}} \tag{7-16}$$

式中，D_0 为截止频率，$D(u, v)=\sqrt{u^2+v^2}$；n 为阶数，取正整数，用来控制频率衰减速度。巴特沃斯低通滤波器的特性由阶数 n 决定，当 n 增大时特性曲线变得陡峭，当 n 增大到一定程度时，特性曲线在通带范围内接近于 1，阻带内接近于 0，振幅接近于矩形。当 $D(u, v)=D_0$ 处，$H=\frac{1}{2}H_{\max}$。

巴特沃斯低通滤波器具有连续性衰减的特性，高频和低频间的过渡比较光滑，对由于量化不足产生虚假轮廓的影像的处理效果较好，在抑制影像噪声的同时，使影像边缘的模糊度大大减小。一阶巴特沃斯低通滤波器没有振铃现象，随着阶数的增加，振铃现象也相应增加，而且巴特沃斯低通滤波器的计算量大于理想低通滤波器。图 7-20 为巴特沃斯低通滤波示例。

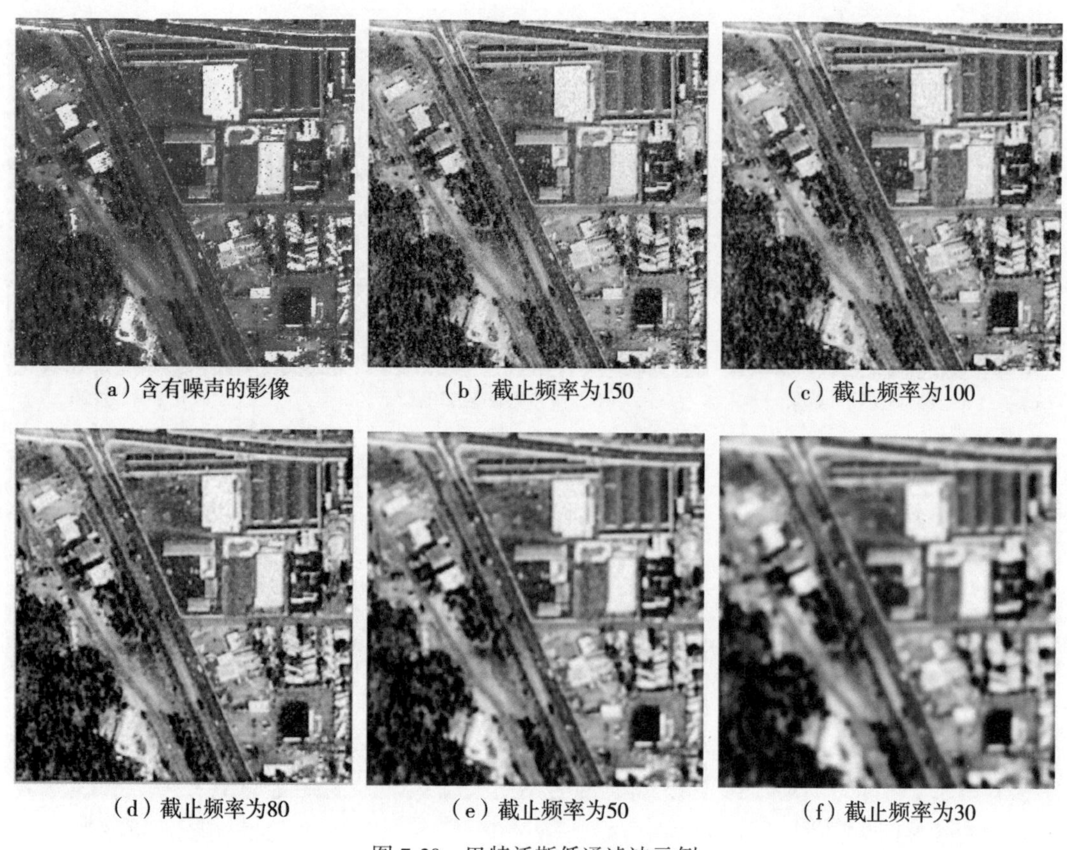

（a）含有噪声的影像　（b）截止频率为150　（c）截止频率为100

（d）截止频率为80　（e）截止频率为50　（f）截止频率为30

图 7-20　巴特沃斯低通滤波示例

3）高斯低通滤波器（GLPF）

以二维高斯低通滤波器（GLPF）为例，其在频率域上的形式如下：

$$H(u, v) = e^{-\frac{D^2(u, v)}{2\sigma^2}} \tag{7-17}$$

式中，$D(u, v) = \sqrt{u^2 + v^2}$，是频率域的原点到（$u$，$v$）点的距离；$\sigma$ 用来衡量高斯曲线的广度。

4）指数低通滤波器（ELPF）

指数低通滤波器的传递函数为

$$H(u, v) = e^{-\left|\frac{D(u, v)}{D_0}\right|^n} \tag{7-18}$$

指数低通滤波器能够有效地抑制噪声，无明显的振铃效应，但是去噪后的影像边缘的模糊程度比巴特沃斯低通滤波器产生的大些。

5）梯形低通滤波器（TLPF）

梯形低通滤波器是完全平滑滤波器和理想低通滤波器的折中。其传递函数为

$$H(u, v)=\begin{cases}1, & D(u, v)<D_0 \\ \dfrac{D(u, v)-D_1}{D_0-D_1}, & D_0 \leqslant D(u, v) \leqslant D_1 \\ 0, & D(u, v)>D_1\end{cases} \tag{7-19}$$

梯形低通滤波器在去除影像噪声的同时，对影像有一定的模糊和振铃效应。

2. 高通滤波器

高通滤波器与低通滤波器相反，它的主要目的是滤除影像低频分量，而保留高频分量。高通滤波器的滤波效果可以通过两种方式得到：一是用原始影像减去低通滤波影像后得到；二是将原始影像乘以一个放大系数，然后再减去低通滤波影像后得到高频增强影像。高通滤波器主要包括：理想高通滤波器和巴特沃斯高通滤波器等。

1）理想高通滤波器

二维理想高通滤波器的传递函数为

$$H(u, v)=\begin{cases}1, & D(u, v) \geqslant D_0 \\ 0, & D(u, v) \leqslant D_0\end{cases} \tag{7-20}$$

理想高通滤波器与理想低通滤波器相反，它把半径为 D_0 的圆内的所有频谱成分完全去掉，对圆外的频谱则无损地通过。理想高通滤波器有明显的振铃效应，处理后的影像的边缘有抖动现象。图 7-21 为理想高通滤波示例。

2）巴特沃斯高通滤波器

n 阶巴特沃斯高通滤波器的传递函数定义为

$$H(u, v)=\frac{1}{1+\left[\dfrac{D_0}{D(u, v)}\right]^{2n}} \tag{7-21}$$

巴特沃斯高通滤波器滤波效果较好，振铃现象不明显，但是其计算比较复杂。图 7-22 为巴持沃斯高通滤波示例。

3）指数高通滤波器（EHPF）

指数高通滤波器的传递函数为

$$H(u, v)=\mathrm{e}^{-\left|\frac{D_0}{D(u, v)}\right|^n} \tag{7-22}$$

指数高通滤波器的振铃效应不明显，但是效果不如巴特沃斯高通滤波器。

4）梯形高通滤波器（THPF）

梯形高通滤波器的传递函数为

$$H(u, v)=\begin{cases}0, & D(u, v)<D_1 \\ \dfrac{D(u, v)-D_1}{D_0-D_1}, & D_1 \leqslant D(u, v) \leqslant D_0 \\ 1, & D(u, v)>D_0\end{cases} \tag{7-23}$$

梯形高通滤波器会产生微振铃效应，且计算比较简单，因此比较常用。

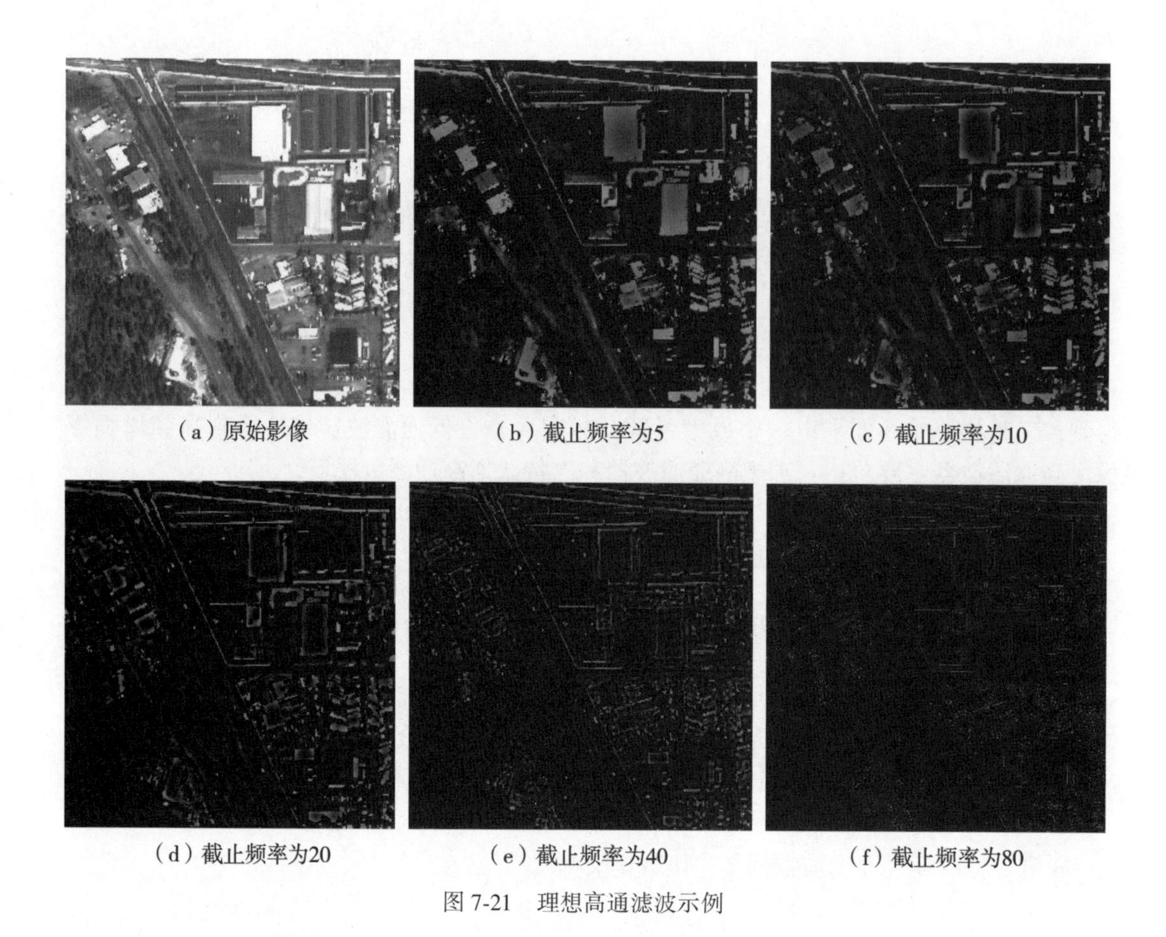

（a）原始影像　（b）截止频率为5　（c）截止频率为10

（d）截止频率为20　（e）截止频率为40　（f）截止频率为80

图 7-21　理想高通滤波示例

3. 同态滤波器

同态滤波是 1968 年由 A. V. Oppenheim 和 R. W. Schafer 等提出的一种非线性滤波方法。同态滤波增强是把频率过滤和灰度变换结合起来，在频域空间中通过压缩灰度范围和增强对比度来改善影像质量的一种影像处理方法。同态滤波器主要用来处理照明不均匀、细节对比度较差的影像，其优点是消除乘性噪声，实现影像对比度增强和动态范围压缩，但是当影像中不同区域具有较大的亮度差异时，会产生较多的虚假轮廓。

同态滤波基于照度-反射模型，其基本思想是将一幅影像 $f(x, y)$ 表示成入射分量 $i(x, y)$ 和反射分量 $r(x, y)$ 两部分，然后在频域中减少入射分量，压缩影像灰度的动态范围，同时增强反射分量，提高影像的对比度和清晰度。同态滤波去噪的基本原理是：先用对数变换把原始噪声影像中的乘性噪性转化为加性噪声，然后用线性消除器消除加性噪声，最后进行指数变换恢复原始的“无噪声”影像（图 7-23）。

同态滤波方法的关键是选择最佳的同态滤波函数，并用同态滤波函数对入射分量和反射分量进行滤波。最常用的滤波器形式为高斯高通滤波器。

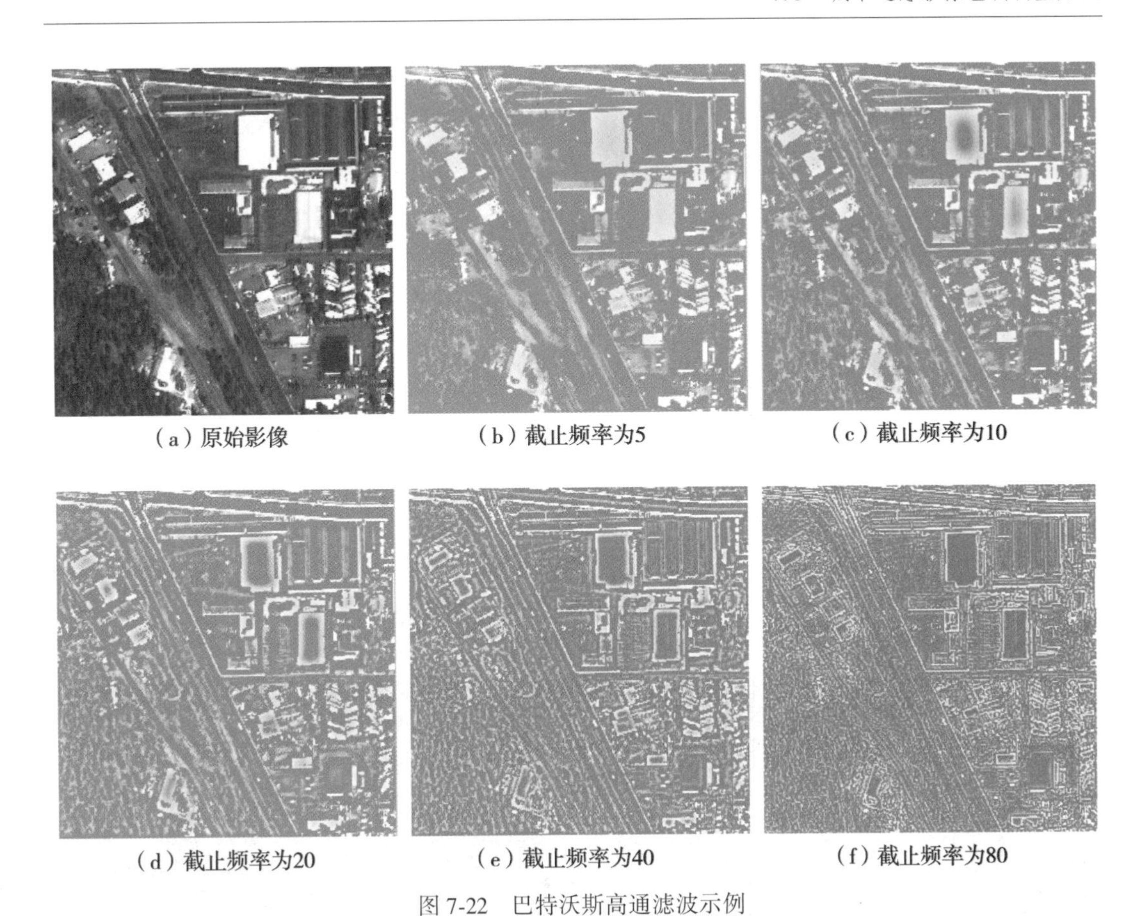

（a）原始影像　（b）截止频率为5　（c）截止频率为10

（d）截止频率为20　（e）截止频率为40　（f）截止频率为80

图 7-22　巴特沃斯高通滤波示例

图 7-23　原始影像（左）与同态滤波增强后的影像（右）

4. 带通和带阻滤波器

在实际应用中，影像中的某些有用信息可能出现在频谱的某一个频率范围内，或者某些需要去除的信息出现在某一个频率范围内。这种情况下，能够允许特定频率范围内的频率分量通过的传递函数就很有用，带通和带阻滤波器就是这样的传递函数，带通滤波器允许一定频率范围内的信号通过而阻止其他频率范围内的信号通过，带阻滤波器则正好相反。

带通滤波器的传递函数：

$$H_p(u,\ v) = -\ [H_R(u,\ v) - 1] = 1 - H_R(u,\ v) \tag{7-24}$$

带阻滤波器的传递函数：

$$H(u,\ v) = \begin{cases} 0, & D_1(u,\ v) \geqslant D_0 \text{ 或} D_2(u,\ v) \leqslant D_0 \\ 1, & \text{other} \end{cases} \tag{7-25}$$

其中，

$$D_1(u,\ v) = [(u - u_0)^2 + (v - v_0)^2]^{\frac{1}{2}}$$

$$D_2(u,\ v) = [(u + u_0)^2 + (v + v_0)^2]^{\frac{1}{2}}$$

图 7-24、图 7-25 分别为带阻滤波示例和带通滤波示例。

（a）原始影像

（b）截止频率分别为0、2的标准带阻滤波

（c）截止频率分别为0、2的巴特沃斯带阻滤波

图 7-24　带阻滤波示例

7.3.3　基于模糊集合理论的城市遥感影像增强方法

由于城市遥感影像场景的复杂性和像素之间的相关性，使影像的灰度值和颜色值的分布出现不确定性和不精确性，即模糊性。而模糊集合理论能很好地解决具有模糊性的问题，将其引入影像增强领域中，在一定情况下得到很好的影像增强效果。

基于模糊集合理论的影像增强方法的基本原理是：先将影像从空域变换到模糊域，在模糊域中通过某种变换函数进行模糊增强，变换完成后将再将影像从模糊域逆变换到空域中，最后得到增强后的影像。基于模糊集合理论的影像增强方法的增强效果在很大程度上依赖于增强变换函数，因此该方法的关键是在模糊域中选择合适的增强变换函数。

20 世纪 80 年代，S. K. Pal 等（1980）提出了一种新的隶属度函数和模糊增强算法（Pal-King 算法），对影像进行了对比度增强，模糊集理论开始逐渐应用到影像增强算法

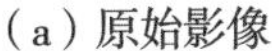
（a）原始影像

（b）截止频率分别为0、20的标准带通滤波

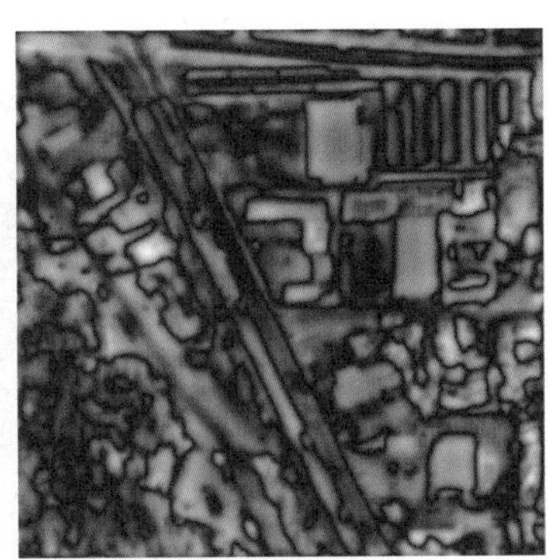

（c）截止频率分别为0、20的巴特沃斯带通滤波

图 7-25 带通滤波示例

中，并取得了较好的增强效果。在模糊增强算法中，一幅大小为 $m×n$，灰度级数为 L 的影像可以看作一个模糊集，模糊集内每个元素均具有相对于某特定灰度级的隶属函数。模糊增强基本框架如图 7-26 所示。

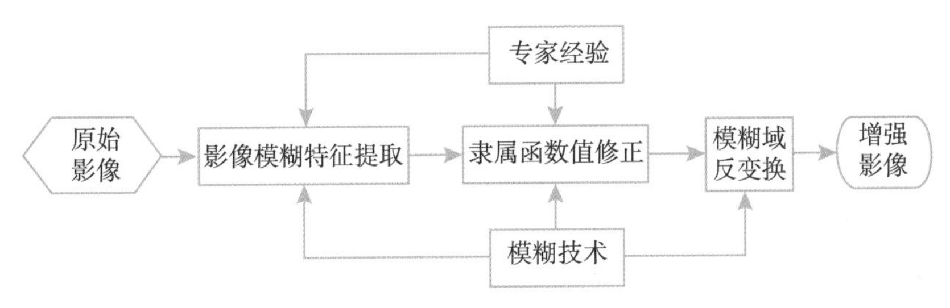

图 7-26 模糊增强基本框架

Pal-King 算法仍存在一些缺陷：在对 μ'_{mn} 进行逆变换时，部分低灰度值被硬性规定为 0，会损失部分低灰度值的边缘信息，影响影像增强效果；渡越点 X_c 的取值主要根据经验或者观察灰度统计直方图等方法来确定，需经过多次实验和比较才能确定其值，非常耗时；Pal-King 算法包含复杂的浮点运算，计算量很大；导数模糊因子 F_d 和指数模糊因子 F_e 的取值不易确定，存在参数寻优问题；原始影像和增强后的影像的像素最大值相同，且灰度范围也基本相同，增强后的影像仅仅是灰度级有所增加或减少，因而对于灰度范围小或者低对比度的影像的处理效果不理想。

刘恒殊等（2002）提出了基于模糊集理论的医学 CR 图像增强算法，该算法将医学 CR 图像划分为目标区和背景区两个部分，引入模糊集的概念来分别描述和处理这两部分，并采用模糊统计的方法测定隶属度函数，建立了基于模糊集的图像处理模型。魏晗等（2007）将模糊集理论和遗传算法想结合，提出了一种基于模糊理论的图像质量的测量函数，并将该函数作为遗传算法的适应度函数，同时引入归一化的非完全 Beta 变换算子对灰度和彩色图像进行自适应增强。图 7-27 影像模糊增强示例。

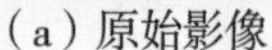

（a）原始影像　　（b）模糊增强后的影像

图 7-27　影像模糊增强示例

7.3.4　基于人工神经网络的城市遥感影像增强方法

目前已经有多种神经网络模型应用于影像增强和去噪处理，如 BP 神经网络、小波网络、模糊神经网络和脉冲耦合神经网络等。这些算法都是用非线性模型表示预处理的影像，再用神经网络算法求解最优解。与传统的影像增强方法相比，人工神经网络方法具有高度并行处理、自适应、非线性映射、泛化等优势，因此人工神经网络在影像增强和去噪方面得到了广泛应用。

PCNN 是目前影像增强领域中最常用的人工神经网络，它是由 Eckhorn（1999）提出的一种基于猫的视觉皮层神经元细胞模型建立的简化神经网络模型，是目前公认的第三代人工神经网络。PCNN 不需要预先学习或训练就能从复杂背景下提取有效信息。PCNN 的单个神经元的模型如图 7-28 所示。

PCNN 能较好地去除椒盐噪声和脉冲噪声。PCNN 用于影像平滑时，网络与影像结构大小相同，且影像的每个像素对应一个神经元，神经元之间无连接。PCNN 去噪的基本思想是：若像素点（x，y）是被噪声污染的像素点，则其灰度值与其周围相邻像素点的灰度值存在差异。因此，可根据各神经元与其邻域内其他神经元的点火顺序来判断该神经元对应的像素点是否被噪声污染。若 1 个神经元点火，而邻域内其他神经元不点火，则认为点火的神经元对应的像素被噪声污染；若 1 个神经元不点火，而邻域内其他神经元都点火，则也可认为该神经元对应的像素点被噪声污染。再利用适当的算法对噪声点进行相应的处理，从而达到去噪的目的，同时也能很好地保留影像的边缘信息。PCNN 去噪的流程如图 7-29 所示。

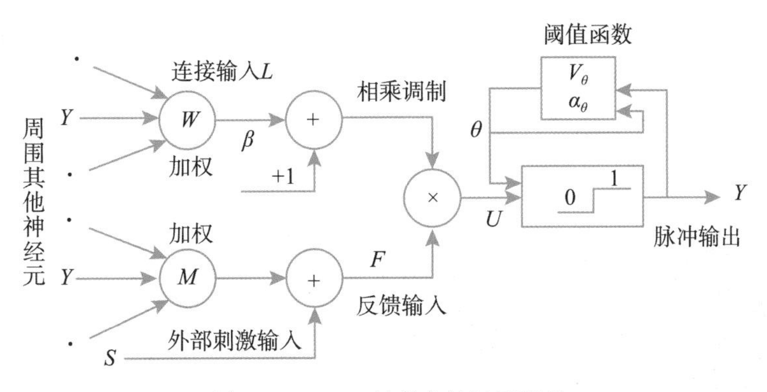

图 7-28 PCNN 的单个神经元模型

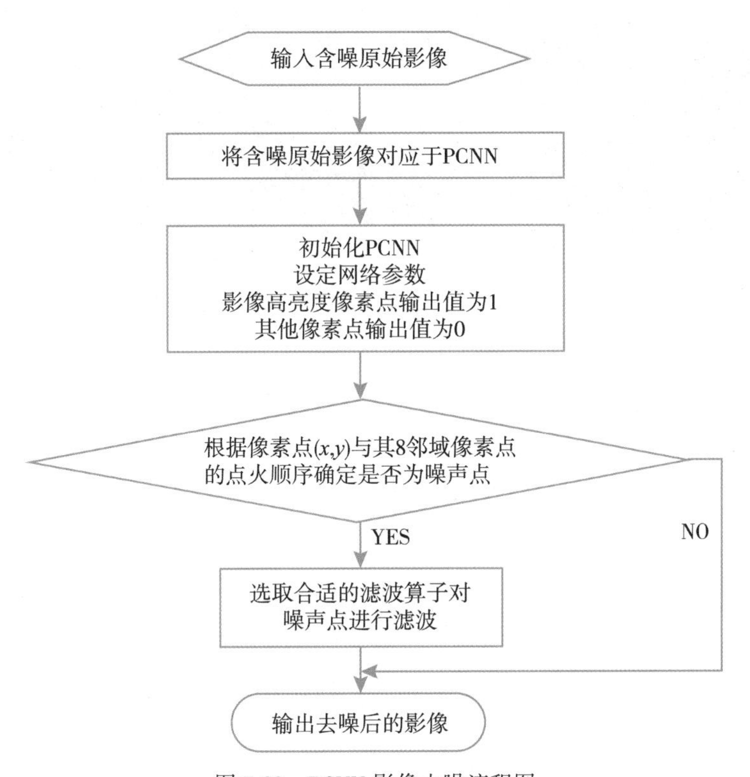

图 7-29 PCNN 影像去噪流程图

7.3.5 基于视觉特性的城市遥感影像增强方法

基于视觉特性的影像增强方法主要分为两大类。一类是基于 Retinex 理论的增强算法；另一类是在色彩空间模型中只对亮度分量进行变换，保持色调不变以保证没有颜色偏移的增强方法。

基于 Retinex 理论增强算法的代表性的成果包括：美国国家航空航天局（NASA）的

J. J. McCann 和 Daniel J. Jobson 等在 Edwin H. Land 等（2004）提出的 Retinex 算法的基础上提出的单尺度 Retinex 图像增强算法（SSR）、多尺度 Retinex 图像增强算法（MSR）（图 7-30）和带彩色恢复的多尺度 Retinex 图像增强算法（MSRCR）。这类算法可以改善颜色恒常性，压缩影像的动态范围，提高影像对比度，但是在符合视觉感知特性的前提下将颜色和亮度信息进行了混合处理，改变了色调，导致了不同程度的颜色失真。

（a）原始影像

（b）MSR-HSI 算法增强后的影像

图 7-30　多尺度 Retinex 图像增强算法效果图

在色彩空间模型中只对亮度分量进行变换的同时保持色调不变的增强方法，通常是将影像从 RGB 空间转换到 HSI 或 HSV 空间，消除颜色分量的相关性。其中，H 表示色调，S 表示饱和度，I 或 V 表示亮度。在影像增强过程中，通过调整 S、I 或者 V 分量，并保持 H 分量不变，达到颜色恒常的目的。这类算法需要进行色彩空间的转换，比较耗时，无法实现影像的实时增强。

城市遥感影像空域增强方法和频域增强方法比较简单，但这些方法本身具有很大的局限性，没有考虑影像的模糊性，只是简单地对整幅影像的对比度进行拉伸或消除噪声。但在消除噪声的同时也导致了影像细节信息丢失、颜色失真等现象。

基于模糊集合理论的城市遥感影像增强方法在一定场合具有很好的影像增强效果。该方法的关键是在模糊域中选择合适的增强变换函数，但是增强变换函数在很大程度上取决于原始影像的特性，而图像本身具有复杂性，因此该方法没有得到广泛应用。

基于人工神经网络的城市遥感影像增强方法由于其模型复杂，参数较多，且对不同类型的影像进行处理时，不同参数选择会产生不同的处理效果，往往需要人工干预选择参数才能达到较好的增强效果。

基于视觉特性的城市遥感影像增强方法是一种新的研究趋势，但是该理论目前还不够成熟，人们对视觉特性没有达到充分的认识，也没有通用的标准，主要根据视觉经验知识和主观判断。

思考题

1. 城市遥感影像云检测主要有哪些方法？各有什么特点？
2. 城市遥感影像云检测现阶段面临的主要困境是什么？
3. 城市遥感影像阴影检测有哪些困难？
4. 城市遥感影像色调调整主要有哪些方法？

参考文献

[1] 侯舒维，孙文方，郑小松．遥感图像云检测方法综述［J］．空间电子技术，2014，11（3）：68-76.

[2] Saunders R W，Kriebel K T. An improved method for detecting clear sky and cloudy radiances from AVHRR data［J］. International Journal of Remote Sensing，1988，9（1）：123-150.

[3] Ackerman S A，Strabala K I，Menzel W P，et al. Discriminating clear sky from clouds with MODIS［J］. Journal of Geophysical Research：Atmospheres，1998，103（24）：141-157.

[4] Ebert Elizabeth. A pattern recognition technique for distinguishing surface and cloud types in the polar regions［J］. J. Climte Appl. Meteor，1987，26（10）：1412-1427.

[5] Key J R，Maslanik J A，Schweiger A J. Classification of merged AVHRR and SMMR Arctic data with neural networks［J］. Photogrammetric Engineering and Remote Sensing，1989，55（9）：1331.

[6] Welch R M，Sengupta S K，Goroch A K，et al. Polar cloud and surface classification using AVHRR imagery：An inter comparison of methods［J］. Journal of Applied Meteorology，1992，31（5）：405-420.

[7] Garand Louis. Automated recognition of oceanic cloud patterns. Part I：methodology and application to cloud climatology［J］. Journal of Climate，2009，1（1）：20-39.

[8] Merchant C J，Harris A R，Maturi E，et al. Probabilistic physically based cloud screening of satellite infrared imagery for operational sea surface temperature retrieval［J］. Quarterly Journal of the Royal Meteorological Society，2010，131（611）：2735-2755.

[9] Baum B，Tovinkere V，Titlow J，et al. Automated cloud classification of global AVHRR data using a fuzzy logic approach［J］. Journal of Applied Meteorolog，1997，36：1519-1540.

[10] Solvsteen C，Deering D W，Gudmandsen P. Correlation based cloud-detection and an examination of the split-window method［C］//SPIE— The International Society for Optical Engineering，1995，2586：86-97.

[11] Movia A，Beinat A，Crosilla F，et al. Shadow detection and removal in RGB VHR

images for land use unsupervised classification [J]. ISPRS journal of photogrammetry and remote sensing, 2016 (119): 485-495.

[12] Surya S R, Simon P. Automatic cloud removal from multitemporal satellite images [J]. Journal of the Indian Society of Remote Sensing, 2015, 43 (1): 57-68.

[13] Tian Bin, Azimi-Sadjadi M R, Vonder Haar T H, et al. Temporal updating scheme for probabilistic neural network with application to satellite cloud classification [J]. IEEE Transactions on Neural Networks, 2001, 11 (4): 903-920.

[14] Vivone G, Addesso P, Conte R, et al. A class of cloud detection algorithms based on a MAP-MRF Approach in space and time [J]. IEEE Transactions on Geoence & Remote Sensing, 2014, 52 (8): 5100-5115.

[15] Salvador E, Cavallaro A, Ebrahimi T. Shadow identification and classification using invariant colormodels [C] // Acoustics, Speech, and Signal Processing, 2001.

[16] 王军利，王树根．一种基于 RGB 彩色空间的影像阴影检测方法 [J]. 信息技术，2002，000 (12)：7-8，17.

[17] 虢建宏，田庆久，吴昀昭．遥感影像阴影多波段检测与去除理论模型研究 [J]. 遥感学报，2006，10 (2)：151-159.

[18] Stevens I. Shadow catchers: camera-less photography [J]. Aperture, 2011 (204): 14-14.

[19] Jiang C, Ward M O. Shadow identification [C] // IEEE Computer Society Conference on Computer Vision & Pattern Recognition, Cvpr. IEEE, 1992.

[20] Kim Yeong-Taeg. Contrast enhancement using brightness preserving bi-histogram equalization [J]. IEEE Transactions on Consumer Electronics, 1997, 43 (1): 1-8.

[21] Wan Zakiah Wan Ismail, Kok Swee Sim. Contrast enhancement dynamic histogram equalization for medical image processing application [J]. International Journal of Imaging Systems & Technology, 2011, 21 (3): 280-289.

[22] Chen S D, Ramli A R. Minimum mean brightness error bi-histogram equalization in contrast enhancement [J]. IEEE Transactions on Consumer Electronics, 2004, 49 (4): 1310-1319.

[23] Oppenheim A V, Schafer R W, Stockham T G. Nonlinear filtering of multiplied and convolved signals [J]. Proc. IEEE, 1968, 56 (8): 1264-1291.

[24] Pal S K, King R A. Image enhancement using fuzzy set [J]. Electronics Letters, 1980, 16 (10): 376-378.

[25] Eckhorn R. Neural mechanisms of scene segmentation: recordings from the visual cortex suggest basic circuits for linking field models [J]. IEEE Transactions on Neural Networks, 1999, 10 (3): 464-479.

[26] Jobson J Daniel. Retinex processing for automatic image enhancement [J]. J Electronic Imaging, 2004, 13 (1): 100-110.

[27] 陈前，吴俣，叶菁菁，等．面向城市区域的遥感影像云检测方法 [J]. 遥感信息，

2018，33（5）：61-65.

[28] 曹琼，郑红，李行善．一种基于纹理特征的卫星遥感图像云探测方法 [J]. 航空学报，2007，28（3）：661-666.

[29] 刘波，邓娟，宋杨，等．基于卷积神经网络的高分辨率遥感影像云检测 [J]. 地理空间信息，2017（11）：12-15.

[30] 胡晓雯，庞金昌．建筑物影像阴影处理方法综述 [J]. 科技展望，2015（16：33-34）.

[31] 鲍海英，李艳，尹永宜. 城市航空影像的阴影检测和阴影消除方法研究 [J]. 遥感信息，2010（1）：44-47.

[32] 党安荣，王晓东，张建宝．ERDAS IMAGINE 遥感图像处理方法 [M]. 北京：清华大学出版社，2003.

[33] 朱述龙，朱宝山，王红卫．遥感图像处理与应用 [M]. 北京：科学出版社，2006.

[34] 邵振峰，白云，周熙然．改进多尺度 Retinex 理论的低照度遥感影像增强方法 [J]. 武汉大学学报（信息科学版），2015，40（1）：32-39.

[35] 邵振峰，罗晖，李德仁．多尺度多特征融合的遥感影像阴影检测提取方法及系统 中国，201610202779. [P]. 2020-10-21.

[36] Shao Z F，Deng J，Wang L，et al. Remote Sensing Fuzzy AutoEncode based cloud detection for remote sensing imagery [J]. Remote Sensing，2017，9（4）：311-330.

[37] Shao Z F，Pan Y，Diao C Y，et al. Cloud detection in remote sensing images based on multiscale features-convolutional neural network [J]. IEEE Transactions on Geoscience and Remote Sensing，2019，57（6）：4062-4076.

[38] 王树根，王军利，郭丽艳. 基于 K-L 变换的彩色航空影像阴影检测 [J]. 测绘信息与工程，2004，29（2）：21-21.

[39] 刘恒殊，黄廉卿. 基于模糊集理论的医学 CR 图像增强 [J]. 光学精密工程，2002，10（1）：94-97.

[40] 魏晗，张长江，胡敏，等. 基于遗传算法的图像自适应模糊增强 [J]. 光电子激光，2007，18（12）：1482-1485.

第 8 章　城市遥感影像超分辨率处理

8.1　城市遥感影像的超分辨率处理需求

影像的空间分辨率是衡量遥感能力的一项非常重要的指标。高分辨率的遥感影像可以使人们在较小的空间尺度上观察地表的细节变化，在城市生态环境评价、城市规划、地形图更新、地籍调查、精准农业等方面有巨大的应用潜力。然而受大气湍流、传输噪声、运动模糊和光学传感器的欠采样等影响，遥感影像的空间分辨率受限。同时，由于星地之间通信能力的有限，视频压缩传输进一步降低了卫星视频的空间分辨率。

城市中环境和地物类型复杂，如汽车等小目标识别率较低，以及复杂的混合像元广泛存在（图 8-1）。遥感影像的空间分辨率难以满足城市遥感高精度分类和智能分析的需求。另外，现有技术限制，直接通过硬件层面提升遥感影像的空间分辨率成本较高，而超分辨率重建技术可以只通过软件对获取影像的空间分辨率进行提升。

图 8-1　需超分辨率处理的城市遥感影像示例

城市影像超分辨率重建是利用同一目标的单幅或者多幅低分辨率影像序列重建出一幅高分辨率影像的技术（Park et al.，2003），能够突破成像系统本身光学衍射极限以获得更高分辨率的遥感影像。与直接改善成像系统硬件相比，利通过软件系统实现超分辨率，具有代价低廉、相对灵活的特点，而且它可以和其他图像处理技术相结合以灵活获得所需求的图像，因此超分辨率重建问题的研究具有重要的理论意义和现实价值。

8.2 城市遥感影像超分辨率重建模型

超分辨率技术具有严密的数学物理基础。从数学角度上看，如果两个解析函数在任一给定区间上完全一致，则它们必须在整体上完全一致，即为同一函数。对于一幅城市遥感影像，由于其空域有界，因此其谱函数必然解析。根据解析延拓理论，截止频率以上的信息可采用截止频率以下的信息得以重建，从而实现城市遥感影像的超分辨率处理。下面本节从城市遥感影像的降质模型和点扩散函数模型对超分辨率重建的基础理论模型进行阐述。

8.2.1 城市遥感影像降质模型

为了得到对应的高分辨率影像，首先需要对遥感影像的成像过程进行建模。目前城市遥感影像主要由 CCD 相机获取（图 8-2）。在假设光照均匀、忽略镜头光学扭曲等假定下，原高分辨率影像在成像过程中还受到运动模糊、光学模糊、量化下采样以及随机噪声等降质因素的影响，然后 CCD 阵列会把已经模糊的原目标信号在矩形感应区内积分，最终量化得到对应的低分辨率二维数字影像（图 8-3）。如果我们假设在相机前面存在一个更高密度的 CCD 成像阵列，拍摄到所需要的未降质的高分辨率影像，这就是所要重建出来的高分辨率遥感影像。

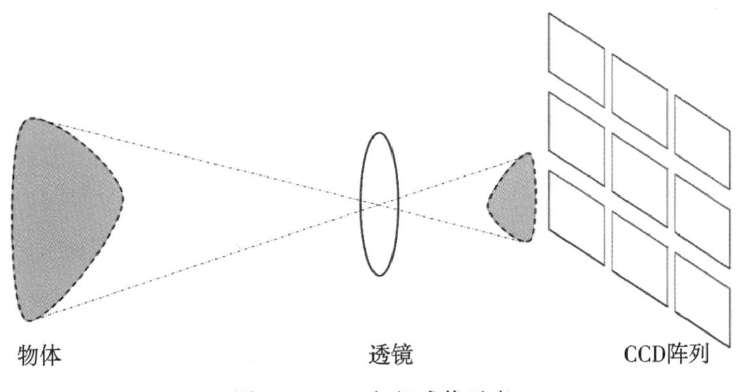

图 8-2　CCD 相机成像示意

给定一组来自同一目标（不同视角）的低分辨率（LR）影像序列 $\{Y_k\}_{k=1,2,\cdots,K}$，每幅影像的大小为 $M \times N$，K 为低分辨率影像数量。记它们所对应的高分辨率影像为 $\boldsymbol{X}$，$\boldsymbol{X}$ 的大小为 $rM \times rN$ 且 $r > 1$。每个观测得到的低分辨率影像 $\boldsymbol{Y}_k$ 都是对应理想高分辨率影

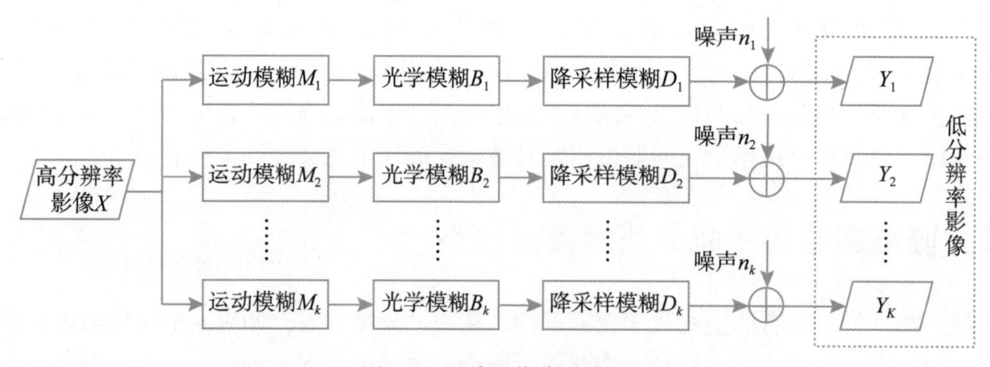

图 8-3　遥感影像降质模型

像 $\boldsymbol{X}$ 进行任意的偏移、模糊化以及下采样（也称“F 采样”）而形成的，同时还在影像的形成过程中受到随机噪声等的影响。一般情况下认为此噪声为加性高斯噪声，与测量无关。因此，低分辨率影像 $\boldsymbol{Y}_k$ 的形成过程（Farsiu et al.，2004）可以表述为

$$\boldsymbol{Y}_k = \boldsymbol{D}_k \boldsymbol{B}_k \boldsymbol{M}_k \boldsymbol{X} + \boldsymbol{n}_k,\ k = 1,\ 2,\ \cdots,\ K \tag{8-1}$$

式中，$\boldsymbol{Y}_k$ 为相机记录的第 k 幅低分辨率影像（大小为 $M \times N$），按列排成列向量后的大小为 $MN \times 1$；$\boldsymbol{X}$ 为理想高分辨率影像（大小为 $rM \times rN$，r 为超分辨率倍数），按列排成列向量后的大小为 $r^2MN \times 1$；$\boldsymbol{M}_k$ 为 $\boldsymbol{Y}_k$ 相对 $\boldsymbol{X}$ 的运动变形矩阵，其大小为 $r^2MN \times r^2MN$；$\boldsymbol{B}_k$ 为模糊矩阵，其大小为 $r^2MN \times r^2MN$；$\boldsymbol{D}_k$ 表示大小为 $MN \times r^2MN$ 的下采样矩阵；$\boldsymbol{n}_k$ 表示大小为 $MN \times 1$ 的加性随机噪声。影像序列的观测可以表示为

$$\begin{pmatrix} Y_1 \\ \vdots \\ Y_K \end{pmatrix} = \begin{pmatrix} D_1\ B_1\ M_1 \\ \vdots \\ D_K\ B_K\ M_K \end{pmatrix} \boldsymbol{X} + \begin{pmatrix} n_1 \\ \vdots \\ n_K \end{pmatrix} \tag{8-2}$$

或表示为

$$\boldsymbol{Y} = \begin{pmatrix} H_1 \\ \vdots \\ H_K \end{pmatrix} \boldsymbol{X} + \begin{pmatrix} n_1 \\ \vdots \\ n_K \end{pmatrix}$$

其中，$\boldsymbol{H}_k = \boldsymbol{D}_k \boldsymbol{B}_k \boldsymbol{M}_k$，大小为 $MN \times r^2MN$。如此，影像降质模型可简写为

$$\boldsymbol{Y} = \boldsymbol{HX} + \boldsymbol{n} \tag{8-3}$$

8.2.2　点扩散函数模型

遥感影像成像过程中，大气扰动、运动模型、光学模糊等因素都会导致影像降质，点扩散函数（Point Spread Function，PSF）描述了影像产生过程中受到模糊降质影响程度的大小。如果我们能够弄清一个成像系统相对稳定的扩散函数，就可以反推、弥补相应的理想情况。从数理角度来看，点扩散函数就是描述成像系统的空间传递函数（图 8-4）。因此，分析成像过程中的点扩散模型是超分辨率重建的前提，其精度直接影响重建影像的精度。

点扩散函数 $\mathrm{PSF}(i, j)$ 满足以下三个条件：

(1) 确定且非负，对任意 i, j，有 $\mathrm{PSF}(i, j) \geqslant 0$；

(2) $\mathrm{PSF}(i, j)$ 具有有限支持域；

(3) 能量守恒，即 $\sum_{i, j} \mathrm{PSF}(i, j) = 1$。

根据实际应用情况，我们可以在点扩散函数中加入更多的先验知识对其进行约束，如对称性、高斯型等。下面对几个典型的点扩散函数进行介绍与讨论。

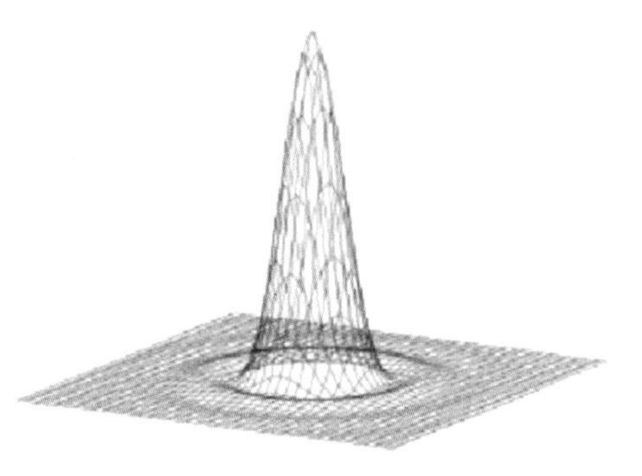

图 8-4　点扩散函数示意图

1. 大气扰动的点扩散函数

在遥感成像过程中，大气的扰动会造成所得影像质量的模糊。大气扰动模糊是光线经过大气层时，受到不均匀大气的折射和散射引起的。其点扩散函数可以表示为一个高斯函数，如式（8-4）所示：

$$\mathrm{PSF}(i, j) = K\exp\left(-\frac{i^2 + j^2}{2\sigma^2}\right) \tag{8-4}$$

式中，K 为归一化常量；σ 表示模糊程度。

大气扰动的点扩散函数的频域传递函数 $\widehat{\mathrm{PSF}}(u, v)$ 为

$$\widehat{\mathrm{PSF}}(u, v) = \exp(-c(u^2 + v^2)^{\frac{5}{6}}) \tag{8-5}$$

式中，c 表示一个依赖扰动类型的变量，通常需要通过实验确定。实际中，为了简化计算，上式中的幂指数 5/6 通常用 1 代替。

2. 运动模糊的点扩散函数

运动模糊是由曝光时间内相机与目标物体之间发生相对运动造成的。由于遥感影像的曝光时间一般较短，通常情况下可认为相机与目标物体间的相对运动为匀速直线运动，但其相对运动方向是任意的，可分解为 X 和 Y 方向上两个运动分量的合（图 8-5）。

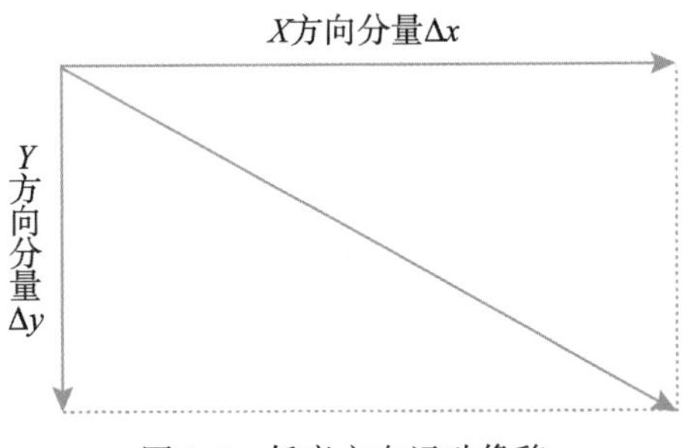

图 8-5　任意方向运动像移

假设相对运动在 X 和 Y 方向的分量分别为 Δx 和 Δy。当 $\Delta x \geqslant \Delta y$ 时，对应的运动模

糊点扩散函数为

$$\mathrm{PSF}(i,\ j)=\begin{cases}\dfrac{1}{\Delta x}, & 0\leqslant i\leqslant \Delta x-1,\ j=\left[\dfrac{\Delta y\cdot i}{\Delta x}\right]\\ 0, & \text{else}\end{cases} \tag{8-6}$$

其中，[·] 为取整符号。当 $\Delta x\leqslant \Delta y$ 时，对应的运动模糊点扩散函数为

$$\mathrm{PSF}(i,\ j)=\begin{cases}\dfrac{1}{\Delta y}, & 0\leqslant i\leqslant \Delta y-1,\ j=\left[\dfrac{\Delta x\cdot i}{\Delta y}\right]\\ 0, & \text{else}\end{cases} \tag{8-7}$$

对于线性运动模糊，$\mathrm{PSF}(i,\ j)$ 的傅里叶变换的模在沿运动方向上是一个 sinc 型函数，对应的观测影像的傅里叶变换的模上带有明显条带，条带方向与运动方向相垂直。

3. 光学模糊的点扩散函数

光学模糊主要包括光学系统自身和图像传感器的影响，其光学传递函数（Optical Transfer Function，OTF）如式（8-8）所示：

$$\mathrm{PSF}(u,\ v)=\mathrm{PSF}_{\mathrm{dif}}(u,\ v)\cdot \mathrm{PSF}_{\mathrm{det}}(u,\ v) \tag{8-8}$$

式中，$\mathrm{PSF}_{\mathrm{dif}}(u,\ v)$ 表示光学衍射极限的频域响应；$\mathrm{PSF}_{\mathrm{det}}(u,\ v)$ 表示图像传感器模糊的频域响应。$\mathrm{PSF}_{\mathrm{dif}}(u,\ v)$ 的定义如下：

$$\mathrm{PSF}_{\mathrm{dif}}(u,\ v)=\begin{cases}\dfrac{2}{\pi}\left[\arccos\left(\dfrac{w}{w_c}\right)-\left(\dfrac{w}{w_c}\right)\sqrt{1-\left(\dfrac{w}{w_c}\right)^2}\right], & w<w_c\\ 0, & \text{else}\end{cases} \tag{8-9}$$

其中 $w=\sqrt{u^2+v^2}$，截止频率 $w_c=1/\lambda F$，F 表示光学成像系统的 F-数。$\mathrm{PSF}_{dif}(u,\ v)$ 是一个对称圆锥形。

假设传感器中感光区域为矩形，则 $\mathrm{PSF}_{\mathrm{det}}(u,\ v)$ 可用 sinc 函数表示如下：

$$\mathrm{PSF}_{\mathrm{det}}(u,\ v)=\mathrm{sinc}(au,\ bv)=\frac{\sin(\pi au)\sin(\pi bv)}{\pi^2 aubv} \tag{8-10}$$

式中，a 和 b 分别表示像元的长度和宽度。基于此原理，部分插值算法的插值核函数即为 sinc 函数。

4. 离焦模糊的点扩散函数

当光学成像系统中物距、像距和焦距不满足高斯公式时，就会导致得到的影像模糊，出现离焦现象。根据几何光学可知，离焦模糊的点扩散函数可以建模为一个 Pillbox 分布（圆盘模型）或 Gaussian 分布（高斯模型）。圆盘模型假设为理想成像系统且不受噪声影响，光能量均匀分布在一个圆内，对应的点扩散函数 $\mathrm{PSF}_p(i,\ j)$ 公式如下：

$$\mathrm{PSF}_p(i,\ j)=\begin{cases}\dfrac{1}{\pi R^2}, & i^2+j^2\leqslant R^2\\ 0, & \text{else}\end{cases} \tag{8-11}$$

式中，R 为弥散半径。式（8-11）对应的频域传递函数 $\widehat{\mathrm{PSF}}_p(u,\ v)$ 为

$$\widehat{\mathrm{PSF}}_p(u,\ v)=\frac{J_1(R\rho)}{R\rho},\ \rho=u^2+v^2 \tag{8-12}$$

式中，J_1 为第一类一阶 Bessel 函数；u 和 v 分别表示频域的水平和竖直坐标。

在实际应用中，光学成像系统会受到衍射极限和噪声影响，其光能量传播是不均匀分布，一般可以假设为 Gaussian 分布，对应的点扩散函数 $\mathrm{PSF}_G(i,\ j)$ 为：

$$\mathrm{PSF}_G(i,\ j)=\frac{1}{1\pi\sigma^2}\exp\left(-\frac{i^2+j^2}{2\sigma^2}\right),\ \sigma\approx\frac{R}{\sqrt{2}} \tag{8-13}$$

8.3 城市遥感影像超分辨率重建方法

当前典型的城市遥感影像超分辨率重建方法主要包括三大类：基于插值的影像超分辨率重建方法、基于重构的影像超分辨率重建方法和基于学习的影像超分辨率重建方法。

8.3.1 基于插值的城市遥感影像超分辨率重建方法

基于插值的算法利用已知邻近像素的灰度值产生待插值像素的灰度值，是最为直观和简单的超分辨率重建方法，主要包括：最近邻插值、双线性插值、双三次插值和改进插值方法。

1. 最近邻插值

最近邻插值法也称作零阶插值，其直接将与待定像素距离最近的像素灰度值作为待定像素灰度值。记观测到的低分辨率影像为 I_l，大小为 $M\times N$，经过插值后的图像为 I_h，大小为 $rM\times rN$，其中 r 为插值倍数。对于 I_h 中的任意一点 $(x_0,\ y_o)$，可计算得到其在原低分辨率影像 I_l 上的理论位置为 $\left(\frac{x_0}{r},\ \frac{y_o}{r}\right)$。

而计算得到的理论位置数值可能存在小数，此时该点在低分辨率影像 I_l 上无实际意义，此时应对其进行四舍五入，将影像 I_l 中距离该理论点最近的一个点的值赋给它，得到最近邻插值的结果。最近邻插值法计算量较小，但可能会造成产生的图像灰度上的不连续，在变化地方可能出现明显锯齿状（图 8-6）。

2. 双线性插值

双线性插值又称一阶插值，它利用了周边与目标点相邻的四个点，分别在两个方向上作线性内插，权重通过目标点与相邻点之间的距离来确定，最终运算得到目标插值点的灰度值。在数学上，双线性插值是有两个变量的插值函数的线形插值扩展，其核心思想是在两个方向分别进行一次线性插值。

如图 8-7 中所示，假如我们想得到未知函数 f 在点 $P=(x,\ y)$ 位置的值，假设我们知道函数 f 在 $Q_{11}=(x_1,\ y_1)$，$Q_{12}=(x_1,\ y_2)$，$Q_{21}=(x_2,\ y_1)$ 和 $Q_{22}=(x_2,\ y_2)$ 四个点的值（即低分辨率影像 I_l 上的四个点）。

首先，在 X 方向上进行线性插值，得到

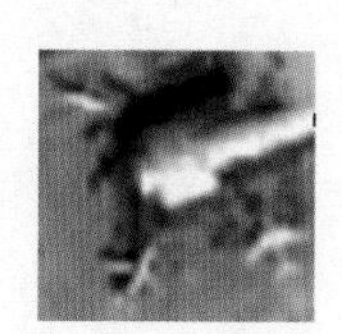

（a）分辨率影像

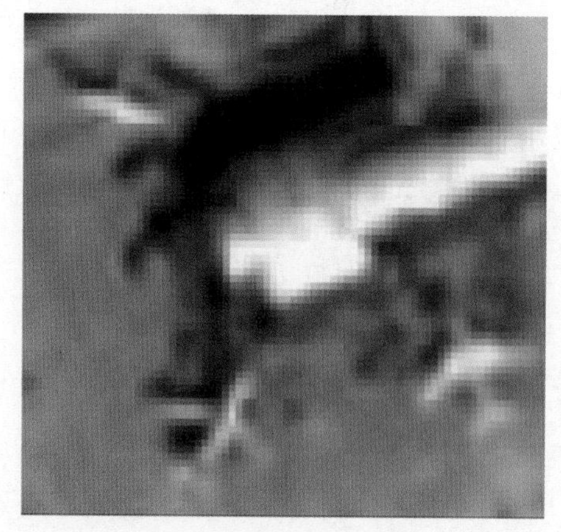

（b）最近邻插值结果

图 8-6　最近邻插值结果示意图（插值倍数为 8 倍）

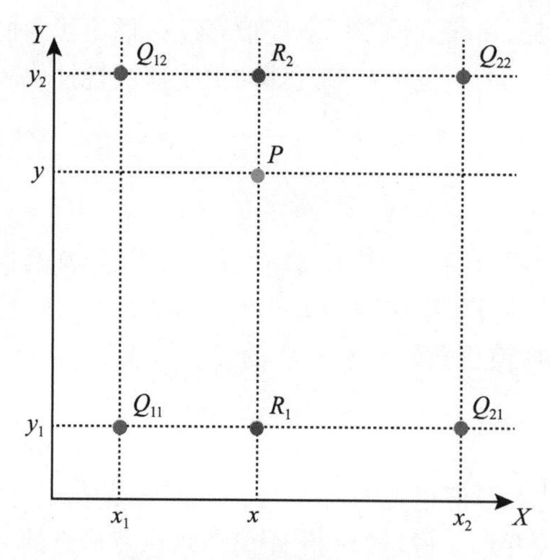

图 8-7　双线性插值示意图

$$f(R_1) \approx \frac{x_2 - x}{x_2 - x_1}f(Q_{11}) + \frac{x - x_1}{x_2 - x_1}f(Q_{21})，其中 R_1 = (x，y_1) \tag{8-14}$$

$$f(R_2) \approx \frac{x_2 - x}{x_2 - x_1}f(Q_{12}) + \frac{x - x_1}{x_2 - x_1}f(Q_{22})，其中 R_2 = (x，y_2)$$

然后再在 Y 方向上进行线性插值，得到

$$f(P) \approx \frac{y_2 - y}{y_2 - y_1}f(R_1) + \frac{y - y_1}{y_2 - y_1}f(R_2) \tag{8-15}$$

这样就得到函数 f 在 P 点的结果 $f(x，y)$ 为

$$f(x，y) \approx \frac{(x_2 - x)(y_2 - y)}{(x_2 - x_1)(y_2 - y_1)}f(Q_{11}) + \frac{(x - x_1)(y_2 - y)}{(x_2 - x_1)(y_2 - y_1)}f(Q_{21}) +$$

$$\frac{(x_2 - x)(y - y_1)}{(x_2 - x_1)(y_2 - y_1)} f(Q_{12}) + \frac{(x - x_1)(y - y_1)}{(x_2 - x_1)(y_2 - y_1)} f(Q_{22}) \tag{8-16}$$

如果选择合适的坐标系使得函数 f 的四个已知点坐标分别为 (0, 0)、(0, 1)、(1, 0) 和 (1, 1)，那么双线性插值的公式可以简化为

$$f(x, y) \approx f(0, 0)(1 - x)(1 - y) + f(1, 0)x(1 - y) + f(0, 1)(1 - x)y + f(1, 1)xy \tag{8-17}$$

或者用矩阵运算表示为

$$f(x, y) \approx (1 - x \quad x)\begin{pmatrix} f(0, 0) & f(0, 1) \\ f(1, 0) & f(1, 1) \end{pmatrix}\begin{pmatrix} 1 - y \\ y \end{pmatrix} \tag{8-18}$$

双线性插值的结果与插值顺序无关。先从 Y 方向进行插值，再从 X 方向进行插值，所得到结果都是一样的。双线性内插法的计算比最近邻点法复杂，计算量较大，但没有灰度不连续的缺点，插值效果较最近邻插值好。但是双线性插值具有低通滤波性质，使高频分量受损，重建图像轮廓较模糊（图 8-8）。

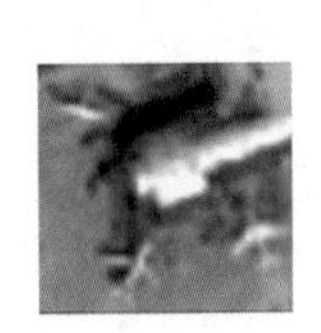

（a）分辨率影像

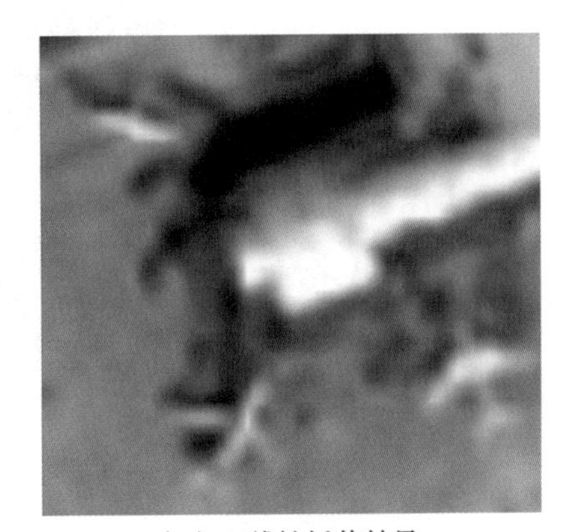

（b）双线性插值结果

图 8-8　双线性插值结果示意图（插值倍数为 8 倍）

3. 双三次插值

双三次插值（Bicubic Interpolation）在计算时利用了周围 16 个像素点的信息，利用三次多项式作为插值函数，使用的 Bicubic 基函数（图 8-9）如下：

$$S(w) = \begin{cases} |w|^3 - 2|w|^2 + 1, & 0 \leqslant |w| \leqslant 1 \\ -|w|^3 + 5|w|^2 - 8|w| + 4, & 1 \leqslant |w| \leqslant 2 \\ 0, & |w| > 2 \end{cases} \tag{8-19}$$

对待插值点 (x, y)，取其附近的 4 × 4 邻域点 (x_i, y_i)，$i, j = 0, 1, 2, 3$。双三次插值的计算公式如下：

$$f(x, y) \approx \sum_{i=0}^{3} \sum_{j=0}^{3} f(x_i, y_i) S(x - x_i) S(y - y_i) \tag{8-20}$$

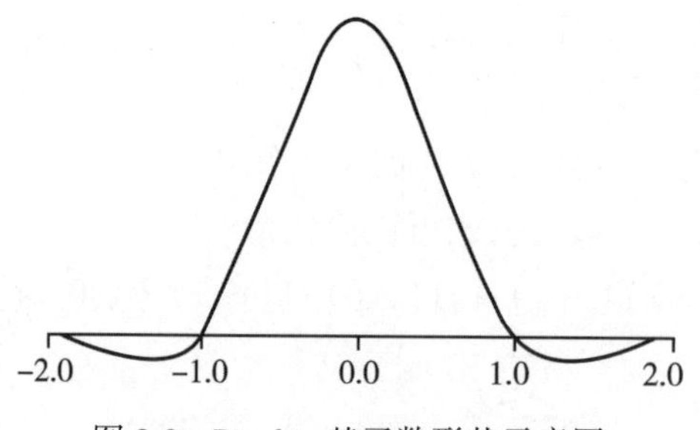

图 8-9　Bicubic 基函数形状示意图

相较于最近邻插值和双线性插值，双三次插值能够较好地保持重建影像的边缘（图 8-10）。

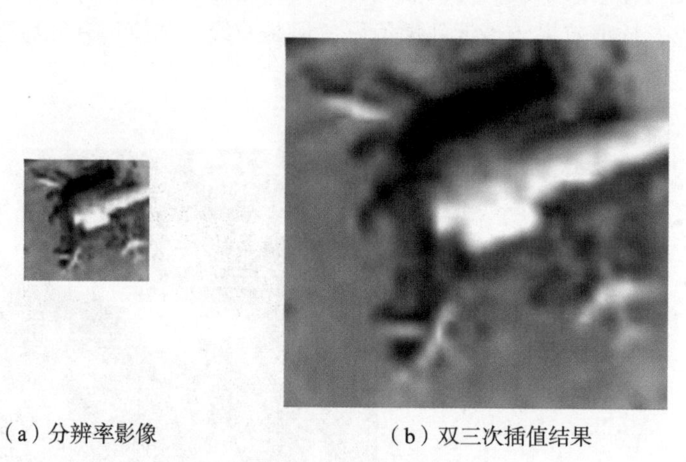

（a）分辨率影像　　（b）双三次插值结果

图 8-10　双三次插值结果示意图（插值倍数为 8 倍）

4. 改进插值方法

为改善上述传统插值方法（最近邻插值、双线性插值和双三次插值）结果中的边缘模糊、振铃等效应问题，研究人员又相继提出了一系列改进的插值算法。例如，非均匀插值算法的适用对象是一组具有空间转移的低分辨率影像，采用广义多通道采样定理对这些影像进行插值。这种方法计算量小、具有实时性，然而忽略了插值误差，难以保证重构的最优性，有一定的局限性。Bose 等（2006）基于多项式近似估计，针对不同像素点自适应调整参数，采用最小化运动方差的方式对邻域像素进行估计，进而推测超分辨率重建后各个像素对应的值，这种插值方法着力于更好地对影像边缘进行匹配。除此之外，还有如结合神经网络的插值算法、基于最小二乘的插值算法以及空间自适应插值算法等。相较于传统插值算法，这些改进的插值算法较好地改善了插值影像的边缘效应问题，取得了更好的插值结果。

8.3.2 基于重构的城市遥感影像超分辨率重建方法

基于插值的超分辨率重建方法主要针对的是影像下采样导致分辨率下降的问题，而基于重构的方法旨在恢复降质过程中丢失的高频信息。基于重建的方法是对成像过程的数学模型进行求解，但是对影像降质模型的求解是一个病态的逆问题，符合条件的解有无数个。为了得到合理的解，需要相应地引入影像中实际存在的先验知识建立正则项，从而得到该病态逆问题的可行解，恢复降质过程中丢失的高频细节信息。基于重构的超分辨率重建可分为频域方法和空域方法两类，下文中对此两类进行简要介绍。

1. 频域方法

由于图像的卷积、平移、旋转等运算都可以在频域转化为易于处理的算数运算形式，因此频域处理成为处理图像超分辨率重建问题的一个直接想法。在假设的低分辨率影像 Y_k 的生成模型条件下，Tsai（1984）分别对观测到的低分辨率图像和目标高分辨率影像进行离散傅里叶变换（DFT）和连续傅里叶变换（CFT），并根据傅里叶变换性质，在频域建立二者的线性关系：

$$y_k = \boldsymbol{\Phi}_k x \tag{8-21}$$

其中，y_k 和 x 分别为低分辨率影像 Y_k 和高分辨率影像 X 傅里叶变换并向量化后的结果。该方法首先通过计算得到生成模型的参数，确定线性变换关系 $\boldsymbol{\Phi}_k$。这样，就把求解高分辨率影像 X 的问题转化为求解 x，即为上式的逆问题。

由于频域计算本身的特性，这种基于傅里叶变换的频域方法在理论推导和计算上都有一定优势，支持并行化的运算处理，方便高效。但是，频域方法也有较明显的缺点：频域方法对噪声比较敏感，且难以在处理过程中添加先验信息。另外，由于频域与空域之间复杂的变换关系，传统的频域方法仅能处理输入低分辨率图像之间只存在全局整体运动的情况，而难以处理场景中存在物体相对运动的情况，局限性较大。随后，研究者又使用可以刻画图像局部性质的小波变换对图像中的局部不同情况进行处理，有效提高了重建影像的局部质量。

2. 空域方法

基于重构的影像超分辨率空域重建方法可用以下优化问题表示：

$$\hat{X} = \arg\min_{X}\{\rho(Y,\ HX) + \lambda r(X)\} \tag{8-22}$$

式中，$\rho(\cdot)$ 和 $r(\cdot)$ 分别为数据约束项和正则约束项函数，λ 为正则项对应的系数。实际中，常用的数据项函数为

$$\rho(Y,\ HX) = \|Y - HX\|_p^p = \sum_{k=1}^{K} \|Y_k - H_k X\|_p^p \tag{8-23}$$

其中，$\|\cdot\|_p^p$ 为 l_p 范数（图 8-11）。

数据约束项函数保证了高分辨率影像降质之后的低分辨率影像与实际观测的低分辨率影像尽量相似。而正则项函数 $r(\cdot)$ 包含先验知识的约束，根据不同的先验知识，可以设

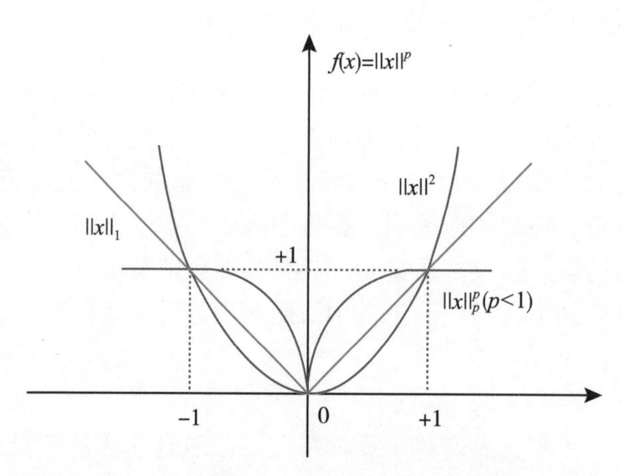

图 8-11　l_p 范数中 p 取不同值时的函数示意图

计出不同的正则项约束函数，常用的如光滑约束、保边缘约束等。

下面介绍几种常用的基于重构的超分辨率重建方法，包括迭代反投影法、凸集投影法、最大后验概率等。

1）迭代反投影法（Iterative Back Projection，IBP）

迭代反投影算法的主要思想是通过迭代方式不断修正初始高分辨率影像。具体地，先根据观测到的低分辨率影像估测出一幅初始的高分辨率影像，对估测的高分辨率影像利用降质模型得到对应的低分辨率影像，然后将其与真实观测的低分辨率影像进行做差，再将差值反投影到高分辨率空间对初始估测的高分辨率影像进行更新。如此反复，直至误差小于指定阈值或达到迭代次数上限为止（图 8-12）。

迭代反投影法思路简单，运算复杂度低，求解速度也相对较快，但是没有充分考虑降质模型的先验知识的约束，且反投影矩阵较难选取，最终得到的高分辨率影像不一定就是最合适的解。

2）凸集投影法（Projection onto Convex Sets，POCS）

相较于 IBP 法，凸集投影法充分考虑了具体的降质模型和采集环境等约束条件，并将它们转化为对候选集合的约束。凸集投影法将对目标高分辨率影像的各种限制分别定义为在高分辨率影像空间中的闭凸集 $C_i(i = 1，2，\cdots，m)$，这些凸集的交集 $C_s = \bigcup_{i=1}^{m} C_i$ 也是一个凸集。如果 C_s 不为空集，则其中的每一个元素都同时满足所有的限制条件，构成一个可行的高分辨率影像的解。凸集投影法是一个迭代过程，由猜测的初始高分辨率影像 $\hat{X}_0$ 开始，相继不断地向各个凸集进行投影，得到最终的高分辨率影像。凸集投影法每一步的迭代过程可表示如下：

$$\hat{X}_{n+1} = P_m P_{m-1} \cdots P_1 \hat{X}_n \tag{8-24}$$

其中，P_i 表示将高分辨率影像空间中任意一点投影到凸集 C_i 上的投影算子。

凸集投影法包含先验信息的能力很强，可以加入各种先验信息的约束，如目标影像像

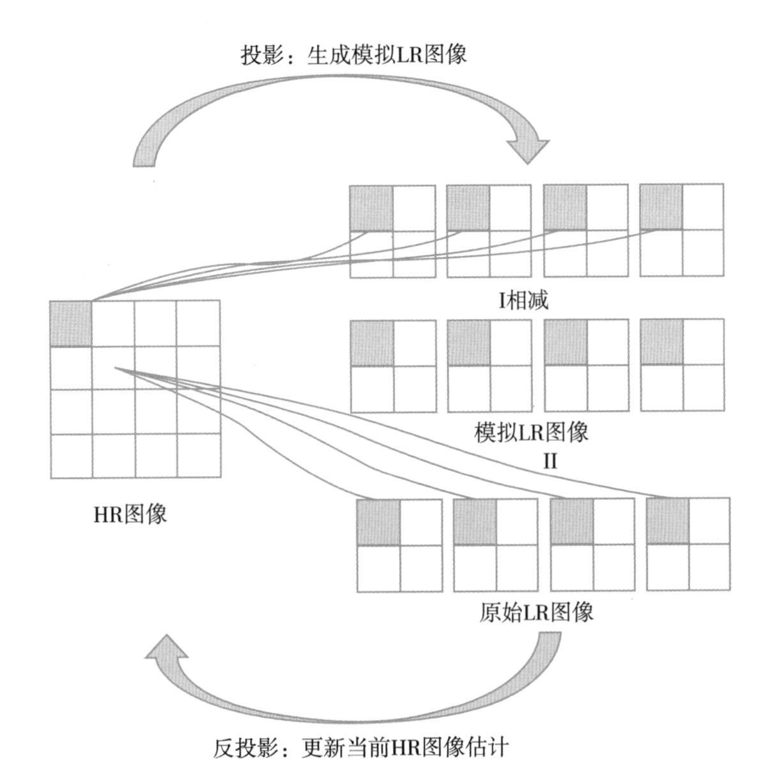

图 8-12　迭代反投影方法示意图

素峰值约束等。凸集投影法是一种有效求解复杂优化问题可行解的方法，其优势在于思想简单直观，方法形式比较灵活，先验知识的加入比较方便。但是，凸集投影法的运算复杂度相对较高，收敛速度较慢，而且得到的是一系列可行解构成的集合，难以确定最优的解。

3）最大后验概率法（Maximum a Posteriori，MAP）

最大后验概率法是一种基于概率的超分辨率算法框架，将已知的低分辨率影像作为观测值，对目标高分辨率影像进行估计。根据贝叶斯公式，待求的高分辨率影像 X 可看作在当前低分辨率影像 Y 下，使得后验概率最大的影像，公式表述为

$$\hat{X} = \arg\max_X P(X \mid Y) = \arg\max_X \left(\frac{P(Y \mid X)P(X)}{P(Y)}\right) \tag{8-25}$$

式中，$P(X \mid Y)$ 表示在低分辨率影像 Y 已知的情况下，高分辨率影像 X 的后验概率；$P(Y \mid X)$ 表示高分辨率影像 X 退化为低分辨率影像 Y 的条件概率，相当于数据误差项；$P(X)$ 表示高分辨率影像的先验概率，$P(Y)$ 为低分辨率影像的先验概率。对于已经观测到的低分辨率影像 Y，$P(Y)$ 的值是固定不变的，也对式（8-25）没有影响。

因此，对式（8-25）进行进一步简化可得

$$\hat{X} = \arg\max_X (P(Y \mid X)P(X)) \tag{8-26}$$

用负 log 函数作用，进一步简化得到

$$\hat{X} = \arg\min_{X}(-\log P(Y \mid X) - \log P(X)) \tag{8-27}$$

其中，$-\log P(Y \mid X)$ 对应数据约束项，$-\log P(X)$ 对应正则约束项。

MAP 方法比较灵活，可以直接在高分辨率重建过程中对其进行先验约束，确保解的唯一性，算法收敛快且稳定性高。其中，正则项约束也可以根据不同问题进行灵活选取，也称为基于重构的方法的研究热点，较为常用的正则项包括二范数形式的 Tikhonov 正则项、一范数形式的全变分正则项以及双边全变分正则项等。

基于重建的影像超分辨率方法只是用了一些先验知识来正则化重建结果，这类方法的优点是简单、计算量低，但这种人工设计先验约束信息难以适用并处理具有复杂结构的影像。

8.3.3　基于学习的城市遥感影像超分辨率重建方法

基于学习的方法（Freeman et al.，2002）是近年来影像超分辨重建算法的主要研究热点，其主要思想是通过大量样本学习高、低分辨率影像间的映射关系，即通过学习的方式从样本中提取出超分辨率重建的先验知识，以此来恢复低分辨率影像上缺失的高频信息。基于学习的影像超分辨率重建流程如下（图 8-13）：需要构造对应的高、低分辨率影像库，低分辨率影像作为模型输入，高分辨率影像作为模型输出，为保障训练效率和重建效果，通常需将图像分割成小块，通过对训练样本的学习获得输入与输出间的内在映射联系，再基于这种关系对输入的低分辨率影像进行高分辨率重建，从而达到提高影像的分辨率的目的。

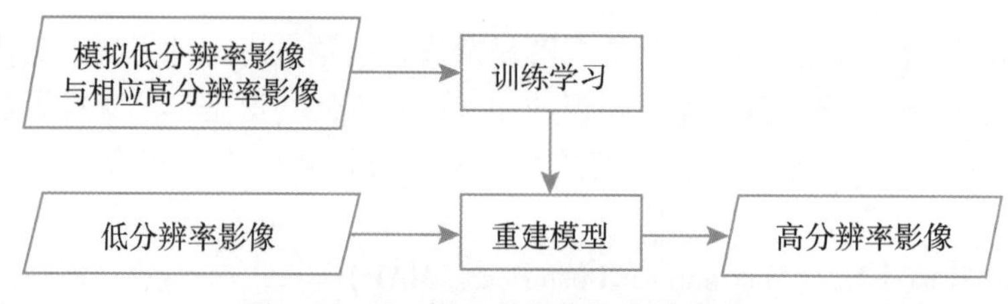

图 8-13　基于学习的影像超分辨率流程

目前基于学习的影像超分辨率主要有邻域嵌入方法、稀疏表示方法和深度学习方法，下文将对其进行简要介绍。

1. 邻域嵌入方法

邻域嵌入法假设高分辨率影像块与其对应的低分辨率影像块分布在同一流形上，并且具有相同的局部几何结构。在高分辨率影像块样本库中搜索与低分辨率影像块特征最相似的 k 个近邻块，通过最小化它们的重构误差来确定最优重构权重。利用这一组最优权重将对应的高分辨率影像块线性组合合成最终的高分辨率影像块。邻域嵌入法主要分为三个步骤：

（1）利用低分辨率样本图像块像素的一阶、二阶梯度表示其特征，并利用特征间的欧几里得距离来描述图像块的局部几何结构，由此找到低分辨率影像块 y_q 的 k 个高分辨率影像块 $\{x_q^k\}_{i=1,2,\cdots,k}$；

（2）通过最小化重建误差计算 k 个影像块权重：

$$\min \left\| y_q - \sum_{i=1}^{k} w_q^k x_q^k \right\|^2$$

$$\text{s.t.}, \quad \sum_{i=1}^{k} w_q^k = 1 \tag{8-28}$$

（3）利用式（8-28）求得的权重对高分辨率影像块 $\{x_q^k\}_{i=1,2,\cdots,k}$ 进行线性组合，得到对应的高分辨率影像块：

$$x_q = \sum_{i=1}^{k} w_q^k x_q^k \tag{8-29}$$

最后将高分辨率影像块进行拼接，得到最终的高分辨率影像。邻域嵌入法的算法流程如图 8-14 所示。该算法主要包括两部分：训练部分和重建部分。训练部分主要提取高、低分辨率影像块特征，重建部分主要包括近邻块选取、最优权重估计和高分辨率影像求解三部分。

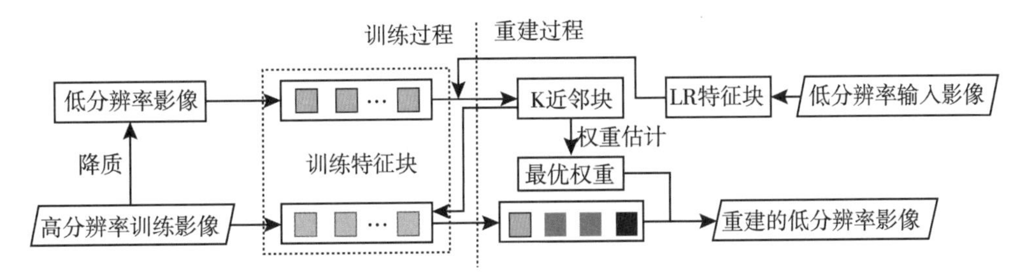

图 8-14 邻域嵌入超分辨率重建流程图

基于邻域嵌入的影像超分辨率重建方法的计算复杂度低，并且在较少样本的情况下也能对目标图像进行有效的重建。但是，邻域嵌入法也存在许多不足之处：如近邻块数目的选择、图像块的特征描述、重构权重的估计等。

2. 稀疏表示方法

1）图像信号稀疏表示

信号的稀疏性广泛存在于自然图像中，即图像信号可以由少量的基表示（图 8-15）。记 $x \in R^N$ 为向量化的图像信号，其稀疏表示模型为

$$\min \|\alpha\|_0 \text{s.t. } x = D\alpha \tag{8-30}$$

其中，$D \in R^{N\times K}$ 为过完备字典且 $K \gg N$，$\alpha \in R^M$ 为对应的稀疏系数向量，即 α 中的大部分元素都为 0。当系数足够稀疏时，可用 l_1 范数替代式（8-30）中的 l_0 范数，并同时考虑噪声对信号的影响，目标函数可修正为

$$\min \|\alpha\|_1 \text{s.t. } \|x - D\alpha\|_2^2 < \epsilon \tag{8-31}$$

其中，ϵ 为一个很小的误差阈值。使用拉格朗日算子得到等价目标函数为

$$\min \|x - D\alpha\|_2^2 + \lambda \|\alpha\|_1 \tag{8-32}$$

通常，过完备字典从样本影像块中学习得到，常用的字典学习方法有正交匹配追踪法（OMP）、k-SVD 分解法等。

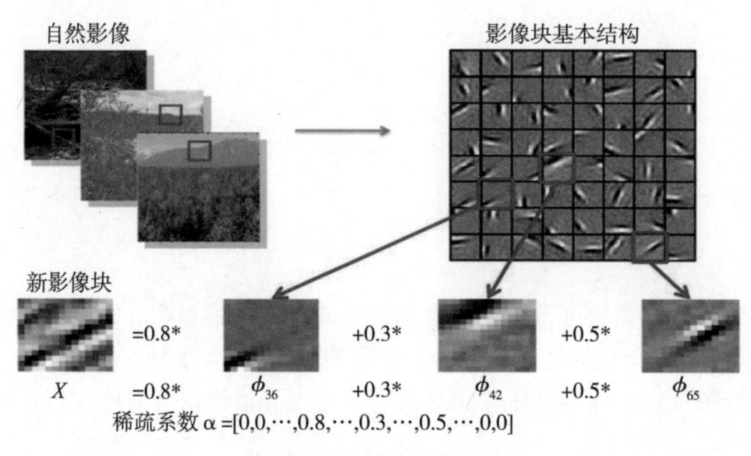

图 8-15　图像中的稀疏性

2）基于稀疏表示的影像超分辨率重建

假设有一组影像块 $\{X^h, Y^l\}$，其中 $\boldsymbol{X}^h = (x_1, x_2, \cdots, x_n)$ 是高分辨率影像块的集合，$\boldsymbol{Y}^h = (y_1, y_2, \cdots, y_n)$ 是对应低分辨率影像块的集合。对高、低分辨率影像分别进行稀疏分解，有

$$\min_{D_h, A_h} \|\boldsymbol{X}^h - \boldsymbol{D}_h \boldsymbol{A}_h\|_2^2 + \lambda \|\boldsymbol{A}_h\|_1 \tag{8-33}$$

$$\min_{D_l, A_l} \|\boldsymbol{Y}^l - \boldsymbol{D}_l \boldsymbol{A}_l\|_2^2 + \lambda \|\boldsymbol{A}_l\|_1 \tag{8-34}$$

假如把上面两目标函数联立，用同一个稀疏系数同时表示高、低分辨率影像块，得到

$$\min_{\{\boldsymbol{D}_h, \boldsymbol{D}_l, \boldsymbol{A}\}} \frac{1}{N} \|\boldsymbol{X}^h - \boldsymbol{D}_h\boldsymbol{A}\|_2^2 + \frac{1}{M} \|\boldsymbol{Y}^l - \boldsymbol{D}_l\boldsymbol{A}\|_2^2 + \lambda\left(\frac{1}{N} + \frac{1}{M}\right) \|\boldsymbol{A}\|_1 \tag{8-35}$$

其中，N 和 M 分别为高分辨率影像块和低分辨率影像块向量化后的长度，式（8-35）可进一步合并为

$$\min_{\{\boldsymbol{D}, \boldsymbol{A}\}} \|\boldsymbol{I} - \boldsymbol{D}\boldsymbol{A}\|_2^2 + \lambda\left(\frac{1}{N} + \frac{1}{M}\right) \|\boldsymbol{A}\|_1 \tag{8-36}$$

其中

$$\boldsymbol{I} = \begin{pmatrix} \dfrac{1}{\sqrt{N}} X^h \\ \dfrac{1}{\sqrt{M}} Y^l \end{pmatrix}, \quad \boldsymbol{D} = \begin{pmatrix} \dfrac{1}{\sqrt{N}} D_h \\ \dfrac{1}{\sqrt{M}} D_l \end{pmatrix}$$

求解上述目标函数训练得到对应的过完备字典 D_h 和 D_l，低分辨率影像块 y_i 关于字典 D_l 的稀疏表示系数将与高分辨率影像块 x_i 关于字典 D_h 的稀疏表示系数相同。因此，基于稀疏表示的超分辨率重建流程主要包含三个部分：联合字典训练、低分辨率影像稀疏分解

和高分辨率影像重建，如图 8-16 所示。

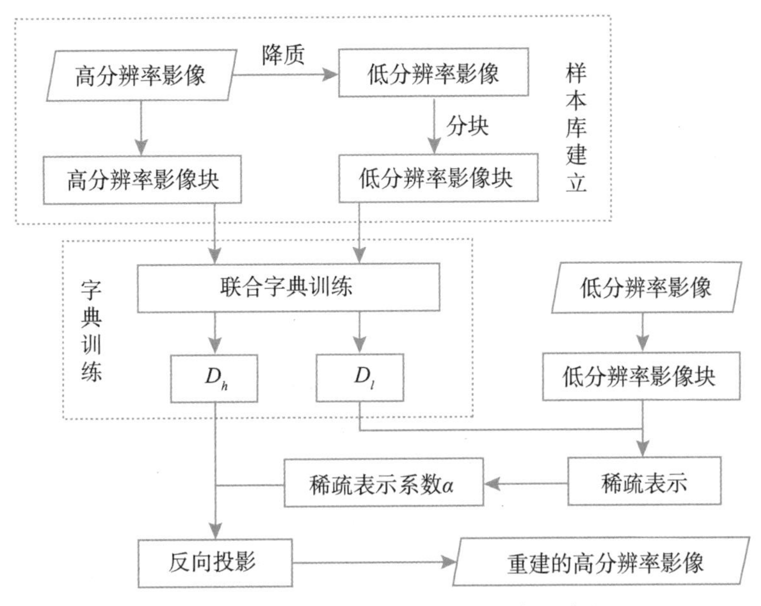

图 8-16 基于稀疏表示的影像超分辨率重建流程

3. 深度学习方法

基于深度学习的方法（王梓欣等，2018）是当前影像超分辨率重建的研究热点，深度学习网络直接学习从低分辨率影像到高分辨率影像的映射关系。当前，基于深度学习的方法主要包含两大类：基于卷积神经网络的超分辨率重建方法和基于对抗生成网络的超分辨率重建方法。

1）基于卷积神经网络的超分辨率重建方法

近年来，卷积神经网络以其强大的非线性表达能力在图像处理中的各个邻域取得了丰硕的成果。基于卷积神经网络的超分辨率重建方法可以利用卷积神经网络端到端地学习低分辨率影像与其对应高分辨率影像间的映射关系，避免了直接的人工特征提取，具有较好的效果与泛化能力。

记深度学习网络为一个函数 F，基于卷积神经网络的超分辨率重建方法旨在利用迭代的方式最小化目标函数：

$$\min \|X - F(Y;\ \Theta)\|_2^2 + \lambda \|\Theta\|_p \tag{8-37}$$

式中，X 和 Y 分别为对应的高、低分辨率影像；Θ 为卷积神经网络 F 的参数。基于卷积神经网络的超分辨率重建方法重点在于设计不同的网络形式，即函数 F 的具体形式。

目前随着深度学习的发展，用于超分辨率重建的算法被不断提出，如 SRCNN（Kim et al.，2016），ESPCN（Shi et al.，2016）等。SRCNN 是深度学习用于超分辨率重建的开山之作。SRCNN 的网络结构非常简单，SRCNN 首先使用双三次插值将低分辨率图像放大成目标尺寸，接着通过三层卷积网络拟合非线性映射，最后输出高分辨率图像结果（图

8-17)。我们将三层卷积的结构解释成与传统 SR 方法对应的三个步骤：图像块的提取和特征表示，特征非线性映射和最终的重建。

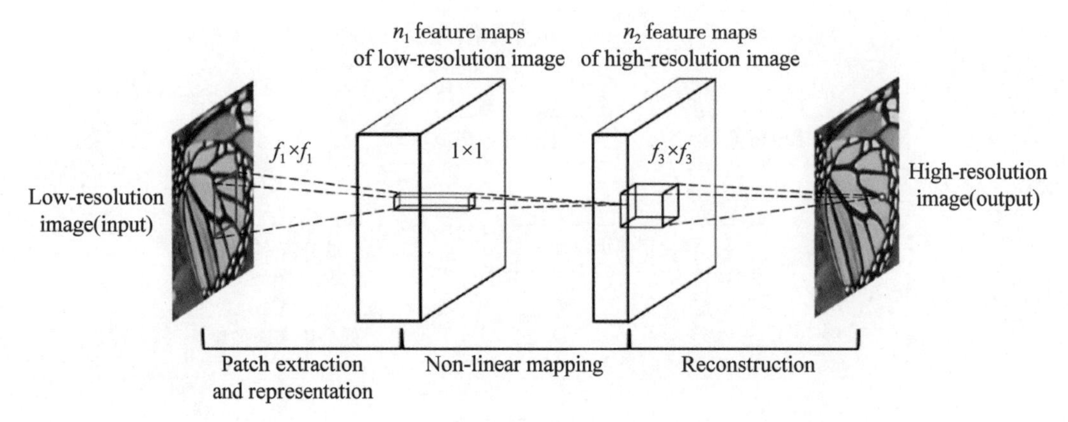

图 8-17　SRCNN 网络结构示意图

ESPCN 的核心概念是亚像素卷积层（图 8-18），网络的输入是原始低分辨率图像，通过三个卷积层以后，得到通道数为 r^2 的与输入图像大小一样的特征图像。再将特征图像每个像素的 r^2 个通道重新排列成一个 $r \times r$ 的区域，对应高分辨率图像中一个 $r \times r$ 大小的子块，从而大小为 $H \times W \times r^2$ 的特征图像被重新排列成 $rH \times rW \times 1$ 的高分辨率图像。我们理解的亚像素卷积层包含两个过程：卷积层和排序层，即将卷积操作后的低分辨率空间特征通过排序层插值到高分辨率空间。就是说，最后一层卷积层输出的特征个数需要设置成固定值，即放大倍数 r 的平方，这样总的像素个数就与要得到的高分辨率图像一致，将像素重新排列就能得到高分辨率图。在 ESPCN 网络中，图像尺寸放大过程的插值函数被隐含地包含在前面的卷积层中，可以自动学习到。由于卷积运算都是在低分辨率图像上进行的，因此效率会较高。

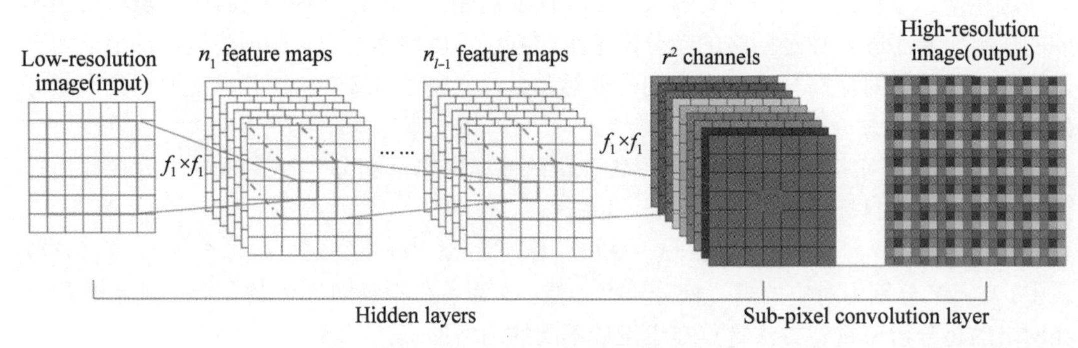

图 8-18　ESPCN 网络结果示意图

在视频图像的超分辨率重建问题中，相邻几帧具有很强的关联性，上述几种方法都只在单幅图像上进行处理，而 VESPCN（Caballero et al.，2017）算法提出使用视频中的时间序列图像进行高分辨率重建，并且能达到实时处理的效率要求。其方法示意图如图 8-19 所示，主要包括三个方面：一是纠正相邻帧的位移偏差，即先通过运动估计计算位移，然后利用位移参数对相邻帧进行空间变换，将二者对齐；二是把对齐后的相邻若干帧叠放在一起，当作一个三维数据，在低分辨率的三维数据上使用三维卷积，得到的结果大小为 $r^2 \times H \times W$；三是利用 ESPCN 的思想将该卷积结果重新排列得到大小为 $1 \times rH \times rW$ 的高分辨率图像。

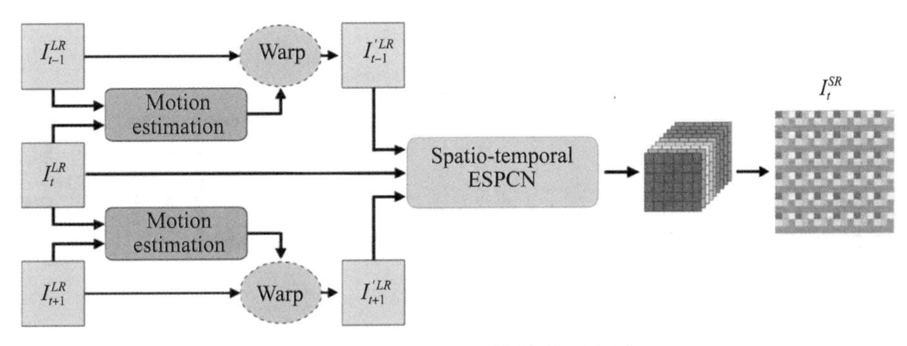

图 8-19 VESPCN 网络结果示意图

2）基于对抗生成网络的影像超分辨率重建方法

对抗生成网络是新近发展的生成式学习模型，主要用于图像生成任务。对抗生成网络主要包含两部分：生成器和判别器，这两部分都可使用（反）卷积神经网络来实现。生成器的输入是一个向量信号（随机噪声或特征向量等），输出为一幅影像。判别器的输入为一幅影像，输出为一个 0 到 1 的数值。如果判别器输入的是真实图像，则输出 1；若输入为假图像（如噪声图像、模糊图像等非自然图像），则输出为 0。生成器和判别器在训练过程中轮流迭代训练，生成器希望生成尽可能真实的图像来迷惑判别器，而判别器则尽可能将真实影像与生成器生成的假影像区分开来。它们的竞争结果导致生成器越来越能够生成逼真的影像，而判别器能尽可能区分真实与虚假的影像。对抗生成网络以其巧妙的对抗学习模式，加之深度卷积神经网络的非线性映射能力，当前已能够生成高度逼真的影像。

借助上述思想，只需要约束所生产高分辨率影像与真实高分辨率影像的差值，很容易将对抗生成网络借用到影像超分辨率重建任务中，从而获得高度清晰与逼真的高分辨率影像。当前，基于对抗生成网络的影像超分辨率重建仍然是最热门、有前景的方向。如 2017 年 SRGAN（Ledig et al.，2017）算法把超分辨率的效果带到了一个新的高度，它基于卷积神经网络采用 GAN（Goodfellow et al.，2014）方法进行训练来实现图像的超分辨率重建，同样包含一个生成器和一个判别器。判别器的主体是 VGG19，生成器的主体是一连串的残差模块，同时在模型的后部加入了亚像素网络的思想，让图片在最后的网络层才增加分辨率，使得提升分辨率的同时减少了计算量，网络结构如图 8-20 所示。

此外，研究者又相继提出了各式各样的基于对抗生成网络的影像超分辨率重建网络，取得了惊人的超分辨率重建结果。但是，基于对抗生成网络的影像超分辨率重建方法往往

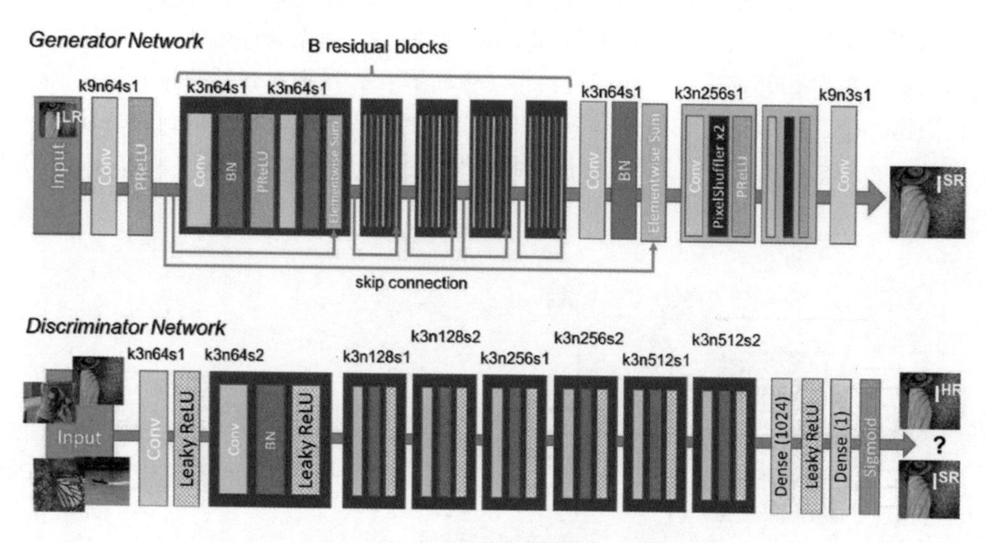

图 8-20　SRGAN 网络结构示意图

训练耗时较长且有时难以收敛，未来结合更先进、稳定的生成网络训练方法也将是影像超分辨率重建的一个研究方向。

8.4　城市遥感影像超分辨率重建质量评价指标

城市遥感影像超分辨率重建的质量评价指标可以分为主观评价和客观评价两部分。主观评价方法是通过直接的人眼观察，判断重建影像是否清晰。主观评价较为简单，但是主观评价方法受评价人知识背景、测试环境、主观心情和审美等影响较大，不同人对同一重建结果的评价可能不同。客观评价致力于建立一个或一组可以量化的指标或参数对超分辨率重建的影像质量进行评价。常用的客观评价方法主要分为有参考型和无参考型两类，这里的有无参考型指是否有对应的高分辨率影像的真值数据作为参考。

8.4.1　有参考型客观评价指标

1. 均方根误差（Root Mean Square Error，RMSE）

均方根误差是衡量重建影像质量的基本指标。假设重建高分辨率影像 $\hat{X}$ 与真实高分辨率影像 X 的大小均为 $M \times N$，均方根误差的计算表达式为

$$\mathrm{RMSE} = \sqrt{\frac{1}{MN}\sum_{i=1}^{M}\sum_{j=1}^{N}\|X(i,\ j) - \hat{X}(i,\ j)\|_2^2} \tag{8-38}$$

式中，$X(i,\ j)$ 和 $\hat{X}(i,\ j)$ 分别为真实高分辨率影像 X 和重建高分辨率影像 $\hat{X}$ 在坐标 $(i,\ j)$ 处的像素值。RMSE 越小，表示重建影像的质量越好。

均方根误差是基于误差统计的方法，数学含义清晰明了，可以反映像素层面的微小变

化。但是，均方根误差只评价待评价影像与原始影像间的像素值差异，未考虑这些差异与人眼主观感知之间的相关性。

2. 峰值信噪比（Peak Signal to Noise Ratio，PSNR）

在将重建影像看成原始高分辨率影像加噪声的情况下，可以用峰值信噪比对重建影像的质量进行评估。峰值信噪比的计算公式如下：

$$\text{PSNR} = 20\lg\left(\frac{\text{MAX}}{\text{RMSE}}\right) \tag{8-39}$$

式中，MAX 为影像的灰度级，通常为 255，对应 uint8 影像数据。与均方根误差不同，峰值信噪比越大，表示重建影像质量越好。

3. 结构相似性（Structural Similarity，SSIM）

结构相似性模拟人眼视觉系统的部分特性，是衡量两幅图像之间结构相似程度的指标。其核心思想是认为图像中包含结构信息、亮度信息和对比度信息，而亮度信息和对比度信息相对于物体结构是独立的，因此可以将图像局部区域的亮度信息和对比度信息与结构信息相分离，并借助图像结构信息对图像质量进行评价。结构相似性的值在 0 到 1 之间，其值越大，表明影像失真状况越小，重建质量越好。

结构相似性的计算公式如下：

$$\text{SSIM} = \frac{(2\mu_X\mu_{\hat{X}} + C_1)(2\sigma_{X\hat{X}} + C_2)}{(\mu_X^2 + \mu_{\hat{X}}^2 + C_1)(\sigma_X^2 + \sigma_{\hat{X}}^2 + C_2)} \tag{8-40}$$

式中，μ_X 和 $\mu_{\hat{X}}$ 分别为真实高分辨率影像 X 和重建高分辨率影像 $\hat{X}$ 的平均灰度值；σ_X 和 $\sigma_{\hat{X}}$ 分别为这两幅影像 X 和 $\hat{X}$ 的方差；$\sigma_{X\hat{X}}$ 表示 X 和 $\hat{X}$ 的协方差；C_1 和 C_2 为较小的常数，且 C_1，$C_2 > 0$，通常可取 0.01 和 0.02。实际应用中，常把影像分块按照式（8-40）进行计算并平均，得到最终的结构相似性值。

8.4.2 无参考型客观评价指标

1. 平均梯度（Mean Derivatives，MD）

平均梯度可以衡量影像的清晰程，其定义为

$$\text{MD} = \frac{1}{MN}\sum_{i=1}^{M}\sum_{j=1}^{N}\sqrt{\frac{[\Delta_x\hat{X}(i, j)]^2 + [\Delta_y\hat{X}(i, j)]^2}{2}} \tag{8-41}$$

式中，$\Delta_x\hat{X}(i, j)$ 和 $\Delta_y\hat{X}(i, j)$ 分别为像素 (i, j) 处在水平和竖直方向上的一阶差分。MD 的值越大，重建影像越清晰。

2. 对比度

影像的对比度可表述为影像各个像素点与其周围的四个邻域点灰度差值的平方和，即

$$J_{\hat{X}} = \frac{1}{MN} \sum_{i=2}^{M-1} \sum_{j=2}^{N-1} \sum_{k=-1}^{1} \sum_{l=-1}^{1} |\hat{X}(i, j) - \hat{X}(i+k, j+l)|^2 \tag{8-42}$$

对比度越大，对应重建影像的质量越好。

8.5　城市遥感影像的超分辨率重建实践

城市遥感影像包含复杂多样的数据类型，如光学卫星遥感影像、地面摄像头影像、卫星视频影像、无人机视频影像和地面视频影像等。其处理方式主要分为单幅影像超分辨率重建和序列（视频）影像超分辨率重建两大类。

单幅影像超分辨率重建只利用当前观测到的低分辨率影像重建出其在影像降质过程中所丢失的高频细节信息。由于城市遥感影像的复杂性（包含类型复杂性与环境复杂性），完整的单幅影像超分辨率重建流程应包含影像数据获取、影像分析、影像修复、超分辨率重建和效果评估几个方面（图 8-21）。依照此流程，遥感影像的超分辨率处理结果如图 8-22 所示。

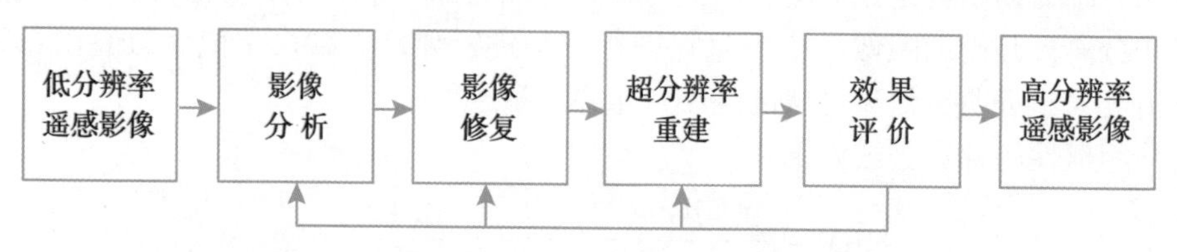

图 8-21　单幅遥感影像超分辨率处理技术流程图

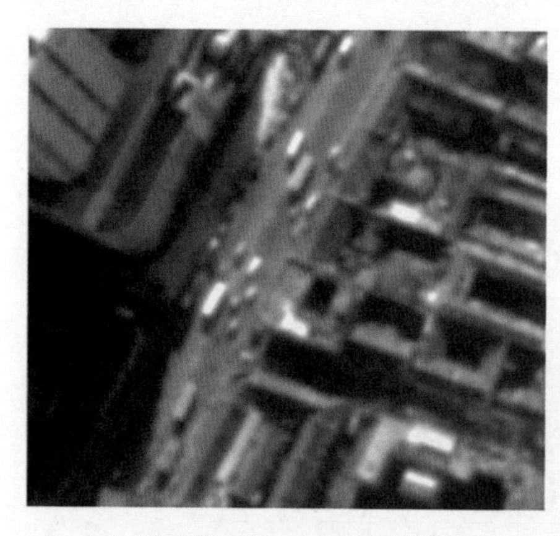

（a）原分辨率为 1m 的测试影像

（b）超分辨处理的结果

图 8-22　对 1m 分辨率测试影像的处理结果

相较于单幅影像超分辨率处理，视频影像的超分辨率处理有两种方案：一种是逐帧进行超分辨率处理并将结果合并；另一种则是用前后几帧的影像重建一帧高分辨率影像。由于第二种方案考虑了视频影像中前后帧的相关性，更能得到较好的重建结果（图 8-23）。

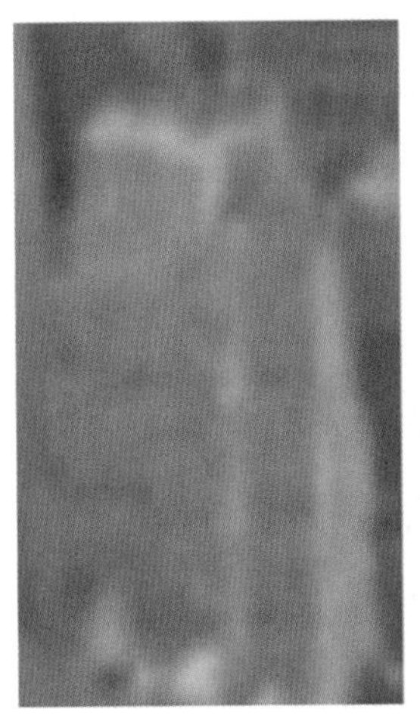

（a）双三次插值结果　（b）高分辨率重建结果　（c）真值

图 8-23　视频超分辨率重建结果（Sajjadi et al.，2018）

8.6　本章小结

本章系统地介绍了城市遥感影像超分辨率处理的理论基础、常用方法和实际应用。从城市遥感影像的超分辨率处理的实际需求出发，阐述了城市遥感影像超分辨率处理的必要性、亟需性和可行性。基于此实际需求，本章首先从遥感影像的降质过程出发，分析了超分辨率重建问题的基础理论，并接着对当前主流的超分辨率重建方法和评价指标进行了系统介绍；最后，回到城市遥感影像的具体需求，分析了超分辨率重建在城市遥感影像处理中的实际应用。

思考题

1. 结合应用举例说明城市遥感影像超分辨率处理有哪些需求？
2. 城市遥感影像超分辨率重建有哪些模型？
3. 如何评价城市遥感影像超分辨率重建的质量？

参考文献

[1] Park S C, Park M K, Kang M G. Super-resolution image reconstruction: a technical overview [J]. IEEE Signal Processing Magazine, 2003, 20 (3): 21-36.

[2] Farsiu S, Robinson M D, Elad M, et al. Fast and robust multiframe super resolution [J]. IEEE Transactions on Image Processing, 2004, 13 (10): 1327-1344.

[3] Bose N K, Ahuja N A. Superresolution and noise filtering using moving least squares [J].

IEEE Transactions on Image Processing, 2006, 15 (8): 2239-2248.
[4] Tsai R. Multiframe image restoration and registration [J]. Advance Computer Visual and Image Processing, 1984, 1: 317-339.
[5] Freeman W T, Jones T R, Pasztor E C. Example-based super-resolution [J]. IEEE Computer graphics and Applications, 2002, 22 (2): 56-65.
[6] 王梓欣，牟叶，王德睿. 基于深度学习的单图像超分辨算法比较探究 [J]. 电子技术与软件工程，2018 (7): 94-96.
[7] Kim J, Kwon Lee J, Mu Lee K. Accurate image super-resolution using very deep convolutional networks [C] // IEEE Conference on Computer Vision and Pattern Recognition, 2016: 1646-1654.
[8] Shi W, Caballero J, Huszár F, et al. Real-time single image and video super-resolution using an efficient sub-pixel convolutional neural network [C] //IEEE Conference on Computer Vision and Pattern Recognition, 2016: 1874-1883.
[9] Caballero J, Ledig C, Aitken A, et al. Real-time video super-resolution with spatio-temporal networks and motion compensation [C] // IEEE Conference on Computer Vision and Pattern Recognition, 2017: 4778-4787.
[10] Ledig C, Theis L, Huszár F, et al. Photo-realistic single image super-resolution using a generative adversarial network [C] //IEEE Conference on Computer Vision and Pattern Recognition, 2017: 4681-4690.
[11] Goodfellow I, Pouget-Abadie J, Mirza M, et al. Generative adversarial nets [C] // Advances in Neural Information Processing Systems. 2014: 2672-2680.
[12] Sajjadi M S M, Vemulapalli R, Brown M. Frame-recurrent video super-resolution [C] //IEEE Conference on Computer Vision and Pattern Recognition, 2018: 6626-6634.

第9章　城市遥感影像融合方法

本章主要介绍了几种典型的城市遥感影像融合方法：空谱融合与时空融合。城市遥感影像的空谱融合可大致分为基于分量替换的方法、基于多分辨率分析的方法以及基于稀疏表示的方法。城市遥感影像的时空融合则可被分为基于变换域的方法、基于加权的方法以及基于字典学习的方法。除此之外，融合影像的评价指标的构建也是非常重要的一环，因此本章也列出了几种常见的遥感影像融合质量评价指标供读者参考与实现。

9.1　城市遥感影像的融合需求

相对于非城市区域，城市区域场景复杂，变化快速。

根据遥感图像的来源，遥感图像融合技术的研究方向可大致分为遥感图像的空谱融合与时空融合两个大类。遥感图像的空谱融合针对的是同一传感器在同一时间对同一地区获取的多景图像，这类融合方向的目的是综合多景图像的空间分辨率与光谱分辨率，从而获得高空间、高光谱分辨率的融合图像。值得注意的是，若该方向针对的图像为高分卫星的多光谱图像与全色图像，则这类融合方法获得的融合结果的空间分辨率极高，可以用于小范围精细化的观察与关键目标的检测。与之相比，遥感图像的时空融合针对的是不同传感器在不同时间对同一地区获取的多景图像，这类融合方法的目的则是提高具备高时间分辨率图像的空间分辨率，使得融合后的图像能够更仔细地观察目标地物在时间序列上的动态变化。

在空谱融合与时空融合中，输入数据的类型以及输出结果的侧重点完全不同。具体来说，空谱融合注重空间分辨率的提升与光谱信息的保持。由于输入数据仅包含一幅全色图像与一幅多光谱图像，因此融合算法需要考虑两种图像各自的特性以获得更好的融合效果。另一方面，时空融合虽然也注重空间分辨率的提升，但由于不同传感器获得数据的时间不同，需要考虑地表类型随时间发生改变的情况。相比于空谱融合是单时相数据的融合，由于时空融合在时间维上进行了扩展，因此可利用的图像数目往往多于空谱融合。

9.2　城市遥感影像的空谱融合方法

遥感影像的空谱融合主要针对同一卫星的多光谱影像与全色影像。其中，多光谱影像往往具备高光谱分辨率、低空间分辨率，而全色影像与之恰恰相反。因此，我们通过融合这两种影像便可获得空间分辨率与光谱分辨率均高的影像。遥感影像空谱融合的传统方法大致可分为三类：基于分量替换的方法、基于多分辨率分析的方法以及基于稀疏表示的方法。目前由于深度学习的学习能力强，具有丰富的灵活性等优势，基于卷积神经网络的城市遥感影像的空谱融合方法逐渐成为研究热点。

9.2.1 基于分量替换的方法

基于分量替换的融合算法的主要思想是将多光谱影像通过线性变换映射到另一个空间中，并对全色影像进行一定处理后用于替换多光谱影像的主要成分，最后通过反变换得到原始空间中的融合影像。这类算法的研究起步最早，运行速度快，因此被广泛使用。基于IHS变换与PCA变换的融合算法是这类算法的代表。

以基于IHS变换的融合方法为例。IHS变换是一种成熟的空间变换算法，用以在视觉上定量描述色彩。为实现RGB到IHS的变换，要建立RGB空间和IHS空间的关系模型。常见的转换主要有球体变换、圆柱体变换、三角形变换和单六角锥变换等，这些变换的主要区别在于坐标系的选择和计算量上。球体变换和三角变换是比较理想的变换方式，而球体变换的计算量远大于其他变换方式，因此三角变换成为最理想的方式。

IHS变换在影像融合领域中的应用主要包括以下四个步骤：

（1）将低分辨率的多光谱原始影像与高空间分辨率的全色影像进行严格的空间配准，并将多光谱影像重采样至全色影像相同的分辨率；

（2）将原始多光谱影像变换到IHS空间，得到亮度I、色调H和饱和度S三个分量；

（3）将全色影像对照亮度分量I进行直方图匹配，并用匹配后的全色影像替换亮度分量，得到新的亮度分量I'；

（4）将新的亮度分量I'连同原来的色调H、饱和度S进行IHS反变换，得到融合影像。该方法的融合效果如图9-1所示。

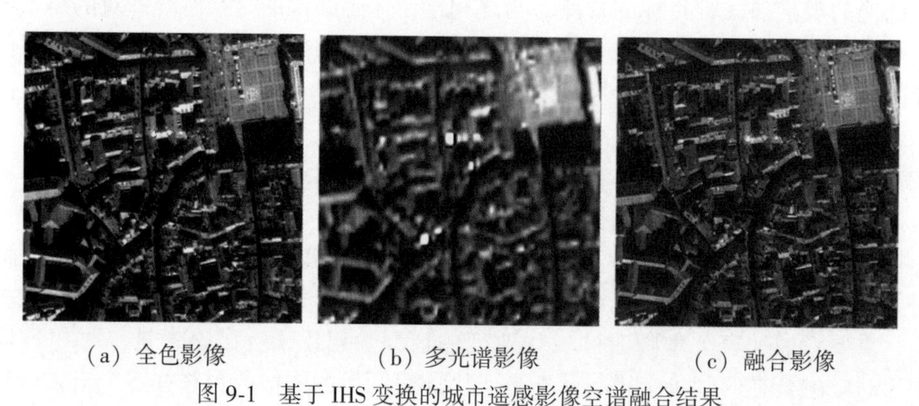

（a）全色影像　（b）多光谱影像　（c）融合影像

图9-1 基于IHS变换的城市遥感影像空谱融合结果

9.2.2 基于多分辨率分析的方法

基于多分辨率分析的融合算法主要包括各种小波变换算法。目前常见的多分辨率分析工具有：拉普拉斯金字塔变换、小波变换、Curvelet变换、二代Curvelet变换、非下采样Coutourlet变换。国内外学者对于多分辨率分析方法的研究已积淀了充足的理论基础，并且其应用价值也十分广泛。经过多分辨率分析后的影像在不同的分辨率上的细节信息不同并逐层变化，其原理模拟了人眼视觉特性，从而使其分析结果更符合人眼判读并更具客观性。

以基于小波变换的融合方法为例。小波变换是为了克服傅里叶变换不能将时域和频域结合起来描述信号的时频联合特征而提出的，是一种窗口大小固定，但其形状可改变，且时间窗和频率窗都可改变的时频局部化方法，即在低频部分具有较高的频率分辨率和较低的时间分辨率，在高频部分则具有较高的时间分辨率和较低的频率分辨率，所以被誉为数学显微镜。正是这种特性，使小波变换具有对信号的自适应性，在信号分析、语音合成、图像识别、计算机视觉、数据压缩、影像融合等方面的研究都取得了有科学意义和应用价值的成果。

小波变换中应用最为广泛的是 Mallat 算法，是一种正交二进制小波变换，如图 9-2 所示，图像经过一次 Mallat 分解，能得到四个频带的信号。

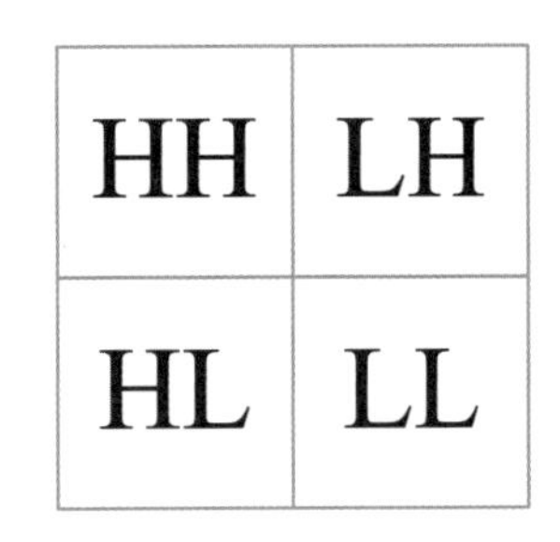

图 9-2 正交二进制小波变换

其中，LL 频带集中了原始影像的低频信息，LH 和 HL 频带分别表示了原始影像在垂直和水平方向的高频边缘信息，HH 频带反映了原始影像中对角方向的高频边缘信息。通过对不同频带的信息进行处理，能够达到不同的影像处理目的。

小波变换在城市遥感影像融合中的应用包括以下几个步骤：

（1）将低分辨率的多光谱原始影像与高空间分辨率的全色影像进行严格的空间配准，并将多光谱影像重采样至全色影像相同的分辨率；

（2）将全色影像使用“db4”级 Mallat 分解，得到 HH、LH、HL 和 LL 频带的影像；

（3）将多光谱影像各波段进行同样的 Mallat 分解，分别得到各波段的 HH、LH、HL 和 LL 频带影像；

（4）按照一定的规则，将全色影像各频带图像与多光谱各波段各频带影像进行融合计算，如直接将多光谱各波段的 HH 频带用全色影像的 HH 频带进行替换等；

（5）将经过融合计算后的频带影像进行 Mallat 反变换，得到融合结果影像。该方法的融合效果如图 9-3 所示。

9.2.3 基于稀疏表示的方法

稀疏表示（Sparse Representation）基于以下假设，自然信号可以由过完备字典中少量原子在一定的线性组合下进行表示。

在图像的稀疏表示研究中，字典的构建是一个非常重要的问题。字典在很大程度上决定了一幅自然图像是否能够得到的稀疏的表示，同时也影响了稀疏编码算法的编码效率。目前稀疏表示字典的构建方法可分为两类：基于解析式得到的固定字典和基于训练样本学习字典。

基于解析式生成的字典是固定字典，该类字典主要通过构造数学表达式，从而分析字

(a) 全色影像

(b) 多光谱影像

(c) 融合影像

图9-3 基于小波变换的城市遥感影像空谱融合结果

典的数学模型得到过完备字典。具备代表性的字典主要包括小波变换（Wavelet）、复数小波（Complex Wavelets）、脊波（Ridgelet）、曲波（Curvelet）、轮廓波（Contourlet）、条带波（Bandlet）等。

基于训练样本学习的字典则通过样本不断自适应地调整以及训练学习而得到最终的字典。典型的字典学习方法有最优方向法（Method of Optimal Directions，MOD），广义主成分分析（Generalized Principal Component Analysis，GPCA），K次奇异值分解（K-Singular Value Decomposition，K-SVD）算法。

字典学习的最终目的是从训练样本 $\boldsymbol{Y}=(y_1, y_2, \cdots, y_N)$ 中学习得到一个字典 $\boldsymbol{D}$，使得这个字典 $\boldsymbol{D}$ 能在稀疏表示训练样本中的每个样本的同时保持误差最小。若从数学角度上看，就是找到一个字典 $\boldsymbol{D}$ 和足够稀疏的表示系数矩阵 $\boldsymbol{A}$，使两者相乘得到的结果能有效接近训练样本 $\boldsymbol{Y}$，即 $\boldsymbol{Y}=\boldsymbol{D}\times\boldsymbol{A}$。

由于源图像的局部信息在像素级图像融合中发挥了重要的作用，同时为了保持图像融合中较好的平移不变性，因此在稀疏表示的图像融合方法中引入了滑动窗口（Sliding Window）策略，将源图像转化为一个个图像块，向量化后再进行处理。

基于稀疏表示的遥感影像融合方法可与多尺度几何分析工具共同使用。以小波变换为例：

（1）首先将多光谱图像与全色图像进行小波变换，获得其对应的低频与高频子带；

（2）由于低频子带的不稀疏性，可以对多光谱图像与全色图像的低频子带进行稀疏表示并对稀疏系数进行融合，获得融合后的低频子带；

（3）多光谱图像与全色图像的高频子带则可采取简单的加权方式直接进行融合；

（4）对融合后的子带进行小波逆变换，即可得到融合后的影像。

该算法的图像块大小设置为 8×8，字典的大小设置为 64×256，近似误差为0.02。该方法的融合效果如图9-4所示。

9.2.4 基于深度学习的方法

目前，在已有的深度学习方法用于遥感图像融合的研究中，大多数学者直接采用了超

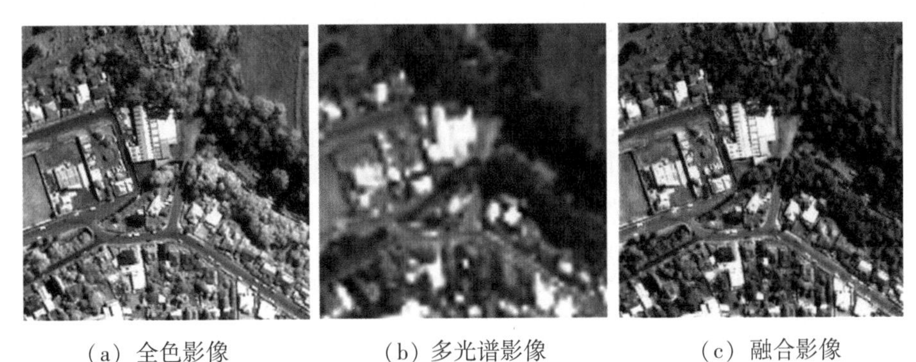

（a）全色影像　　（b）多光谱影像　　（c）融合影像

图 9-4　基于稀疏表示的城市遥感影像空谱融合结果

分辨率重建中的经典网络 SRCNN 来实验遥感图像的融合。这些方法仅仅采用了三层卷积层的网络结构，无法发挥深度学习最核心的效果来提取更深层次的特征。同时，这些方法将全色图像视为一个额外的波段叠加在多光谱图像上，从而形成网络的输入，这种操作使得两种图像各自的特征被忽略。

在本节介绍的方法中，遥感图像空谱融合的过程与目前经典的方法一致，包含特征的提取与融合两个过程。对于多光谱图像与全色图像，区别于目前其他的基于深度学习的方法，设计了两条线路分别提取它们的特征。整个网络的训练流程如图 9-5 所示。

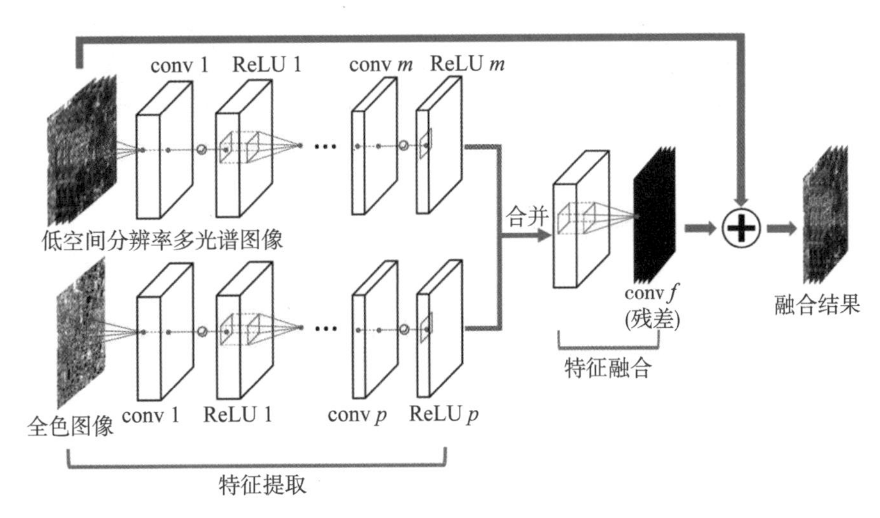

图 9-5　遥感图像空谱融合网络结构

如图 9-5 所示，用于提取多光谱图像和全色图像特征的两个支线的网络深度分别为 m 与 p。在支线之中，除了输入以及支线的输出（ m 或 p 层），其他层的参数设置保持一致：64 个大小为 $3 \times 3 \times 64$ 的滤波器，每个滤波器将对 64 个波段（特征图）中的每一个波段进行空间大小为 3×3 的滤波。每条支线的第一层同样包含 64 个滤波器，但滤波器的大小为 $3 \times 3 \times k$，其中 k 代表输入图像的波段数目。每条支线的输出由 32 个大小为 $3 \times 3 \times$

64 的滤波器构成，从而获得根据输入图像提取出的特征。获得支线的结果后，进入特征的融合阶段，将两条支线的结果特征图按照维度进行拼接，在整个网络的最后一层上设置 4 个大小为 3 × 3 × 64 的滤波器，以获得与标签维度相同的结果。

依据 Wald's 准则，原始多光谱图像将被作为网络的标签。为了和原始多光谱图像保持一致的空间分辨率，原始全色图像需要根据原始多光谱图像与它的空间分辨率的比率进行下采样。与此同时，原始多光谱图像也要进行同样比率的下采样以获得用于输入网络的低空间分辨率多光谱图像，并在此基础之上对这幅图像进行插值，获得与原始多光谱图像同样大小的低空间分辨率多光谱图像。图 9-6 展示了如何根据以上原则准备训练数据。

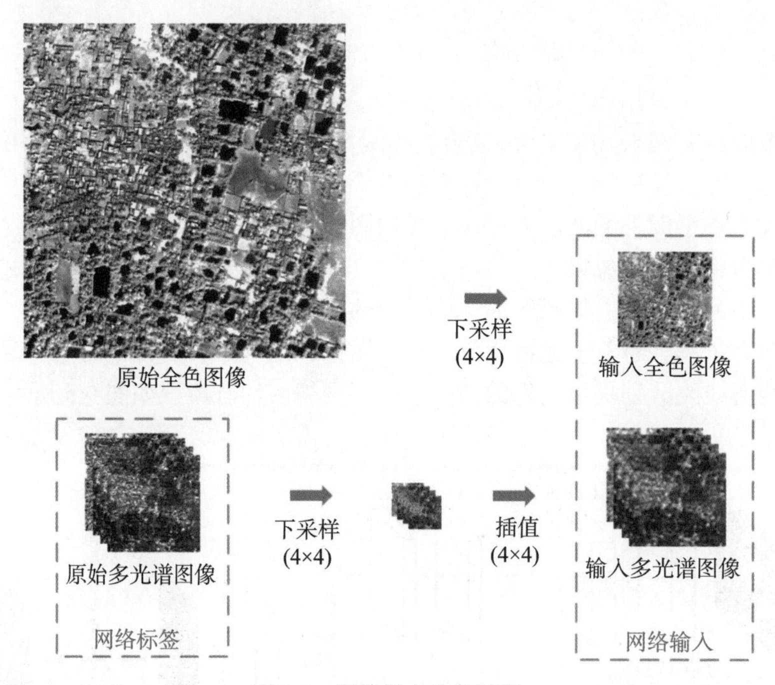

图 9-6　训练样本准备过程

以 QuickBird 图像为例，依据图 9-6 进行训练样本准备。原始多光谱图像与全色图像的空间分辨率分别为 2. 8m 与 0. 7m。网络的输入可以通过对原始多光谱图像和全色图像进行四倍（全色图像与多光谱图像空间分辨率的倍数差异）下采样以获得空间分辨率分别为 11. 2m 与 2. 8m 的多光谱图像与全色图像。因此，这样的操作便将原始的融合任务转变为融合 11. 2m 空间分辨率的多光谱图像与 2. 8m 空间分辨率的全色图像，以获得 2. 8m 空间分辨率的融合后的多光谱图像。此时，这样便存在标签（原始多光谱图像）来训练网络并能够在主观和客观角度上对融合得到的多光谱图像进行评价。

网络训练采取的是残差学习的方法，由于低空间分辨率与高空间分辨率的多光谱图像极为相似，本章定义残差图像 $r = y - x_1$ 来反映它们之间的差别。残差图像应当是稀疏的，即大部分像素的值为 0 或很小的数值。这种方式可以忽略冗余信息让网络专注于学习能够提升多光谱图像空间分辨率的特征以获得更好的融合结果。因此学习的任务便改为学习一

幅残差图像，使得输入的低空间分辨率多光谱图像与残差图像叠加，便能还原出高空间分辨率多光谱图像。此时，损失函数则变为

$$L=\frac{1}{n}\sum_{i=1}^{n}\|r^{(i)}-g(x_1^{(i)},x_2^{(i)})\|^2 \tag{9-1}$$

式中，$r^{(i)}$ 表示实际的低空间分辨率与高空间分辨率多光谱图像之间的残差图像；$g(x_1^{(i)},x_2^{(i)})$ 是预测出的残差图像。

为了实现残差学习，可以对网络的损失层做一些微小的改动。损失层包含以下几个部分：低空间分辨率多光谱图像，残差图像以及标签（高空间分辨率多光谱图像），而预测的融合结果可以通过前两者的相加获得。然后能够通过以下方式重新将损失函数转化为式(9-2)：

$$\begin{aligned}L&=\frac{1}{n}\sum_{i=1}^{n}\|r^{(i)}-g(x_1^{(i)},x_2^{(i)})\|^2\\&=\frac{1}{n}\sum_{i=1}^{n}\|y^{(i)}-x_1^{(i)}-g(x_1^{(i)},x_2^{(i)})\|^2\\&=\frac{1}{n}\sum_{i=1}^{n}\|y^{(i)}-(x_1^{(i)}+g(x_1^{(i)},x_2^{(i)}))\|^2\\&=\frac{1}{n}\sum_{i=1}^{n}\|y^{(i)}-f(x_1^{(i)},x_2^{(i)})\|^2\end{aligned} \tag{9-2}$$

通过这种方式，便能继续使用式（9-2）来训练整个网络并达到残差学习的目的。图9-7为基于深度学习的城市遥感影像空谱融合结果。

（a）全色影像　　（b）多光谱影像　　（c）融合影像

图9-7　基于深度学习的城市遥感影像空谱融合结果（Shao et al.，2018）

9.3　城市遥感影像的时空融合方法

遥感图像的时空融合是对不同卫星获取的多时相图像进行融合。以MODIS和Landsat数据的融合为例，MODIS每1至2天便可对地表同一地区进行重访，其较高的时间分辨率十分利于全球尺度下对地表的连续观测。然而，MODIS图像的空间分辨率为250m至

1km，过低的空间分辨率并不利于地表的精细化观察。与之相反，Landsat 图像的时间分辨率较低，需要 15 天左右才可重访地表同一区域，但其空间分辨率可达 30m。因此，Landsat 与 MODIS 数据的时空融合便能为我们提供具备 30m 空间分辨率的 MODIS 图像，用于近乎每日的地表监测。遥感图像时空融合的传统方法也可大致分类三类：基于变换域的方法，基于加权的方法和基于字典学习的方法。

9.3.1　基于变换域的方法

基于变换域的方法主要是让影像融合过程在变换域中进行。小波变换法以及缨帽变换法均属于这一类。以基于小波变换对 Landsat 与 MODIS 数据进行融合为例，其步骤与 9.2.2 节中的方法类似，需要注意的是时空融合中由于涉及的数据均为多波段遥感影像，因此要根据波段的匹配使用 Landsat 影像逐波段小波分解后的系数一一替换对应 MODIS 影像的波段小波分解后的系数。该方法的融合效果如图 9-8 所示。

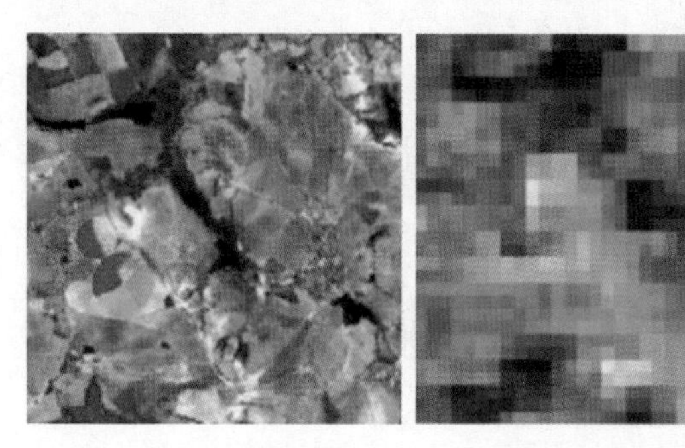

（a）Landsat 影像　　（b）MODIS 影像　　（c）融合影像

图 9-8　基于小波变换的城市遥感影像时空融合结果

9.3.2　基于加权的方法

基于加权的方法中，通常以一种对光谱邻域相似信息的高空间分辨率、低时间分辨率的影像和低空间分辨率、高时间分辨率的影像加权求和的形式进行。STARFM（Spatial and Temporal Adaptive Reflectance Fusion Model）是最早且最经典的基于加权的融合算法，该方法结合了像素的时相差别并充分考虑了距离、时间和光谱的相似性，并通过局部加权来获得融合结果。该方法的优势在于能够排除奇异点对融合结果的影响，并且在大范围地物变化不明显的区域表现良好，但该方法对地表构成较为复杂或地物在一定时间内变化显著区域的效果不佳。朱晓琳等（Zhu et al.，2010）对现有的 STARFM 算法进行了改进工作，提出了 ESTARFM（Enhanced STARFM）。该方法将数据分为纯净像元区域和混合像元区域，对于这两个区域的像元，首先建立以下的关系：

$$\boldsymbol{F}(x, y, t_k, B) = \boldsymbol{a} \times \boldsymbol{C}(x, y, t_p, B) + \boldsymbol{b} \tag{9-3}$$

式中，$\boldsymbol{F}$ 和 $\boldsymbol{C}$ 分别表示高空间分辨率与低空间分辨率影像；(x, y) 表示像素的位置；t_p 表示影像获取的时相；$\boldsymbol{a}$ 和 $\boldsymbol{b}$ 表示两个影像之间的线性回归模型参数。假设现在有一对 t_0

时刻的高、低空间分辨率影像对和一个 t_p 时刻的低空间分辨率影像，并假设在 t_0 和 t_p 时刻之间，影像中的地物类型没有发生变化，那么对这两个时相而言，

$$\boldsymbol{F}(x, y, t_0, B) = \boldsymbol{a} \times \boldsymbol{C}(x, y, t_0, B) + \boldsymbol{b} \tag{9-4}$$

$$\boldsymbol{F}(x, y, t_p, B) = \boldsymbol{a} \times \boldsymbol{C}(x, y, t_p, B) + \boldsymbol{b} \tag{9-5}$$

以上两式做差分可得：

$$\boldsymbol{F}(x, y, t_p, B) = \boldsymbol{F}(x, y, t_0, B) + \boldsymbol{a} \times [\boldsymbol{C}(x, y, t_p, B) - \boldsymbol{C}(x, y, t_0, B)] \tag{9-6}$$

其中，t_p 时刻的高分辨率影像可以通过 t_0 时刻的高分辨率影像加上一定比例的这段时间内的低分辨率影像的变化值来生成。而这个比例 $\boldsymbol{a}$ 可以通过已知的两个时刻的高、低空间分辨率影像来直接求得。然而地物往往会随着时间发生变化，因此在实际情况中，参数 $\boldsymbol{a}$ 需要通过其他方式获取。为了增强方法的实用性，该方法往往通过局部搜索窗口来执行，即在影像的某一个范围内开一个矩形窗口，在这个窗口中搜索相似的像素：

$$\boldsymbol{F}(x_{w/2}, y_{w/2}, t_p, B) = \boldsymbol{F}(x_{w/2}, y_{w/2}, t_0, B) + \sum_{i=1}^{N} \boldsymbol{W}_i \times \boldsymbol{V}_i \times [\boldsymbol{C}(x, y, t_p, B) - \boldsymbol{C}(x, y, t_0, B)] \tag{9-7}$$

式中，w 表示的是窗口的尺寸；N 表示窗口内搜索到的相似像元的总数；$\boldsymbol{W}_i$ 代表第 i 个像元的权重；$\boldsymbol{V}_i$ 代表第 i 个像元的转换系数。

通常有两种方法可供用于相似像元的搜索。第一种方法通过非监督分类获取与中心像元同类别的像元，从而作为相似像元。第二种方法则是直接设置一个阈值，然后计算周围像元与中心像元之间的差异，将差异小于阈值的像元作为相似像元。筛选公式如下：

$$|\boldsymbol{F}(x_i, y_i, t_m, B) - \boldsymbol{F}(x_{w/2}, y_{w/2}, t_m, B)| \leqslant \sigma(B) \times \frac{2}{m} \tag{9-8}$$

式中，$\sigma(B)$ 表示的是波段的标准差；m 是估计的类别数。

接下来是确定 $\boldsymbol{W}_i$，每一个像元都会对应一个权值，该权值决定着该相似像元对中心像元的贡献度。贡献度可由光谱相似性与距离相似性确定。其中，光谱相似性由每个相似像元和其对应的低分辨率像元的相关系数来确定：

$$\boldsymbol{R}_i = \frac{E[(\boldsymbol{F}_i - E(\boldsymbol{F}_i))(\boldsymbol{C}_i - E(\boldsymbol{C}_i))]}{\sqrt{D(\boldsymbol{F}_i)}\sqrt{D(\boldsymbol{C}_i)}} \tag{9-9}$$

式中，$\boldsymbol{F}_i$ 和 $\boldsymbol{C}_i$ 分别表示每个波段、每个时刻的高空间分辨率与低空间分辨率影像。距离相似度则由式（9-10）获得：

$$d_i = 1 + \frac{\sqrt{(x_{w/2} - x_i)^2 + (y_{w/2} - y_i)^2}}{\frac{w}{2}} \tag{9-10}$$

其中，w 的作用主要是对距离进行正则化，保证其范围在 $[1, 2^{0.5}]$。综合光谱与距离相似性，可以得到综合的指标：

$$\boldsymbol{D}_i = (1 - \boldsymbol{R}_i) \times d_i \tag{9-11}$$

而最终的权值应该与 $\boldsymbol{D}$ 成反比：

$$W_i = \frac{\frac{1}{D_i}}{\sum_{i=1}^{N} \frac{1}{D_i}} \tag{9-12}$$

转换系数 V_i 主要通过对搜索窗口内的相似像元进行线性回归的方式来计算。在实际计算过程之中，该算法选用相邻像元来计算，以减小算法的不确定性。在图像中，由于低空间分辨率像元的光谱特征要比其他分辨率像元之间的光谱特征更相似，因此，在计算相关系数的时候，通常将现行回归模型用到低分辨率的像元之中。

若我们已知待求时刻前后两个时相的高、低空间分辨率影像对，此时通过上述的计算过程，我们可以获得两幅待求时刻的高分辨率影像，因此需要通过加权求和获得最终的融合影像。这里的权值确定主要考虑时间的因素，对越接近待求时刻的影像，它的时间相似性就会越高，此时需要赋予更高的权值。假设现在有 m 和 n 两个时相的影像对，那么权值可由式（9-13）确定：

$$T_k = \frac{\dfrac{1}{\left|\sum_{j=1}^{W}\sum_{l=1}^{W} C(x_j,\ y_l,\ t_k,\ B) - \sum_{j=1}^{W}\sum_{l=1}^{W} C(x_j,\ y_l,\ t_p,\ B)\right|}}{\sum_{k=m,\ n} \overline{\left|\sum_{j=1}^{W}\sum_{i=1}^{W} C(x_j,\ y_i,\ t_k,\ B) - \sum_{j=1}^{W}\sum_{i=1}^{W} C(x_j,\ y_i,\ t_p,\ B)\right|)}},\quad k = m,\ n \tag{9-13}$$

最终 t_p 时刻的高空间分辨率影像的预测结果便为

$$F(x_{w/2},\ y_{w/2},\ t_p,\ B) = T_m \times F_m(x_{w/2},\ y_{w/2},\ t_p,\ B) + T_n \times F_n(x_{w/2},\ y_{w/2},\ t_p,\ B) \tag{9-14}$$

在较低分辨率的影像上，算法的搜索窗的大小为 3，地物类型类别数量为 4。该方法的融合效果图 9-9 所示。

9.3.3　基于字典学习的方法

基于字典学习的方法同样需要借助稀疏表示理论。黄波等（Huang et al.，2012）率先提出一种基于稀疏表示的遥感影像时空融合方法（Sparse Representation-based Spatio Temporal Reflectance Fusion Model，SPSTFM）。该方法主要是通过已知的 t_1，t_3 两个时刻的 Landsat 与 MODIS 影像对以及 t_2 时刻的 MODIS 影像相融合，得到 t_2 时刻的 Landsat 影像。

该方法主要使用稀疏表示理论和耦合字典模型理论进行融合。耦合字典模型的主要思想是通过在不同类型的空间中构造对应的字典，通过对字典的学习策略建立不同空间中的字典之间的关系，然后通过这种关系模拟不同空间之间的关系，最后通过稀疏表示理论完成不同空间影像之间的关系的建立和转换。由此可见，耦合字典模型主要用来建立不同空间之间的关系，并且基于这种关系来转换和合成，在遥感图像领域可以具体表现为影像不同分辨率间的重建问题。SPSTFM 方法在耦合字典训练阶段，首先获取 t_1，t_3 时刻的

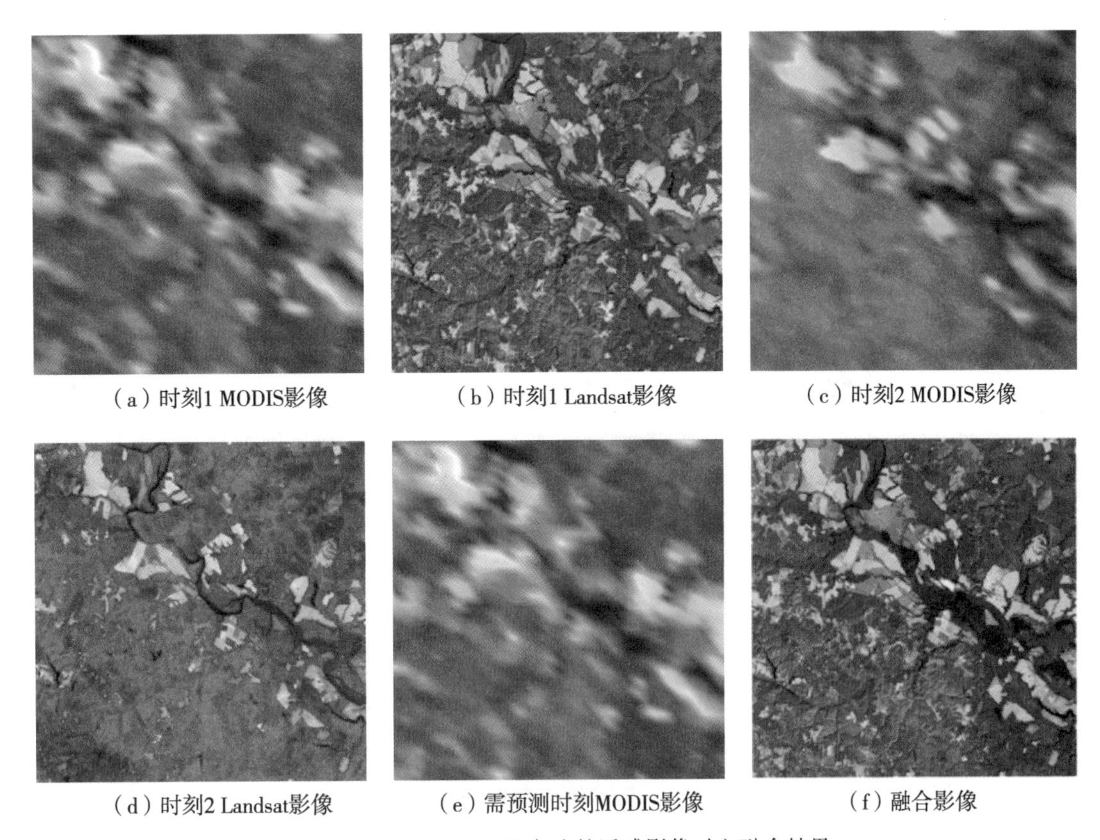

（a）时刻1 MODIS影像　（b）时刻1 Landsat影像　（c）时刻2 MODIS影像

（d）时刻2 Landsat影像　（e）需预测时刻MODIS影像　（f）融合影像

图 9-9　基于 ESTARFM 方法的遥感影像时空融合结果

Landsat 差分影像 L_{13} 和 MODIS 差分影像 M_{13}。根据稀疏表示理论，字典的训练通过以下方式进行：

$$\{\boldsymbol{D}_l^*,\ \boldsymbol{D}_m^*,\ \boldsymbol{\Lambda}^*\} = \operatorname{argmin}_{D_l^*,\ D_m^*,\ \Lambda^*}\{\|\boldsymbol{Y}-\boldsymbol{D}_l\boldsymbol{\Lambda}\|_2^2+\|\boldsymbol{X}-\boldsymbol{D}_m\boldsymbol{\Lambda}\|_2^2+\lambda\|\boldsymbol{\Lambda}\|_1\} \tag{9-15}$$

式中，$\boldsymbol{D}_l$ 表示高空间分辨率字典；$\boldsymbol{D}_m$ 表示低空间分辨率字典。

通过交替更新的方式获得 $\boldsymbol{D}_l$，$\boldsymbol{D}_m$ 后，利用低空间分辨率差分影像 M_{21} 与低空间分辨率字典 $\boldsymbol{D}_m$ 求取稀疏表示系数。由于稀疏表示系数在训练字典的过程中被强制性一致，因此在稀疏表达求解过程中，只要获得低分辨率影像的稀疏表示系数，便可通过高分辨率字典 $\boldsymbol{D}_l$ 和该系数求得对应的高分辨率差分影像。由于涉及两对差分影像，最终的差分影像也需要通过加权的方式获得。

该算法的图像块大小设置为 7×7，字典的大小设置为 49×256，近似误差为 0.3。该方法的融合效果图 9-10 所示。

9.3.4　基于深度学习的方法

本节重点研究深度卷积神经网络在遥感图像时空融合问题上的表现效果，主要介绍目前较为新颖的 Landsat 8 与 Sentinel-2 数据进行基于深度学习时空融合算法。本章介绍基于 SRCNN 的拓展的 ESRCNN（Extended SRCNN）融合 Landsat 8 和 Sentinel-2 图像的方法。

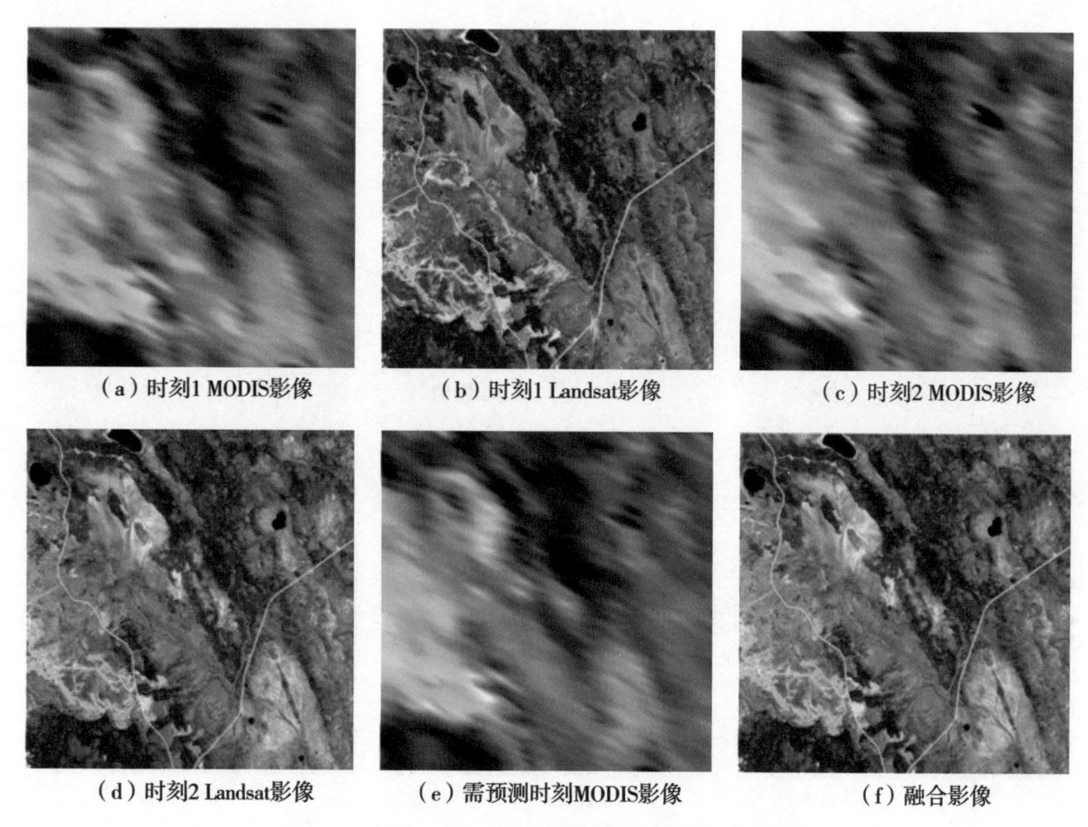

图 9-10　基于 SPSTFM 方法的遥感影像时空融合结果

网络的结构如图 9-11 所示，融合过程可以分为两个部分。在第一部分，将 Sentinel-2 中空间分辨率为 10m 的 2~4 波段以及 8 波段与空间分辨率为 20m 的 11、12 波段一同输入 ESRCNN 中，从而将 11、12 波段的空间分辨率从 20m 提升至 10m。在第二部分中，同样使用 ESRCNN，利用 Landsat 8 的全色波段以及 Sentinel-2 数据（空间分辨率为 10m 的 2~4，8，11~12 波段）提升 Landsat 8 图像的 1~7 波段的空间分辨率。在第二部分，ESRCNN 的输入包括相对接近 Landsat 8 图像的几天内获取的多时相 Sentinel-2 图像（空间分辨率为 10m），以及重采样到 10m 的 Landsat 8 图像。网络的参数设置如下：每一层的卷积核尺寸 k_1，k_2，k_3 分别为 9，1，5。前两层输出的特征图数量 N_1，N_2 分别为 64 和 32，而第一层的输入特征图数目与最后一层的输出特征图数目取决于输入和输出的数据。确切来说，在 Sentinel-2 自适应融合阶段，网络输入和输出特征图的数目 i，o 分别为 6（2~4，8，11~12 波段）和 2（11~12 波段）。在 Landsat 8 和 Sentinel-2 多时相融合阶段，输出的特征图数目恒定为 7（Landsat 8 图像 1~7 波段），而输入的特征图数目取决于辅助提升其空间分辨率的 Sentinel-2 图像的数目。举例而言，若仅有一景 Sentinel-2 图像用于辅助提升 Landsat 8 图像的空间分辨率，则输入的特征图数目 i 为 14（Sentinel-2 图像 2~4，8，11~12 波段以及 Landsat 8 图像 1~8 波段）。

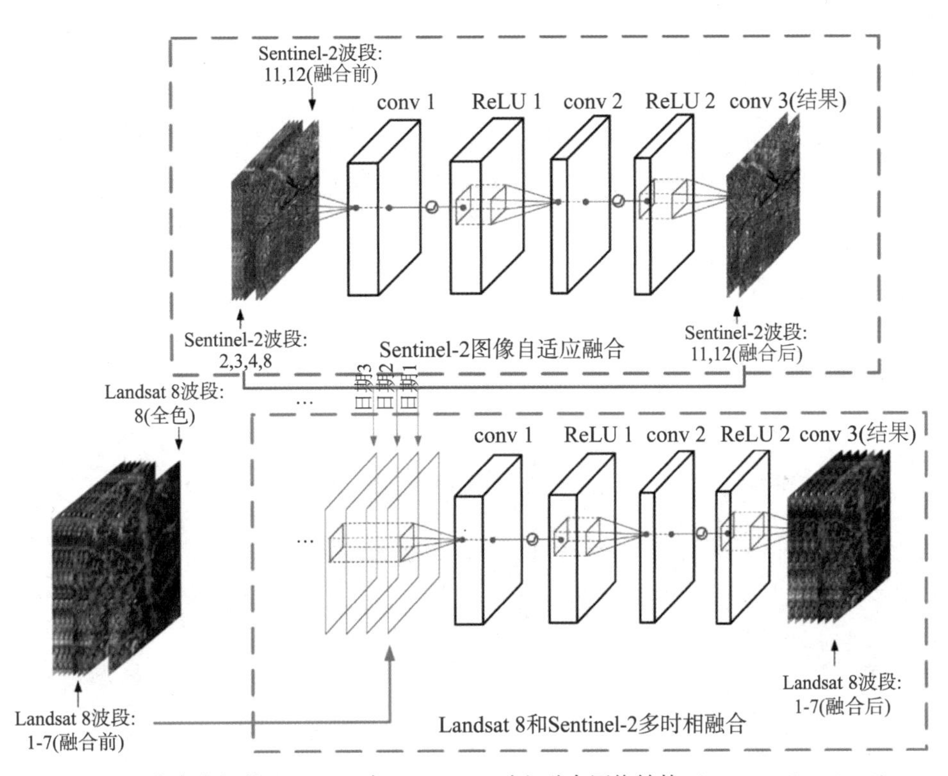

图 9-11　本章介绍的 Landsat 8 与 Sentinel-2 时空融合网络结构（Shao et al.，2019）

准备好网络的输入并确定网络的配置后，便能够开始训练阶段。假设用 x 表示网络的输入，用 y 表示标签（理想的输出）。然后，网络的训练集便可被表示为 $\{x^{(i)}, y^{(i)}\}_{i=1}^{N}$，其中 N 为训练样本的数目。网络的训练过程便是为了学习到转换函数 f: $\hat{y}=f(x;\ w)$，其中 $\hat{y}$ 是网络预测的输出，而 w 是包括了滤波器权重和偏置在内所有参数的合集。通常使用均方误差作为损失函数：

$$L=\frac{1}{n}\sum_{i=1}^{n}\left\| y^{(i)}-f(x^{(i)};\ w)\right\|^{2} \tag{9-16}$$

式中，n 是批尺寸，表示每一次迭代中使用的训练样本的数目。本书使用随机梯度下降法来优化损失函数，因此权重的更新方式为

$$\Delta_{i+1}=\beta\cdot\Delta_{i}-\alpha\cdot\frac{\partial L}{\partial w_{i}^{l}},\quad w_{i+1}^{l}=w_{i}^{l}+\Delta_{i+1} \tag{9-17}$$

式中，α 和 β 分别表示学习率和动量参数。本章中，为了加速收敛，α 在前两层设置为 10^{-4}，在最后一层设置为 10^{-5}。β 设置为 0.9，训练时批尺寸设置为 128。图 9-12 是多时相融合结果（5、4、3 波段作为 R、G、B 显示），黄色椭圆标出由于种植作物发生的地表覆盖与利用变化。

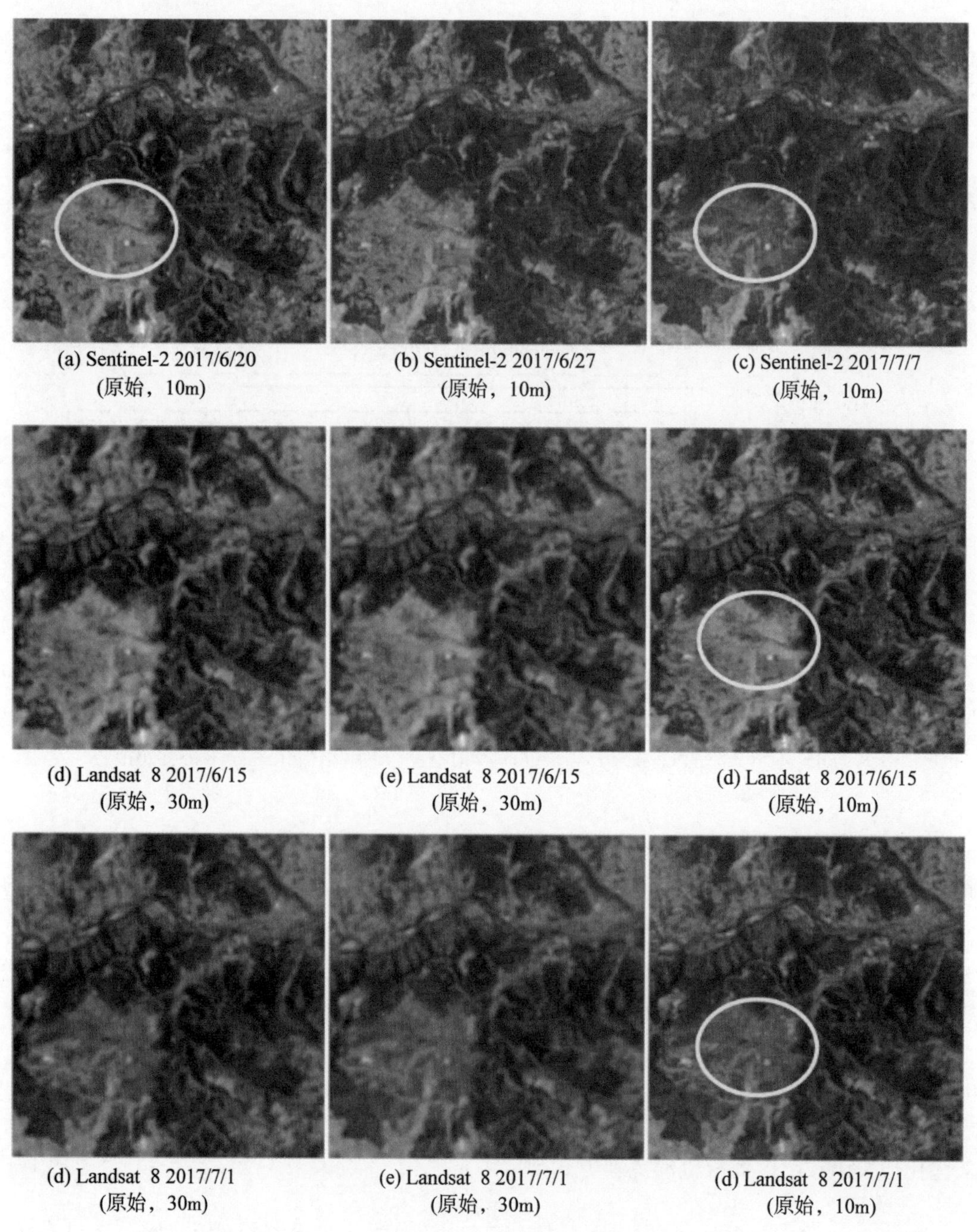

(a) Sentinel-2 2017/6/20 (原始，10m)　(b) Sentinel-2 2017/6/27 (原始，10m)　(c) Sentinel-2 2017/7/7 (原始，10m)

(d) Landsat 8 2017/6/15 (原始，30m)　(e) Landsat 8 2017/6/15 (原始，30m)　(d) Landsat 8 2017/6/15 (原始，10m)

(d) Landsat 8 2017/7/1 (原始，30m)　(e) Landsat 8 2017/7/1 (原始，30m)　(d) Landsat 8 2017/7/1 (原始，10m)

图 9-12　多时相融合结果（5、4、3 波段作为 R、G、B 显示）

9.4　城市遥感影像融合方法的质量评价

可以从两个方面来评价各种影像融合方法的质量。一方面是定性评价，即依靠人眼的视觉感受，对影像的色彩、对比度、细节信息等进行主观评定，将综合的主观印象作为评价融合后影像的质量标准。也可以将人对影像质量的主观感受分为若干个等级，然后选择一定数量的人员对影像质量进行主观评分，再按照一定的评分标准计算总的质量指标。

另一方面是从影像本身出发，计算某些指标作为影像质量的客观定量评价指标。常用的客观评价指标有下面6种。

（1）熵：反映影像包含信息量的丰富程度。熵越大，表示融合影像从原始多光谱影像和全色影像得到的信息量越大。根据香农公式计算：

$$S = -\sum p_i \log p_i \tag{9-18}$$

（2）光谱偏差指数：反映融合结果对多光谱影像的光谱保持度，由下面的式（9-19）来计算：

$$d = \frac{1}{N}\sum_i \sum_j \frac{\left| I_{i,j} - \hat{I}_{i,j} \right|}{I_{i,j}} \tag{9-19}$$

式中，$I_{i,j}$ 和 $\hat{I}_{i,j}$ 分别表示融合前、后多光谱影像的灰度值。

（3）均值偏差：反映了融合结果影像与原始多光谱影像在光谱特征上的相似性，均值偏差越小，表示融合后的影像对原始多光谱影像的光谱特征保持度越高。

（4）相关系数：用于评价原始影像与融合影像的相似度，由下面的式（9-20）计算：

$$C(A, B) = \frac{\sum_{i,j}(A_{i,j} - \bar{A})(B_{i,j} - \bar{B})}{\sqrt{\left[\sum_{i,j}(A_{i,j} - \bar{A})^2\right]\left[\sum_{i,j}(B_{i,j} - \bar{B})^2\right]}} \tag{9-20}$$

（5）通用图像质量评价指标 UIQI：从相关信息损失、辐射值扭曲和对比度扭曲三个方面衡量融合前后影像的相似度，其值越大，表示融合质量越高。由下面的式（9-21）计算：

$$\text{UIQI} = \frac{4\delta_{xy}\bar{x}\,\bar{y}}{(\delta_x^2 + \delta_y^2)\left[(\bar{x})^2 + (\bar{y})^2\right]} \tag{9-21}$$

式中，$\bar{x}$ 和 $\bar{y}$ 分别表示原始多光谱影像和融合结果影像的均值；δ_x 和 δ_y 分别表示原始多光谱影像和融合结果影像的方差，而 δ_{xy} 表示它们的协方差。

（6）ERGAS：一个从全局综合误差方面来评价光谱保持度的指标，由下面的式(9-22)计算：

$$\text{ERGAS} = 100 \times \frac{h}{l} \times \sqrt{\frac{1}{N}\sum_{i=1}^{N}\frac{\text{RMSE}^2(B_i)}{\text{Mean}\,(B_i)^2}} \tag{9-22}$$

式中，h 和 l 分别表示全色和多光谱影像的空间分辨率；N 为原始多光谱影像的波段数；$\text{RMSE}(B_i)$ 和 $\text{Mean}(B_i)$ 分别表示第 i 波段的均方根误差和均值。

思考题

1. 城市遥感影像融合相对于非城市区域，有什么难点？
2. 从融合的流程来看，不同类别的方法有没有什么共性？

3. 深度学习在计算机视觉领域取得了巨大的成功，如何将该技术用于城市遥感影像融合？

参考文献

[1] Shao Z F, Cai J J. Remote sensing image fusion with deep convolutional neural network [J]. IEEE Journal of Selected Topics in Applied Earth Observations and Remote Sensing, 2018 (99): 1-14.

[2] Shao Z F, Cai J J, Fu P, et al. Deep learning-based fusion of Landsat 8 and Sentinel-2 images for a harmonized surface reflectance product [J]. Remote Sensing of Environment, 2019, 235: 111425.

[3] Zhu X L, Chen J, Gao F, et al. An enhanced spatial and temporal adaptive reflectance fusion model for complex heterogeneous regions [J]. Remote Sensing of Environment, 2010, 114 (11): 2610-2623.

[4] Huang B, Song H. Spatiotemporal reflectance fusion via sparse representation [J]. IEEE Transactions on Geoscience and Remote Sensing, 2012, 50 (10): 3707-3716.

第 10 章　城市遥感影像分类方法

遥感影像分类的理论依据是：遥感影像中同类地物在相同条件下（纹理、地形、光照以及植被覆盖等），应具有相同或相似的光谱信息特征和空间信息特征，因此同类地物像元的特征向量将集群在同一特征空间区域，而不同的地物由于光谱信息特征或空间信息特征的不同，将集群在不同的特征空间区域。这正是最常用的统计模式识别方法的理论基础，本章在介绍传统的统计分类方法的基础上，也将介绍基于人工神经网络和面向对象技术的城市遥感影像分类方法。

10.1　城市遥感影像分类需求

城市化的快速发展使得土地利用和土地覆盖类型变化迅速，城市场景复杂多样。这就要求城市管理者能够及时掌握城市区域土地变化的情况。

土地利用类型主要是根据城市用地的功能属性划分，因此城市土地利用类型可包含：道路、居民区、商业区、工业区、水域和绿地等。有的土地利用类型可以在这些利用类型的基础上进一步划分，例如，居民区可以详细划分为高密度居民区（棚户区、老式居民区等）、中密度居民区（高层住宅较多、绿地较多的居民区）和低密度居民区（主要以别墅区为主）。

土地覆盖类型的分类依据主要是以城市用地的材料属性为主、功能属性为辅。城市土地覆盖类型可分为建筑物、道路、水体、植被等。由于城市土地利用类型的多样性，很多场景由基本的土地利用和土地覆盖混合单元组成，如城市住宅区、港口、机场、学校等，复杂的城市路网、颜色各异形态各异的建筑群等。这些对象在一起构成复杂的城市遥感影像特征。图 10-1 展示了遥感影像中复杂的地物。

在城市遥感影像的场景分类中，也同样面临诸多的困难。

首先，城市场景的划分标准不统一，不同的应用需求对场景分类的类别要求不同。例如，在学校这样的场景区域，既有生活区，又有工作区。因此学校的场景既能分为学校，又可以细分为工作区与生活区。而学校的生活区与校外的生活区的遥感影像数据在本质上差别不大。学校的工作区与校外的工作区也有十分相似的地方（如高大的教学楼、科研楼与写字楼等）。因此像学校这样的场景与生活区、工作区并不是简单的所属关系。

其次，影像场景内部的情况复杂。例如，城市道路这样的场景（包括城市快速路、高架、主干路和次干路等各种级别的道路）也会具有极大的复杂性，道路的级别、宽度、

图 10-1　地表情况复杂的城市遥感影像

车流量和拥堵状况不同。城市道路又是由不同材料铺装的（如沥青与水泥）。影像场景分类因为涉及更多的地物类别与社会属性信息，所以面临着与地图土地利用分类一些类似的问题，这就使得场景分类任务同样具有挑战性。

10.2　城市遥感影像非监督分类方法

非监督分类法的设计主要是将各种影像数据根据遥感影像地物的光谱特征分布规律，通过预分类处理形成集群（聚类），再由集群的统计参数调整预置的参量，接着再聚类，再调整，如此不断迭代直至有关参量的变动在事先选定的阈值范围内为止，通过这个过程来确定判决函数（赵英时，2003；朱述龙等，2000）。代表性方法包括 K 均值分类法（邵锐等，2005）和 ISODATA 分类法等，本节以 K 均值分类为例，来阐明其流程。

K 均值算法能使聚类域中所有样本到聚类中心的距离平方和最小。其主要步骤如下：

第一步：任选 k 个初始聚类中心：Z_1^1，Z_2^1，…，Z_k^1（上角标数字为寻找聚类中的迭代运算次数）。用数组 classp［6 * clsnumber］来存储类中心的值，一般可选定样品集的前 k

个样品作为初始聚类中心。但是考虑到这样做不太利于后面的算法收敛，因此采用了最大最小距离选心法。该法的原则是使各初始类别之间，尽可能地保持远离。

任意选取 50 个初始中心，将其值存入 iGrayValue［6＊50］中；将第一个点 X_1 作为第一个初始类别的中心 Z_1。

计算 X_1 与其他各抽样点的距离 D。取与之距离最远的那个抽样点（例如 X_7）为第二个初始类别中心 Z_2，则第二个初始类中心 $Z_2 = X_7$。

对剩余的每个抽样点，计算它到已有各初始类别中心的距离 D_{ij}($i = 1, 2, \cdots$，已知有初始类别数 m)，并取其中的最小距离作为该点的代表距离 D_j：

$$D_j = \min(D_{1j}, D_{2j}, \cdots, D_{mj}) \tag{10-1}$$

在此基础上，再对所有各剩余点的最小距离 D_j 进行相互比较，取其中最大者，并选择与该最大的最小距离相应的抽样点（如 X_{11}）作为新的初始类中心点，即 $Z_3 = X_{11}$。此时 $m = m + 1$。

如此迭代直到 $m \geqslant$ clsnumber，即 $m = 0, 1, 2, \cdots$, clsnumber。

第二步：设已进行到第 k 步迭代。若对某一样品 X 有 $|X - Z_j^k| < |X - Z_i^k|$，则 $X \in S_j^k$，以此种方法将全部样品分配到 k 个类中。即确定每个像素的类属 k_7 中，如 $k_7 = 3$，即表示该像素属于第 3 类；并相应地对其赋值到 array 数组中，以便以后可以显示其分类结果。

第三步：计算各聚类中心的新向量值 classo［i］；

$$Z_j^{k+1} = \frac{1}{n_j} \sum_{x \in s_j^k} X, \quad j = 1, 2, \cdots, k \tag{10-2}$$

$$\text{classo}[i] = \frac{\text{classo1}[i]}{\text{NL}[i]} \tag{10-3}$$

式中，n_j 为 S_j 中所包含的样品数；classo1［i］表示所有属于第 i 类的像素的值的累加；NL［i］表示属于第 i 类的像素总数；classo［i］重新分类后的聚类中心值。

因为在这一步要计算 k 个聚类中心的样品均值，故称为 k 均值算法。

第四步：若 $Z_j^{k+1} \neq Z_j^k$，$j = 1, 2, \cdots, k$，则回到第二步，将全部样品 n 重新分类，重复迭代计算。若 $Z_j^{k+1} = Z_j^k$，$j = 1, 2, \cdots, k$，则结束。在实现这步的时候，根据需要设置了阈值 thresholdc，如果改变前后的类中心的差别在阈值范围内，则可以结束。即

$$\frac{(|\text{classo}[i] - \text{classp}[i]|)}{\text{ckassp}[i]} < \text{thresholdc}$$

K 均值算法的特点是：K 均值算法的结果受到所选聚类中心的个数 k 及初始聚类中心选择的影响，也受到样品的几何性质及排列次序的影响，实际上需试探不同的 k 值和选择不同的初始聚类中心。如果样品的几何特性表明它们能形成几个相距较远的小块孤立区，则算法多能收敛。图 10-2 给出聚类类别数为 3、最大改变阈值为 5、最大迭代次数为 5 时的 K 均值分类效果图。

（a）分类前影像

（b）分类后影像

图 10-2　K 均值分类算法效果

10.3　城市遥感影像监督分类方法

城市遥感影像监督分类方法是根据类别训练区域提供的样本，通过选择特征参数，让分类器学习，待其掌握了各类别的特征之后，按照分类决策规则对待分像元进行分类的方法（赵英时，2003；朱述龙等，2000；Li et al.，2010；He et al.，2017）。常用方法包括最小距离法分类、最大似然法分类和马氏距离法分类法，支撑向量机（杜培军等，2012；Huang et al.，2002）等。本节以最大似然法分类（陈亮等，2007）为例，说明其分类流程。

最大似然法是一种应用非常广泛的监督分类方法，分类中所采用的判别函数是每个像素值属于每一类别的概率或可能性。光学遥感影像通常假定波谱特征符合正态分布，即其概率密度函数如式（10-4）所示：

$$P(\boldsymbol{f} \mid \boldsymbol{\omega}_i) = \frac{1}{|\boldsymbol{C}_i|^{\frac{1}{2}}(2\pi)^{\frac{k}{2}}} e^{\frac{-(\boldsymbol{f}-\boldsymbol{m}_i)^{\mathrm{T}}\boldsymbol{C}_i^{-1}(\boldsymbol{f}-\boldsymbol{m}_i)}{2}} \tag{10-4}$$

于是，K 维类 ω_i 的最大似然决策函数为式（10-5）：

$$\begin{aligned} D_i(\boldsymbol{f}) &= \ln[P(\boldsymbol{\omega}_i) \times P(\boldsymbol{f} \mid \omega_i)] \\ &= \ln P(\boldsymbol{\omega}_i) + \ln P(\boldsymbol{f} \mid \omega_i) \\ &= \ln P(\boldsymbol{\omega}_i) + \ln \frac{1}{|\boldsymbol{C}_i|^{\frac{1}{2}}(2\pi)^{\frac{k}{2}}} e^{\frac{-(\boldsymbol{f}-\boldsymbol{m}_i)^{\mathrm{T}}\boldsymbol{C}_i^{-1}(\boldsymbol{f}-\boldsymbol{m}_i)}{2}} \end{aligned} \tag{10-5}$$

式中，$\boldsymbol{m}_i$ 指类 $\boldsymbol{\omega}_i$ 的均值向量；$\boldsymbol{C}_i$ 指类的协方差矩阵。由此

$$D_i(\boldsymbol{f}) = \ln P(\boldsymbol{\omega}_i) - \frac{1}{2}\{K \ln 2\pi + \ln |C_i| + (\boldsymbol{f}-\boldsymbol{m}_i)^{\mathrm{T}}\boldsymbol{C}_i^{-1}(\boldsymbol{f}-\boldsymbol{m}_i)\} \tag{10-6}$$

对于任何一个像元值，其在哪一类中的 $D_i(\boldsymbol{f})$ 最大，就属于哪一类。

基于最大似然法的分类算法流程图参见图 10-3。

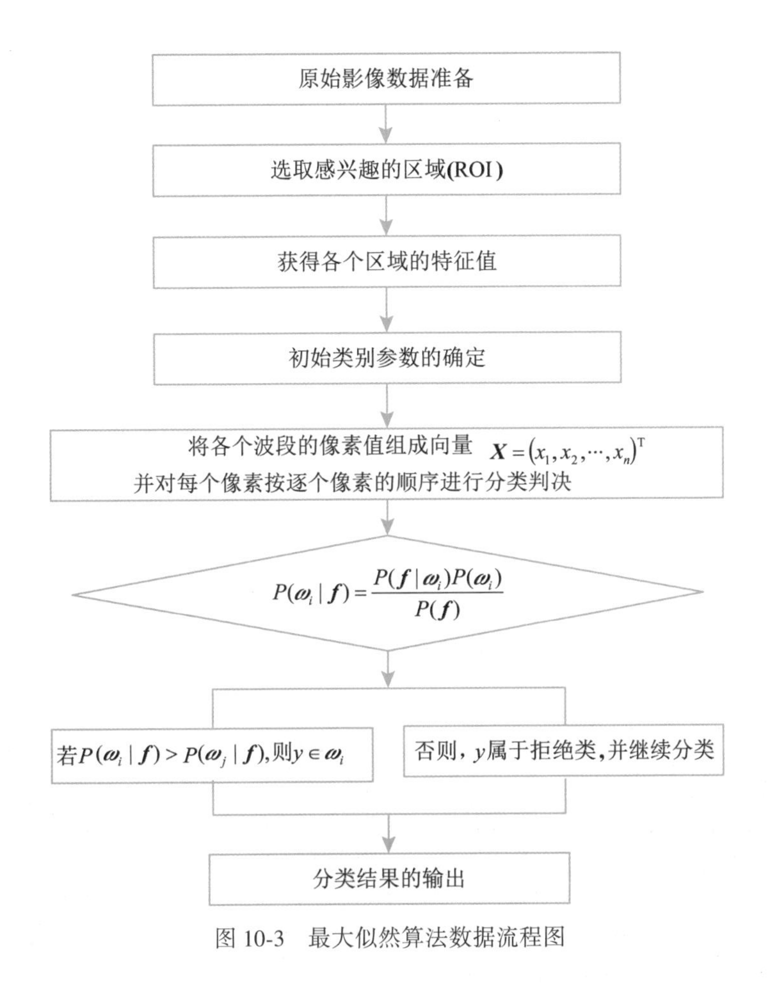

图 10-3　最大似然算法数据流程图

当选择的拒绝类阈值为 0 时，最大似然分类算法的分类效果如图 10-4 所示。

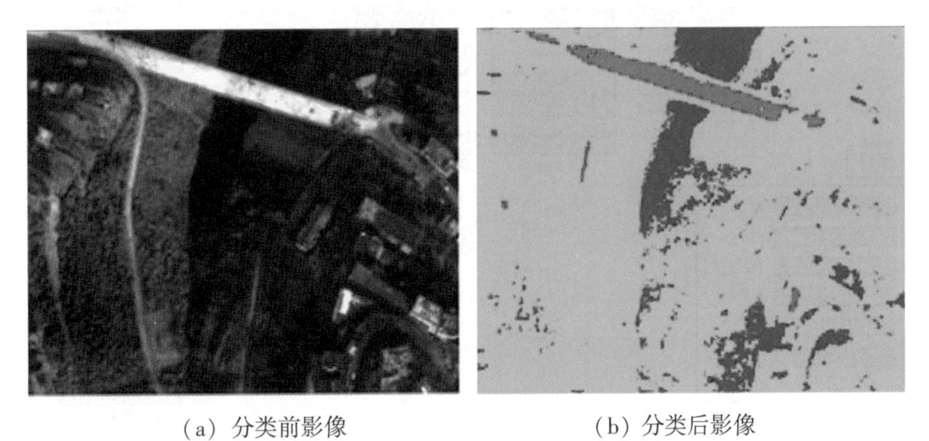

（a）分类前影像　　（b）分类后影像

图 10-4　最大似然分类算法效果

10.4　基于深度学习的具有复杂场景的城市土地分类

目前利用深度学习的遥感影像分类领域主要有两大类解决方案。一是利用面向基于对象的影像分析与 CNN 相结合的思路，利用 CNN 将影像分割后的斑块进行分类。二是计算机视觉领域主流的端到端的深度学习网络，这种网络能够预测影像中的每个像素的类别，从而为该像素赋予一个唯一的标签。

10.4.1　基于卷积神经网络的城市土地分类

近年来，深度学习尤其是卷积神经网络（Convolutional Neural Network，CNN）快速发展，其能够提取隐藏在影像中的深层的抽象特征，因而被广泛引用于图像分类领域（Krizhevsky et al.，2012）。目前 CNN 网络的基本构成有卷积层（Convolutional Layers）、池化层（Pooling Layers）、全连接层（Fully-connected Layers）及其他改进的模块。

常用的典型的 CNN 网络有 AlexNet（Krizhevsky et al.，2012）、VggNet 系列（Simonyan et al.，2014）、InceptionNet 系列（Szegedy et al.，2014）、ResNet 系列（He et al.，2016）等。图 10-5 是这些标准网络的基础结构。

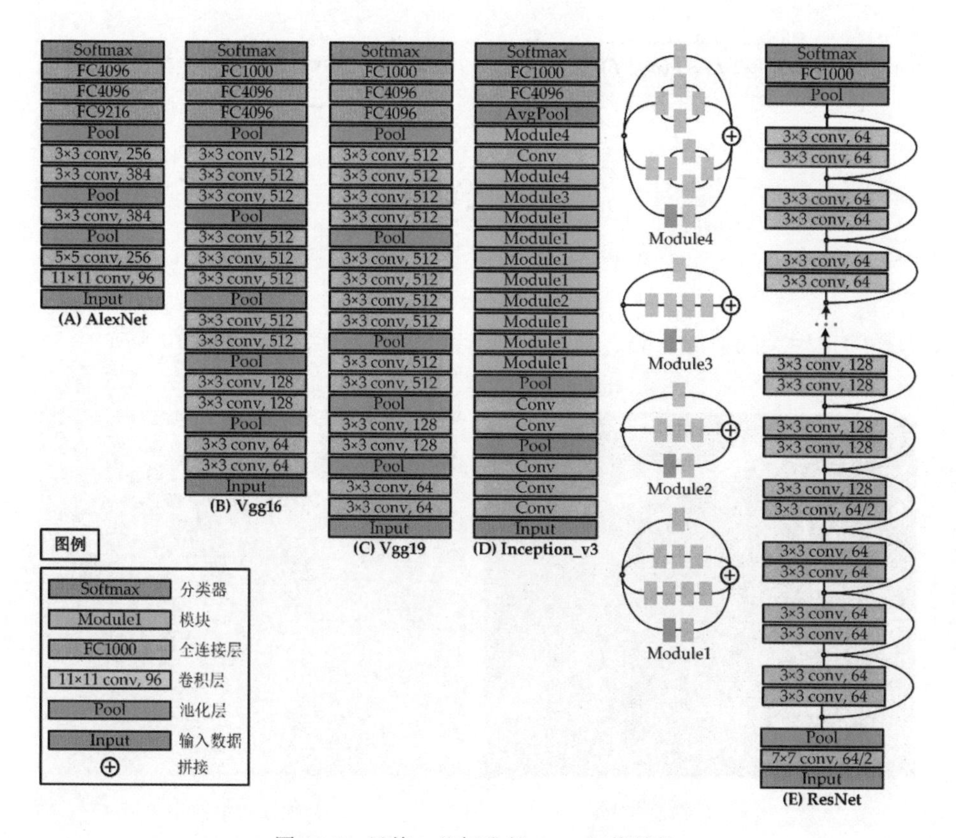

图 10-5　目前一些标准的 CNN 网络结构

AlexNet 具有 5 个卷积层，3 个池层，3 个局部响应规范化层和 3 个全连接层。输入数据是大小为 227×227×3 的一组图像。激活函数是 ReLU，其将前面神经元层的输入映射到下一层。最后一个完全连接的层是具有 4096 个特征的一维矢量。AlexNet 的分类器是 softmax。

VggNet 具有 5 种类型的网络，是 AlexNet 的深入研究和改进的网络。VggNet 的框架比 AlexNet 的框架更简洁，更简单。VggNet 具有用于卷积层的小滤波器，大小为 3×3，用于合并层的过滤器为 2×2。某些小型过滤器的组合比大型过滤器具有更好的训练性能。此外，VggNet 验证了通过不断加深网络结构可以提高性能。Vgg16 和 Vgg19 是最广泛使用的 VggNet 网络。Vgg16 具有 16 个隐藏层，其中包括 13 个卷积层和 3 个全连接层。Vgg19 具有 19 个隐藏层，其中包括 16 个卷积层和 3 个全连接层。ReLU 是 Vgg16 和 Vgg19 的激活函数。此外，VggNet 删除了局部响应规范化层。

GoogleNet 通过增加层深度和起始模块，克服了诸如梯度消失、梯度爆炸以及 AlexNet 和 VggNet 的过拟合之类的问题。初始模型可以更有效地利用计算资源，并在相同计算量下提取更多特征。初始模型涉及两个方面：1×1 卷积模块和多尺度卷积组合模块。大小为 1×1 的卷积模块不仅减少了数据量，而且还修改了线性函数 ReLU。另外，减小数据尺寸对特征没有影响。使用具有不同大小的滤波器对输入数据进行卷积或合并以提取不同特征的多尺度卷积。它还可以将数据卷积在不同的过滤器上来加速网络的收敛。GoogleNet 有许多派生网络。GoogleNet 最受欢迎的网络是 Inception_ v3，如图 10-5（D）所示。

由于网络深度的增加，退化问题出现在深度神经网络中。问题在于某些深层网络的性能要比没有那么深层的网络的性能差。研究人员提出了使用跳跃连接来解决问题的残差学习方法。ResNet 的核心思想是改变网络结构的学习目的。最初了解的是通过卷积直接获得的图像特征 $H(X)$。现在，它学习图像和特征的残差 $H(X)-X$。原因是残余学习比直接从原始函数学习要容易。ResNet 的结构如图 10-5（E）所示。

CNN 的分类过程实际上属于监督分类，即需要人工标记的样本训练网络。目前开源的遥感场景数据集主要包括以下 4 种。

1. UC Merced Land Use Dataset

这是一个以研究为目的包含 21 个土地利用类型的遥感影像数据集。每个类别有 100 张图像，每张图像的大小是 256×256 像素。图像的分辨率是 1in。这些类别包括：农业类（Agricultural）、机场（Airplane）、棒球场（Baseball Diamond）、沙滩（Beach）、建筑物（Buildings）、树林（Chaparral）、密集居民区（Dense Residential）、森林（Forest）、高速公路（Freeway）、高尔夫球场（Golf Course）、港口（Harbor）、路口（Intersection）、中型住宅（Medium Residential）、活动房屋公园（Mobile Home Park）、立交桥（Overpassial）、停车场（Parking Lot）、河流（River）、跑道（Runway）、稀疏住宅区（Sparse Residential）、储油罐（Storage Tanks）、网球场（Tennis Court）。

2. WHU-RS19

该数据集是从谷歌卫星图像上获取的，共包含 19 个类别。这些类别主要有机场（Airport）、沙滩（Beach）、桥梁（Bridge）、商业区（Commercial）、沙漠（Desert）、农场（Farmland）、足球场（Football Field）、森林（Forest）、工业区（Industrial）、草地（Meadow）、山脉（Mountain）、公园（Park）、停车场（Parking）、池塘（Pond）、港口（Port）、火车站（Railway Station）、居民区（Residential）、河流（River）、高架桥（Viaduct）（图 10-6）。

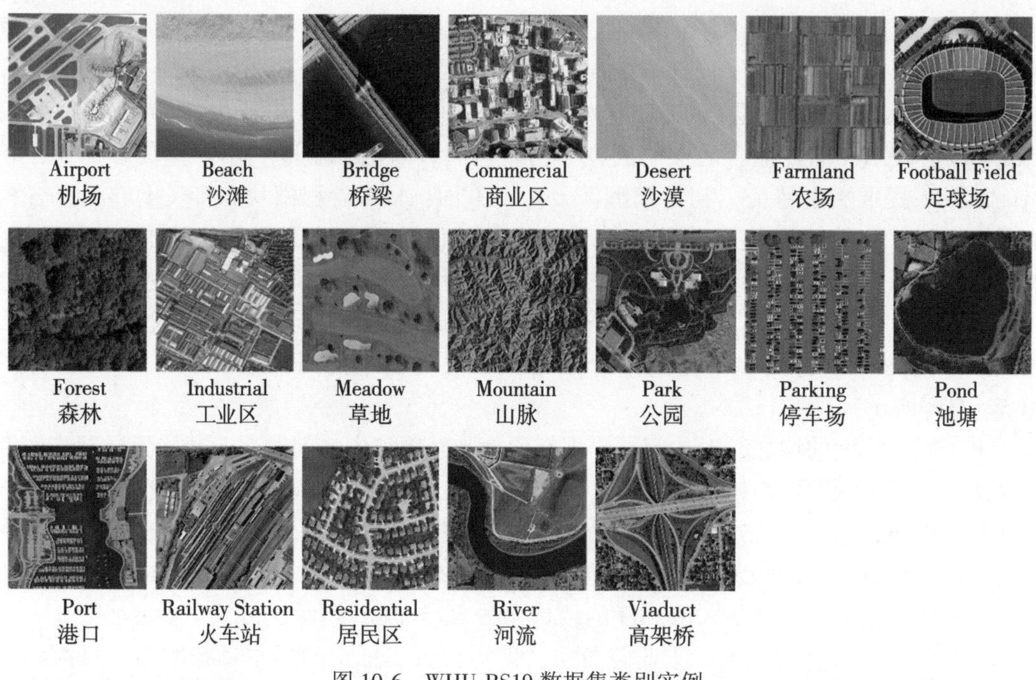

图 10-6　WHU-RS19 数据集类别实例

3. RSSCN7

该数据集包含 7 个场景，包括草地（Grass）、农田（Field）、工业区（Industry）、河湖（River Lake）、森林（Forest）、居民区（Residential）、停车场（Parking）（图 10-7）。每个类别是 400 张来自谷歌地球的影像，共 2800 张。每个类别包含 4 个尺度，每个尺度有 100 张图像，图像的大小为 400×400 像素。

4. SIRI-WHU

该数据集包含 12 个类别，主要用于科研。这些类别主要包括农业区（Agriculture）、商业区（Commercial）、港口（Harbor）、闲置土地（Idle Land）、工业区（Industrial）、草地（Meadow）、立交桥（Overpass）、公园（Park）、池塘（Pond）、住宅（Residential），

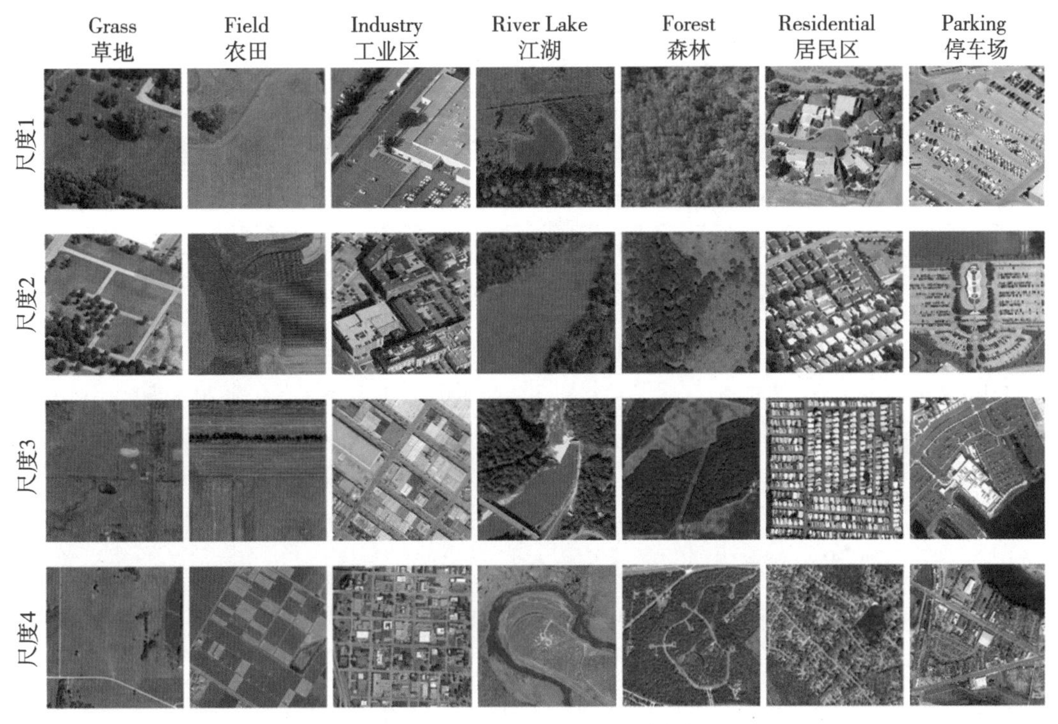

图 10-7 RSSCN7 数据集类别实例

河流（River），水域（Water）（图 10-8）。每个类别包含了 200 个影像，影像的分辨率为 2m，大小为 200×200 像素。

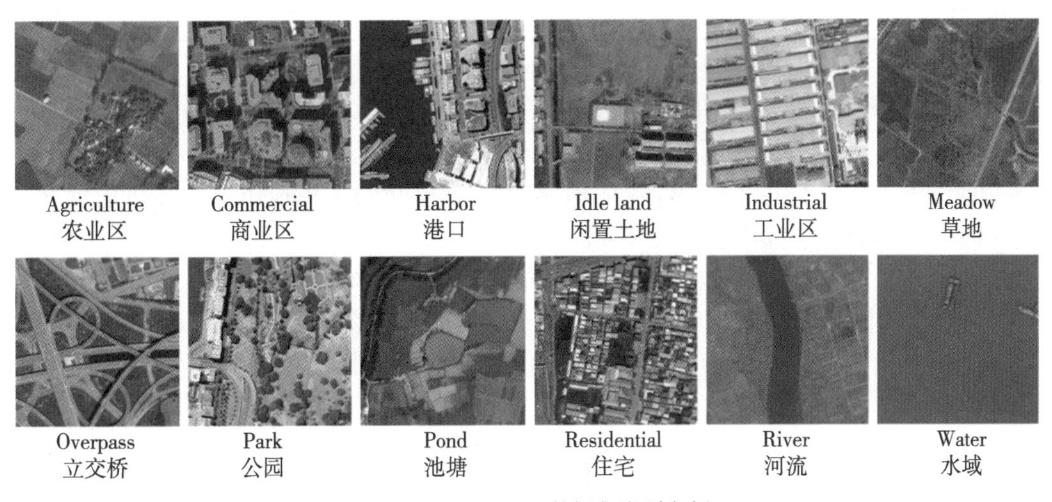

图 10-8 SIRI-WHU 数据集类别实例

此外，还有其他的更大型、种类更丰富的数据集。表 10-1 为目前公开的遥感场景分类的典型数据集。

表 10-1　　**遥感场景分类数据集**

数据集	每个类别数量	图像类别	图像总数量	空间分辨率（m）	图像大小（像素）	发布日期（年份）
UC Merced Land Use	100	21	2100	0.3	256×256	2010
WHU-RS19	~50	19	1005	~0.5	600×600	2010
RSSCN7	400	7	2800	—	400×400	2015
RSC11	~100	11	1232	0.2	512×512	2016
SIRI-WHU	200	12	2400	2	200×200	2016
AID	200~400	30	10000	0.5~0.8	600×600	2017
EuroSAT	2000 3000 5000	10	27000	—	64×64	2017
NWPU-RESISC45	700	45	31500	~30~0.2	256×256	2017
PatterNet	800	38	30400	0.062~4.69	256×256	2017
RSI-CB	RSI-CB128： 800 RSI-CB256： 600	RSI-CB128： 45 RSI-CB256： 35	RSI-CB128： 36707 RSI-CB256： 24747	0.3~3	128×128 256×256	2017
RSD46-WHU	500~3000	46	117000	0.5~2		2017

本节利用 AlexNet 网络，在 SIRI-WHU 数据集上进行训练。我们将数据集的 60%用于训练，20%用于验证，20%用于测试（Lv et al.，2018）。目前可选用的成熟平台有 Tensorflow、Pytorch、Caffe 等。Windows10 和 Ubuntu 均支持 Tensorflow，可利用原生的 Tensorflow 在 Windows10 系统下进行实验。

由于数据量有限，我们可以选择迁移学习的方式训练 AlexNet，即利用已经训练好的网络参数并加载，并对全连接层的参数进行重新训练。训练结果表明，CNN 能够提取影像中存在的深度特征，对复杂的遥感场景具有很高的适应性。AlexNet 测试分类的精度可达 96%，明显优于目前现有的方法。图 10-9 显示了 AlexNet 测试数据的测试结果。

10.4.2　基于语义分割网络的城市地表要素分类

随着技术的革新和硬件的发展，城市地表要素的提取技术由传统的随机森林、支持向量机等机器学习方法逐渐转到深度学习方法上来。语义分割网络是由图像场景分类网络演化而来，图像场景分类关注的是该图像是否含有某类对象，而语义分割则关注哪些像素属

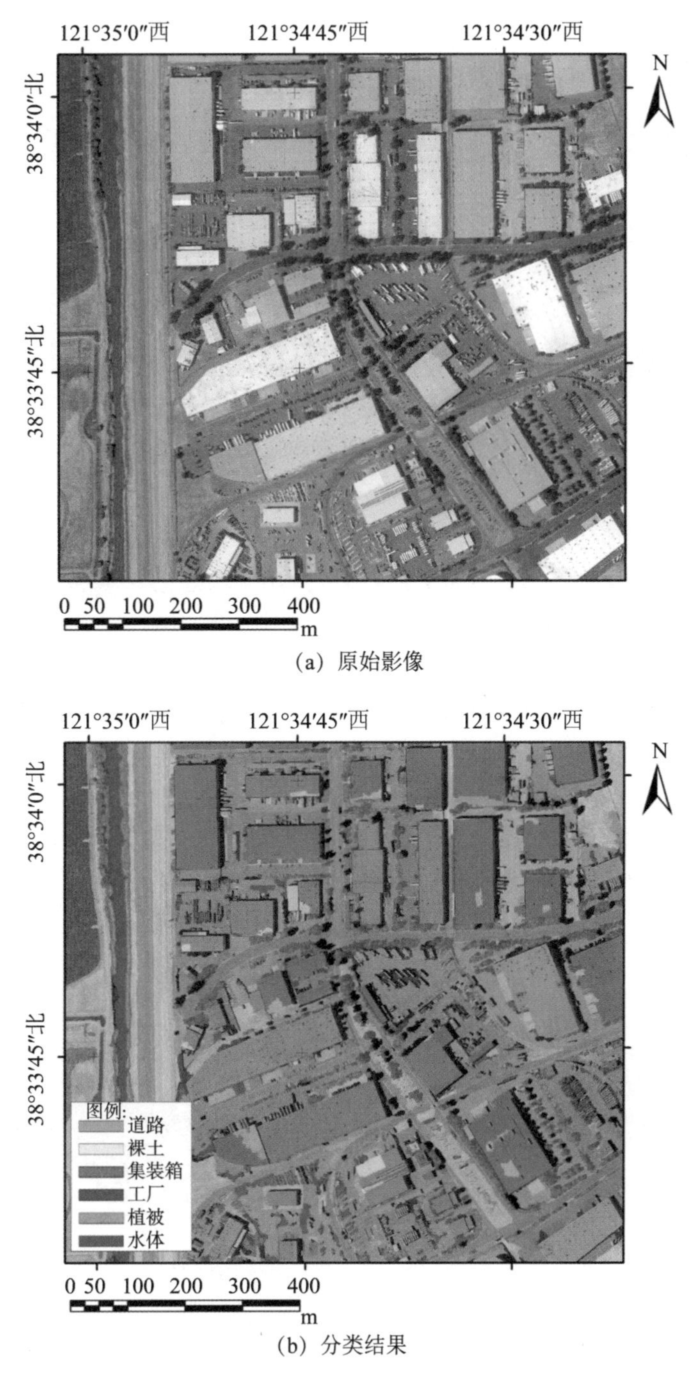

(a) 原始影像

(b) 分类结果

图 10-9 测试数据的分类结果

于某类对象。图像语义分割的目标在于标记图片中每一个像素，根据图像本身的纹理、颜色以及场景等信息，将每一个像素与其表示的类别对应起来。因为会预测图像中的每一个像素，所以一般将这样的任务称为密集预测，如图 10-10 所示。

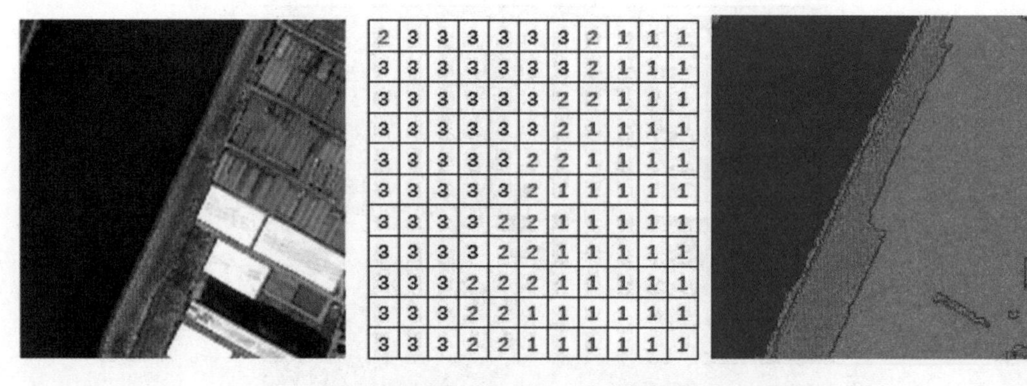

图 10-10　图像语义分割示意图

对高分辨率遥感图像进行语义分割，这在遥感图像处理中是重要一环，城市地表要素提取的本质就是将不同类型要素从遥感图像中区分出来。遥感图像包含的地物信息丰富、目标结构复杂、背景多变，传统的处理方法主要利用图像的像素或者区域的纹理、颜色等信息差异来达到分割物体的目的。近年来，由于深度学习，特别是深度卷积神经网络的飞速发展以及广泛应用，可以自适应地提取遥感图像中浅层、深层特征，因此，将语义分割网络应用到高分辨率遥感的城市地表要素提取具有重要的意义。

针对这项任务简单地构建卷积神经网络架构的方法是简单地堆叠大量卷积层（用 same 填充保留维度）后输出最终的分割映射。通过特征图的接连转换，直接从输入图像学到相对应的分割映射；然而，在整个网络中要保留完整分辨率的计算成本是很高的，如图 10-11 所示。

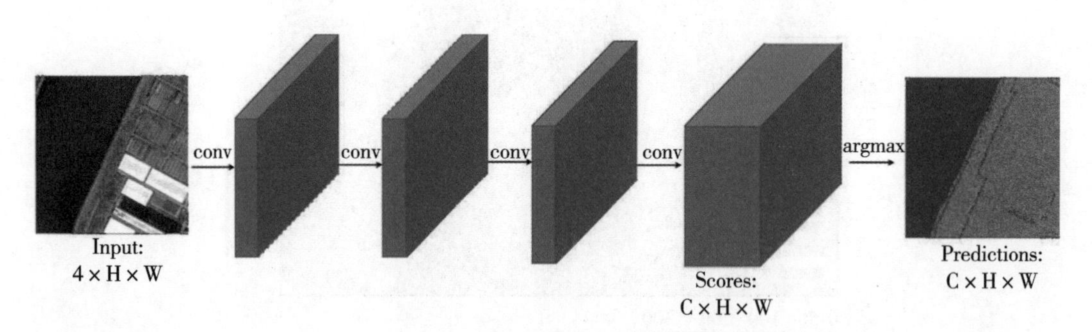

图 10-11　全分辨率语义分割网络示意图

回顾语义分割所运用的深度卷积神经网络，前期的卷积层更倾向于学习低级概念，而后期的卷积层则会产生更高级（且专一）的特征图。为了保持表达性，一般而言，当我们到达更深层的网络时，需要增加特征图（通道）的数量。对图像分类任务而言，这不一定会造成什么问题，因为我们只需要关注图像里面有什么，而不是目标类别对象的位置。因此，我们可以通过池化或逐步卷积（即压缩空间分辨率）定期对特征图进行下采样以缓和计算压力。常用的图像分割模型的方法遵循 Encoder-Decoder 结构，在这个结构中，我们对输入的空间分辨率下采样，产生分辨率更低的特征图，通过学习这些特征图可以更高效地分辨类别，还可以将这些特征表征上采样至完整分辨率的分割图。针对遥感影像的语义分割网络，往往都是借鉴自然图像领域内的卷积神经网络结构，目前基于 Encoder-Decoder 结构的网络主要有 FCN、UNet、SegNet、DeepLab 和 PSPNet 等。针对城市地表要素的分类，需要构建城市地表要素的样本集，利用上述网络采用端到端的训练方式训练网络模型，从而对城市地表要素完成场景分类。

10.5 分类精度评价

分类精度评价体系中，一般将样本中错分的类别数目与样本总数的比率称为“错误率”（error rate）。同理，样本中正确分类的数据与样本总数的比率称为“精度”（accuracy）。如果样本集合的数量为 s，错分的类别为 e，正确分类的类别为 a，则错误率 $E = e/s$，精度为 $A = a/s$，并且 $A = 1 - E$。分类器在训练集 S1 的误差称为“训练误差”（training error），在新的数据集 S2 的误差称为“泛化误差”（generalization error）。如果训练后的模型在训练集精度很高，表现很好，而在新的数据集中表现一般甚至较差，这种现象称为“过拟合”（overfitting）；相对地，模型如果在训练集上的表现都不尽如人意，则这种现象称为“欠拟合”（underfitting）。

一般情况下，我们需要对训练后的模型的泛化能力进行评估测试。我们经常将训练模型的数据集叫作“训练集”，测试模型泛化能力的数据集叫作“测试集”。测试集的样本数据要需要与真实样本同分布并且与测试集数据独立，即参与训练的数据不能再参与测试。

机器学习跟深度学习分类中，研究人员经常使用“留出法”作为模型的评估方法。留出法将数据集 S 按照一定的比例分为两个，一个为训练集 Train，另一个为测试集 Test。利用随机分层抽样的方法将该数据集进行划分。按照不同模型性能，数据集划分的比例也不相同。常见的做法是将数据集的 60%~80%用于训练，剩下的数据用于测试。

除了留出法，交叉验证法也是实验研究中经常用到的检测方法。交叉验证法一般将数据集分成 n 个大小相同的互斥子数据集，这些数据集独立同分布。一般地，通过 $n-1$ 次分层抽样可将数据集拆分。在测试模型的时候，依次选择一个作为测试集，剩下的 $n-1$ 个数据集作为训练集，直至将数据集中的每个子数据集都作为一次测试集用于测试。这样 n 次遍历后，每次测试集得到的模型精度的平均值就是交叉验证法得到的模型精度的平均值。

仅仅使用错误率 E 与精度 A 是难以满足科研生产任务的需要。科研人员经常使用查准率（percision）、查全率（recall）、F_1 等。以二分类为例，经过模型的预测结果可分为真正例（True Positive，TP）、假正例（False Positive，FP）、真反例（True Negative，TN）、假反例（False Negative，FN）（表 10-2）。

表 10-2　　**模型的预测结果**

<table>
<tr><td rowspan="2">真值</td><td colspan="2">预测值</td></tr>
<tr><td>正例</td><td>反例</td></tr>
<tr><td>正例</td><td>TP</td><td>FN</td></tr>
<tr><td>反例</td><td>FP</td><td>TN</td></tr>
</table>

查准率 P、查全率 R 以及 F_1 的定义如下：

$$P = \frac{\mathrm{TP}}{\mathrm{TP} + \mathrm{FP}} \tag{10-7}$$

$$R = \frac{\mathrm{TP}}{\mathrm{TP} + \mathrm{FN}} \tag{10-8}$$

$$F_1 = \frac{2 \times P \times R}{P + R} \tag{10-9}$$

此外，Kappa 系数、F_β 、ROC、AUC 等也是分析结果常用的指数，这里不再一一赘述。

思考题

1. 相对于非城市区域，城市遥感影像分类有什么难点？
2. 不同传感器获得的城市遥感影像对于分类方法的选择有什么影响？
3. 城市遥感影像分类有哪些方法？
4. 深度学习模型用于城市遥感影像分类有什么优势？

参考文献

[1] 赵英时．遥感应用分析原理与方法［M］. 北京：科学出版社，2003.
[2] 朱述龙，张占睦．遥感图象获取与分析［M］. 北京：科学出版社，2000.
[3] 邵锐，巫兆聪，钟世明．基于粗糙集的 K-均值聚类算法在遥感影像分割中的应用［J］. 现代测绘，2005，28（2）：3-5.
[4] 杜培军，谭琨，夏俊士．高光谱遥感影像分类与支持向量机应用研究［M］. 北京：科学出版社，2012.
[5] Huang C，Davis L S，Townshend J R G. An assessment of support vector machines for land cover classification［J］. International Journal of remote sensing，2002，23（4）：725-749.
[6] 陈亮，刘希，张元．结合光谱角的最大似然法遥感影像分类［J］. 测绘工程，2007，16（3）：40-42.

[7] Li J, Bioucas-Dias J M, Plaza A. Semisupervised hyperspectral image segmentation using multinomial logistic regression with active learning [J]. IEEE Transactions on Geoscience and Remote Sensing, 2010, 48 (11): 4085-4098.

[8] He L, Li J, Liu C, et al. Recent advances on spectral-spatial hyperspectral image classification: An overview and new guidelines [J]. IEEE Transactions on Geoscience and Remote Sensing, 2017, 56 (3): 1579-1597.

[9] Li J, Marpu P R, Plaza A, et al. Generalized composite kernel framework for hyperspectral image classification [J]. IEEE transactions on geoscience and remote sensing, 2013, 51 (9): 4816-4829.

[10] Krizhevsky A, Sutskever I, Hinton G. ImageNet classification with deep convolutional neural networks [C] // NIPS. Curran Associates Inc. , 2012.

[11] Simonyan K, Zisserman A. Very deep Convolutional networks for large-scale image recognition [J]. Computer Science, 2014 (18).

[12] Szegedy C, Liu W, Jia Y, et al. Going Deeper with Convolutions [C] //Conference on Computer Vision and Pattern Recognition, 2014.

[13] He K M, Zhang X Y, Ren S Q, et al. Deep residual learning for image recognition [C] // IEEE Conference on Computer Vision and Pattern Recognition (CVPR), 2016.

[14] Lv X W, Ming D P, Chen Y Y, et al. Very high resolution remote sensing image classification with SEEDS-CNN and scale effect analysis for superpixel CNN classification [J]. International Journal of Remote Sensing, 2018, 40 (38): 1-26.

第11章　城市典型要素遥感信息提取方法

城市作为人类的主要栖息地，承载着绝大部分的经济活动，其典型地物主要包括道路、绿地、建筑物和湖泊等。随着城市的不断扩张，日益突出的城市环境问题影响着城市的可持续发展，为了及时掌握城市土地地物信息，保持地理空间信息的现势性，有效地监测城市生态环境，使用遥感的方法深入了解、提取城市地物信息，有着重要的现实意义（李世伟等，2014）。

城市遥感信息提取是多学科面临的共同难题，本章首先阐述了城市遥感信息提取的基本情况，通过对目前城市遥感信息提取的相关项目进行介绍，表明了现阶段利用遥感手段掌握土地信息、监测城市发展的必要性和迫切性；本章的11.2节至11.5节，分别阐述了几类典型城市地物的遥感提取方法。

11.1　城市遥感信息提取需求

近年来，世界各国越来越重视卫星遥感的发展，越来越多的国家开始建立自主可控的对地观测系统，与此同时商业卫星市场不断发展壮大，遥感卫星的观测形式越来越多元化，观测对象越来越丰富（李德仁等，2017）。

目前与城市遥感信息提取相关的专项计划开展了很多项，已经制作并发布了多套全球土地利用/覆盖数据产品。中国启动了全球测图工程，并每年都在开展全国土地调查或变更调查、地理市情普查和监测、城市不透水面普查和海绵城市遥感监测等项目。

1. 全球地表覆盖数据

地表覆盖及其变化是环境变化研究、地理国情监测、可持续发展规划等研究中不可或缺的重要基础信息和关键参量，已经成为国家基础性和战略性资源，发挥着不可或缺的作用。全球对地观测已具备大气、海洋和陆地高精度、高时空分辨率的数据获取能力，基于重大应用需求，目前多国已经开放共享了多套不同分辨率的全球地表覆盖数据产品，推动了全球尺度的科学和环境监测产品的研究与发展（何国金等，2018）。

现已发布的全球土地利用/覆盖数据共有6套（见表11-1），其中美国和欧洲制作完成4套1km和1套300m的产品，中国于2013年底也发布了1套30m的产品，数据全部免费提供给全球科学界使用。其中，3套1km产品分别是由美国地质勘探局、马里兰大学和波士顿大学等美国机构开发，所使用的分类方案是国际地圈生物圈计划的17类覆盖类型分类系统。第4套1km产品是由欧洲开发的GLC2000，此后欧洲航空局（ESA）通过全球合作完成了300m分辨率的全球地表覆盖制图GlobCover，二者均采用联合国粮农组织（FAO）和联合国环境规划署（UNEP）联合开发的地表覆盖分类系统LCCS（22类）。中国的30m全球地表覆盖遥感制图数据产品GlobeLand 30是中国科技部研制，推出了2000年和2010年30m分辨率的全球地表覆盖数据产品（图11-1），涵盖全球陆域范围，包括水体、耕地和林地等十大类地表覆盖信息（杜国明等，2017）。

表11-1 全球现有土地覆盖数据集（杜国明等，2017）

数据集名称	作者	数据源与分辨率	分类方法	分类系统	数据精度
DISCover	U. S. Geological Survey	1992—1993年AVHRR数据合成的NDVI，1km	基于聚类和人工解译、编辑	IGBP 17类分类系统	基于少数样点进行精度评价，总体精度为66.9%
UMD	University of Maryland	1992—1993年AVHRR数据合成的NDVI，1km	不同的分类树算法	Simplified IGBP 14类	基于少数样点进行精度评价，总体精度为66.9%
MODIS 1km	Boston University	2000—2001年的MODIS数据，1km	监督分类	IGBP 17类分类系统	基于少数样点进行精度评价，总体精度为78.3%
GLC2000	European Commission Joint Research Center	1999年11月—2000年12月的VEGETATION数据，1km	由19个区域人员用不同类型算法制作完成	FAO的地表覆盖22分类系统（LCCS）	总体精度为68.6%
GlobCover 2套产品	European Commission Joint Research Center	2004年12月—2006年6月的ENVISAT/MERIS数据，2009年数据产品，300m	全球分为22个生态气候区，各区采用不同多维迭代聚类方法进行分类	FAO的地表覆盖22分类系统（LCCS）	16位专家在全球3000个点进行了验证，总体精度为73%
GlobeLand 30—2010	国家基础地理信息中心等7个部门的18家单位	HJ-1星CCD影像数据，2000年和2010年数据产品，30m	逐类型层次提取方法	9大类分类系统	选取9类超过15万个样本进行精度评估，总体精度为83.51%，Kappa系数为0.78

2. 全国土地调查

全国土地调查作为一项重大的国情国力调查，目的是全面查清全国土地利用状况，掌

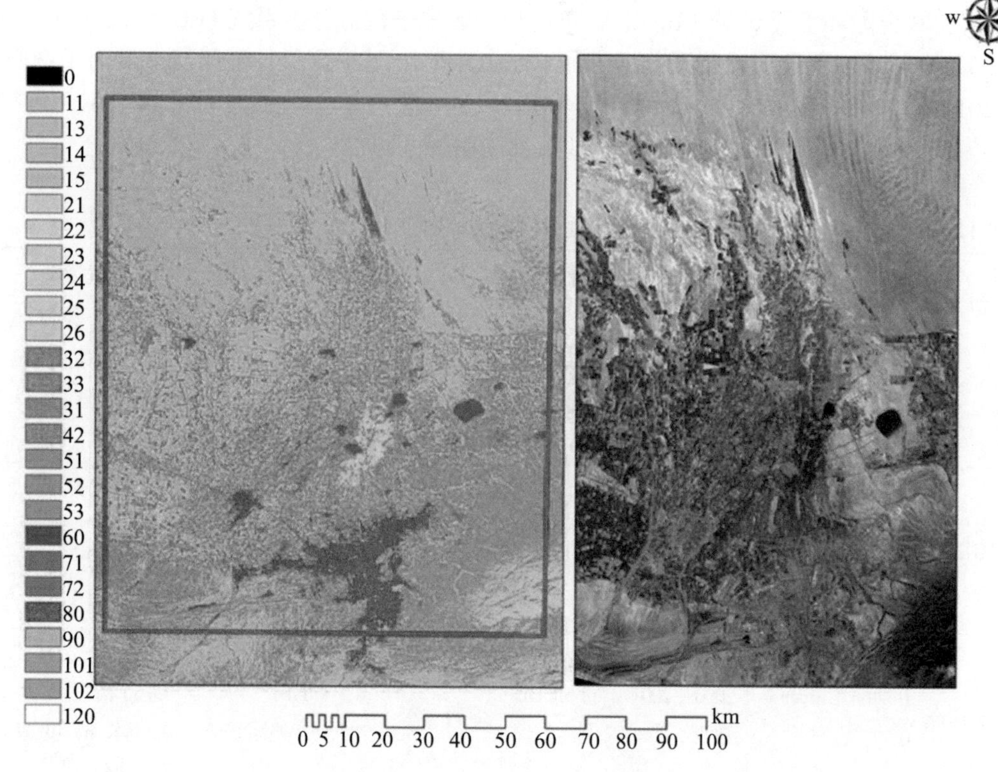

图 11-1　30m 土地覆盖产品与 Landsat 8 影像对比（2015 年）

握真实的土地基础数据，并对调查成果实行信息化、网络化管理，建立和完善土地调查、统计制度和登记制度，实现土地资源信息的社会化服务，满足经济社会发展、土地宏观调控及国土资源管理的需要，对于贯彻落实科学发展观，构建社会主义和谐社会，促进经济社会可持续发展和加强国土资源管理具有十分重要的意义。

目前我国已经开展了三次全国土地调查，第一次全国土地调查于 1984 年 5 月开始，一直到 1997 年年底结束；第二次全国土地调查于 2007 年 7 月 1 日全面启动，于 2009 年完成；2017 年 10 月 16 日，根据《中华人民共和国土地管理法》《土地调查条例》有关规定，国务院决定自 2017 年起开展第三次全国土地调查。作为一项关系到国计民生的重大地理普查项目，近年来，先进的地理信息技术被不断应用于全国土地调查中，遥感技术成为其中最重要的手段之一。遥感影像能够全面真实地记录地表事物的时空分布特征和分布规律，并为地物资源的空间定位、趋势研究、动态监测提供全面的、直接的信息。从遥感影像的大规模获取，到遥感应用的不断拓展，遥感技术的参与使快速实现信息采集、进行大规模的数据分析研究成为可能，大大加快了调查工作的整体进程。

3. “山、水、林、田、湖、草”地理市情普查和监测

长期以来，受持续增长的人口压力、高强度的国土开发建设活动、自然资源大范围开

发利用等因素影响，我国部分地区生态系统退化严重。针对这些生态退化区域，国家相继组织开展了一系列生态保护与建设重大工程，在提高林草植被、森林覆盖率等方面取得了积极成效，强化从生态文明建设的宏观视野提出“山、水、林、田、湖、草是一个生命共同体”的理念，实施普查和监测。

坚持山水林田湖草系统治理理念，需要全面系统地掌握森林、草原、湿地、沙化土地等各类林草资源的综合状况。依托光学、高光谱、雷达等在轨陆地卫星协同组网观测，我国遥感调查监测能力大幅度提升。从建设用地拓展为山水林田湖草全要素，由数量转变为数量、质量、生态三位一体，卫星遥感服务于自然资源调查监测、确权登记、所有者权益、开发利用、国土空间规划、用途管制、生态修复和督察执法等自然资源主责主业，同时支撑国家重大专项工程建设。

4. 中国高分辨率对地观测重大专项

中国从“十一五”末开始实施高分辨率对地观测系统重大专项（以下简称“高分专项”），全面建设具备高空间分辨率、高时间分辨率、高光谱分辨率和高精度观测能力的自主、先进的对地观测体系（童旭东，2016）。高分专项的主要使命是加快我国空间信息与应用技术发展，提升自主创新能力，建设高分辨率先进对地观测系统，满足国民经济建设、社会发展和国家安全的需要。

卫星应用是高分重大专项的出发点和落脚点，是其经济效益和社会效益的综合体现。开展区域应用是实现卫星应用由试验应用型向业务服务型转变、推进高分遥感产业化发展的最优途径。高分专项的实施，结合“一带一路”“京津冀一体化”“长江经济带”等国家重大战略布局，以及区域区位特点，采取市场化手段、以企业为主体，开展高分区域应用，培育和带动地方卫星应用企业群体，带动区域应用创新，扩大高分卫星应用规模，推动区域高分应用产业化发展。

5. 30m 分辨率、两期全球地表覆盖信息产品 GlobeLand 30

全球地表覆盖分布及变化反映人类与自然相互作用、地表水热和物质平衡、生物地球化学循环等，是生态环境监测、气候变化研究、可持续发展规划等重要参量和科学依据。以往欧美研制多套全球地表覆盖信息产品，但分辨率粗（300m～1km）、精度不高、时效性差，难以有效反映大尺度地表覆盖的时空格局及转换规律。而全球 30m 地表覆盖全要素制图涉及精细化提取、产品质量控制以及海量影像最佳覆盖与有效处理等诸多困难，是一项因素众多、难度极大的遥感测绘科技工程（陈军等，2017、2018）。

国家基础地理信息中心陈军院士主持完成的“全球 30m 地表覆盖遥感制图关键技术与产品研发”项目，攻克了高分辨率、高质量全球地表覆盖遥感制图的系列核心关键技术，研制出世界上首套 30m 分辨率、两期全球地表覆盖信息产品 GlobeLand 30（图 11-2）。项目首创了 POK 遥感制图技术，将大范围地表覆盖制图精度从 50%～60% 提高到 80%以上，其系列算法解决了约占全球陆表 30%缺陷影像的高精度插补和再利用难题，建成的世界上首个全球 30m 地表覆盖综合性信息服务平台，为信息共享、分析应用及验证更新提供了高效服务手段（陈军等，2017、2018）（该项研究成果获国家科技进步二等奖，2018）。

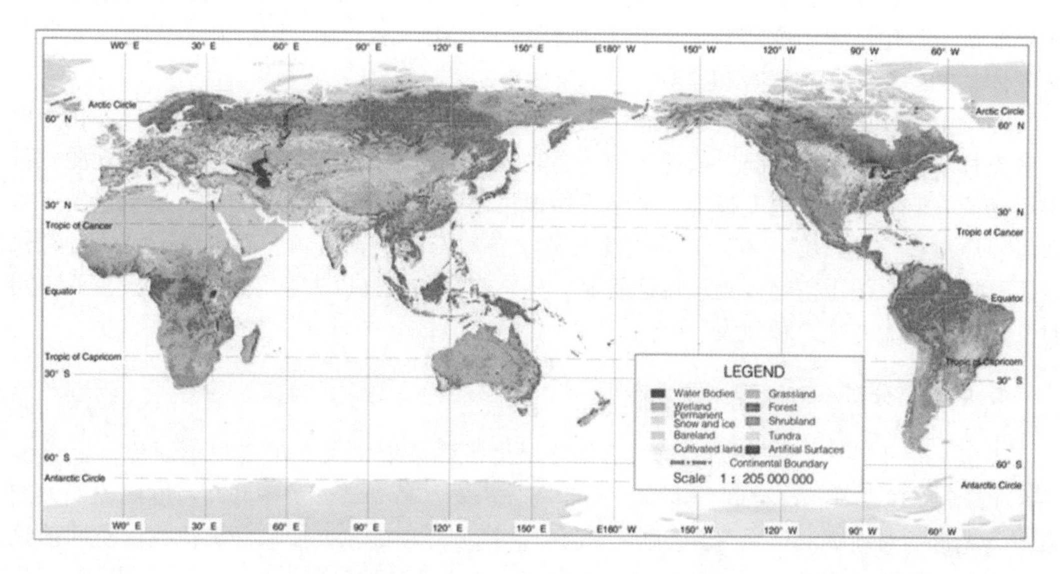

图 11-2　GlobeLand 30 产品（2010 年期）

GlobeLand 30 是世界上首套全要素高分辨率地表覆盖信息产品，质量优良，填补了国际空白，成为中国政府赠送给联合国的首个全球性地理信息公共产品，实现了在该领域的跨越式发展，使我国成为世界领先国家之一，取得了重大社会效益和应用效益。目前，该数据已在 122 个国家的用户中广泛使用，在生态环境监测、气候变化研究、联合国维和行动、“一带一路”建设等方面发挥着重要作用（Jun et al.，2017）。

6. 全球城市建成区信息——城市树

2014 年起，吴志强院士团队开始研发“城市树”全球影像智能识别技术，通过 30m×30m 精度的网格，将 40 年时间跨度内的全世界所有城市的卫星遥感图片进行智能动态识别并叠加，因得到的城市时空演进可视化轨迹呈树状，所以命名为“城市树”（图 11-3）。在此基础上，建立了世界城市演进数据库，运用人工智能图像识别技术，寻找城市建成区范围，总结世界城市发展规律，为研究整个世界的人类城市问题作支撑（吴志强，2018）。

通过机器识别技术，不断地挖掘，建成区面积在 $100km^2$ 以上的城市有 937 个，$50km^2$ 以上的城市有 2036 个，$30km^2$ 以上的城市有 3520 个，并挖掘到 $10km^2$ 以上的城市有 9000 多个，一直到 2018 年 1 月，挖掘了 $1km^2$ 以上的 13810 个城市的城市树。以此归纳出 7 大类城市发展类型：萌芽型 435 个、佝偻型 3601 个、成长型 2365 个、发育型 831 个、成熟型 1900 个、区域型 143 个、衰退型 201 个。除城市增长类型和城市增长趋势，在城市研究中运用人工智能的技术可更快速、准确地观察城镇群汇聚的规律（吴志强，2018）。

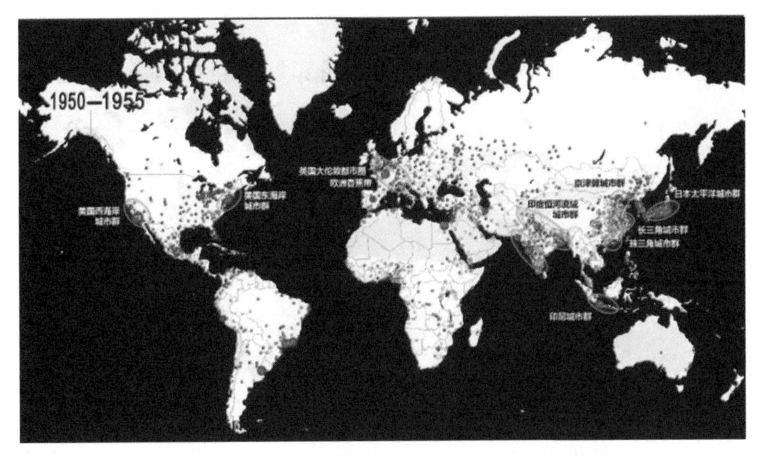

图 11-3　1950—1955 年全球城市树分布图

7. 全球时间序列产品 30m 和 10m 产品

当前世界发展面临一系列挑战，如人口增长、城市化、农业发展和气候变化对粮食安全的影响、能源和水资源短缺、资源过度开采、生物多样性丧失和环境污染等。为维护人类健康和实现联合国可持续发展目标，需要及时获得高分辨率的全球地表覆盖信息，从而能够更好地进行环境监测，而开发这样的产品，需要依赖大量的人力和很强的计算能力。

清华大学宫鹏教授团队基于研究组 2011 年以来在全球 30m 地表覆盖制图中获得的经验和在样本库建设方面的积累，结合 10m 分辨率 Sentinel-2 全球影像的完整存储和免费获取，以及 Google Earth Engine 平台强大的云计算能力，开发出了世界首套 10m 分辨率的全球地表覆盖产品——FROM-GLC10（Gong et al.，2019），如图 11-4 所示。

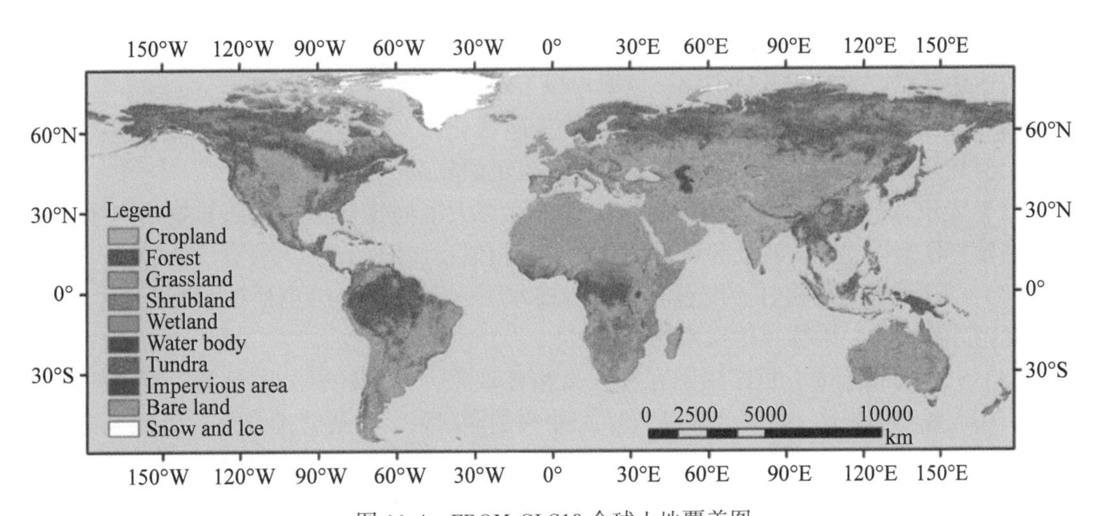

图 11-4　FROM-GLC10 全球土地覆盖图
（基于 2017 年获得的 10m 分辨率 Sentinel-2 数据）

作为当前最精细的全球地表覆盖数据，FROM-GLC10 使我国在全球地表覆盖制图方面继续走在前列，具备随时对世界任何地方农业、森林、水面等状况的快速制图和监测能力。产品目前已正式面向全球公开，可以通过 http：//data. ess. tsinghua. edu. cn 免费下载。

8. 城市不透水面遥感普查和海绵城市遥感监测

不透水面作为城市的重要组成部分，被定义为地表水不能渗透的人工材料硬质表面，是衡量城市生态环境状况的重要指标，是海绵城市和生态城市建设的重要支撑。当前全球范围内仅有 1km 和 30m 分辨率尺度的不透水面专题信息，无法满足城市尺度水文模型建模、海绵城市规划和建设需求（邵振峰等，2018a、2018b）。

目前国内很多学者已对不透水面遥感普查开展研究。2014 年国家基础地理信息中心陈军教授推出全球首套 30m 分辨率地表覆盖数据产品，并开始在全球范围得到应用（Chen et al. ，2015）。2018 年武汉大学邵振峰团队以中国大陆 31 个省（直辖市、自治区）为研究区域，基于资源三号、高分一号和高分二号等遥感影像数据，在应用随机森林、SVM、深度学习等多种分类方法的基础上，构建了融合多特征的针对高分辨率遥感影像的不透水面提取模型，并成功应用在各省高分辨率遥感影像不透水面提取的工作中，完成了全球首张 2m 分辨率不透水面专题信息产品，并广泛服务于中国自然资源监测、海绵城市规划和建设、城市水文和水环境监测中，已经产生了显著的经济效益和社会效益（邵振峰等，2018）。

11.2　城市道路遥感提取方法

利用遥感影像提取人工目标是构建及更新地理空间数据库的重要手段。道路是城市典型的人工线状目标，道路提取对于 GIS 数据库更新、影像匹配、目标检测、数字测图自动化等具有重要意义，广泛应用于交通管理、土地利用分析等领域（Li et al. ，2016）。城市道路的遥感提取，相对于乡村道路，主要有以下难点：

（1）在高分辨率遥感影像上，城市道路呈面状分布，其边缘与中心线都具有明显的线状几何特征，地物细节更加丰富，影像信息也更加复杂；

（2）光谱特征方面，高分辨率遥感影像中存在大量同物异谱和同谱异物的现象，城市道路紧邻建筑物，光谱特征和纹理特征都十分相似；

（3）城市道路材质多样，既包含不透水的水泥、沥青等，也包括透水砾石等，道路内部光谱差异增大，同物异谱现象严重；

（4）几何特征方面，道路周围存在大量粘连现象，如电线杆、建筑物、行道树、立交桥、高大地物的阴影、路面上的汽车、路中央的隔离带、交通管理线等，都会对道路产生遮挡；

（5）此外，城市空间布局紧凑，常与建筑物、停车场等居民地或人工设施相连接，功能划分不够清晰（Zhu et al. ，2005）。图 11-5 示例了包含多种噪声的道路遥感影像。

根据自动化程度不同，道路提取方法可分为人工跟踪方法、半自动提取方法和自动提

图 11-5 包含多种噪声的城市道路遥感影像

取方法。人工跟踪方法是最为原始的方法，却是生产单位长期以来都在使用的实用方法，现在的数字摄影测量工作站都能提供这样的功能，这里不再介绍；自动提取方法是地物提取的最终目标，目前已有很多尝试，也取得了实验性的初步成果，但是仍然没有出现一个实际生产可用的实用系统（无需人工干预的全自动提取系统）；鉴于实际应用的考虑，由人工干预或人工引导的半自动提取将人的模式识别能力和计算机的快速、精确的计算能力有机地结合起来，在目前的条件下能达到较大地提高效率和减轻劳动强度的目的。

1. 城市道路自动提取方法

城市道路的自动提取方法一般可总结为以下四个主要步骤。

（1）道路特征的增强，如图像滤波和小波变换等。

（2）道路“种子点”确定，确定可能的道路点。人们提出了各种道路点检测算子，有基于像素分类、边缘检测和模板匹配等方法。

（3）将“种子点”扩展成段。有基于规则的边缘点自动连接、动态规划、卡尔曼滤波等方法。

（4）道路段的确认，自动连接形成道路网。这一步骤涉及自动编组算法，顾及上下文知识的连接假设生成和假设-验证、地物的语义关系表达、多源数据的融合等高水平的自动影像解译方法。

图 11-6 展示了道路交互式提取过程中的多种引导方式。对弯曲道路，可以采用如图 11-6（a）所示的种子点引导方法，并结合一定的样条函数可实现道路段分段提取（见图 11-7）。

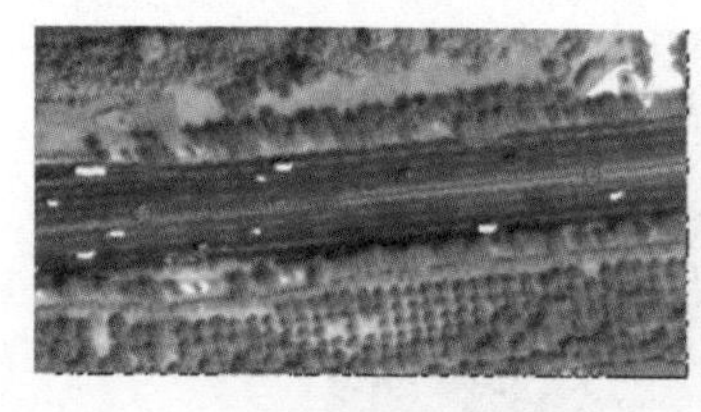
(a) 种子点引导

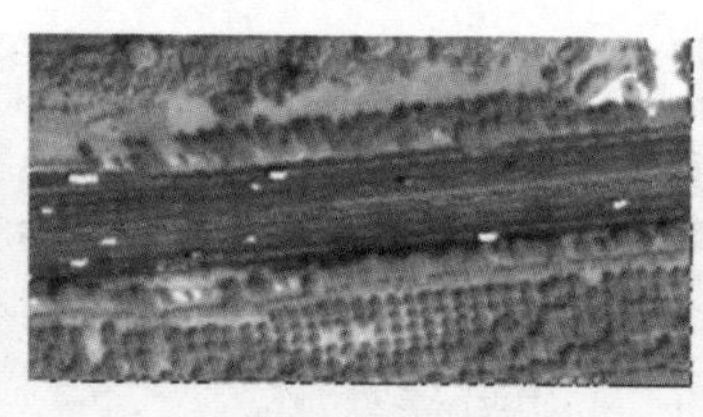
(b) 中心线引导

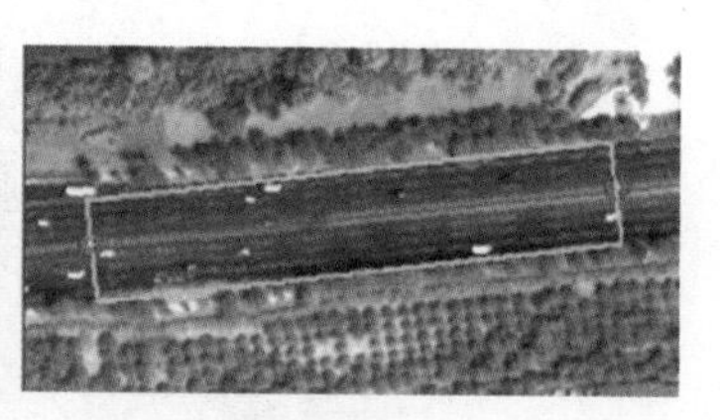
(c) 矩形引导

图 11-6　道路提取中的引导方式

图 11-7　采用种子点和样条函数相结合实现弯曲道路分段提取

2. 城市道路半自动提取方法

摄影测量与遥感学界对从遥感影像上半自动提取线状地物进行了深入的研究，提出的方法包括基于经典边缘检测算法的提取方法、基于优化算子的提取方法和面向对象分割的提取方法等。

1) 经典的边缘检测算法

边缘检测是影像分割所依赖的重要依据，是从遥感影像中提取地物形状特征最为简单易行的有效方式。所谓边缘，是指其周围像素灰度急剧变化的那些像素的集合，它是影像最基本的特征，遥感影像上目标的边缘在影像上表现为灰度的不连续性，存在于目标、背景和区域之间。Canny 边缘检测算子是目前被广泛使用的边缘检测方法（Canny，1986）。基于 Canny 算子的道路提取流程如图 11-8 所示，图 11-9 展示了通过边缘检测结果提取到的城市道路。

2) 基于优化算子的提取方法

半自动的提取大多基于对道路地物线状特征的灰度特征和几何约束的整体优化计算，

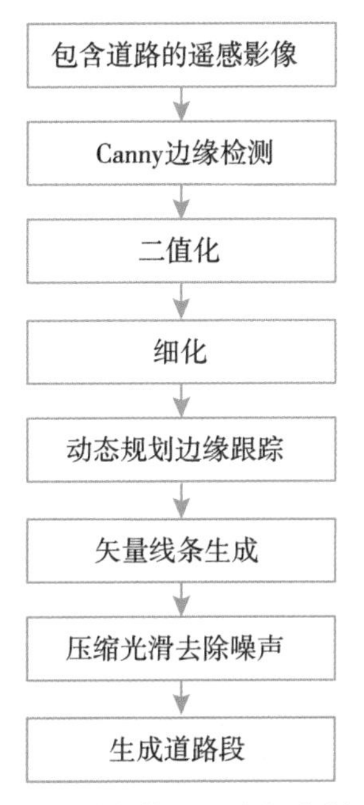

图 11-8 基于结构信息的城市道路提取流程

（a）城市道路遥感影像

（b）道路影像边缘检测结果

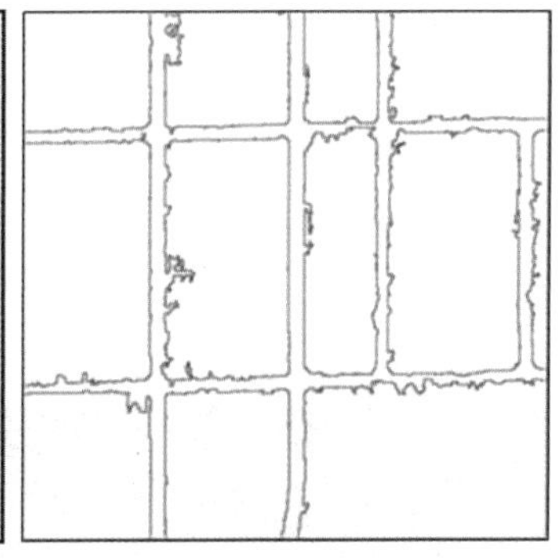
（c）提取出的道路矢量

图 11-9 城市遥感影像道路检测

包括动态规划、可变模型或 Snakes 方法、LSB-Snakes 方法等。它们的区别在于优化计算的手段有所不同。例如，通过给出特征点的初始值，可以利用最小二乘平差模型估计模板与影像之间的几何变形参数，方便地加入各种约束条件，获得较高的精度（Gruen et al.，2005）。

3）面向对象分类的提取方法

面向对象的影像分类（Object-oriented Classification）技术是随着影像分辨率的提高应运发展起来的影像分类技术，是对传统单一利用影像光谱信息方法的拓展，并逐渐应用到高分辨率影像处理中。它促进了多源 GIS 数据之间的融合，有利于改善传统方法对于空间信息利用率不足的问题，并在一定程度上克服了基于像素分类导致分类结果出现“椒盐”现象，有效地提升分类精度，便于识别地物目标的属性类别，适用于空间信息丰富的高分辨率影像（陆超，2012）。

面向对象的分类基本流程包括影像分割、特征选择、影像分类三个部分（图 11-10）。在影像分割阶段，目前常用的方法是多尺度分割，针对高分辨率的遥感影像数据，按照其灰度、颜色、结构的不同，根据影像具体的情况指定分割尺度和同质性指标，在满足精度的条件下选择以最大的分割尺度来获得影像对象，生成多个高度同质的多边形（范磊等，2010）。分割结束后需要根据目标地物选择分类特征，每一个同质对象都可以计算出其内部像元的各类特征信息，如亮度、波段均值、紧致度、长宽比、同质性、距离等。分类规则的建立需要根据影像中地物的特征进行选择，如城市道路总体呈长直形状，可以利用 Density（密度）和 Length/Width（长宽比）等特征进行提取。最后将各类光谱和空间特征进行优化组合，通过最近邻法、模糊分类等分类模型，计算每一个同质对象满足某类别地物规则的程度，以达到识别、分类地物的目的。图 11-11 为面向对象的道路提取示例。

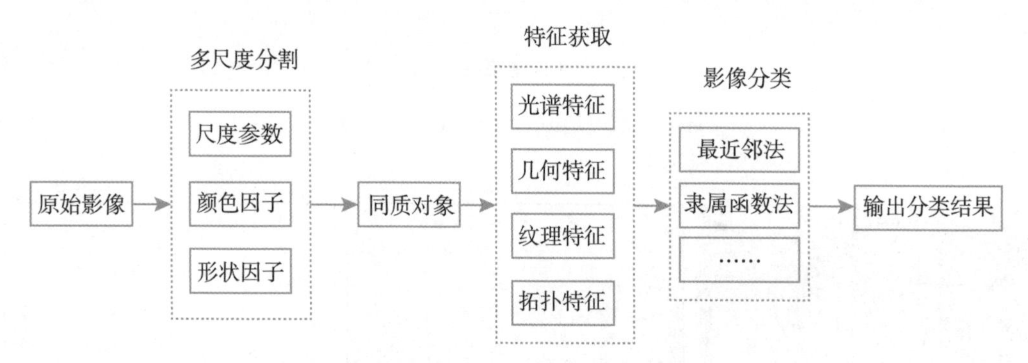

图 11-10　面向对象分类的提取流程

图 11-11　使用 eCognition 软件进行面向对象的道路提取

3. 基于深度学习模型的道路提取方法

近年来，深度学习技术取得了较大的成功，其本质上是多层神经网络，海量的训练数据、不断发展的计算机水平和网络训练方式的发展，使得深度学习技术成为机器学习领域的一种重要的算法。基于面向对象的分类思想，可以将深度学习模型应用到道路信息提取上，运用卷积神经网络实现遥感影像从输入端到输出端的映射（图 11-12）。

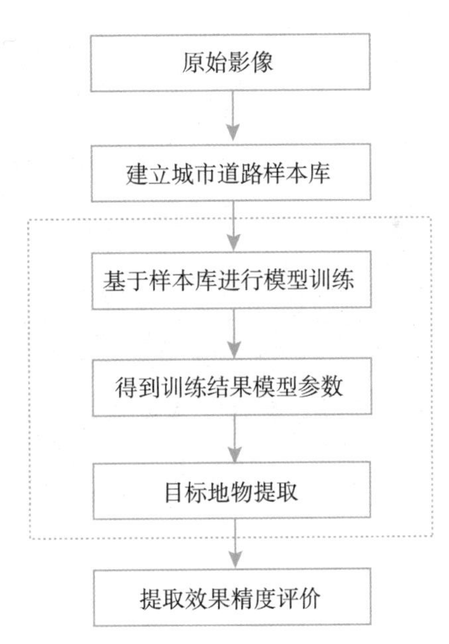

图 11-12　基于深度学习模型提取城市道路的技术路线

卷积神经网络（CNN）是近年来模式识别领域的一种高效分类方法，是真正意义上第一个成功的训练多层网络结构的学习算法（李彦冬等，2016），它将人工神经网络技术和深度学习方法相结合，具有稀疏连接、权值共享的特点，使用一种基于梯度的改进反向传播算法来训练网络中的权重，在应用中避免了输入数据复杂的前期与处理过程，可以直接输入原始图像或者其他数据，因而得到了广泛的应用（许可，2012）。

基于北京市 2015 年的高分二号遥感影像数据，选择典型道路分布区为研究区，使用深度卷积神经网络对高分辨率遥感影像道路信息进行提取，实现了端到端的遥感影像像素级别道路提取；并与最近邻法（KNN）、贝叶斯法（Bayes）和随机森林（RF）等浅层网络模型在道路信息提取方面的应用效果进行对比分析，对比结果见图 11-13 和表 11-2。结果表明深度学习网络在高分辨率遥感影像道路提取中的提取精度更高，具有可行性和一定的优势。

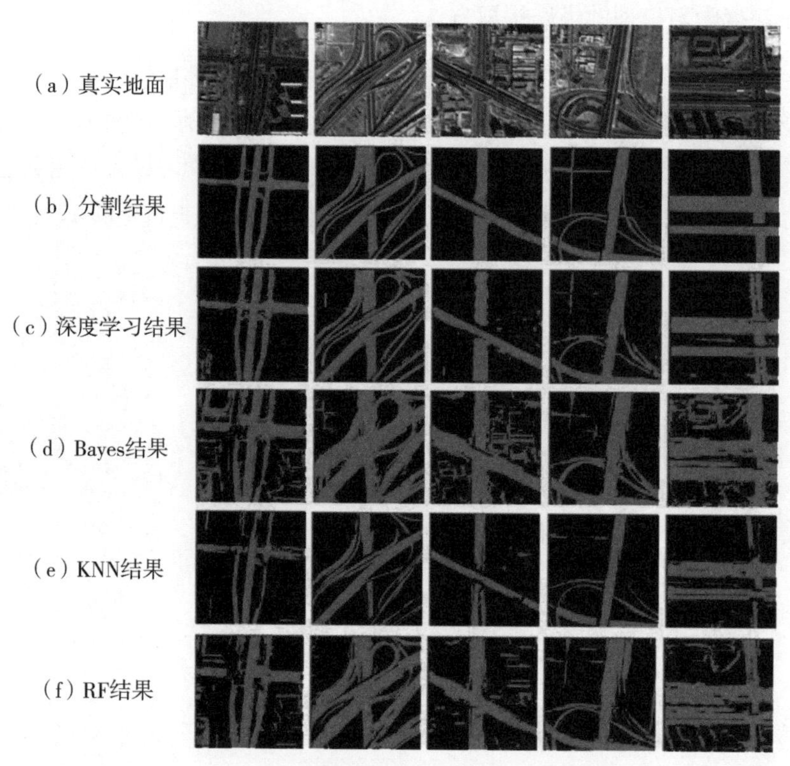

图 11-13　不同道路情况下四种方法提取结果

表 11-2　　四种方法提取精度评价（%）

	总体精度	Kappa 系数	用户精度	生产者精度	F_1 值
卷积神经网络	93.38	82.59	82.84	91.62	87.01
Bayes	77.63	41.73	38.03	89.77	53.43
KNN	94.92	78.03	87.28	75.48	40.48
RF	84.01	52.10	46.83	87.57	61.02

11.3　城市绿地遥感提取方法

城市绿地作为城市结构中的自然生产力主体，在城市地表能量平衡和生态效益上发挥重要功能。城市绿地信息是城市规划与管理的基础信息，与森林、草原、农作物等植被不同的是，城市植被具有分布零碎、类型多样以及地物空间异质性强等特点，原生植被较少而人工植被增多，承担了净化空气、美化景观、改善微气候等功能。因此，快速提取绿地信息迫切需要大比例尺的高分辨率遥感影像数据（黄慧萍等，2004）。基于卫星遥感影像技术，国内外学者做了大量的城市绿地信息提取研究。根据提取原理的不同，可以将方法分为以下两类。

（1）基于植被指数的城市绿地信息提取方法。健康绿色植被在绿光和近红外波段有较强反射作用，而在蓝光和红光波段有吸收作用。植被指数就是利用绿色植被在不同波段的反射和吸收特性，对传感器不同波段进行组合运算，增强植被的信息。它本质上是综合考虑各有关光谱信号，把多波段反射率做一定的数学变换，使其在增强植被信息的同时，使非植被信息最小化（表 11-3）。

表 11-3　**城市绿地提取常用指数方法**

指　　数	公　　式	描　　述
比值植被指数（SR）	$SR=\frac{NIR}{Red}$	绿度指数，是绿色植物的灵敏指示参数
归一化植被指数（NDVI）	$NDVI=\frac{NIR-R}{NIR+R}$	适用于植被早、中期生长阶段的动态监测
增强型植被指数（EVI）	$EVI=\frac{2.5\times(NIR-R)}{1+NIR+6\times Red-7.5\times Blue}$	MODIS 全球植被指数产品生成算法
土壤调节植被指数（SAVI）	$SAVI=(1+0.5)\frac{NIR-R}{NIR+R+0.5}$	降低了土壤背景的影响
叶绿素指数（Clgreen）	$Clgreen=\frac{NIR}{Green}-1$	在估测作物冠层氮素含量时具有较好的鲁棒性
大气阻抗植被指数（ARVI）	$ARVI=\frac{NIR-(2\times Red-Blue)}{NIR+(2\times Red-Blue)}$	衡量大气干扰的指标，对大气的敏感性降低
绿度植被指数（VIGreen）	$VIGreen=\frac{Green-Red}{Green+Red}$	基于可见光的植被指数

（2）利用面向对象方法进行城市绿地信息提取。面向对象的遥感分类方法，通常使用多尺度分割技术对数据进行分割，以分割得到的同质对象为基本单元，不仅利用了二维化的图像信息阵列，而且通过地物的光谱特征和几何特征等高级特征，反映影像场景中地物的组合方式和空间结构，充分利用高分辨率影像的信息，从而提高了分类精度（周春艳，2006；程灿然，2017）。

以珠海市横琴新区为例，基于 Worldview 卫星遥感数据（图 11-14），采用面向对象的分类方法，完成 2018 年的横琴新区绿地信息的提取，提取结果如图 11-15 所示。

图 11-14　2018 年横琴岛影像（假彩色合成）

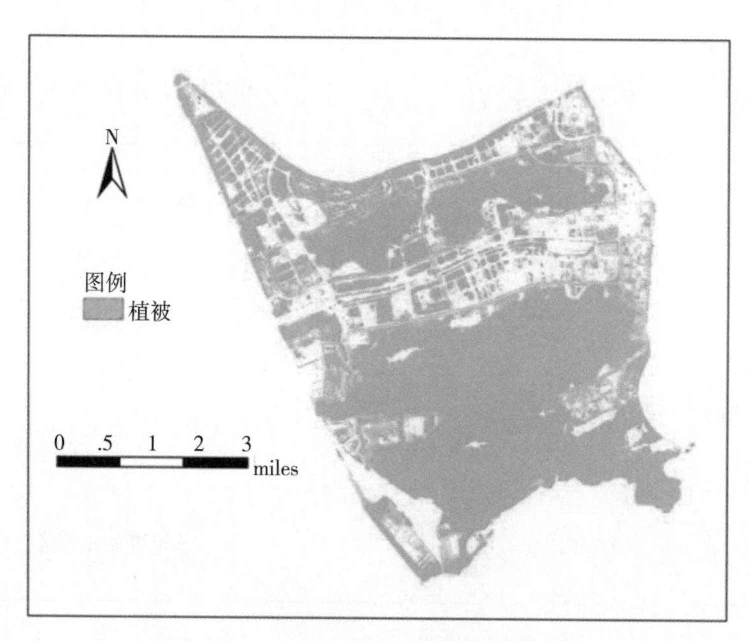

图 11-15　2018 年横琴岛植被提取专题图

11.4　城市建筑物遥感提取方法

建筑物是地物类型的重要组成部分之一，由于高空间分辨率遥感影像中地物信息量丰富、噪声信息明显等特点，增加了“同谱异物”“同物异谱”现象，使得高精度建筑物提取变得困难。在遥感影像中自动提取建筑物，主要途径是根据遥感影像中不同地物类型的形状特征、光谱特征及空间语义特征等信息处理遥感图像（刘莉，2013）。

城市建筑物的遥感提取，相对于乡村建筑物，主要有以下难点。

（1）光谱特征方面，高分辨率遥感影像中存在大量同物异谱和同谱异物的现象，城市建筑物与城市道路，在光谱特征和纹理特征方面都十分相似。

（2）遥感影像中一般建筑物屋顶的亮度值较均匀，但是由于屋顶材质的多样性，以及建筑物屋顶上太阳能电热板和天窗的存在，导致屋顶呈现不同的光谱特征。

（3）形状特征方面，城市建筑物分布集中，形状和大小复杂多变，但在同一小区或者村落中建筑物大都有相同的走向和分布规则。

（4）此外，城市空间布局紧凑，低层建筑物容易被城市绿化和高层建筑物遮挡，导致在遥感影像上难以辨认。

为了更精确、更快、更及时地识别和提取建筑物，近年来，国内外研究者致力于研究新算法，已经取得了很多研究成果，包括多尺度分割提取方法、基于边缘和角点检测与匹配的提取方法、基于区域分割的提取方法、基于数学工具、新理论以及辅助知识的提取方法等。

由于建筑物本身结构和周围环境的复杂性，为了提高建筑物提取精度，很多学者提出了通过引入新的数学工具和理论，挖掘图像中的阴影、纹理、几何结构特征，结合语义网、上下文等相关信息辅助提取建筑的方法。

基于 Massachusetts 建筑物公开数据集所提供的影像数据，使用改进的 FCN 网络结构，可以实现了光学影像建筑物的自动提取，通过卷积操作提取输入影像的特征，并在每个卷积层后使用 ReLU 激活函数进一步提取输入图像的更深层次特征，最后通过 Softmax 分类器实现对输入图像的像素级建筑物提取，提取过程见图 11-16。图 11-17 显示了美国马萨诸塞州区域的城市建筑物提取结果（Shao et al.，2020）。

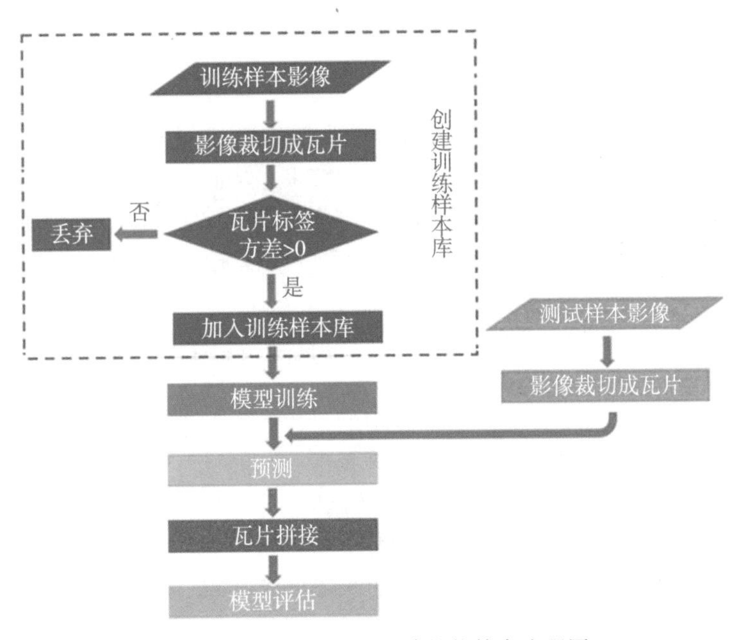

图 11-16　深度学习提取建筑物技术流程图

图 11-17　利用深度学习方法进行城市建筑物提取

11.5　城市湖泊遥感提取方法

水体是人类开发利用得最多的资源之一，约 70%的地球表面被水体覆盖着。随着经济的不断发展，人类对生存环境的需求日益增加，人们愈加关注水资源的监测、管理与分析问题。城市湖泊作为城市生态系统中重要的因素，是城市中典型的水体类型，受城市景观设计的影响，城市湖泊周围广泛种植树木，并覆盖相关的市政园林设施，对城市的发展、居民的生活环境质量和生态系统的稳定性起着重要的作用。近年来，遥感技术已广泛应用于水资源研究的时空信息获取，为保护水生态系统的管理和可持续发展提供了重要的信息（Wu，2009）。

从理论上讲，传感器所接收到的水体辐射，包括水面反射光、悬浮物反射光、水底反射光和天空散射光（梅安新等，2001）。水体的光谱特性，主要是透射入水的光与水中叶绿素、悬浮物质、水深、水体热特征相互作用的结果，从而形成传感器上接收到的反射光谱特征存在的差异，为遥感探测水体提供了基础。一般说来，0.41μm 处黄色物质有明显的吸收峰，因此 0.43~0.65μm 为测量水体叶绿素的最佳波段；0.58~0.68μm 对不同泥沙浓度出现峰值，所以近红外波段常被用来研究水中悬浮物质浓度变化（王航等，2018）；过了 0.75μm，水体几乎成为全吸收体，表现在近红外的遥感影像上，清澈的水体呈黑色（梅安新等，2001）。

在湖泊水体信息提取技术方面，最常使用的是水体指数法，基于水体光谱特征曲线，选择合适的波段构建模型，进行水体的分类与提取。1996 年，McFeeters 等最先提出了利用绿光和近红外波段进行计算的 NDWI 指数来提取水体信息，该指数能较好地区分陆地植被和水体；徐涵秋等使用改进的 NDWI 指数（MNDWI）提取水体信息，该指数能够较好地识别城镇区域，比较适合用于城市水网的水体提取（Xu，2006）。随着研究与应用的不断深入，学者针对区域水系特点，提出了多种具有针对性的水体提取模型，如表 11-4 所示（王航等，2018）。

表 11-4　**湖泊提取常用指数方法**

指　　数	公　　式	描　　述
归一化差异水体指数（NDWI）	$NDWI=\frac{Green-NIR}{Green+NIR}$	Green 绿光波段，NIR 近红外波段
归一化差异水体指数（$NDWI_3$）	$NDWI_3=\frac{NIR-MIR}{NIR+MIR}$	MIR 短波红外波段
改进的归一化水体指数（MNDWI）	$MNDWI=\frac{Green-MIR}{Green+MIR}$	城市区域水体提取
增强型水体指数（EWI）	$EWI=\frac{Green-NIR-MIR}{Green+NIR+MIR}$	半干旱地区的水系提取
修订型水体指数（RNDWI）	$RNDWI=\frac{MIR-Red}{MIR+Red}$	用于消除山体、植被等阴影

经过实验对比，对于悬浮物较多的地区，NDWI 可能会存在一定的误差，而 MNDWI 更适合于提取富营养化湖泊的水体边界（图 11-18）。

（a）原始影像

（b）NDWI指数

（c）MNDWI指数

图 11-18　NDWI 和 MNDWI 提取效果对比

思考题

1. 当前有哪些遥感软件可用于城市信息遥感提取，请简要介绍它们的地物提取流程。
2. 道路和建筑物作为典型的城市地物类型，在提取方法上有哪些相同点和不同点？
3. 举例说明一种城市绿地提取和湖泊提取的指数方法。
4. 如何将深度学习技术广泛地应用到城市遥感信息的提取上？

参考文献

[1] 李世伟，王召巴，杨建生，基于遥感的城市典型地物信息的快速获取方法［J］. 计算机工程与设计，2014，35（3）：1088-1094.
[2] 李德仁，王密，沈欣，等. 从对地观测卫星到对地观测脑［J］. 武汉大学学报（信息科学版），2017，42（2）：143-149.
[3] 何国金，王桂周，龙腾飞，等. 对地观测大数据开放共享：挑战与思考［J］. 中国科学院院刊，2018，33（8）：783-790.
[4] 杜国明，刘美，孟凡浩，等，基于地学知识的大尺度土地利用/土地覆盖精细化分类方法研究［J］. 地球信息科学学报，2017，19（1）：91-100.
[5] 童旭东. 中国高分辨率对地观测系统重大专项建设进展［J］. 遥感学报，2016，20（5）：775-780.
[6] 陈军，廖安平，陈晋，等. 全球 30m 地表覆盖遥感数据产品——GlobeLand 30［J］. 地理信息世界，2017，24（1）：1-8.
[7] 陈军，陈晋，廖安平，等. 全球 30 米地表覆盖遥感制图关键技术与产品研发［J］. 中国科技成果，2018（13）：59-60.
[8] 给你一双看清地表格局及发展趋势的慧眼——“全球 30 米地表覆盖遥感制图关键技术与产品研发”荣获国家科技进步二等奖［J］. 地理信息世界，2018（1）：81.
[9] Jun C，Xin C，Shu P，et al. Analysis and pplications of GlobeLand 30：A review［J］. ISPRS International Journal of Geo-Information，2017，6（8）：230.
[10] 吴志强. 人工智能辅助城市规划［J］. 时代建筑，2018（1）：6-11.
[11] Gong P，et al. Stable classification with limited sample：transferring a 30-m resolution sample set collected in 2015 to mapping 10-m resolution global land cover in 2017［J］. 科学通报（英文版），2019（6）：370-373.
[12] 邵振峰，张源，黄昕，等，基于多源高分辨率遥感影像的 2m 不透水面一张图提取［J］. 武汉大学学报（信息科学版），2018，43（12）：1909-1915.
[13] 邵振峰，潘银，蔡燕宁，等，基于 Landsat 年际序列影像的武汉市不透水面遥感监测［J］. 地理空间信息，2018，16（1）：1-5，7.
[14] Jun C，Ban Y，Li S. China：Open access to Earth land-cover map［J］. Nature，2014，

514（7523）：434-434.
[15] Li M, Stein A, Bijker W, et al. Region-based urban road extraction from VHR satellite images using Binary Partition Tree [J]. International Journal of Applied Earth Observation and Geoinformation, 2016（44）：217-225.
[16] Zhu C, Shi W, Pesaresi M, et al. The recognition of road network from high-resolution satellite remotely sensed data using image morphological characteristics [J]. International Journal of Remote Sensing, 2005, 26（24）：5493-5508.
[17] Canny John. A computational approach to edge detection [J]. IEEE Transactions on Pattern Analysis and Machine Intelligence, 1986, 8（6）：679-698.
[18] Gruen A, Akca D. Least squares 3D surface and curve matching [J]. ISPRS Journal of Photogrammetry and Remote Sensing, 2005, 59（3）：151-174.
[19] 陆超. 基于WorldView-2影像的面向对象信息提取技术研究 [D]. 杭州：浙江大学，2012：77.
[20] 范磊，程永政，王来刚，等，基于多尺度分割的面向对象分类方法提取冬小麦种植面积 [J]. 中国农业资源与区划，2010，31（6）：44-51.
[21] 李彦冬，郝宗波，雷航，卷积神经网络研究综述 [J]. 计算机应用，2016，36（9）：2508-2515，2565.
[22] 许可. 卷积神经网络在图像识别上的应用的研究 [D]. 杭州：浙江大学，2012：69.
[23] 黄慧萍，吴炳方，李苗苗等. 高分辨率影像城市绿地快速提取技术与应用 [J]. 遥感学报，2004（1）：68-74.
[24] 周春艳，面向对象的高分辨率遥感影像信息提取技术 [D]. 青岛：山东科技大学，2006：105.
[25] 程灿然，基于GF-1卫星影像的城市绿地信息提取与景观格局研究 [D]. 兰州：兰州交通大学，2017：55.
[26] 刘莉，基于高分辨率遥感影像建筑物提取研究 [D]. 长沙：中南大学，2013：49.
[27] Shao Z F, Tang P H, Wang Z Y, et al. BRRNet：a fully convolutional neural network for automatic building extraction from High-Resolution Remote Sensing Images [J]. Remote Sens., 2020, 12（6）：1050.
[28] Wu G, F. A review of remote-sensing-based spatial/temporal information capturing for water resource studies in Poyang Lake [C] // SPIE—The International Society for Optical Engineering, 2009, 7492.
[29] 梅安新，彭望禄，秦其明. 遥感导论 [M]. 北京：高等教育出版社，2001：7.
[30] 王航，秦奋. 遥感影像水体提取研究综述 [J]. 测绘科学，2018，43（5）：26-35.
[31] McFeeters S K. The use of the Normalized Difference Water Index（NDWI）in the delineation of open water features [J]. International Journal of Remote Sensing, 1996, 17（7）：1425-1432.

［32］ Xu H Q. Modification of normalised difference water index (NDWI) to enhance open water features in remotely sensed imagery [J]. International Journal of Remote Sensing, 2006, 27 (12/14): 3025-3033.

［33］ Di Gregorio A. Land cover classification system: classification concepts and user manual: LCCS [M]. Rome: Food & Agriculture Org., 2005: 11-74.

第 12 章　城市遥感影像检索方法

影像检索是指利用文本（关键字）或者量化的特征对影像库中的影像进行内容描述，并基于这种描述从影像库中搜索感兴趣的目标影像（Smeulders et al.，2000；Datta，et al.，2008）。随着遥感器、传感器以及对地观测技术的飞速发展，每天可获取的遥感数据呈指数级增长，如何从日益庞大的遥感影像库实现感兴趣目标的快速查询和高效检索，已经成为遥感影像信息提取和共享的热点和瓶颈难题。城市是人类活动最频繁的复杂场景，通过遥感影像检索技术，可以搜索和定位感兴趣的内容和服务。

本章分析了城市遥感影像检索需求，讲述了城市遥感影像检索涉及的相关关键技术，城市遥感影像检索的流程和方法，并以两幅城市区域的遥感影像为例，介绍了城市遥感影像基于低层视觉特征和深度学习特征的检索方法，并选择颜色直方图、LBP 纹理和卷积神经网络给出了停车场和居民区两种城市典型目标的检索应用。我们已进入遥感大数据时代，随着人工智能和物联网等技术的发展，未来城市交通诱导、无人驾驶、智慧停车等应用，都需要通过影像检索技术来实现高可靠的搜索服务。

12.1　城市遥感影像检索需求

早期基于文本（关键词）的影像检索（Text-Based Image Retrieval，TRIR），由于严重依赖人的主观标注结果，导致难以满足人们的检索需求，人们开始试图从基于影像内容的角度实现影像检索。基于影像内容的影像检索（Content-Based Image Retrieval，CBIR），依赖影像内容实现影像检索，已经成为影像检索的主流方法，为解决遥感影像信息提取和共享的难题提供了新的契机，是“数字地球”等重大项目中解决信息检索难题的一项关键技术，也由此促进了基于内容的遥感影像检索（Content-Based Remote Sensing Image Retrieval，CBRSIR）技术的发展。CBRSIR 是 CBIR 技术针对遥感影像的具体应用，但并非直接、简单的应用，而涉及一些新的关键技术，需要通过一些新的方法或思路来解决。

本节介绍城市遥感影像检索需求，并从 CBIR 的影像检索层次和检索系统的功能模块介绍目前检索需求的响应方式。

12.1.1　城市遥感影像检索的具体需求

城市遥感影像检索的需求包括两个方面，一方面，高分辨率遥感影像为城市遥感中的各类应用，如土地利用分类、变化检测、房屋与道路提取、城市热岛等提供了丰富的数据源，但如何从海量的遥感数据中快速且准确地找出目标区域符合需求的遥感影像是首先要解决的难题。针对城市遥感影像的 CBRSIR 是解决城市遥感数据利用和管理的有效方法。

另一方面，城市遥感影像检索也可满足人们生活中的应用需求，例如，搜索城区范围内的室外篮球场、室外停车场、绿地等（Levin et al.，2012）。

针对以上两个方面的检索需求，可设计相应的遥感影像检索方法，并通过影像检索系统实现，该系统不需要专业知识即可使用。以检索室外停车场为例，用户首先在检索系统的用户接口输入关键字“停车场”，系统会提供一幅标注类别为“停车场”的遥感影像作为查询影像，然后比较查询影像和影像库中各影像对应特征的相似性，最后按照相似性以由高到低的顺序返回一定数目的影像以及影像相应的地理坐标，并通过系统的显示模块返回给用户，用户根据显示的地理位置即可得到城区范围内的停车场的具体位置。

12.1.2　基于内容的影像检索层次

CBIR 技术的关键在于如何描述影像的内容，对于影像数据来说，内容具有多个层次上的含义（Hanjalic，2001）。

（1）感知层：指影像在视觉上的颜色、纹理、形状、轮廓等低层特征。

（2）认知层：主要是指影像中的主体、对象以及对象间的关系。认知层的特征提取往往先要对影像进行分割，获取影像中的不同对象，然后提取这些不同对象的特征以及对象间的关系。

（3）情感层：主要指个人对影像内容的理解，包含了个人的情感因素。

与此类似，黄祥林等（2002）则将影像内容理解为一个简化了的层次模型，由低至高大致分为原始数据层、物理特征层以及语义特征层三个层次，如图 12-1 所示。实际上，以上对影像内容的两种层次划分方法是具有共同点的。

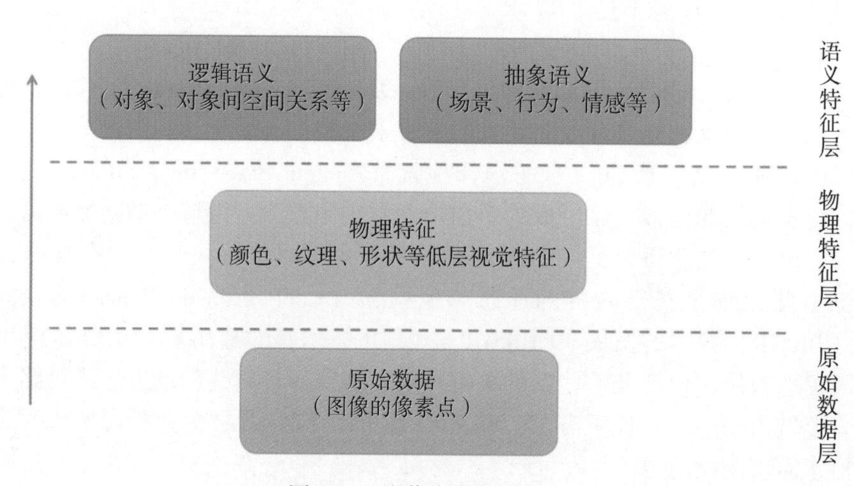

图 12-1　影像内容不同层次

CBIR 按照检索内容，从低至高也可分为三个层次。

（1）利用影像的低层视觉特征如颜色、形状、纹理等，以及这些特征的组合，构成描述影像内容的特征向量，通过比较这些向量的相似性达到影像检索的目的。从本质上来说，这一层次的检索没有用到语义信息，而实际上，目前的 CBIR 技术也主要集中在这一个层次。

（2）根据影像的逻辑特征，进行一定的逻辑推理，识别出影像中所包含的对象的类别。为了让计算机识别对象，首先要找出影像中的对象，影像分割是寻找影像中对象的一个必要手段，在获取了影像的对象后，可以通过它们之间的拓扑关系，获取对象间的空间位置。目前影像分割技术尚处于发展阶段，要分割出有明确物理意义的完整的对象，还需要进一步的研究。

（3）根据影像的抽象语义特征构成语义特征向量，通过对物体和场景的描述来推理场景语义、行为语义和情感语义，实现基于语义的检索。要实现这一目的，需要复杂的推理和主观判断，往往需要运用知识和机器学习的手段，利用心理学和认知科学的成果。目前的 CBIR 尚无法完全达到这一层次。

12.1.3 基于内容的影像检索系统

目前 CBIR 的研究和应用主要集中在基于低层视觉特征层的影像检索层次。现有的检索系统一般都具有基于颜色、纹理、形状等单个特征或组合特征检索的功能，其基本思路是从影像中分析、抽取低层视觉特征，构成特征向量集合，通过在选定的距离空间内计算特征向量之间的距离而获取影像之间的相似程度，从而实现基于内容的检索。因此，一般情况下，一个完整的 CBIR 系统应包括用户接口、影像显示模块、特征提取模块、特征匹配模块、数据库（影像库和特征库）管理模块（程起敏，2011），如图 12-2 所示。

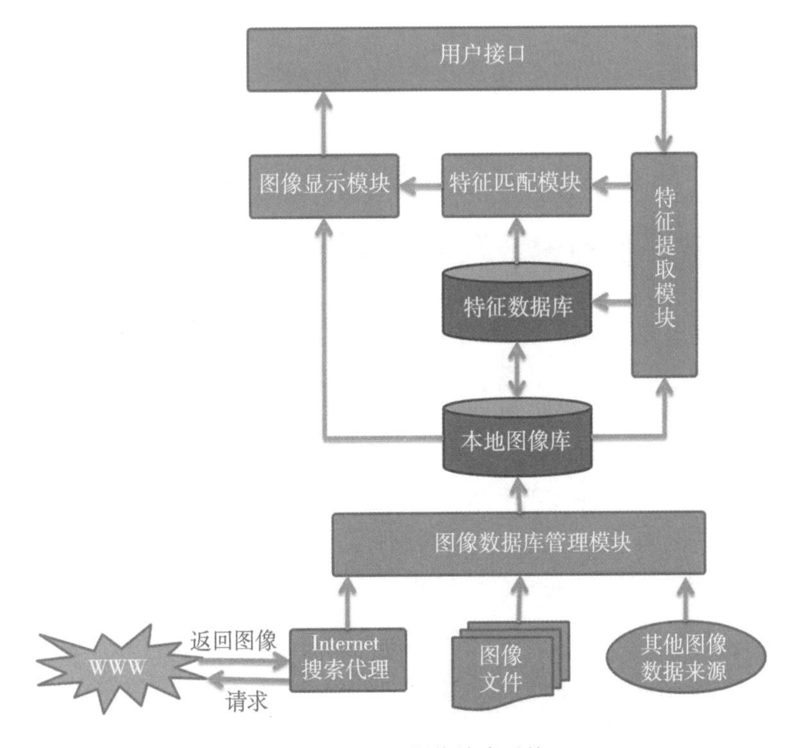

图 12-2 CBIR 影像检索系统

用户接口和影像显示模块：用户接口提供查询界面，负责将用户的查询条件提交给系统，并将系统的检索结果返回给用户。例如，用户提交给系统一幅查询影像，要求系统从影像数据库中检索出与之相似的一组影像，并将候选结果按相似程度排序后通过显示模块返回给用户，供用户浏览并从中选取自己满意的影像，结束本次检索。

特征提取模块：CBIR 检索系统的核心模块之一，作用是将对影像内容的理解和认知转化为一组特征向量，影像特征会直接影响到检索系统的性能。

特征匹配模块：CBIR 检索系统的另一个核心模块，在该模块中利用距离函数计算影像对应的特征向量之间的距离。

数据库管理模块：负责影像库管理、影像特征库生成及相似性索引的建立。

12.1.4　城市遥感影像检索面临的挑战

城市遥感影像场景复杂，目前基于内容检索系统还很难实用，主要体现在以下三个方面。

（1）城市高分辨率遥感影像具有数据海量性的特点，具体表现在可获取各种不同传感器、不同时间和空间分辨率的遥感影像。海量的遥感数据不仅需要占用更多的存储空间，对检索算法的效率和准确度的要求也更高。

（2）城市遥感影像通常是多种地物构成的复杂场景，具有内容多样性的特点，所呈现出的地物对象的种类和形态也是多种多样的，例如，建筑物周边往往会存在道路、树木、阴影、车辆、草地等，导致单一的特征描述方法难以适用于不同地物。

（3）城市遥感影像空间分辨率不断提高，影像所呈现出的地物细节信息越来越丰富。与此同时，影像中呈现出的地物结构及分布也越来越复杂，具体表现为地物目标自身结构复杂，同类地物目标在空间分布上过于拥挤或者不规则、不均匀，不同类地物在空间分布上过于拥挤或者相互遮挡，降低了检索算法的检索性能。

12.2　城市遥感影像检索涉及的关键技术

CBIR 技术综合了信息检索、机器学习、认知心理学、影像处理、人工智能、计算机视觉、数据库等诸多学科的技术，建立在计算机视觉和影像理解的基础上，借助于从影像中提取的视觉特征，描述影像的内容，利用视觉特征的相似度匹配，实现影像检索。CBIR 涉及的关键技术包括特征提取（特征描述）、相似性度量（特征匹配）、影像库和特征库的组织与管理、高维特征索引、相关反馈以及检索性能评价等。由于特征提取和相似性度量是 CBIR 系统的两个核心模块，而检索性能评价又是一个完整的 CBIR 系统不可缺少的功能模块，因此，本节主要介绍特征提取、相似性度量和检索性能评价三个关键技术。

12.2.1　城市遥感影像特征描述

影像特征是 CBRSIR 成功与否的前提，是将原始影像与相对抽象的影像特征关联起来的手段，影像特征选择以及特征描述方法的合理与否直接影响检索的准确率。

传统的 CBRSIR 方法大多依赖于人工设计的低层视觉特征，如颜色、纹理、形状等，需要研究人员利用专业知识设计相应的特征描述方法，这些特征属于手工特征。与手工特征相反，近些年，兴起于机器学习领域的深度学习技术通过构造多层网络结构对影像内容进行逐级特征表达，进而能够挖掘数据中的隐含特征模式，实现特征的自动学习，在一定程度上解决了传统的 CBRSIR 特征提取问题。以下从传统的城市遥感影像检索方法和近些年基于深度学习的城市遥感影像检索方法两个方面，介绍 CBRSIR 常用的影像特征描述方法。

1. 传统的城市遥感影像检索特征

传统的城市遥感影像检索方法通常是依赖于颜色、纹理、形状等低层视觉特征，能否利用这些描述子准确对影像内容进行描述直接决定了最终的检索效果。

1）城市地物颜色特征

颜色（光谱）特征是遥感影像检索中最基本的特征之一，常用的颜色特征描述方法包括颜色直方图、累积直方图、颜色矩、颜色相关图以及颜色一致性向量等。与其他的视觉特征相比较而言，颜色特征受影像本身的形变和视角等方面的影响较小，并且特征的提取也相对容易。但对于城市遥感影像检索来说，颜色特征存在两个方面的缺陷：一方面，颜色特征难以和空间特征相关联，尤其对于影像内容比较丰富和复杂的情况，单独使用颜色特征很难获得令人满意的检索效果；另一方面，遥感影像存在同物异谱和异物同谱现象，这种情况下颜色特征难以有效区分同类别或者不同类别的地物。

以颜色直方图为例，通过将颜色空间离散化并统计不同颜色出现的频率即可得到。假定 $I(x, y)$ 表示图像在像素 (x, y) 处的颜色值，m 和 n 分别表示图像宽和高，则图像的颜色直方图可以表示为

$$h(c) = \sum_{i=0}^{m-1} \sum_{j=0}^{n-1} \delta[I(i, j) - c] \tag{12-1}$$

式中，c 为颜色的灰度级；δ 为狄拉克函数。

停车场和网球场作为城市典型地物之一，对其影像进行各通道颜色直方图计算，得到结果如图 12-3 所示，从图中可以看出停车场 R、G、B 三通道直方图重叠度较高且峰值处于直方图左侧，说明其颜色以灰色为主且影像整体偏暗。网球场三通道颜色直方图中峰值处于直方图右侧，说明影像整体偏亮，同时三通道颜色直方图错开较多，说明影像颜色丰富同时影像中红色成分占多。

2）城市地物纹理特征

纹理特征是影像的另一种重要的低层视觉特征，它是反映物体表面基本属性的内在特征，是一种不依赖于颜色或亮度的、反映影像中同质现象的视觉特征，其生理基础在于人眼视觉皮层中特定的视觉细胞与空间特定频率特性及方向相对应，这种处理模式正好与同时具有空域和频率局部化特性的多尺度纹理分析方法相一致。纹理特征描述方法可分为统计法、结构法、频谱法和模型法四大类。

统计法是利用像素间的局部相关性来刻画纹理，主要适用于分析如木纹、森林、山脉、草地这样纹理细腻而且不规则的物体，典型代表方法包括灰度共生矩阵、灰度-梯度

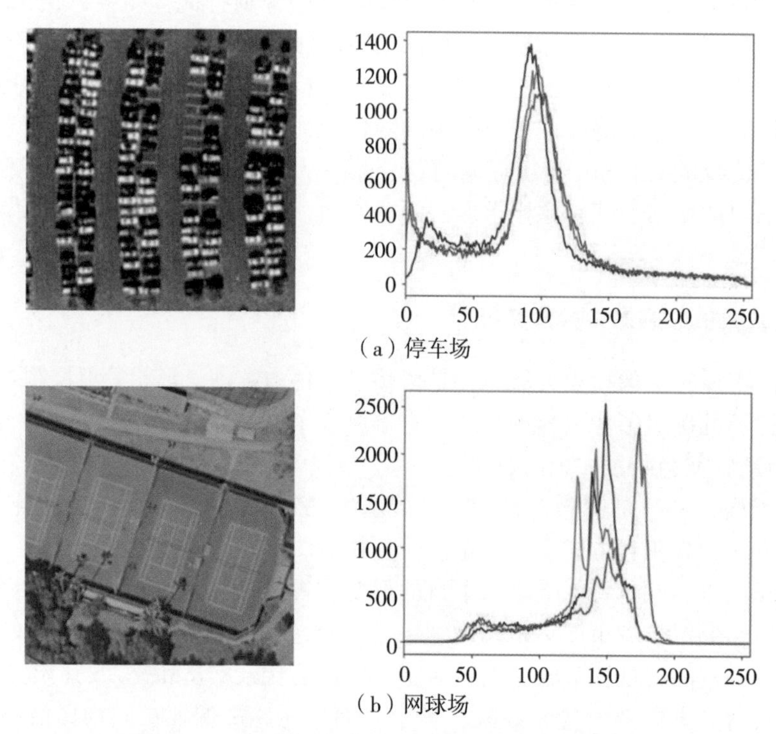

图 12-3　停车场、网球场原始影像及其颜色直方图

共生矩阵。结构法的基本思想是假定复杂的纹理模式由简单的纹理基元（基本纹理元素）以一定的规律形式重复排列组合而成，比较典型的方法有 Voronoi 多边形方法、纹理基元共生矩阵算法等。但由于实际的纹理大多是无规则的，导致结构法在实际应用中受到很大限制。频谱法主要借助各种变换算法，利用影像的频率特性来描述纹理特征，关键是寻求一种可逆的线性变换，用一组不相关的数据（通常是一组系数）来代替影像数据，并将这些系数按对影像主观质量影响的重要程度排序，用少量高效的系数进行影像的特征描述，代表方法包括小波变换和 Gabor 变换等。模型法是以影像的构造模型为基础，通过模型参数来定义纹理，模型的参数决定纹理的质量，主要问题是估计模型参数，使其所表示的纹理影像逼近原纹理影像，典型方法包括随机场模型法，如马尔可夫随机场（MRF）模型法和 Gibbs 随机场模型法。

对于遥感影像来说，地物的纹理特征较颜色特征更为稳定，这些特性使得纹理特征成为遥感影像检索中研究最多、应用最广的低层视觉特征，但由于城市遥感影像具有内容复杂性和结构多样性特点，地物的纹理会存在不连续甚至断裂问题，降低了纹理特征的检索性能。

以局部二进制模式（Local Binary Pattern，LBP）为例，其通过计算每个像素与邻域内其他像素的灰度差异来描述图像纹理的局部结构，对于图像中任意一个 3×3 的窗口，比较窗口的中心像素与邻域像素的灰度值。若邻域像素灰度值大于或等于中心像素的灰度值，则该像素位置赋值为 1，反之，赋值为 0。对于阈值处理后的窗口，将其与权值模板的对应位置元素相乘求和，即可得到窗口中心像素的 LBP 值。图 12-4 为停车场及网球场影像的 LBP 纹理特征图，从图中可以看出车辆及网球场地的纹理具有明显差异，这也为之后的相似性度量提供了依据。

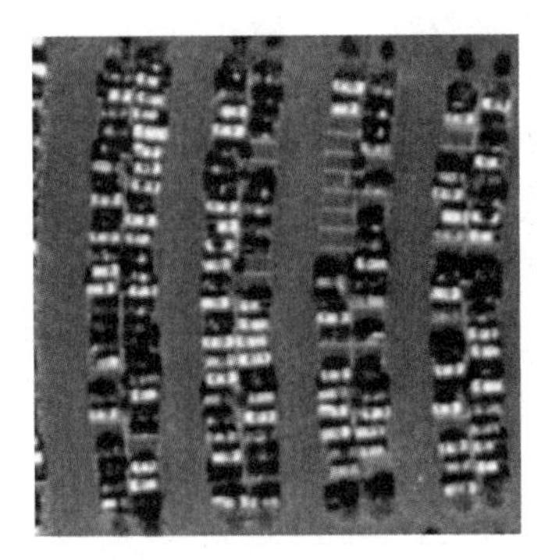
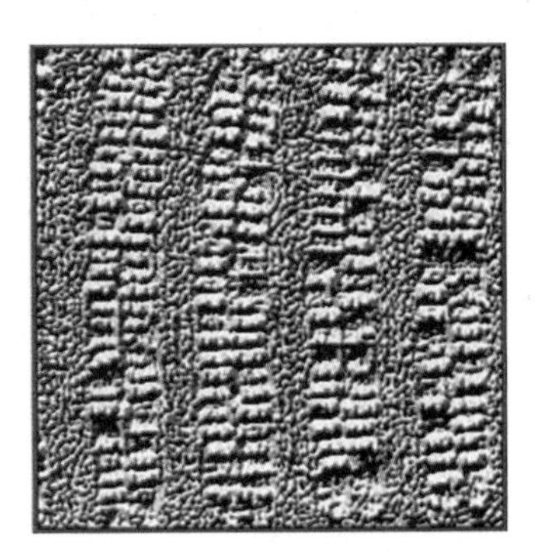

（a）停车场

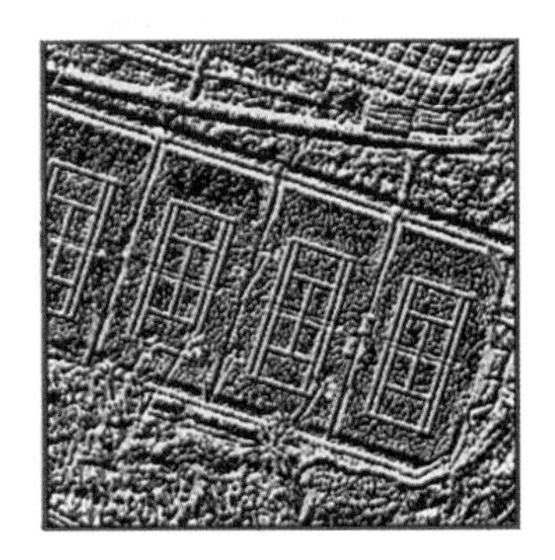

（b）网球场

图 12-4 停车场、网球场原始影像及其 LBP 纹理特征图

3）城市地物形状特征

形状特征往往与对象分割相结合，含有一定程度的语义信息，一般分为轮廓特征的提取和区域特征的提取。相对于颜色或纹理等低层特征而言，形状特征属于影像的中间层特征，是描述高层视觉特征（如目标、对象）的重要手段。但由于物体形状的自动获取比较困难，因此，基于形状的检索一般仅限于容易识别的物体。城市遥感影像由于包含的地物种类繁多，且同种地物形式多样，如建筑物的轮廓存在矩形、圆形、多边形等多种形状，限制了形状特征在遥感影像检索中的应用。

基于形状特征的影像检索需要解决三个问题：一，形状通常与特定目标有关，包含一定的语义信息；二，对目标形状参数的获取一般要依赖于影像分割的效果；三，需要保证形状特征不受影像平移、旋转、缩放等变换的影响。常用的形状特征描述方法包括 Freeman 链码、Hu 不变矩、Zernike 矩等。

以 Hu 不变矩为例，其计算公式如下文式（12-45）所示，通过计算影像 Hu 矩阵得到其特征向量，将输入影像与特征库影像 Hu 矩阵进行距离计算并排序，返回得到相似影像，如图 12-5 所示，Hu（a），Hu（b），Hu（c）分别为（a），（b），（c）三幅影像计算的 Hu 矩阵，通过计算可以得知（a）和（b）两幅影像的距离更近。

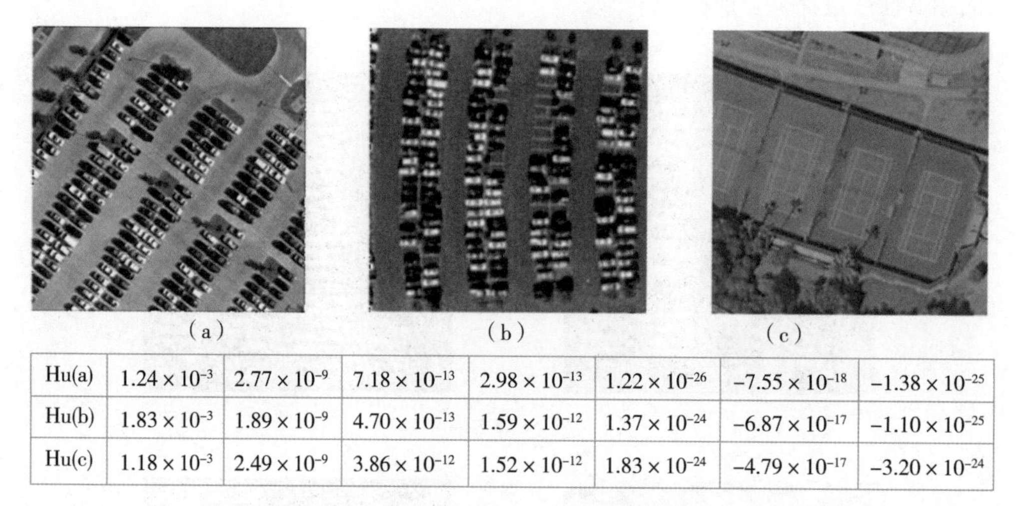

Hu(a)	1.24×10^{-3}	2.77×10^{-9}	7.18×10^{-13}	2.98×10^{-13}	1.22×10^{-26}	-7.55×10^{-18}	-1.38×10^{-25}
Hu(b)	1.83×10^{-3}	1.89×10^{-9}	4.70×10^{-13}	1.59×10^{-12}	1.37×10^{-24}	-6.87×10^{-17}	-1.10×10^{-25}
Hu(c)	1.18×10^{-3}	2.49×10^{-9}	3.86×10^{-12}	1.52×10^{-12}	1.83×10^{-24}	-4.79×10^{-17}	-3.20×10^{-24}

图 12-5　影像 Hu 矩阵计算

2. 基于深度学习的城市遥感影像特征描述

2006 年，加拿大多伦多大学 Hinton 教授等提出通过“逐层初始化”算法来训练深层网络，该研究促进了深度学习技术的快速发展，使其逐渐成为一个极具潜力的研究热点并被应用于影像检索领域（Lecun et al.，2015）。基于深度学习的城市遥感影像检索方法能够利用深度学习模型通过学习的方式自动从数据中学习影像特征，进而将学习的特征用于影像检索，根据是否需要标注数据可分为无监督的特征学习方法和卷积神经网络。

1）基于无监督特征学习方法的城市遥感影像特征描述

无监督特征学习方法能从大量的无标注数据中自动学习影像特征，对于缺少标注数据的遥感领域来说，这是其一大优势，常用的无监督特征学习方法包括稀疏编码（Sparse Coding）、自编码（Auto-Encoder）以及基于自编码的改进方法，包括降噪自编码（Denoising Auto-Encoder，DAE）、收缩自编码（Contractive Auto-Encoder，CAE）等。无监督的特征学习方法在遥感影像检索中应用较多，例如，Li 等（2012）通过无监督的特征学习与联合度量融合方法实现了基于内容的遥感影像检索；Wang 等（2012）提出了基于图的三层特征学习方法用于影像检索；张洪群等（2017）基于稀疏自编码在大量未标注的遥感影像上进行特征学习得到特征字典，并利用学习的特征字典通过卷积和池化的方式得到影像的特征图，实现了无监督的特征学习；Tang 等（2018）利用卷积自编码器进行特征学习，并结合视觉词袋（Bag of Visual Words，BoVW）模型对学习的特征进行编码处理实现了高分辨率遥感影像检索；Zhou 等（2015）提出了 SIFT 自编码网络用于高分辨率遥感影像检索，与像素自编码相比，其检索效果更好。

相比传统的人工设计的低层特征，无监督的特征学习方法不仅能从无标注数据中直接学习影像特征，而且能有效地改善检索结果。然而，这些无监督的特征学习模型大多是浅层的网络，导致模型学习的特征区分度低，最终造成检索的准确度较传统的基于人工设计特征的检索方法提升得不高。

以卷积自编码器（Convolutional Auto-Encoder）为例，其利用反向传播算法，尝试通过学习使得网络输出尽可能接近网络输入，网络结构如图 12-6 所示，包含两部分：编码器（encoder）和解码器（decoder）。在训练过程中，网络通过编码学习输入影像的压缩表示，然后通过解码重构输入影像，输入影像在网络中的变化如图 12-7 所示。

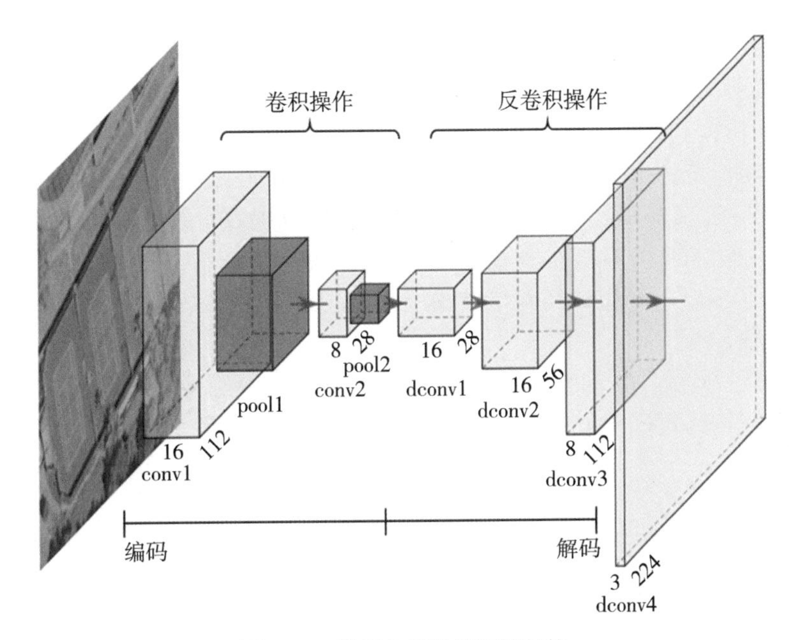

图 12-6　卷积自编码器网络结构

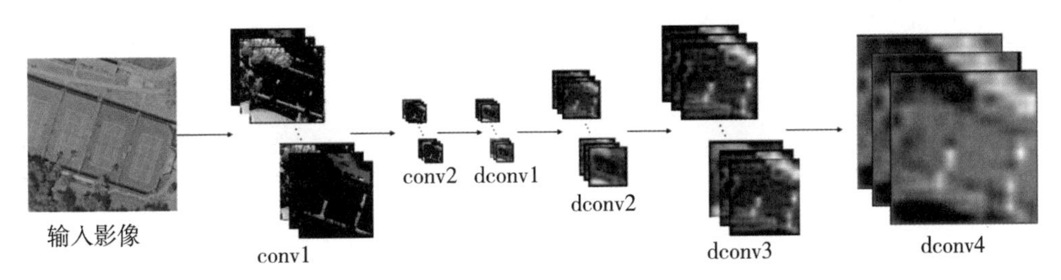

图 12-7　卷积自编码器各网络层特征图

2）基于卷积神经网络的城市遥感影像特征描述

不同于无监督的特征学习方法，卷积神经网络（CNN）是一种有监督的深度学习方法，通常包含几十甚至上百个网络层，因而能够学习更高层次的影像特征。2012 年，Krizhevsky 等构造的卷积神经网络 AlexNet 在影像识别数据库 ImageNet（Deng，2009）上取得了领先于传统方法和浅层网络的识别结果。自此以后，CNN 逐渐被用于各种影像识别任务，被认为是影像识别领域最成功的一种深度学习模型。

CNN 虽然能够学习影像的高层特征，但训练一个深层的 CNN 模型需要大量的训练数据。数据标注不仅是一项耗时、费力的工作，而且对于很多领域（如遥感领域）来说，标注数据是稀缺的。此外，为了加速模型训练，计算机需要配置高性能硬件设施。因此，在实际应用中往往通过特征迁移方法来解决标注样本不足的问题，包括将 ImageNet 训练的 CNN 视为特征提取器和用目标数据集对预训练的 CNN 进行微调。例如，Penatti 等（2015）探索了将基于 ImageNet 等自然影像上训练的 CNN 模型迁移到遥感影像上的可行性，多组实验结果表明 CNN 学习的特征泛化能力强，能够应用到不同领域；葛芸等（2018）提取在 ImageNet 上预训练的四种网络中不同层次的输出值作为高层特征，并对高层特征进行高斯归一化，然后采用欧氏距离作为相似性度量进行遥感影像检索；Napoletano（2018）利用预训练的 CNN 模型从全连接层提取影像特征用于检索，并在两个标准数据集上与传统的手工特征进行了比较，实验结果证明 CNN 提取的特征取得了更好的检索结果；Ye 等（2018）利用微调的 CNN 进行特征提取，并基于加权距离进行相似性度量，提出了一种简单、有效的遥感影像检索方法；Zhou 等（2017）则基于预训练的 CNN 网络提出了低维的卷积神经网络结构，不仅待学习的参数更少，而且可以直接学习低维的影像特征。

以 ResNet-18 为例，其网络结构如图 12-8 所示，输入影像在不同网络层特征图如图 12-9 所示，通过网络逐层提取，影像特征尺寸变小且更加抽象。

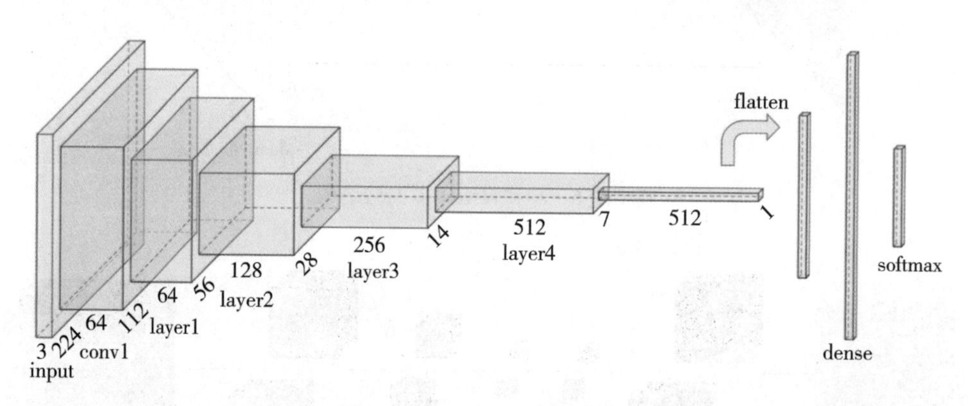

图 12-8　ResNet-18 网络结构

12.2.2　城市遥感影像相似性度量

在影像检索的过程中，采用一定的算法提取了影像的低层视觉特征，然后通过比较这些视觉特征的相似度，按照相似度进行排序，并输出检索结果。因此相似度准则对决定检索结果的排序有着至关重要的作用，一个好的相似度准则非常重要，会直接影响算法的检索性能。相似度准则一般是以衡量特征之间的距离为基础，假设 $\boldsymbol{x}=(x_1, x_2, \cdots, x_n)$ 和 $\boldsymbol{y}=(y_1, y_2, \cdots, y_n)$ 分别代表两个任意 n 维特征向量，以下介绍一些常用的距离函数。

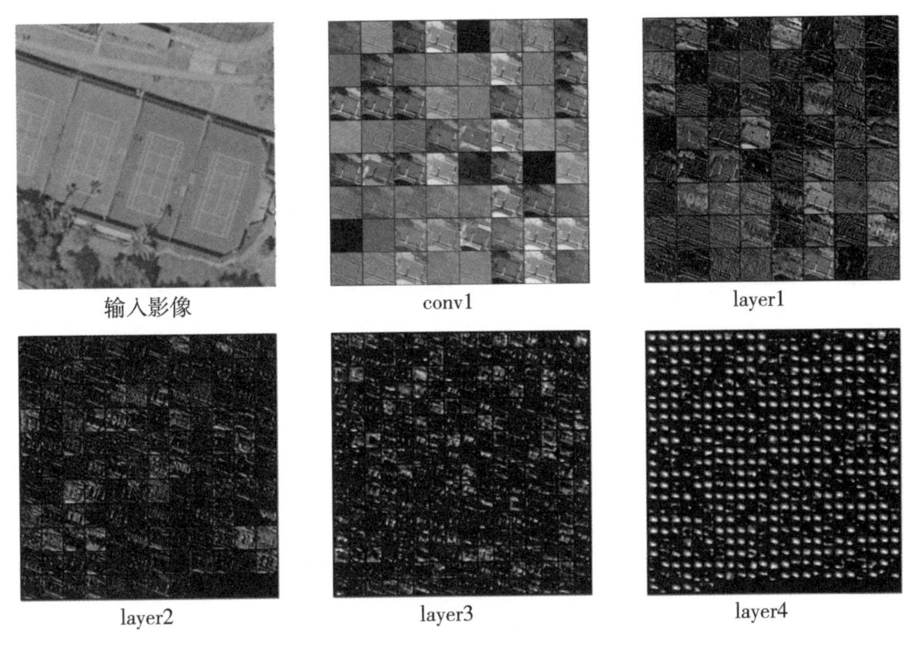

图 12-9　ResNet-18 各网络层特征图

1. Minkowski 距离

Minkowski 距离是基于 L_p 范数定义的，其表达式为

$$L_p(\boldsymbol{x},\ \boldsymbol{y}) = \left(\sum_{i=1}^{n} |x_i - y_i|^p\right)^{\frac{1}{p}} \tag{12-2}$$

当 $p = 1$ 时，$L_1(\boldsymbol{x},\ \boldsymbol{y})$ 为曼哈顿距离，其表达式为

$$L_1(\boldsymbol{x},\ \boldsymbol{y}) = \sum_{i=1}^{n} |x_i - y_i| \tag{12-3}$$

当 $p = 2$ 时，$L_2(x,\ y)$ 为欧氏距离，其表达式为

$$L_p(\boldsymbol{x},\ \boldsymbol{y}) = \left(\sum_{i=1}^{n} (x_i - y_i)^2\right)^{\frac{1}{2}} \tag{12-4}$$

当 $p \to \infty$时，$L_\infty(\boldsymbol{x},\ \boldsymbol{y})$ 为切比雪夫距离，其表达式为

$$L_\infty(\boldsymbol{x},\ \boldsymbol{y}) = \lim_{p\to\infty}\left(\sum_{i=1}^{n} |x_i - y_i|^p\right)^{\frac{1}{p}} = \max|x_i - y_i| \tag{12-5}$$

2. 直方图相交法

直方图相交法（Swain et al.，1991）具备简单、快速的特点，并能够较好地抑制背景的影响，其数学表达式为

$$d(\boldsymbol{x},\ \boldsymbol{y}) = 1 - \sum_{i=1}^{n} \min(x_i,\ y_i) \tag{12-6}$$

式（12-6）还可以进一步做归一化处理（庄越挺，1998），具体表达式如下：

$$d(\boldsymbol{x},\ \boldsymbol{y}) = 1 - \frac{\sum_{i=1}^{n} \min(x_i,\ y_i)}{\min\left(\sum_{i=1}^{n} x_i,\ \sum_{i=1}^{n} y_i\right)} \tag{12-7}$$

3. KL 散度和 Jeffrey 散度

KL 散度（Kullback et al.，1951）用于计算两个概率分布之间的差异程度，其表达式为

$$d(\boldsymbol{x},\ \boldsymbol{y}) = \sum_{i=1}^{n} x_i \log \frac{x_i}{y_i} \tag{12-8}$$

式中，$x_i \geqslant 0$，$y_i \geqslant 0$，且 $\sum_{i=1}^{n} x_i = 1$，$\sum_{i=1}^{n} y_i = 1$。KL 散度的缺陷在于其不具备对称性，并且对直方图柱值数敏感。鉴于此，研究人员进一步提出了改进的 Jeffrey 散度（Puzicha et al.，1997），不但具备了对称性，且对于噪声及直方图柱值数均具有一定程度的鲁棒性，其表达式为

$$d(\boldsymbol{x},\ \boldsymbol{y}) = \sum_{i=1}^{n} \left(x_i \log \frac{x_i}{m_i} + y_i \log \frac{y_i}{m_i} \right) \tag{12-9}$$

式中，$m_i = \frac{x_i + y_i}{2}$。

4. χ^2 距离

χ^2 距离又称卡方距离（Rubner et al.，2013），其数学表达式为

$$d(\boldsymbol{x},\ \boldsymbol{y}) = \sum_{i=1}^{n} \frac{(x_i - y_i)^2}{2(x_i + y_i)} \tag{12-10}$$

卡方距离的计算简单、快速，并且能够消除不同维度特征值之间的量纲差异，因此在影像检索中有着广泛的应用。

5. 二次式距离

二次式距离（Hafner et al.，1995）作为一种颜色直方图的相似性度量准则，已被证实比欧氏距离和直方图相交法更加有效，其数学表达式为

$$d(\boldsymbol{x},\ \boldsymbol{y}) = (\boldsymbol{x} - \boldsymbol{y})^{\mathrm{T}} \boldsymbol{M} (\boldsymbol{x} - \boldsymbol{y}) \tag{12-11}$$

式中，$\boldsymbol{M} = (m_{ij})$，表示直方图中第 i 维和第 j 维颜色之间的相似度。由于引入了颜色相似性矩阵 $\boldsymbol{M}$，二次式距离能够更好地顾及相似但不同颜色间的相似性因素，使得颜色特征度量结果更好地符合人类视觉特性。

6. 余弦距离

余弦距离表达的是两个向量间方向的差异度，其数学表达式为

$$d(\boldsymbol{x},\ \boldsymbol{y}) = 1 - \cos\theta = 1 - \frac{\boldsymbol{x}^{\mathrm{T}}\boldsymbol{y}}{|\boldsymbol{x}|\cdot|\boldsymbol{y}|} \tag{12-12}$$

式中，$|\boldsymbol{x}|$ 和 $|\boldsymbol{y}|$ 分别表示向量 $\boldsymbol{x}$ 和 $\boldsymbol{y}$ 的模。

7. 相关系数

相关系数通常用来描述两个向量之间的线性关系紧密程度，其数学表达式为

$$\rho(\boldsymbol{x},\ \boldsymbol{y}) = \frac{\sum_{i=1}^{n}(x_i - x)(y_i - \bar{y})}{\sqrt{\sum_{i=1}^{n}(x_i - \bar{x})^2 \sum_{i=1}^{n}(y_i - \bar{y})^2}} \tag{12-13}$$

式中，$\bar{x} = \frac{1}{n}\sum_{i=1}^{n}x_i$，$\bar{y} = \frac{1}{n}\sum_{i=1}^{n}y_i$。采用相关系数表达两向量间的差异度时，两向量间的距离可表示为

$$d(\boldsymbol{x},\ \boldsymbol{y}) = 1 - \rho(\boldsymbol{x},\ \boldsymbol{y}) \tag{12-14}$$

通过计算影像特征的距离来衡量影像的相似性是目前相似性度量的常用方法。但相比自然影像，城市遥感影像的场景更复杂，在影像特征确定的前提下需要设计更稳健的相似性度量方法来计算影像的相似度，从而改善遥感影像的检索结果。

12.2.3 城市遥感影像检索性能评价

在影像检索的研究中，为了获得更理想的检索结果，研究人员往往需要采用多个不同的影像检索方法。而对于多个不同方法的检索结果进行定量评价时，则需要采用影像检索的性能评价准则。通常来说，影像检索的性能评价准则是衡量不同影像检索方法所得结果的客观量化指标。下面将介绍目前影像检索领域公认度较高的几个性能评价准则。

1. 查准率和查全率

查准率（precision）和查全率（recall）是目前影像检索领域中应用最为广泛的一种性能评价准则。其中，查准率是指在一次查询过程中，系统返回的相关影像数占所有返回影像数的比例；而查全率则是指在一次查询过程中，系统返回的相关影像数占影像库中所有相关影像数的比例。设 D 为影像库中所有影像的集合，R 为任意一次检索过程中返回的所有影像的集合，由 r 幅影像组成，其中相关影像有 a 幅，而 D 中与查询影像相关的所有影像的集合为 G，由 g 幅影像组成，则查准率 precision 和查全率 recall 的计算公式分别为

$$\begin{aligned} \text{precision} &= \frac{P(R \cap G)}{P(R)} = \frac{a}{r} \\ \text{recall} &= \frac{P(R \cap G)}{P(G)} = \frac{a}{g} \end{aligned} \tag{12-15}$$

查准率和查全率越高，则对应检索系统的检索性能越好。但是，在实际应用中，随着返回影像数量 r 的增长，查准率与查全率之间往往呈现此消彼长的变化趋势：当返回影像数目较少时，通常会获得较高的查准率和较低的查全率；随着返回影像数量的增加，查准

率会逐渐降低，而查全率会逐渐升高。因此，在应用实践中，通常需要预先设定返回影像的数量，然后再统计对比各检索系统的查准率和查全率。

2. ANMRR

ANMRR（Average Normalized Modified Retrieval Rank）是 MPEG-7 标准推荐的一种检索性能评价方法，该方法不但顾及了返回影像序列中的相关影像数，而且还顾及了相关影像的排序值。设在一次检索过程中，查询影像为 q，影像库中与其相关的影像总数为 $NG(q)$，而 $\text{Rank}(k)$ 表示第 k 幅相关影像在返回影像序列中的排序值，且有

$$\text{Rank}(k) = \begin{cases} \text{Rank}(k), & \text{if Rank}(k) \leqslant K(q) \\ 1.25K(q), & \text{if Rank}(k) > K(q) \end{cases} \tag{12-16}$$

其中，$K(q)$ 的取值通常被设定为 $2NG(q)$。因此，返回影像序列中，所有相关影像的平均排序值 $\text{AVR}(q)$ 为

$$\text{AVR}(q) = \frac{1}{NG(q)} \sum_{k=1}^{NG(q)} \text{Rank}(k) \tag{12-17}$$

进而，本次检索对应的 NMRR 取值为

$$\text{NMRR}(q) = \frac{\text{AVR}(q) - 0.5[1 + NG(q)]}{1.25K(q) - 0.5[1 + NG(q)]} \tag{12-18}$$

对多次检索所得的 NMRR 值求取平均值，即可得到对应检索系统的 ANMRR 值，其计算公式如下：

$$\text{ANMRR} = \frac{1}{NQ} \sum_{q=1}^{NQ} \text{NMRR}(q) \tag{12-19}$$

式中，NQ 表示总检索次数。由以上描述可知，对于一个检索系统来说，ANMRR 的取值区间为［0，1］，且 ANMRR 取值越小，表明对应系统的检索性能越好。

3. mAP

mAP（Mean Average Precision）是所有查询次数的平均查准率的平均值，也是一使用比较多的检索性能评价指标。假设 Q 表示查询次数，则 mAP 定义为

$$\text{mAP} = \frac{\sum_{q=1}^{Q} \text{AveP}(q)}{Q} \tag{12-20}$$

其中，AveP 为平均查准率，由式（12-21）计算得到：

$$\text{AveP} = \frac{\sum_{k=1}^{n} (P(k) \times rel(k))}{\text{number of relevant images in database}} \tag{12-21}$$

式中，k 为返回影像的排序；n 为返回的影像数；$P(k)$ 为截断值为 k 时的查准率，即 $P@k$。$rel(k)$ 为指示函数，当返回影像序列中排序为 k 的影像是相似影像时，$rel(k) = 1$，反之，$rel(k) = 0$。

4. PR 曲线

Precision-Recall（PR）曲线是以查全率作为横坐标轴、查准率作为纵坐标轴绘制的曲线，同时考虑了查准率与查全率，能够直观地反映系统的检索性能。对于系统返回的一个排序后的影像序列，通过计算每一个位置的查准率与查全率，即可绘制出 PR 曲线图，PR 曲线与两个坐标轴围成的区域的面积即是上文介绍的平均查准率 AveP。一般来说，PR 曲线会呈现出锯齿形状，这是因为：对于一次查询来说，如果影像序列中第 $k+1$ 幅影像与查询影像是不相关的，那么此时（返回影像数为 $k+1$）的查全率与返回影像数为 k 时的查全率相同，但查准率会下降；相反，如果影像序列中第 $k+1$ 幅影像与查询影像是相关的，那么此时的查全率与查准率会增加。实际使用时，为了消除这种影响，通常可以采用 11 个 recall level，$r \in [0, 0.1, 0.2, 0.3, 0.4, 0.5, 0.6, 0.7, 0.8, 0.9, 1.0]$，通过插值的方法来计算相应的查准率，如式（12-22）所示：

$$P_{\text{interpolated}}(r) = \max_{r' \geq r} P(r') \tag{12-22}$$

式中，$P_{\text{interpolated}}(r)$ 表示 recall level 为 r 时插值得到的查准率；$P(r')$ 表示 recall level 为 r' 时计算的查准率，此时得到的 PR 曲线称为 11-point inperpolated PR 曲线。

12.3　城市遥感影像检索流程和方法

城市遥感影像检索方法根据特征获取方式不同，可分为传统基于低层视觉特征的检索方法和基于深度学习的检索方法，这两种方法在检索流程上是相近的，唯一的区别在于特征提取步骤不同。

12.3.1　城市遥感影像检索流程

为了更好地说明城市遥感影像检索，图 12-10 以遥感影像场景“公园”为例，给出了影像检索和场景分类两个相关任务的区别。具体来说，城市遥感影像检索本质上是排序问题，用户提供自己感兴趣的城市目标，如棒球场、居民区、池塘、网球场等，采用影像检索方法从影像库中搜索可能的相关影像并按照相似度大小对结果进行排序后返回给用户。而场景分类则是典型的分类问题，利用训练的分类器对影像库中的影像进行类别预测，得到每一幅影像的标签。

图 12-11 给出了影像检索的流程：第一，构建检索影像库，该步骤是把大尺寸的遥感影像按一定方法（如 Tiles 分块、四叉树分块等）切分成一系列的小尺寸影像块，并存入影像库中。第二，影像特征提取，特征提取包括两个方面，一方面根据选择的特征提取方法提取查询影像的特征，另一方面采用相同的特征提取方法提取检索影像库中影像的特征并存入相应的特征库。实际应用时，为了提高检索效率，特征提取可离线完成。第三，相似性度量，采用预设的相似度计算准则分别计算查询影像与影像库中各影像对应特征向量之间的距离，进而得到查询影像与影像库中各影像之间的相似度大小，然后按照相似度由

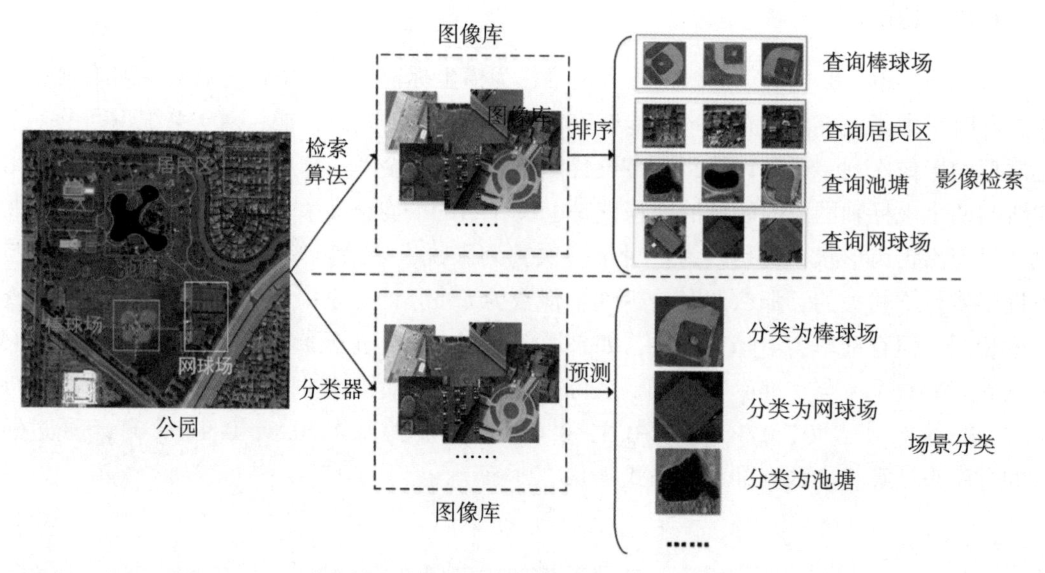

图 12-10　影像检索与场景分类的区别

高到底的顺序即可将检索到的前 K 幅相似影像返回给用户。实际应用时，不同方法的检索流程是相近的，唯一的区别在于特征提取步骤不同，传统方法采用人工设计的低层视觉特征描述子（如颜色、纹理、形状等）提取图像库中的图像和查询图像的特征，而基于深度学习的检索方法则是通过模型从数据中学习图像库中的图像和查询图像的特征。

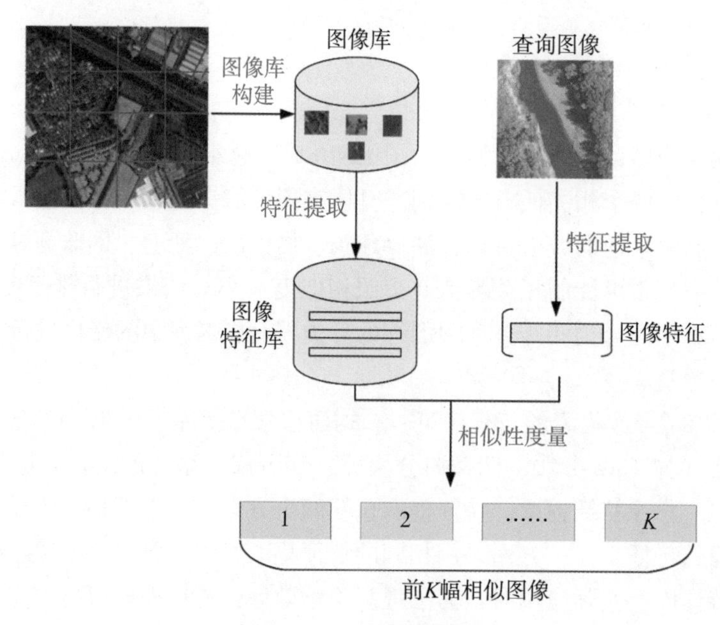

图 12-11　影像检索流程

12.3.2　基于低层视觉特征的城市遥感影像检索方法

本节介绍了常用的基于颜色特征、纹理特征以及形状特征的城市遥感影像检索方法，其中颜色特征包括颜色直方图、颜色矩、颜色熵和颜色相关图，纹理特征包括灰度共生矩阵、LBP 纹理、Gabor 变换和小波变换，形状特征包括几何不变矩和 Zernike 矩。

1. 基于颜色特征的城市遥感影像检索方法

颜色特征是人类识别影像的主要感知特征，因此，其在影像检索的研究中获得了最为广泛的应用。基于颜色特征的城市遥感影像检索方法如图 12-12 所示。

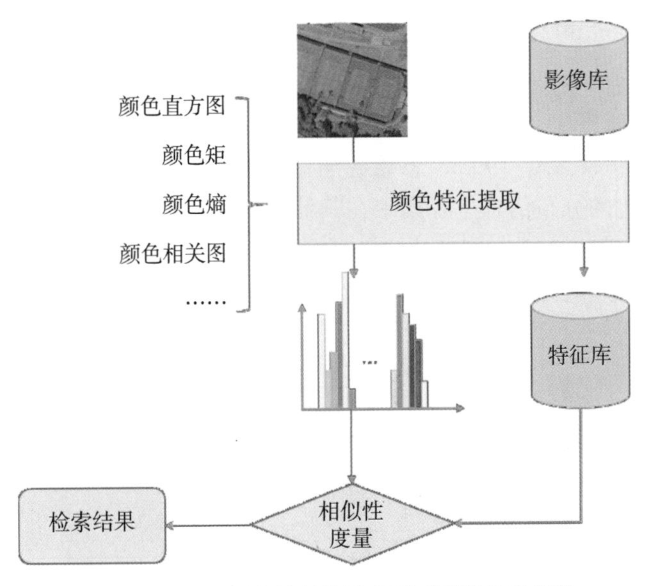

图 12-12　基于颜色特征的城市遥感影像检索流程

其中，可采用不同的颜色特征描述子，以下介绍几种常见的颜色特征描述子。

1）颜色直方图

在基于内容的影像检索中，应用最为广泛的颜色特征是颜色直方图（Swain et al.，1991）。颜色直方图特征通过不同色彩在整幅影像中的占比来描述影像内容。设 $I(i, j)$ 为一幅影像，且 (i, j) 为影像中像素点的坐标，M 和 N 分别为影像的宽和高，C 为影像对应的颜色集合，c 为其中任一量化颜色级，则影像的颜色直方图可表示为

$$h(c) = \frac{1}{M \times N}\sum_{i=1}^{M}\sum_{j=1}^{N}\delta[I(i, j) - c], \quad \forall c \in C \tag{12-23}$$

其中，$\delta(\cdot)$ 表示狄拉克函数。颜色直方图的优点在于其提取方法简单、相似度计算量小、具备尺度和旋转不变性；缺点在于其只描述了影像颜色的统计特性，忽略了颜色在影像空间中的分布信息。

图 12-13 以遥感影像场景“机场”为例，给出了机场影像在 UCM 数据集上基于颜色

直方图的前 10 检索结果。

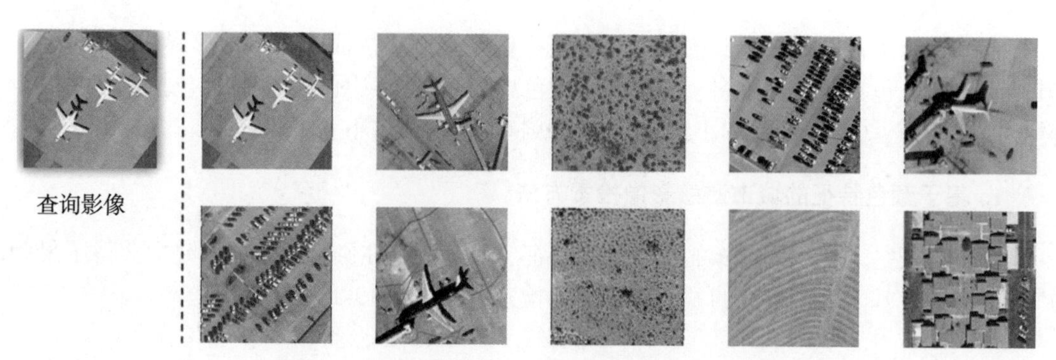

图 12-13　基于颜色直方图特征的城市遥感影像检索

2）颜色矩

颜色矩（Stricker et al.，1995）思想源于影像中任何颜色分布均可以用其多阶矩表示。并且，由于颜色的分布信息主要集中在其低阶矩中，实践中通常利用颜色值的一阶原点矩（即均值）、二阶中心矩（即标准差）和三阶中心矩（即偏斜度）来描述影像的颜色特征。这三个低阶矩的计算公式依次为

$$\begin{cases} \mu_k = \dfrac{1}{M \times N}\sum_{i=1}^{M}\sum_{j=1}^{N} I_k(i,\ j) \\ \sigma_k = \left(\dfrac{1}{M \times N}\sum_{i=1}^{M}\sum_{j=1}^{N}\left(I_k(i,\ j) - \mu_k\right)^2\right)^{\frac{1}{2}} \\ s_k = \left(\dfrac{1}{M \times N}\sum_{i=1}^{M}\sum_{j=1}^{N}\left(I_k(i,\ j) - \mu_k\right)^3\right)^{\frac{1}{3}} \end{cases} \tag{12-24}$$

式中，$I_k(i,\ j)$ 表示影像像素 $(i,\ j)$ 在第 k 个颜色通道中的灰度值；M 和 N 分别为影像的宽和高。通过式（12-24）可知，对于一幅具备三个颜色通道的彩色影像来说，其对应的颜色矩特征向量是一个 9 维的特征向量，可表达为

$$\boldsymbol{CM} = (\mu_1,\ \sigma_1,\ s_1,\ \mu_2,\ \sigma_2,\ s_2,\ \mu_3,\ \sigma_3,\ s_3) \tag{12-25}$$

相比于颜色直方图，颜色矩的特征维数明显降低，同时在实际应用中，颜色矩通常结合其他特征一起使用，作为渐进式影像检索中的一个初检手段。

图 12-14 以遥感影像场景“机场”为例，给出了机场影像在 UCM 数据集上基于颜色矩的前 10 检索结果。

3）颜色熵

颜色熵（Zachary，2000）源于信息论中“熵”的概念，其采用信息论的视角表示影像的颜色特征。设影像的颜色直方图经归一化后可表示为 $\boldsymbol{h} = (h_1,\ h_2,\ \cdots,\ h_n)$，则根据经典的香农信息论，该影像的信息熵可表示为

$$E = -\sum_{i=1}^{n} h_i \log_2(h_i) \tag{12-26}$$

图 12-14　基于颜色矩特征的城市遥感影像检索

图 12-15 以遥感影像场景“机场”为例，给出了机场影像在 UCM 数据集上基于颜色熵的前 10 检索结果。

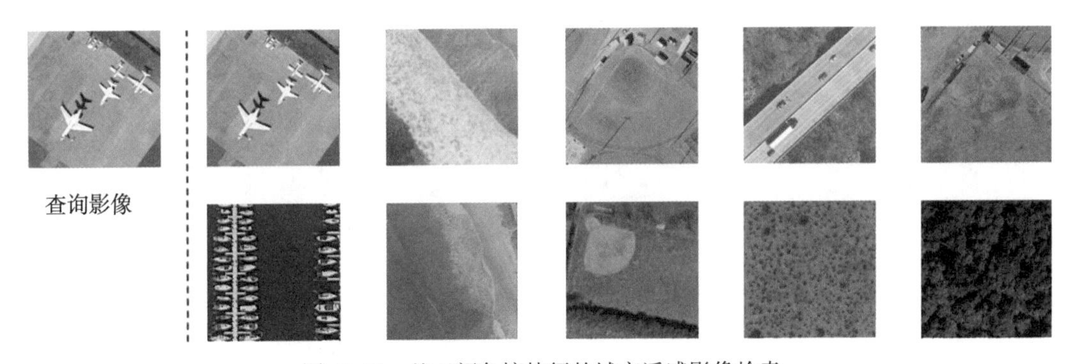

图 12-15　基于颜色熵特征的城市遥感影像检索

4）颜色相关图

颜色相关图（Huang，1998）除描述了不同颜色的像素在整幅影像中的占比之外，还可以表示不同颜色对之间的空间相关性。设 I 为一幅原始影像，$I_{c(i)}$ 为所有颜色为 $c(i)$ 的像素的集合，则可将颜色相关图表示为

$$r_{i,j}^{(k)} = \Pr_{p_1 \in I_{c(i)},\, p_2 \in I} [p_2 \in I_{c(j)},\ |p_1 - p_2| = k \mid p_1 \in I_{c(i)}] \tag{12-27}$$

式中，i，$j \in \{1, 2, \cdots, n\}$，$n$ 为颜色级数；$k \in \{1, 2, \cdots, d\}$，$d$ 为预设的像素间最大距离；$|p_1 - p_2|$ 为像素 p_1 和像素 p_2 之间的实际距离。

图 12-16 以遥感影像场景“机场”为例，给出了机场影像在 UCM 数据集上基于颜色相关图的前 10 检索结果。

2. 纹理特征

在遥感影像中，纹理主要是由地物特征如森林、草地、农田、城市建筑群等产生的。与地物光谱特征相比，遥感影像中地物的纹理特征相对更稳定，在高分辨率影像分析和识别中，特别是当遥感影像上目标的光谱信息比较接近时，纹理信息对于区分目标具有非常

图 12-16　基于颜色相关图特征的城市遥感影像检索

重要的意义。

基于纹理特征的城市遥感影像检索方法如图 12-17 所示。

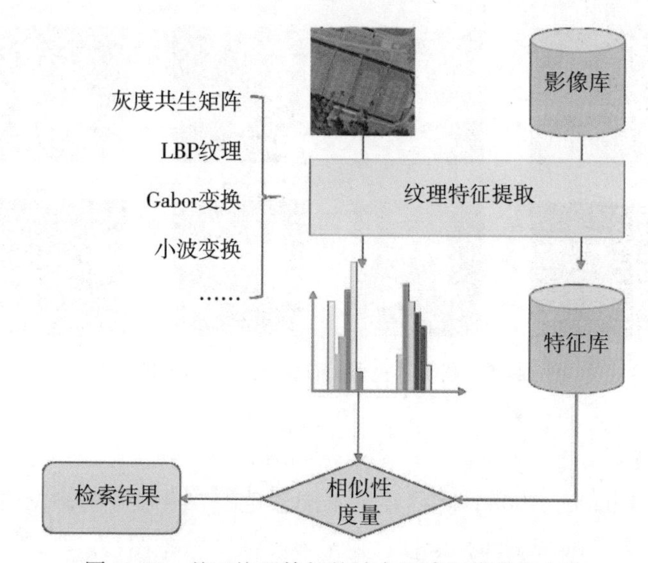

图 12-17　基于纹理特征的城市遥感影像检索方法

以下介绍几种常见的纹理特征描述方法。

1）灰度共生矩阵

由于纹理特征是相邻像素或区域间灰度空间分布规律的表征，因此具备相同位置关系的一对像素间的某种条件概率就可以用来描述纹理特征。灰度共生矩阵（Haralick et al.，1973）即按照这一思路，采用影像灰度值的空间关系描述像素点对之间的空间结构特征及其相关性，进而表示影像的纹理特征。

设 $I(\boldsymbol{x}, \boldsymbol{y})$ 为一幅原始灰度影像，R 为影像中的任一区域，S 为该区域中具备特定空间关系的像素对集合，则相应的灰度共生矩阵可表示为

$$\boldsymbol{m}_{(d,\ \theta)}(i,\ j) = \text{card}\{[(x_1,\ y_1),\ (x_2,\ y_2)] \in S \mid I(x_1,\ y_1) = i \ \& \ I(x_2,\ y_2) = j\} \tag{12-28}$$

其中，$x_2 = x_1 + d\cos\theta$，$y_2 = y_1 + d\sin\theta$，card(S) 表示满足集合 S 条件的像素对个数。在应用实践中，通常需要对式（12-28）进行归一化处理，表达式如下：

$$\boldsymbol{m}'_{(d,\ \theta)}(i,\ j) = \frac{\text{card}\{[(x_1,\ y_1),\ (x_2,\ y_2)] \in S \mid I(x_1,\ y_1) = i \ \& \ I(x_2,\ y_2) = j\}}{\text{card}(S)} \tag{12-29}$$

图 12-18 以遥感影像场景“机场”为例，给出了机场影像在 UCM 数据集上基于灰度共生矩阵的前 10 检索结果。

图 12-18　基于灰度共生矩阵特征的城市遥感影像检索

2）LBP 纹理

局部二进制模式（Local Binary Pattern，LBP）通过计算每个像素与邻域内其他像素的灰度差异来描述影像纹理的局部结构（Ojala et al.，2002），对于影像中任意一个 3×3 的窗口，比较窗口的中心像素与邻域像素的灰度值。若邻域像素灰度值大于或等于中心像素的灰度值，则该像素位置赋值为 1，反之赋值为 0。对于阈值处理后的窗口，将其与权值模板的对应位置元素相乘求和即可得到窗口中心像素的 LBP 值。

最初的 LBP 对纹理特征的描述是非常有限的，后续对其进一步改进，提出了可以检测“uniform”模式的、具有灰度和旋转不变性的描述子，如式（12-30）所示：

$$\text{LBP}_{P,\ R}^{\text{riu2}} = \begin{cases} \sum_{p=0}^{P-1} s(g_p - g_c), & U(\text{LBP}_{P,\ R}) \leqslant 2 \\ P + 1, & U(\text{LBP}_{P,\ R}) > 2 \end{cases} \tag{12-30}$$

式中，$U(\text{LBP}_{P,\ R}) = |s(g_{P-1} - g_c) - s(g_0 - g_c)| + \sum_{p=1}^{P-1} |s(g_p - g_c) - s(g_{p-1} - g_c)|$，$s(x)$ 由式（12-31）定义：

$$s(x) = \begin{cases} 1, & x \geqslant 0 \\ 0, & x < 0 \end{cases} \tag{12-31}$$

式（12-30）、式（12-31）中，R 是圆形邻域的半径；P 是圆上等间距的分布的像素数目；g_c 是圆形邻域的中心像素；$g_p(p=0, 1, \cdots, P-1)$ 是圆上的邻域像素。

Ojala 等（2002）的实验表明，(P, R) 取（8，1）时得到的 LBP 算子的 uniform 模式数量为 59，可以有效地描述影像的大部分（87.2%）纹理特征并明显减少特征数量。

图 12-19 以遥感影像场景“机场”为例，给出了机场影像在 UCM 数据集上基于 LBP 纹理特征的前 10 检索结果。

图 12-19　基于 LBP 纹理特征的城市遥感影像检索

3）Gabor 变换

由于 Gabor 滤波法利用了 Gabor 滤波器具有时域和频域的联合最佳分辨率，并且较好地模拟了人类视觉系统的视觉感知特性的良好性质，在遥感影像纹理分析中颇受关注。首先，采用母 Gabor 小波作为 2D Gabor 函数，表达式如下：

$$g(x, y)=\frac{1}{2\pi\sigma_x\sigma_y}\exp\left[-\frac{1}{2}\left(\frac{x^2}{\sigma_x^2}+\frac{y^2}{\sigma_y^2}\right)+2\pi jWx\right] \tag{12-32}$$

公式（12-33）为式（12-32）的 Fourier 变换：

$$G(u, v)=\exp\left\{-\frac{1}{2}\left[\frac{(u-W)^2}{\sigma_u^2}+\frac{v^2}{\sigma_v^2}\right]\right\} \tag{12-33}$$

式中，W 为高斯函数的复调制频率；σ_x 和 σ_y 分别为信号在空间域 x 和 y 方向上的窗半径；σ_u 和 σ_v 分别为信号在频率域的坐标，且满足 $\sigma_u=\frac{1}{2}\pi\sigma_x$ 和 $\sigma_v=\frac{1}{2}\pi\sigma_y$。

Gabor 函数构建了一个完备但是非正交基，以 2D Gabor 函数作为母小波，通过对其进行如式（12-34）所示的膨胀和旋转变换，就可以得到自相似的一组滤波器，称为 Gabor 小波变换滤波器。

$$\begin{cases} g_{mn}(\boldsymbol{x}, \boldsymbol{y})=a^{-m}G(x', y') \\ x'=a^{-m}(x\cos\theta+y\sin\theta) \\ y'=a^{-m}(-x\sin\theta+y\cos\theta) \end{cases} \tag{12-34}$$

式中，$a>1$，m，n 为整数，$\theta=n\pi/K(n=0, 1, \cdots, K-1)$，$a^{-m}(m=0, 1, \cdots, S-1)$ 表示尺度因子。设 U_l 和 U_h 分别表示最低中心频率和最高中心频率，K 和 S 分别表示多

尺度分解中的方向个数和尺度级数。

$$
\begin{cases}
a = \left(\dfrac{U_h}{U_l}\right)^{\frac{1}{S-1}} \\
\sigma_u = \dfrac{(a-1)U_h}{(a+1)\sqrt{2\ln 2}} \\
\sigma_v = \tan\left(\dfrac{\pi}{2K}\right)\left[U_h - 2\ln\left(\dfrac{2\sigma_u^2}{U_h}\right)\right]\left[2\ln 2 - \dfrac{(2\ln 2)^2\sigma_u^2}{U_h^2}\right]^{-\frac{1}{2}}
\end{cases}
\tag{12-35}
$$

对于给定影像 $I(\boldsymbol{x}, \boldsymbol{y})$，其 Gabor 小波变换可以定义为公式（12-36）：

$$
W_{mn}(\boldsymbol{x}, \boldsymbol{y}) = \iint I(x_1, y_1) g_{mn} * (x - x_1, y - y_1) \mathrm{d}x_1 \mathrm{d}y_1 \tag{12-36}
$$

纹理特征可以采用公式（12-37）所示的向量来表示：

$$
\bar{f} = (\mu_{00}, \sigma_{00}, \mu_{01}, \sigma_{01}, \cdots, \mu_{M-1, N-1}, \sigma_{M-1, N-1}) \tag{12-37}
$$

其中，μ_{mn} 和 σ_{mn} 分别表示变换系数的均值和方差，计算公式如下：

$$
\begin{cases}
\mu_{mn} = \iint |W_{mn}(\boldsymbol{x}, \boldsymbol{y})| \mathrm{d}x\mathrm{d}y \\
\sigma_{mn} = \sqrt{\iint (|W_{mn}(\boldsymbol{x}, \boldsymbol{y})| - \mu_{mn})^2 \mathrm{d}x\mathrm{d}y}
\end{cases}
\tag{12-38}
$$

相似性距离计算公式如式（12-39）所示，$a(\mu_{mn})$ 和 $a(\sigma_{mn})$ 用来实现归一化：

$$
d(i, j) = \sum_m \sum_n d_{mn}(i, j), \quad d_{mn}(i, j) = \left|\frac{\mu_{mn}^{(i)} - \mu_{mn}^{(j)}}{a(\mu_{mn})}\right| + \left|\frac{\sigma_{mn}^{(i)} - \sigma_{mn}^{(j)}}{a(\sigma_{mn})}\right| \tag{12-39}
$$

图 12-20 以遥感影像场景"机场"为例，给出了机场影像在 UCM 数据集上基于 Gabor 特征的前 10 检索结果。

图 12-20　基于 Gabor 特征的城市遥感影像检索

4）小波变换

采用小波变换来表达影像的纹理特征时，常用的处理方式是首先对原始影像进行多层小波分解，然后统计各个分解层上各方向子带系数的均值和标准差，以之表征子带系数的边缘分布并构建特征描述子。设原始灰度影像为 I，对其进行 M 层小波分解后，可得 $3M$

个方向子带，设 $w_{mn}(\boldsymbol{x}, \boldsymbol{y})$ 为第 m 层第 n 个方向子带上坐标为 $(\boldsymbol{x}, \boldsymbol{y})$ 的子带系数，且有 $m = 1, 2, \cdots, M$，$n = 1, 2, 3$，则对应子带上均值 μ_{mn} 和标准差 σ_{mn} 的计算式为

$$\begin{cases}\mu_{mn} = \iint |w_{mn}(\boldsymbol{x}, \boldsymbol{y})| \mathrm{d}x\mathrm{d}y \\ \sigma_{mn} = \sqrt{\iint (w_{mn}(\boldsymbol{x}, \boldsymbol{y}) - \mu_{mn})^2 \mathrm{d}x\mathrm{d}y}\end{cases} \tag{12-40}$$

在此基础上，即可构建如下特征向量用于纹理特征描述：

$$\boldsymbol{f}_{\text{texture}} = (\mu_{11}, \sigma_{11}, \mu_{12}, \sigma_{12}, \cdots, \mu_{M3}, \sigma_{M3}) \tag{12-41}$$

图 12-21 以遥感影像场景“机场”为例，给出了机场影像在 UCM 数据集上基于小波变换特征的前 10 检索结果。

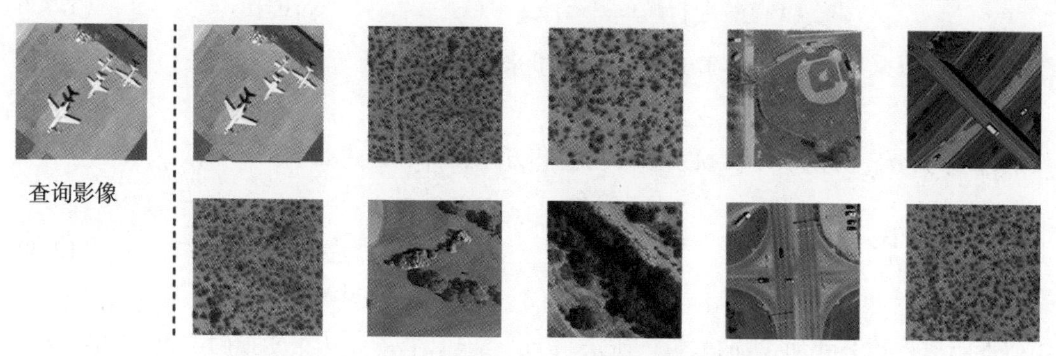

图 12-21　基于小波变换特征的城市遥感影像检索

3. 形状特征

相对于颜色特征和纹理特征而言，形状特征属于影像的中间层特征，通常与影像中的特定目标对象有关，包含一定的语义信息，对获取影像场景的语义描述尤为重要。

基于形状特征的城市遥感影像检索方法如图 12-22 所示。

以下介绍几种常见的形状特征描述方法。

1）几何不变矩

几何不变矩源于所提出的影像识别的不变矩理论，并且被广泛地用于影像模式识别及目标分类等领域。在不变矩理论中，Hu（1962）基于代数不变量的矩不变量，推导出了一组对于影像平移、旋转和尺度变化能够保持不变性的矩，以描述目标区域的形状特征。

对于任一影像 $f(\boldsymbol{x}, \boldsymbol{y})$ 来说，其 $p+q$ 阶矩的定义如下：

$$m_{pq} = \sum_x \sum_y x^p y^q f(\boldsymbol{x}, \boldsymbol{y}) \tag{12-42}$$

而其 $p+q$ 阶中心矩则定义为

$$\mu_{pq} = \sum_x \sum_y (x - \bar{x})^p (y - \bar{y})^q f(\boldsymbol{x}, \boldsymbol{y}) \tag{12-43}$$

式中，$\bar{x} = m_{10}/m_{00}$，$\bar{y} = m_{10}/m_{00}$ 表示影像的区域中心。为了获得针对影像缩放的不变性，通常会对中心矩进行规格化，规格化后的中心矩表示为

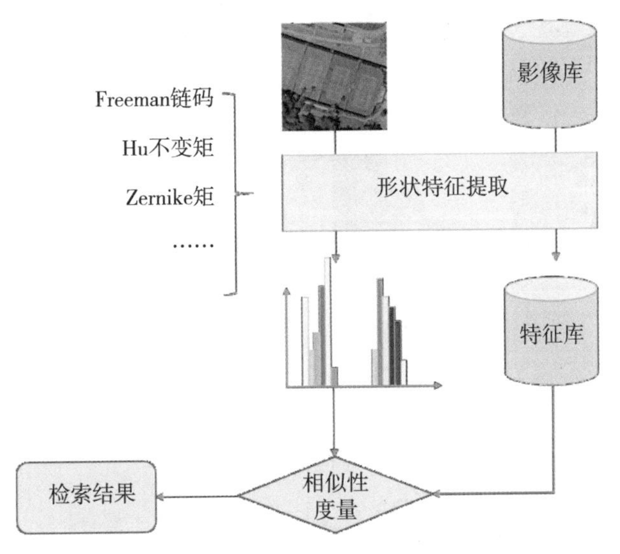

图 12-22 基于形状特征的城市遥感影像检索方法

$$\eta_{pq} = \frac{\mu_{pq}}{\mu_{00}^{\gamma}} \tag{12-44}$$

式中，$\gamma = \frac{p+q}{2} + 1$，$p+q = 2, 3, \cdots$ 基于规格化的二阶和三阶中心矩，可导出以下 7 个矩组：

$$\begin{cases} \phi_1 = \eta_{20} + \eta_{02} \\ \phi_2 = (\eta_{20} - \eta_{02})^2 + 4\eta_{11}^2 \\ \phi_3 = (\eta_{30} - 3\eta_{12})^2 + (3\eta_{21} - \eta_{03})^2 \\ \phi_4 = (\eta_{30} + \eta_{12})^2 + (\eta_{21} + \eta_{03})^2 \\ \phi_5 = (\eta_{30} - 3\eta_{12})(\eta_{30} + \eta_{12})[(\eta_{30} + \eta_{12})^2 - 3(\eta_{21} + \eta_{03})^2] + \\ \qquad (3\eta_{21} - \eta_{03})(\eta_{21} + \eta_{03})[3(\eta_{30} + \eta_{12})^2 - (\eta_{21} + \eta_{03})^2] \\ \phi_6 = (\eta_{20} - \eta_{02})[(\eta_{30} + \eta_{12})^2 - (\eta_{21} + \eta_{03})^2] + 4\eta_{11}(\eta_{30} + \eta_{12})(\eta_{21} + \eta_{03}) \\ \phi_7 = (3\eta_{21} - \eta_{03})(\eta_{30} + \eta_{12})[(\eta_{30} + \eta_{12})^2 - 3(\eta_{21} + \eta_{03})^2] + \\ \qquad (3\eta_{12} - \eta_{30})(\eta_{21} + \eta_{03})[3(\eta_{30} + \eta_{12})^2 - (\eta_{21} + \eta_{03})^2] \end{cases} \tag{12-45}$$

上述 7 个不变矩组共同构成了 Hu 不变矩。该矩组中 $\phi_1 \sim \phi_6$ 具备平移、旋转和尺度不变性，并且 ϕ_7 具备平移和尺度不变性。

图 12-23 以遥感影像场景“机场”为例，给出了机场影像在 UCM 数据集上基于几何不变矩特征的前 10 检索结果。

图 12-23　基于几何不变矩特征的城市遥感影像检索

2）Zernike 矩

Zernike 矩（Teague，1980）的定义如下：

$$Z_{nm}=\frac{n+1}{\pi}\sum_{y}\sum_{x}V_{nm}^{*}f(\boldsymbol{x},\boldsymbol{y}),\quad x^2+y^2\leqslant 1 \tag{12-46}$$

式中，$V_{nm}^{*}(\boldsymbol{x},\boldsymbol{y})=V_{nm}(\rho\cos\theta,\rho\sin\theta)=R_{nm}(\rho)\exp(jm\theta)$，而 $R_{nm}(\rho)$ 的定义为

$$R_{nm}(\rho)=\sum_{s=0}^{(n-|m|)/2}(-1)^{s}\frac{(n-s)!}{s!\left[(n+|m|)/2-s\right]!\left[(n-|m|)/2-s\right]!}\cdot\rho^{n-2s} \tag{12-47}$$

式中，n 和 m 为非负整数，且需满足 $n-|m|$ 为非负偶数。

Zernike 矩的优点是具备良好的旋转不变性，其缺点在于不具备尺度不变形，因此在实际应用中，通常需预先进行归一化处理。

图 12-24 以遥感影像场景“机场”为例，给出了机场影像在 UCM 数据集上基于 Zernike 矩特征的前 10 检索结果。

图 12-24　基于 Zernike 矩特征的城市遥感影像检索

12.3.3　基于深度学习的城市遥感影像检索方法

基于深度学习的城市遥感影像检索方法通过多层网络结构对影像进行场景分析，能够从遥感数据中自动学习影像特征，适用于海量的、场景复杂的城市遥感影像检索问题。本

节介绍了常用的深度学习方法，包括无监督特征学习方法自编码器和监督特征学习方法卷积神经网络。

1. 基于无监督特征学习的城市遥感影像检索方法

自编码（Auto-Encoder）作为一种神经网络结构，是一种无监督的特征学习算法。图12-25给出了一个简单的自编码神经网络，包括一个输入层、一个隐含层和一个输出层，可以看出自动编码器在结构上与一般的神经网络是相同的，不同之处在于自编码网络的输入层和输出层神经元数目是一致的。该自编码网络只包含了一个隐含层，属于“浅层”的网络。为了学习更好的影像特征表示，可以通过增加隐含层数目来实现，此时的自编码网络也称为栈式自编码。

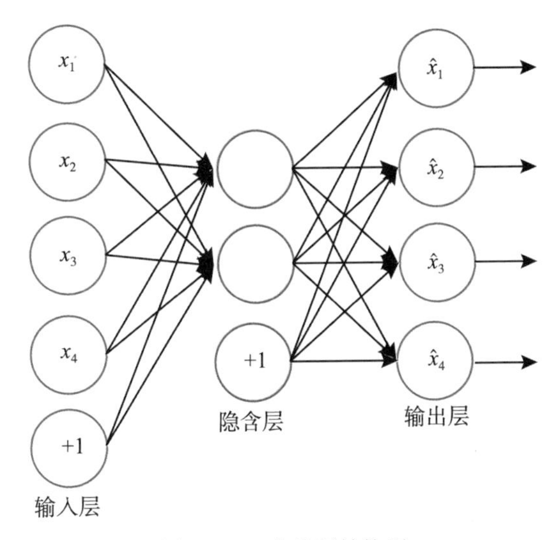

图 12-25 自编码结构图

自编码神经网络利用反向传播算法，尝试学习一个恒等函数，使输出值尽可能接近输入值。自编码器包含两部分：编码器（encoder）和解码器（decoder）。其中，从输入层到隐含层这一过程称为编码，从隐含层到输出层这一过程则称为解码。在一般情况下，隐含层的神经元数目会少于输入层的神经元数目，此时网络会经过编码学习输入数据的压缩表示，然后经过解码重构出输入数据。基于自编码的特征提取包括以下三个步骤。

1）数据预处理

对于训练数据 $\boldsymbol{X}_T$，自编码网络训练（即无监督特征学习）前需要进行白化（whitening）预处理。所谓白化，是指通过一定的变换降低输入数据的冗余性，从而降低特征之间的相关性并使所有特征具有相同的方差，是一些深度学习方法处理影像数据必不可少的一个预处理步骤，常见的白化方法包括 PCA（Principal Component Analysis）白化以及 ZCA（Zero Component Analysis）白化。

自编码网络白化后再进行训练通常能得到更好的结果，白化过程主要包括去均值和白化两个步骤，其中去均值后的训练数据 $\overline{\boldsymbol{X}}_T$ 可用式（12-48）表示：

$$\overline{\boldsymbol{X}}_T = \boldsymbol{X}_T - \boldsymbol{X}_{\text{mean}} \tag{12-48}$$

$$\boldsymbol{X}_{\text{mean}} = \frac{1}{n}\sum_{i=1}^{n} x_i \tag{12-49}$$

式中，$\boldsymbol{X}_{\text{mean}}$ 表示训练数据 $\boldsymbol{X}_T$ 计算得到的均值向量。

PCA 白化后的数据可用式（12-50）计算：

$$\boldsymbol{X}_{\text{PCAwhite}} = \text{diag}\frac{1}{\sqrt{\text{diag}(\boldsymbol{S}) + \varepsilon}} \cdot \boldsymbol{U}^{\text{T}} \cdot \overline{\boldsymbol{X}}_T \tag{12-50}$$

式中，$\boldsymbol{U}$ 表示 $\overline{\boldsymbol{X}}_T$ 的协方差矩阵计算得到的特征向量构成的矩阵（矩阵的每一列表示一个特征向量，从主向量开始排序）；$\boldsymbol{S}$ 表示与特征向量相对应的特征值构成的对角矩阵。ε 是一个接近 0 的常数，用来防止分母过小导致数据上溢或数值不稳定；“·”表示矩阵乘法运算。

在 PCA 白化的基础上，ZCA 白化后的数据可用式（12-51）计算：

$$\boldsymbol{X}_{\text{ZCAwhite}} = \boldsymbol{U} \cdot \text{diag}\frac{1}{\sqrt{\text{diag}(\boldsymbol{S}) + \varepsilon}} \cdot \boldsymbol{U}^{\text{T}} \cdot \overline{\boldsymbol{X}}_T \tag{12-51}$$

在式（12-50）和式（12-51）中，如果把等式右边分成其他项和训练数据两项，则可将“其他项”分别称为 PCA 白化矩阵 $\boldsymbol{T}_{\text{PCAwhite}}$ 和 ZCA 白化矩阵 $\boldsymbol{T}_{\text{ZCAwhite}}$，分别如式（12-52）、式（12-53）所示：

$$\boldsymbol{T}_{\text{PCAwhite}} = \text{diag}\frac{1}{\sqrt{\text{diag}(\boldsymbol{S}) + \varepsilon}} \cdot \boldsymbol{U}^{\text{T}} \tag{12-52}$$

$$\boldsymbol{T}_{\text{ZCAwhite}} = \boldsymbol{U} \cdot \text{diag}\frac{1}{\sqrt{\text{diag}(\boldsymbol{S}) + \varepsilon}} \cdot \boldsymbol{U}^{\text{T}} \tag{12-53}$$

在后续的特征编码这一步，特征提取前数据需要进行同样的去均值和白化预处理。因此，实际使用时应保存训练数据计算得到的均值向量和白化矩阵以用于后续的数据预处理。

2）自编码网络训练

与一般神经网络相同，自编码网络的计算过程也可分为前向传播和反向传播。前向传播包括两个步骤：编码（encoding）和解码（decoding）。所谓编码，是指预处理后的训练数据经过网络隐含层的激活函数输出，该过程可用式（12-54）表示：

$$h_{\boldsymbol{W}_1,\ b_1} = f_1(\boldsymbol{W}_1 \boldsymbol{X}_{\text{white}} + b_1) \tag{12-54}$$

式中：$\boldsymbol{W}_1$ 和 b_1 分别表示编码阶段的权值矩阵和偏置项；$\boldsymbol{X}_{\text{white}}$ 表示 PCA 或 ZCA 白化处理后的训练数据；$f_1(\cdot)$ 表示隐含层的激活函数，常见的隐含层激活函数除了 sigmoid 函数外，还包括修正线性单元（Rectified Linear Unit，ReLU）、双曲正切函数（tanh 函数），ReLU 和 tanh 激活函数分别如式（12-55）、式（12-56）所示：

$$f_{\text{ReLU}}(x) = \max(0,\ x) \tag{12-55}$$

$$f_{\tanh}(x) = \frac{\text{e}^x - \text{e}^{-x}}{\text{e}^x + \text{e}^{-x}} \tag{12-56}$$

所谓解码，是指网络隐含层的激活值（隐含层输出）经过输出层的激活函数得到网络最终的输出，该过程可用式（12-57）表示：

$$h_{W_2,\ b_2}=f_2(\boldsymbol{W}_2\boldsymbol{h}_{W_1,\ b_1}+b_2) \tag{12-57}$$

式中，$\boldsymbol{W}_2$ 和 b_2 分别表示解码阶段的权值矩阵和偏置项；$f_2(\cdot)$ 表示输出层的激活函数，常见的输出层激活函数除了常用的 sigmoid 等函数外，还包括线性函数 $y=x$。当输出层采用线性函数作为激活函数时，此时的自编码网络也可以称为线性解码器（linear decoder）。

自编码网络经过前向传播后，网络的整体代价函数可定义如下：

$$J(\boldsymbol{W},\ b)=\frac{1}{2}\ \|\boldsymbol{X}_{\text{white}}-\boldsymbol{h}_{W_2,\ b_2}\|^2+\frac{\lambda}{2}\ \|\boldsymbol{W}\|^2+\beta\sum_{j=1}^{s_2}KL(\rho\ ||\ \hat{\rho}_j) \tag{12-58}$$

式中，$\boldsymbol{X}_{\text{white}}$ 表示白化后的数据；s_2 表示网络隐含层的神经元数目；$KL(\cdot)$ 表示求相对熵；β 表示控制惩罚项的权重；ρ 为稀疏度参数；$\hat{\rho}_j$ 表示隐含层 j 单元的平均激活值，表示如下：

$$\hat{\rho}_j=\frac{1}{N}\sum_{i=1}^{N}\ [a_j^{(2)}(x_i)] \tag{12-59}$$

式中，N 为训练数据个数；$a_j^{(2)}$ 表示隐含层神经元 j 的激活值。稀疏惩罚项是基于相对熵的，可用式（12-60）表示：

$$KL(\rho\ ||\ \hat{\rho}_j)=\rho\log\frac{\rho}{\hat{\rho}_j}+(1-\rho)\log\frac{1-\rho}{1-\hat{\rho}_j} \tag{12-60}$$

为了实现网络训练，需要针对参数 $\boldsymbol{W}$ 和 b 求代价函数 $J(\boldsymbol{W},\ b)$ 的最小值，我们采用 L-BFGS（Limited-memory BFGS）对代价函数进行优化。

3）特征编码

自编码网络训练结束后，利用学习的特征提取器提取影像库中各影像的特征。对于影像 i，特征编码可用式（12-61）表示：

$$Y_i=f_1(\boldsymbol{W}_1\boldsymbol{X}_i^{\text{white}}+b_1) \tag{12-61}$$

式中，Y_i 表示学习的影像特征；$\boldsymbol{X}_i^{\text{white}}$ 表示利用训练数据计算得到的均值向量和白化矩阵经过去均值和白化预处理后的影像 i；$\boldsymbol{W}_1$ 和 b_1 表示编码阶段的权值和偏置项；$f_1(\cdot)$ 表示隐含层的激活函数。

由式（12-61）可以看出，特征编码与上文介绍的编码过程本质上是相同的，区别在于编码是在网络训练过程中进行的，主要作用是将训练数据经过隐含层的激活函数进行输出，而特征编码是在网络训练结束后利用学习的网络参数（编码阶段的权重和偏置项）提取影像库中各影像学习的影像特征。

基于无监督特征学习的城市遥感影像检索方法如图 12-26 所示。

2. 基于卷积神经网络的城市遥感影像检索方法

卷积神经网络（CNN）是一种有监督的深度学习方法，目前已被广泛用于影像识别与分析任务。CNN 主要由卷积层（convolutional layer）、池化层（pooling layer）以及全连接层（fully-connected layer）构成，其中待训练的网络参数存在于卷积层和全连接层，而池化层并不包含网络参数。

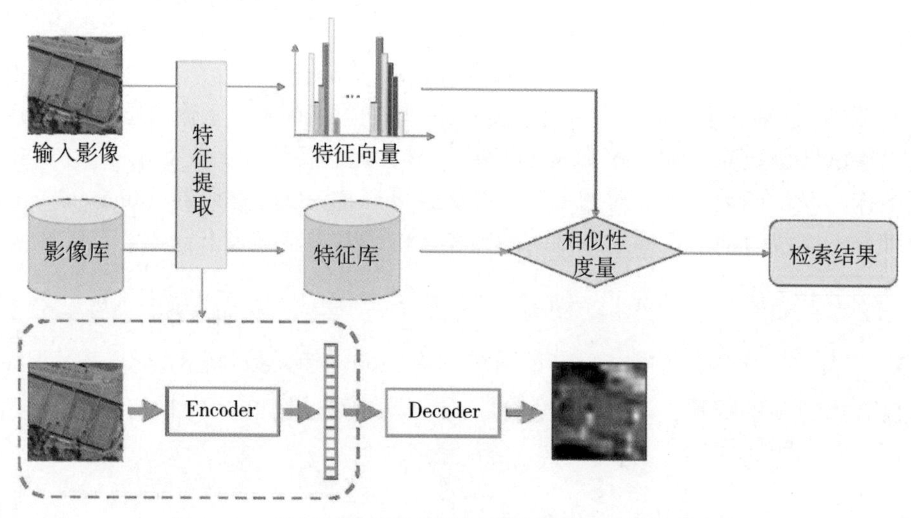

图 12-26　基于无监督特征学习的城市遥感影像检索方法

1）CNN 不同网络层

卷积层是 CNN 的核心层，网络大部分的计算工作都是在卷积层进行的。卷积层是由一系列可学习的卷积核（也称为滤波器）构成的，其中，卷积核在空间维（宽和高）上一般尺寸比较小，而在第三维（深度）上等于网络上一层输出的深度。例如，假设 CNN 网络的输入为一幅 3 通道的 RGB 影像，则第一个卷积层的滤波器尺寸为 $w \times h \times 3$，其中，w 和 h 分别表示滤波器的宽和高，通常 $w = h$ 且取值一般为 3，5，7 等较小的值。为了学习不同的影像特征，卷积层一般包含几十甚至上百个滤波器。

CNN 网络前向传播的过程中，卷积层的滤波器会与该层的输入（即前一层的输出）进行卷积，并经激活函数输出得到特征图（feature map），其中一个滤波器对应一个特征图。卷积层的特征图会在深度维上组合起来，并作为下一层的输入进行后续运算。假设卷积层输入的尺寸为 $W_{\text{Input}}^{c} \times H_{\text{Input}}^{c} \times D_{\text{Input}}^{c}$，卷积层的滤波器尺寸和数目分别为 F_c 和 K_c，卷积步长（stride）为 S_c，输入周围填充（padding）的零元素个数为 P_c，则卷积层的输出尺寸 $W_{\text{Output}}^{c} \times H_{\text{Output}}^{c} \times D_{\text{Output}}^{c}$ 可由式（12-62）计算：

$$\begin{cases} W_{\text{Output}}^{c} = \dfrac{W_{\text{Input}}^{c} - F_c + 2P_c}{S_c + 1} \\ H_{\text{Output}}^{c} = \dfrac{H_{\text{Input}}^{c} - F_c + 2P_c}{S_c + 1} \\ D_{\text{Output}}^{c} = K_c \end{cases} \tag{12-62}$$

不同于一般的神经网络（神经元之间是全连接的），CNN 网络结构的特点在于局部连接（local connectivity）和权值共享（parameter sharing）。所谓局部连接，是指卷积层的一个神经元只与卷积层的输入的一个局部区域是连接的，这个区域也称为该神经元对应的感受野（receptive field），可以看出感受野大小与滤波器尺寸是一致的。局部连接减少了神经元的连接数，从而也减少了网络参数，使得 CNN 可以直接处理大尺寸影像。所谓权值共享，是指卷积层的各输出（卷积结果）对应的神经元共享一组权值，而不是每个神经元分别对应一组权值，即卷积层的各输出分别是由对应的一个滤波器通过卷积计算得到的。基于局部连接和权值共享，对于式（12-62）中的例子，可知卷积层的每个滤波器包含 $F_c \times F_c \times D_{\text{Input}}^c$ 个权值和一个偏置项，K_c 个滤波器共包含 $(F_c \times F_c \times D_{\text{Input}}^c) \times K_c$ 个权值和 K 个偏置项。

池化层一般在卷积层之后，其作用是通过减小特征图的尺寸来减少网络参数和计算量，也因此能够控制过拟合。CNN 网络中常用的池化方法包括平均池化（average pooling）和最大池化（max pooling），其中，平均池化就是取池化窗口内元素的平均值，而最大池化则是取窗口内元素的最大值。假设池化层的输入尺寸为 $W_{\text{Input}}^p \times H_{\text{Input}}^p \times D_{\text{Input}}^p$，池化窗口大小为 F_p，步长（stride）为 S_p，则池化层的输出尺寸 $W_{\text{Output}}^p \times H_{\text{Output}}^p \times D_{\text{Output}}^p$ 可由式（12-63）计算：

$$\begin{cases} W_{\text{Output}}^p = \dfrac{W_{\text{Input}}^p - F_p}{S_p + 1} \\ H_{\text{Output}}^p = \dfrac{H_{\text{Input}}^p - F_p}{S_p + 1} \\ D_{\text{Output}}^p = D_{\text{Input}}^p \end{cases} \tag{12-63}$$

全连接层是 CNN 网络的最后几层（一般是三层，其中最后一层输出影像分类的类别分数），与神经网络相同，全连接层的神经元与前一层也是全连接的。全连接层不具备卷积层的局部连接和权重共享的特点，但二者神经元的计算方式是相同的（点积运算，dot product）。因此，全连接层和卷积层是可以相互转化的：①对于任意一个卷积层，可以用一个全连接层实现相同的前向传播运算，其中，除了某些特定的块，全连接层的权值矩阵的大部分元素都是零（由于卷积层的局部连接性），且在这些特定的块中很多块的权值都是相等的（由于卷积层的权值共享性）；②对于任意一个全连接层，可以将其相应地转换为卷积层。假设 CNN 网络最后一个卷积层的输出为 7 × 7 × 512，第一个全连接层的神经元数目为 4096，则全连接层的计算等价于 $F_c = 7$，$P_c = 0$，$S_c = 1$，$K_c = 4096$ 的卷积层。这一转换得到的输出结果与直接利用全连接层计算得到的结果是一致的，且网络的参数数量也是相同的。因此，全连接层可以看作一种特殊的卷积层，这种转化在实际应用中是十分有效的，可以提高计算效率。

2）CNN 遥感影像检索

CNN 遥感影像检索的关键在于训练一个成功的网络模型对影像进行特征提取，但训练深层的 CNN 需要大量的标注数据。遥感领域缺少与 ImageNet 类似规模的标注影像库，因此，对遥感领域来说，从头开始训练深层的 CNN 是不切实际的。迁移学习（transfer learning）是解决缺少标注数据情况下的 CNN 训练常用的方法。简单来说，迁移学习就是将 ImageNet 影像库训练得到的 CNN 模型（称为预训练 CNN）迁移至缺少标注数据的领域。

CNN 迁移学习遥感影像检索包括两种方法。一是，把预训练的 CNN 视为特征提取器，用以提取影像的全连接层和卷积层特征。对于全连接层特征，直接计算影像的相似性，进行相似性匹配；对于卷积层特征，将其视为局部特征采用传统的特征聚合方法，如 BoVW 等对卷积层特征进行编码得到影像的全局特征。二是，用标注的遥感影像库对预训练 CNN 进行微调，提取影像的目标域特征。

基于卷积神经网络特征学习的城市遥感影像检索方法如图 12-27 所示。

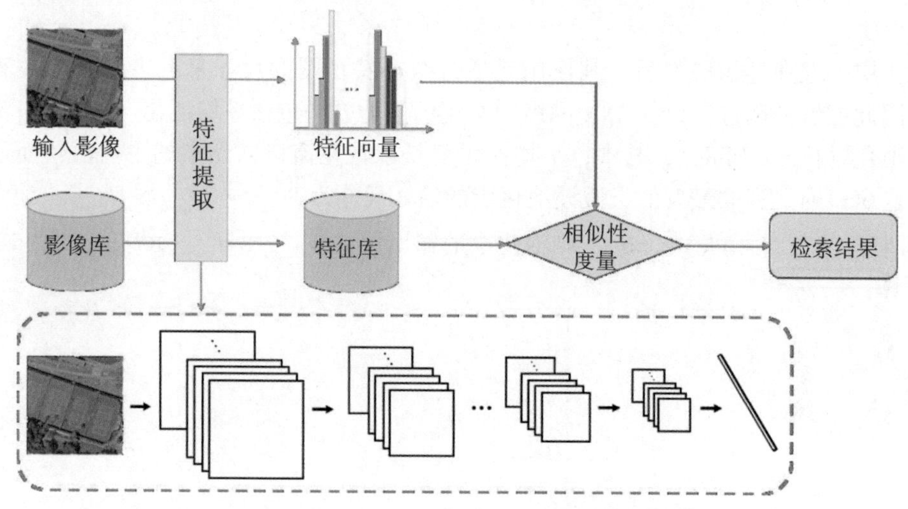

图 12-27　基于卷积神经网络特征学习的城市遥感影像检索方法

12.4　城市停车场与居民区检索方法

城市遥感影像检索更关注影像场景包含的典型城市目标，如居民区、停车场、道路、绿地等。本节首先利用一个公开的遥感影像库对手工特征（颜色直方图和 LBP）和卷积神经网络的检索结果进行比较，然后用两幅城市区域影像构建的两个影像库作为实验数据，选择停车场和居民区两个典型城市目标，给出各特征的检索实例。

12.4.1　城市遥感影像库

1. UC Merced 影像库

UC Merced 影像库①（UCM）最初是用来进行土地利用和土地覆盖分类的一个遥感影像库，在遥感影像检索领域，UCM 数据集作为第一个公开的遥感影像库被广泛应用于遥感影像检索算法测试。UCM 影像库包含以下 21 个类别：Agricultural，Airplane，Baseball Diamond，Beach，Buildings，Chaparral，Dense Residential，Forest，Freeway，Golf Course，Harbor，Intersection，Medium Residential，Mobile Home Park，Overpass，Parking Lot，River，Runway，Sparse Residential，Storage Tanks 以及 Tennis Court，每一个类别包含 100

① UC Merced 影像库下载地址：http：//weegee. vision. ucmerced. edu/datasets/landuse. html.

幅 256×256 像素大小的 RGB 彩色遥感影像，影像空间分辨率为 0.3m。UCM 影像库中所有的影像都是从美国地质调查局（United States Geological Survey，USGS）下载的大尺寸航空影像上裁剪得到的。

2. 城市区域影像构建的影像库

影像库是验证检索算法必不可少的，但遥感影像通常尺寸比较大，直接进行特征提取和相似性度量会严重降低检索效率，因此实际应用时需要根据具体的检索需求构建检索影像库。针对城市遥感影像停车场和居民区，本节分别选择两幅不同城市的影像构建影像库。对于停车场检索，选择悉尼奥林匹克公园 WorldView-2 影像（图 12-28），影像拍摄于 2009 年 10 月 20 日，包含 RGB 三个波段，尺寸为 3712×3557 像素，空间分辨率为 0.5m。对于居民区检索，选择浙江杭州城区的 WorldView-2 影像（图 12-29），影像包含 RGB 三个波段，尺寸为 7632×9808 像素，空间分辨率为 0.5m。

图 12-28　悉尼奥林匹克公园影像

影像库构建包括多种方法，本节选择常用的 Tiles 无重叠分块方法将大尺寸的遥感影像从左到右、从上到下依次切分成小尺寸的影像块。其中，悉尼奥林匹克公园影像切分成 306 幅 200×200 大小的影像块，杭州城区影像切分成 1102 幅 256×256 大小的影像块，两个影像库分别用于停车场和居民区检索。

12.4.2 城市停车场与居民区检索方法的实现

对于颜色直方图，提取时将影像的 RGB 三个颜色通道分别量化为 32 个 bin（颜色区间），后串联组合即可得到颜色直方图特征向量，特征维度为 96；对于 LBP 纹理，提取时

图 12-29　杭州某城区影像

设置圆形邻域的半径为 1，圆上等间距分布的像素数为 8，计算旋转不变的 uniform 模式，特征维度为 10。对于卷积神经网络，选取 AlexNet 网络作为预训练 CNN 提取第二个全连接层特征进行检索，特征维度为 4096。

1. UC Merced 影像库检索结果

表 12-1 采用 ANMRR、mAP 和 $P@k$（返回影像数目为 k 时的查准率）三种评价指标，给出了颜色直方图、LBP 纹理与卷积神经网络对 UC Merced 影像库的检索结果。从表 12-1 可以看出，CNN 特征的检索效果远好于颜色直方图和 LBP 特征，这是因为 CNN 特征是通过深层的网络结构学习的特征，能更好地描述遥感影像。

表 12-1　**手工特征与 CNN 特征对 UC Merced 影像库检索效果**

特征	ANMRR	mAP	*P*@ 5	*P*@ 10	*P*@ 20	*P*@ 50	*P*@ 100
颜色直方图	0. 746	0. 192	0. 649	0. 508	0. 389	0. 269	0. 196
LBP	0. 771	0. 125	0. 612	0. 485	0. 375	0. 259	0. 181
CNN	0. 404	0. 520	0. 883	0. 817	0. 737	0. 611	0. 488

2. 城市停车场和居民区检索实例

图 12-30 给出了颜色直方图、LBP 纹理和卷积神经网络对奥林匹克公园区域的停车场的检索结果，其中第一行、第二行和第三行分别表示颜色直方图、LBP 纹理和卷积神经网络的检索结果，各行第一幅影像为查询影像，后四幅影像为按照相似度大小由高到低返回的相似影像。从图中可以看出，CNN 特征和颜色直方图返回的前 5 幅影像中前 4 幅均包含停车场，而 LBP 特征返回的前 5 幅影像中前 3 幅均包含停车场，检索效果比 CNN 特征和颜色直方图稍差，这是由于包含停车场的多数影像纹理并不连续。

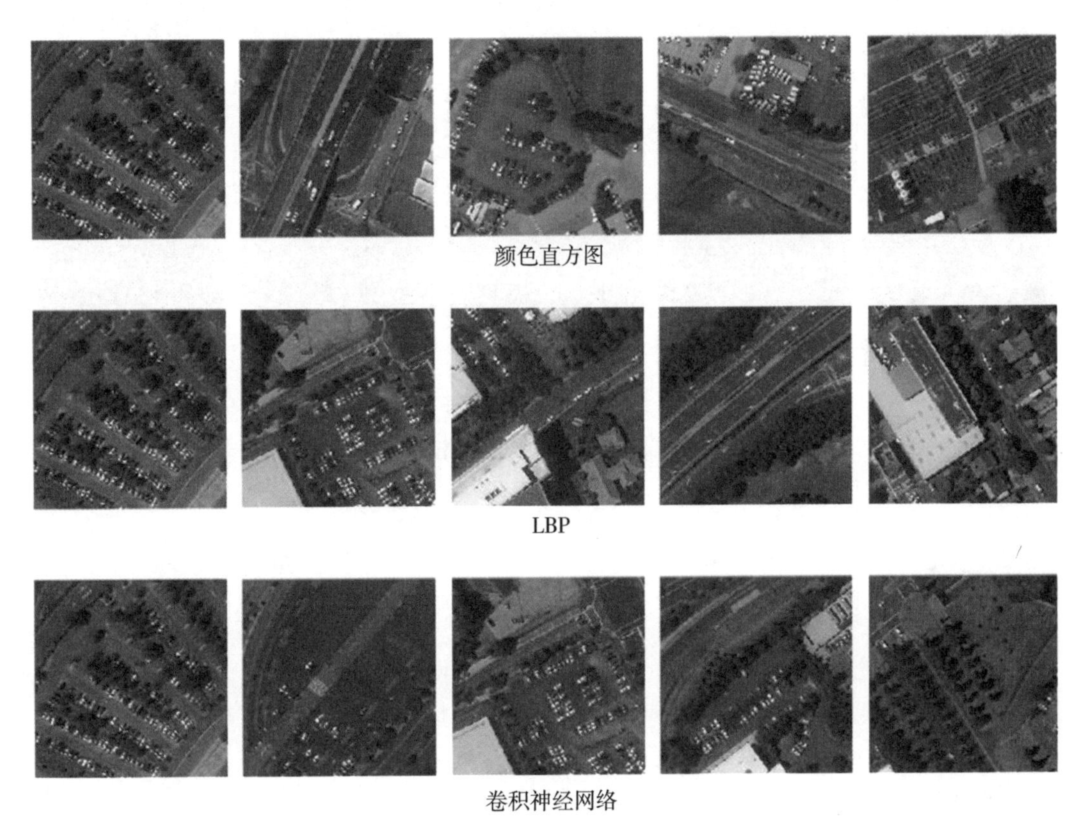

图 12-30　停车场检索实例

图 12-31 给出了颜色直方图、LBP 纹理和卷积神经网络对杭州某城区居民区的检索结果，其中第一行、第二行和第三行分别表示颜色直方图、LBP 纹理和卷积神经网络的检索结果，各行第一幅影像为查询影像，后四幅影像为按照相似度大小由高到低返回的相似影像。从图中可以看出，颜色直方图、LBP 特征和 CNN 特征均取得了很好的检索效果，返回的前 5 幅影像均为居民区。通过比较 LBP 特征对停车场和居民区的检索结果可知，LBP 特征对居民区的检索效果好于对停车场的检索效果，这是因为居民区纹理连续使得 LBP 能准确地描述影像内容。

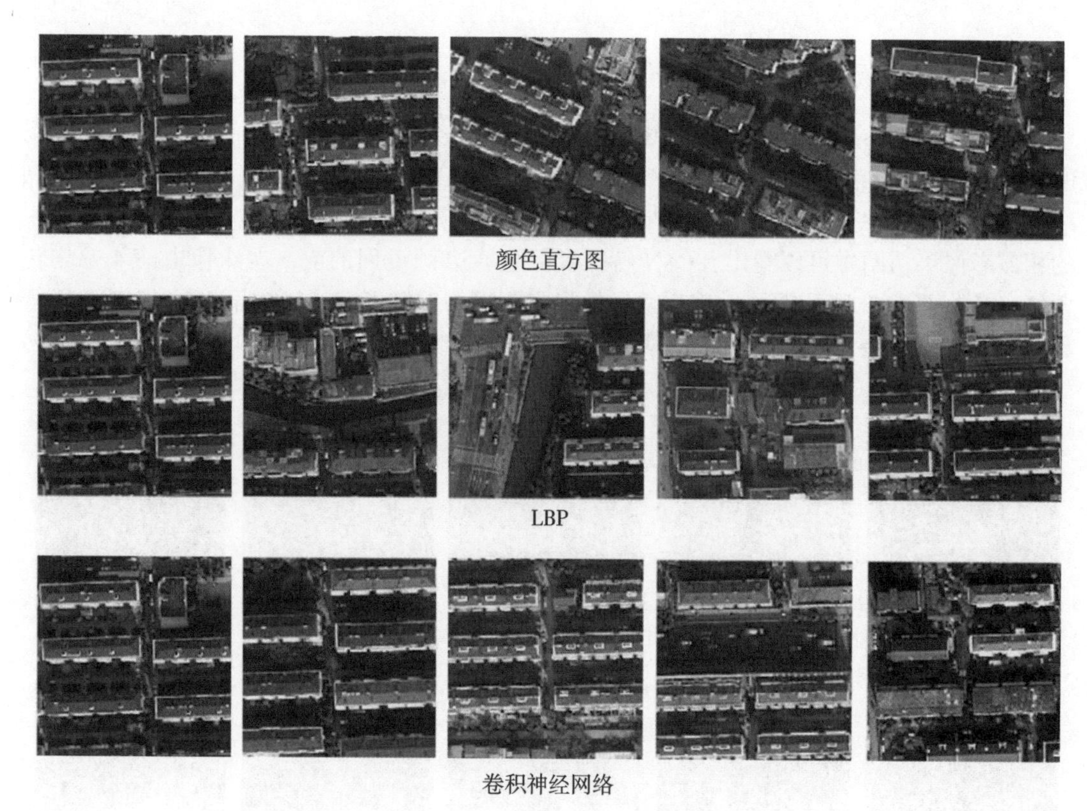

图 12-31　居民区检索实例

思考题

1. CBIR 根据影像内容可分为三个检索层次，为什么目前的研究主要集中在基于低层视觉特征的检索层次？基于低层视觉特征的检索缺陷是什么？

2. 低层视觉特征和深度学习特征的区别是什么？

3. 如何理解 CBIR、CBRSIR 和城市遥感影像检索？

4. 城市遥感影像检索不同方法各自的优势和缺陷是什么？

5. 对于城市遥感影像检索来说，为什么构建影像库是必要的？

参考文献

[1] Smeulders A W, Worring M, Santini S, et al. Content-based image retrieval at the end of the early years [J]. IEEE Transactions on Pattern Analysis & Machine Intelligence, 2000 (12): 1349-1380.

[2] Datta R, Joshi D, Li J, et al. Image retrieval: Ideas, influences, and trends of the new

age [J]. ACM Computing Surveys (Csur), 2008, 40 (2): 5.

[3] Levin G, Newbury D, McDonald K, et al. Terrapattern: Open-Ended, Visual Query-By-Example for Satellite Imagery using Deep Learning [EB/OL]. [2020-03-10]. http://terrapattern.com, 2012.

[4] Hanjalic A. Video and image retrieval beyond the cognitive level: The needs and possibilities [C] //International Society for Optics and Photonics, 2001.

[5] 黄祥林，沈兰荪. 基于内容的影像检索技术研究 [J]. 电子学报，2002 (7): 1065-1071.

[6] 程起敏. 遥感图像检索技术 [M]. 武汉：武汉大学出版社，2011.

[7] Hinton G E, Salakhutdinov R R. Reducing the dimensionality of data with neural networks [J]. Science, 2006, 313 (5786): 504-507.

[8] Lecun Y, Bengio Y, Hinton G. Deep learning [J]. Nature, 2015, 521 (7553): 436.

[9] Li Y S, Zhang Y T, Tao C, et al. Content-based high-resolution remote sensing image retrieval via unsupervised feature learning and collaborative affinity metric fusion [J]. Remote Sensing, 2012, 8 (9): 709.

[10] Wang Y B, Zhang L Q, Tong X H, et al. A three-layered graph-based learning approach for remote sensing image retrieval [J]. IEEE Transactions on Geoscience and Remote Sensing, 2012, 54 (10): 6020-6034.

[11] 张洪群，刘雪莹，杨森，等. 深度学习的半监督遥感影像检索 [J]. 遥感学报，2017 (3): 406-414.

[12] Tang X, Zhang X R, Liu F, et al. Unsupervised deep feature learning for remote sensing image retrieval [J]. Remote Sensing, 2018, 10 (8): 1243.

[13] Zhou W X, Shao Z F, Diao C Y, et al. High-resolution remote-sensing imagery retrieval using sparse features by auto-encoder [J]. Remote Sensing Letters, 2015, 6 (10): 775-783.

[14] Krizhevsky A, Sutskever I, Hinton G E. Imagenet classification with deep convolutional neural networks [C] //Advamces in the Neural Information Processing System, 2012.

[15] Deng J, Dong W, Socher R, et al. ImageNet: A large-scale hierarchical image database [C] //IEEE Computer Society Conference on Computer Vision and pattern Recognition, 2009: 248-255.

[16] Penatti O A, Nogueira K, Dos Santos J A. Do deep features generalize from everyday objects to remote sensing and aerial scenes domains? [C] //IEEE Computer Society Conference on Computer Vision and pattern Recognition, 2015.

[17] 葛芸，江顺亮，叶发茂，等. 基于 ImageNet 预训练卷积神经网络的遥感影像检索 [J]. 武汉大学学报（信息科学版），2018, 43 (1): 67-73.

[18] Napoletano P. Visual descriptors for content-based retrieval of remote-sensing images [J]. International Journal of Remote Sensing, 2018, 39 (5): 1343-1376.

[19] Ye F M, Xiao H, Zhao X Q, et al. Remote sensing image retrieval using convolutional

neural network features and weighted distance [J]. IEEE Geoscience and Remote Sensing Letters, 2018 (99): 1-5.

[20] Zhou W X, Newsam S, Li C M, et al. Learning low dimensional convolutional neural networks for high-resolution remote sensing image retrieval [J]. Remote Sensing, 2017, 9 (5): 489.

[21] Swain M J, Ballard D H. Color indexing [J]. International Journal of Cmputer Vision, 1991, 7 (1): 11-32.

[22] 庄越挺. 智能多媒体信息分析与检索的研究 [D]. 杭州: 浙江大学, 1998.

[23] Kullback S, Leibler R A. On information and sufficiency [J]. The Annals of Mathematical Statistics, 1951, 22 (1): 79-86.

[24] Puzicha J, Hofmann T, Buhmann J M. Non-parametric similarity measures for unsupervised texture segmentation and image retrieval [C]. //IEEE Computer Society Conference on Computer Vision and pattern Recognition, 1997.

[25] Rubner Y, Tomasi C. Perceptual metrics for image database navigation [M]. Springer Science & Business Media, 2013.

[26] Hafner J, Sawhney H S, Equitz W, et al. Efficient color histogram indexing for quadratic form distance functions [J]. IEEE Transactions on Pattern Analysis and Machine Intelligence, 1995, 17 (7): 729-736.

[27] Stricker M A, Orengo M. Similarity of color images [C] //International Society for Optics and Photonics, 1995.

[28] Zachary Jr J M. An information theoretic approach to content based image retrieval [D]. Louisiana State University, 2000.

[29] Huang J. Color-spatial image indexing and applications [D]. Cornell University Ithaca, USA, 1998.

[30] Haralick R M, Shanmugam K. Textural features for image classification [J]. IEEE Transactions on Systems, Man, and Cybernetics, 1973 (6): 610-621.

[31] Ojala T, Pietikäinen M, Mäenpää T. Multiresolution gray-scale and rotation invariant texture classification with local binary patterns [J]. IEEE Transactions on Pattern Analysis & Machine Intelligence, 2002 (7): 971-987.

[32] Hu M K. Visual pattern recognition by moment invariants [J]. IRE Transactions on Information Theory, 1962, 8 (2): 179-187.

[33] Teague M R. Image analysis via the general theory of moments [J]. JOSA, 1980, 70 (8): 920-930.

第 13 章　城市三维遥感重建方法

我们生活在一个真实的三维世界里，城市的复杂场景都是三维的。我们在使用二维地图导航的时候有时还是会迷路，什么时候可以使用实景三维地图导航呢？我们也经常在城市角落碰到没有通讯信号，这主要是信号在穿透和绕射城市建筑物时衰减计算不准确造成的，什么时候能有城市的精细三维模型为信号覆盖优化提供支持？公共疫情发生时，需要精确定位人的社交距离，什么时候能构建城市全覆盖的室内外高精度精细三维模型？这些迫切需要建立城市三维模型，它已经成为城市空间基础设施的重要内容。

本章的三维重建是指基于遥感数据重建目标的三维模型。根据所采用的技术路线不同，分别介绍基于立体像对的三维重建、基于街景的三维重建、基于激光扫描技术的城市古建筑三维重建和融合多种技术的三维重建方法，最后探讨三维重建的质量控制策略。

13.1　城市三维重建需求

随着科技的不断发展，城市的信息化成为必然的趋势，数字城市三维模型建设已成为城市信息化的重要部分。三维建模作为“数字城市”地理空间框架的一个重要组成部分，模型数据成果能较好地从多角度体现城市的立体景观，较直观且真实地还原城市风貌，为城市规划、建设以及民众生活带来便利（图 13-1）。

图 13-1　数字城市三维模型

随着数字城市建设的深入以及示范应用的丰富，三维地理信息系统成为数字城市建设的重要内容。传统的手工三维建模方法，投入成本高、建设周期长、数据覆盖度不够，模型误差大，导致空间分析结果不准确；数据加载缓慢，无法快速响应；多源数据整合能力弱，缺乏海量三维数据发布平台，但应用案例较多，方法较成熟。

基于倾斜摄影的三维遥感技术方法，建模周期更短，成本更低，精度更高，场景更加真实。其需要解决的问题有：

（1）需要探索一套“倾斜数据获取+实景三维建模+场景数据发布展示”的技术路线，解决传统手工建模成本高、周期长、效果不佳等问题；

（2）实现实景三维场景与城市街景数据、360 全景数据的融合，弥补平视情况下三维效果不好的缺点；

（3）实现三维空间分析功能，如日照分析、可视域分析、坡面分析等；

（4）实现单体化信息查询，解决三维建模数据与矢量电子数据属性联动的问题。

面对城市规划部门依托直观、真实、高精度的三维空间数据作为城市空间载体越来越迫切的需求，如果整合倾斜摄影技术、实景三维建模技术，实现海量数据、天地一体的二三维数据快速浏览、查询、分析、管理等功能，可以为各类用户提供实时、高效、快捷的三维模型服务。

倾斜摄影技术在国内外已经有十几年的应用试验，但主要是基于原始影像数据的浏览、量测，2012 年法国 Acute3D 公司推出 Smart3Dcapture 自动三维建模技术后，倾斜摄影技术迅速发展。摄影测量硬件生产商纷纷推出自己的倾斜摄影相机，如 LEICA 的 RCD30 Oblique，微软的 UCO，以及国产的 SWDC-5、AMC580 和 TOPDC-5 等。倾斜摄影数据获取的问题得到解决，同时三维数据发布与展示软件也同步跟进，如 Skyline、SuperMap 等提出相应的解决方案。因此，基于倾斜摄影技术的自动三维建模及其应用初步实现《城市三维建模技术规范》（CJJ/T 157—2010）。

三维模型由于立体表现的多样性，在不同源数据和不同需求下有不一样的表现精度。表现精度定位的不同，对建模源数据的要求、建模的工作量、建模成本都有明显的差异。按照三维模型建设的精度划分为三大类：可量测精细三维模型、分析应用展示三维模型和一般展示三维模型（表 13-1）。而每种类型的精度要求又可拆分为平面精度、高程精度、纹理精度、表现精度四个方面。

表 13-1　**三维模型分类**

类型	地理精度（平面高程）	表现精度（LOD1-4）	生产方法	应用场景	成本
可量测精细三维	分米级	大于 0.5m 的结构表现	航测建模，单反相机拍照取纹理	城市实景展示、工程分析应用	较高
分析应用展示三维	米级	大于 1m 的结构表现	基于卫片勾画建模，楼高用楼层数估算，单反相机拍照取纹理	城市实景展示、一般分析应用	适中

续表

类型	地理精度（平面高程）	表现精度（LOD1-4）	生产方法	应用场景	成本
一般展示三维	大于米级	主体结构表现	基于卫片或其他基础数据建模	区域地貌特征展示、导航定位	低

1. 可量测精细三维模型

一般通过地形测量和航空摄影测量、机载 LidAR 分别获取地物的各点、线、面的平面和高度空间坐标，再利用航测的立体像对采集地物的高度和顶部结构，结合实地采集纹理，采用建模平台生产模型。可量测实景三维模型精度一般在分米级，具有技术成熟、精度较高、成本较高、仪器设备可与常规测量工程共用等特点。

2. 分析应用展示三维模型

一般通过卫星遥感影像（地面分辨率小于 0.5m）获取地物的平面空间位置，通过楼层数结合推断的层高估算建筑等地物高度，再根据实地采集的照片修改地物的细部结构和高度，形成位置、大小、高度相对正确的模型成果。分析应用展示三维模型的精度一般为米级，具有技术要求不高、建模效率高、成本适中的特点，现多用在部分源数据缺乏、投入有限的“数字城市”建设项目中，主要用于展示、一般分析、搜索、定位等政务服务，同时为政府和民众提供较完整、较真实、直观的数据参考。

3. 一般展示三维模型

常用简单建模的方式，示意表示区域的三维分布。建筑模型结构一般采用测量地形数据外轮廓乘以统一推断层高，纹理采用示意通用纹理库，地面部分采用正摄影像（DOM）和数字高程模型（DEM）生产。该类模型具有对源数据要求不高、建模效率很高、成本很低的特点，能示意区域的三维地貌特征，现多用于源数据缺乏区域、城乡结合部、农村区域，以及一些精度要求不高的厂区、待拆区域等。

城市三维重建是构建数字城市的技术基础，也是发展智慧城市及其相关应用的基础。近些年来，随着物联网、大数据、云计算和人工智能等新兴技术和产业的迅猛发展，智慧城市建设已逐渐从原有的静态 3D 建模层次向动态数字技术与静态 3D 模型相结合的数字孪生层次发展，由此衍生出了数字孪生城市辅助智慧城市建设的新理念。显然，数字孪生城市是数字孪生概念在城市层面的广泛应用，其针对城市在物理世界与虚拟空间中构建一个二者得以双向映射、协同交互的复杂巨系统，在虚拟空间再造一个与现实城市相匹配和对应的“孪生城市”，形成物理维度上的实体城市和信息维度上的数字城市同生共存、虚实交融的格局（高艳丽等，2019）。数字孪生城市的构建需要数据基础和技术基础。其中，数据基础指城市中布满的各种各样的传感器、摄像头以及各市政管理部门相继建成数字化子系统每天源源不断地产生的海量的城市大数据。而包括 5G 在内的物联网、云计算、大数据和人工智能等技术则构成其技术基础。在数字孪生城市中，基础设施的运行状态，市政资源的调配情况，人流、物流和车流的安全运控，都会通过传感器、摄像头、数字化子系统采集出来，并通过包括 5G 在内的物联网技术传递到云端和城市的管理者。基于这些数据以及城市模型可以构建城市的数字孪生体，从而更高效地管理城市。数字孪生的智慧城市架构如图 13-2 所示。

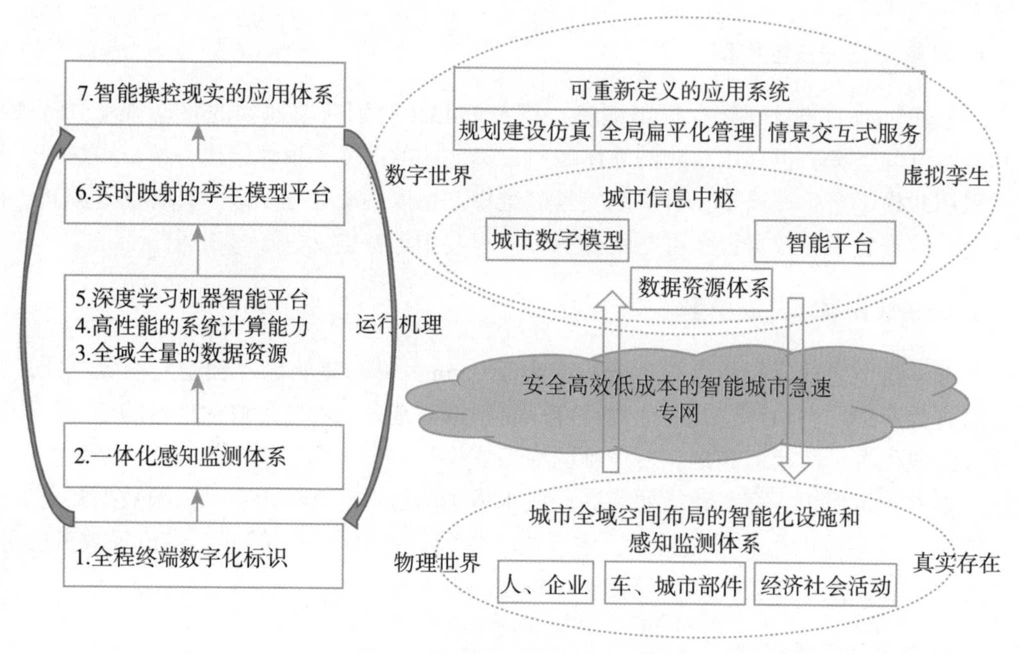

图 13-2　数字孪生的智慧城市架构

13.2　基于立体像对的城市三维重建

当前，国内外众多测绘单位和相关企业生产三维模型数据，通常都是基于立体影像采用手工建模的方法采集数据，如图 13-3 所示为基于 IGS 立体测图软件采集的三维特征数据，然后再通过如图 13-4 所示的这类软件，基于三维特征数据重建建筑物三维模型［《三维地理信息模型数据产品规范》（CH/T 9015—2012）］。但由于倾斜摄影自动化建模存在数据量庞大、单体化困难等“拦路虎”，目前倾斜摄影模型无法在大范围内很好地应用起来，这也成为各主流三维 GIS 亟需解决的难题。倾斜摄影三维模型实景三维数据是连续不规则三角网数据加贴图，本身并没有单体化，即无法单独选中建筑，更谈不上查询、制作等 GIS 功能。由于不能根据建设物、道路等地物划分为可单独选中和查询的对象，只能作为底图浏览。为了能够更好地将数据应用于目前三维数据应用平台及实现数据的局部更新，需要开发实景三维数据模型单体化技术。

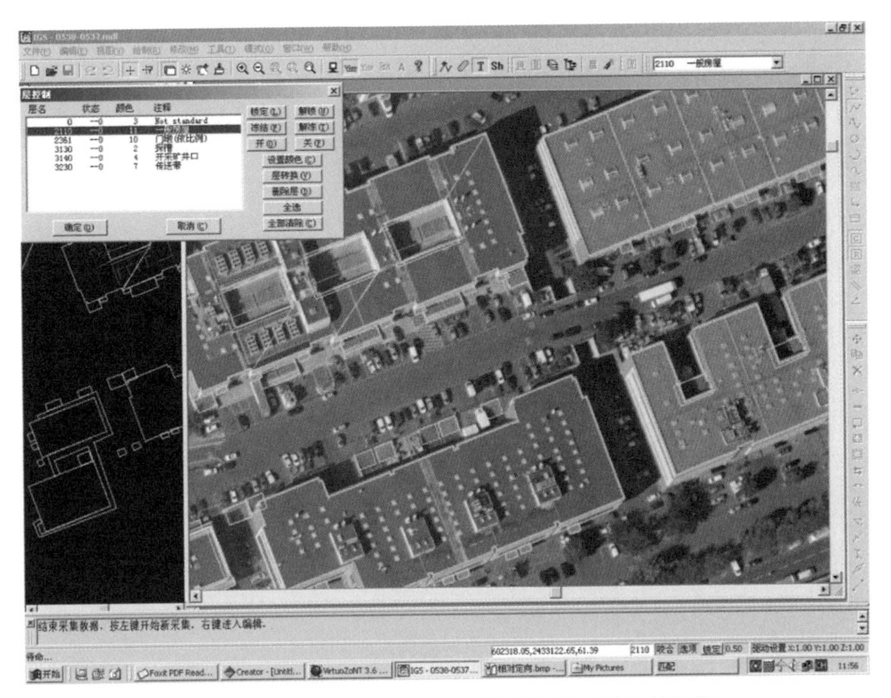

图 13-3 基于 IGS 立体测图软件采集的三维特征数据

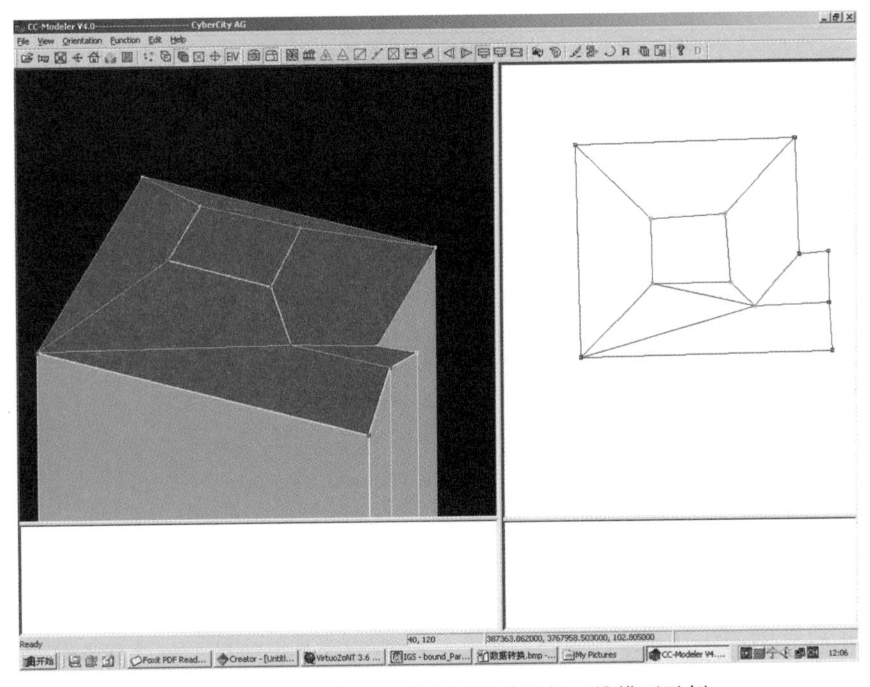

图 13-4 基于三维特征数据重建建筑物三维模型示例

最初采用的单体化技术是通过输入对应地物的矢量底图直接对倾斜摄影三维模型进行切割。然而由于倾斜摄影三维模型数据本身就是三角面片加纹理，直接切割留下的单体对象边缘的三角面片呈现锯齿和空洞现象，美观性和准确性都不能满足实际应用需要。另外，切割后的模型数据丢失数据自带 LOD，导致 GIS 平台只能按照普通模型的方法来构建 LOD，数据量庞大；若输入的对应地物矢量底图稍微发生变化，数据就必须重新切割。

另外一种思路是分别存储二维地物矢量底图和倾斜三维模型数据，选中和查询只利用矢量图层，但一旦地面地物改变，需要重新测量获取更新矢量数据图层，工作量大。

从倾斜摄影三维模型数据中自动提取地物单体的方法，如图 13-5 所示。

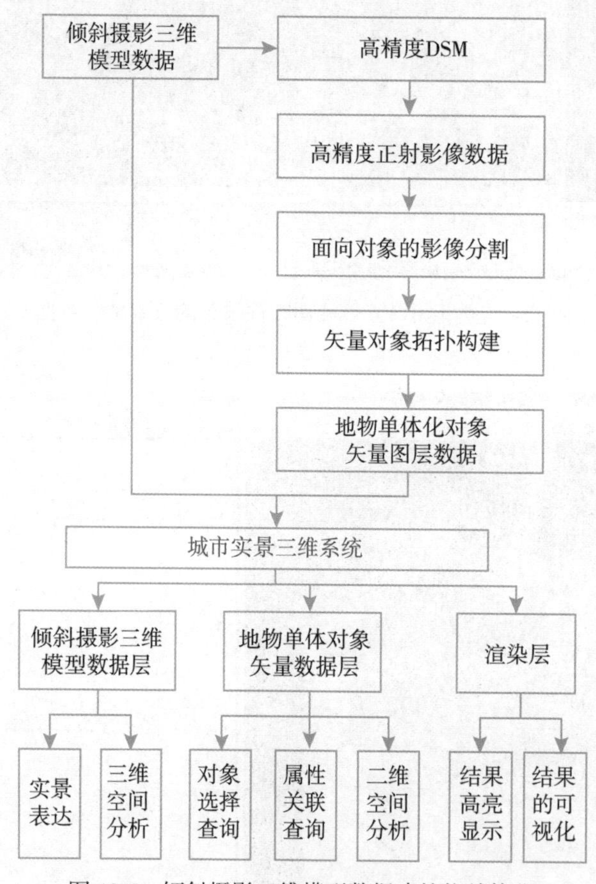

图 13-5　倾斜摄影三维模型数据建筑物单体化

该方法充分利用倾斜摄影三维模型数据，基于生成高精度 DSM，然后制作高精度的真正射影像图，在影像图上通过面向对象的影像分割技术提取模型外轮廓，最后通过拓扑构建，生成地物单体对象矢量图层，从而可以通过“倾斜摄影三维模型数据+地物单体对象矢量图层”的方式实现从实景三维中选中建筑物、道路等地物；若要把影像上的某种类型地物隐藏，也是通过叠加该类地物的矢量对象进行显示过滤。倾斜摄影三维模型数据作为实景表达和三维地理空间分析的数据基础，而地物单体对象的矢量图层数据作为三维对象选择与查询的数据基础；三维对象的选择和分析结果的专题展示将以地物单体对象的矢量图为基础。

目前的单体化技术普遍采用叠加与倾斜摄影模型所配套的二维矢量面的方法，在渲染层面实现单体化，可实现单体化的表达与操作，例如，可高亮选中模型建筑、进行图属性查询等，从而保证了使用效果，并且不破坏原始数据及 LOD，由此打通了倾斜摄影模型与二维矢量面之间的二三维一体化通道，是实现倾斜摄影数据对象化管理和多行业应用的关键技术。三维模型如图 13-6 所示。

图 13-6　基于影像重建的城市三维模型

13.3　基于机载激光扫描技术的三维重建

机载激光雷达（Light Detection and Ranging，LiDAR）是近年来发展起来的新的探测技术，是激光测距技术、计算机技术、高精度动态载体姿态测量技术（INS）和高精度动态 GPS 差分定位技术迅速发展的集中体现，代表了对地观测领域的一个新发展方向，为快速、高效获取被测区三维信息提供了强有力的技术支持。它可以快速、主动、实时、直接获得大范围地表及地物密集采样点的三维信息，是一种新型快速的三维空间信息获取技术（Wehr et al.，1999）。

从机载激光雷达数据重建三维模型的基本流程如图 13-7 所示。

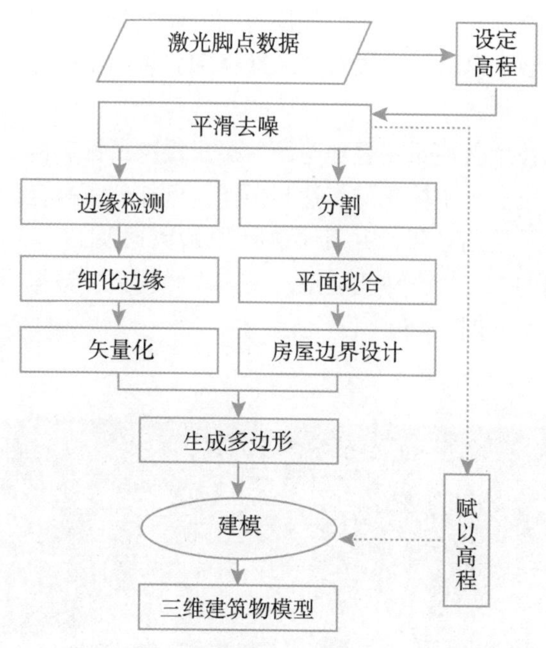

图 13-7　机载激光雷达数据重建三维模型的基本流程

13.4　基于地面激光扫描技术的城市古建筑三维重建

地面激光扫描（Terrestrial laser scanning，TLS）作为一种新技术可以直接获取高质量的空间信息三维数据，具有实时性强、精度高、扫描速度快、主动性强、通用性强、全数字化、人工干预少等特点，它的出现掀起了一场三维信息采集技术及应用的新革命。近年来，随着三维激光扫描技术在测量精度、数据处理、三维可视化等方面的进步，其应用领域日益广泛，目前较多应用于三维地面景观测量、高精度数字地面模型的建立、地形测量、古建筑结构测量、建筑物三维重建、变形监测、制造业设计、游戏场景制作、电影特技等领域。

地面激光扫描仪获取的数据主要为目标物体的点云数据，点云包括点的三维位置信息以及强度信息。有的地面激光雷达扫描仪也配置了 CCD 相机，同时可以采集目标物体的纹理、光谱信息，为目标的三维重建提供相应的纹理数据。

针对不同的应用对象、不同点云数据的特性，地面激光扫描数据处理的过程和方法也不尽相同。概括地讲，整个数据处理过程包括：数据采集、数据预处理、三维重建和模型优化、精度评价。而数据预处理又可以细分为：点云数据去噪、点云数据重采样、点云数据配准、点云数据的精简、点云数据的分块等。三维重建阶段主要包括模型重建、模型重建后的平滑及孔洞修补、残缺数据的处理和纹理映射等。

外业地面激光雷达数据采集系统主要由三维激光扫描仪、数码相机、软件控制平台以及附属设备组成，具体如图 13-8 所示。

图 13-8 外业数据采集系统组成

三维激光扫描仪采用非接触式高速激光测量方式，能够在相对较短的时间内获取空间物体及地面三维表面的高密度、高精度的阵列式几何图形数据，并以点云形式存储。仪器主要由一台高速精准的激光测距仪和一组可以引导激光并以均匀角速度扫描的反射棱镜构成。获取单站扫描点云数据时，激光扫描仪会为测距仪自定义坐标，激光测距仪主动发出一个激光脉冲信号，经物体表面漫反射后传回到接收器，可以计算目标点 P 与扫描仪的距离 S，控制编码器同步测量每个激光脉冲纵向扫描角 β 和横向扫描角 α，获得目标点 P 的相对激光扫描仪中心的坐标。扫描点坐标计算原理如图 13-9 所示，计算公式如下：

$$\begin{cases} X_P = S\cos\beta\cos\alpha \\ Y_P = S\cos\beta\sin\alpha \\ Z_P = S\cos\beta \end{cases} \tag{13-1}$$

扫描前，可以在测区布设扫描控制点，一般有全站仪或 GPS 等传统测量方法获取扫描控制点的大地坐标，那么扫描点的三维地理坐标也可获取。系统利用地面三维激光扫描仪获取点云数据及扫描点坐标后，利用数码相机获取地形地物的纹理图片，再由后处理软件对采集的点云数据和影像数据进行处理，转换为绝对坐标或模型数据。

目前，生产三维激光扫描仪的公司有很多，如美国的 Leica 公司、3D DIGITAL 公司、Polhemus 公司等，奥地利的 RIGEL 公司、加拿大的 OpTech 公司、瑞典的 TopEye 公司、法国的 MENSI 公司、日本的 Minolta 公司、澳大利亚的 I-SITE 公司等。这些产品的测距精度、测距范围、数据采样率、最小点间距、模型化点定位精度、激光点大小、扫描视场、

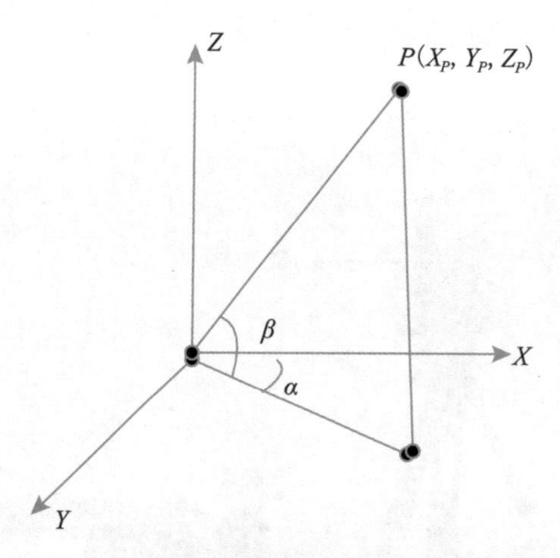

图 13-9　扫描点坐标计算原理

激光等级、激光波长等指标会有所不同。使用时可根据不同的情况，如成本、模型的精度要求等进行综合考虑之后，选用不同的三维激光扫描仪的产品。

利用三维激光扫描仪获取的点云数据构建实体三维几何模型的过程主要包括：数据采集、不同测站数据配准与融合、几何模型重建与后处理、纹理映射。图 13-10 为基于设站式激光扫描仪采集点云数据到三维重建的流程。

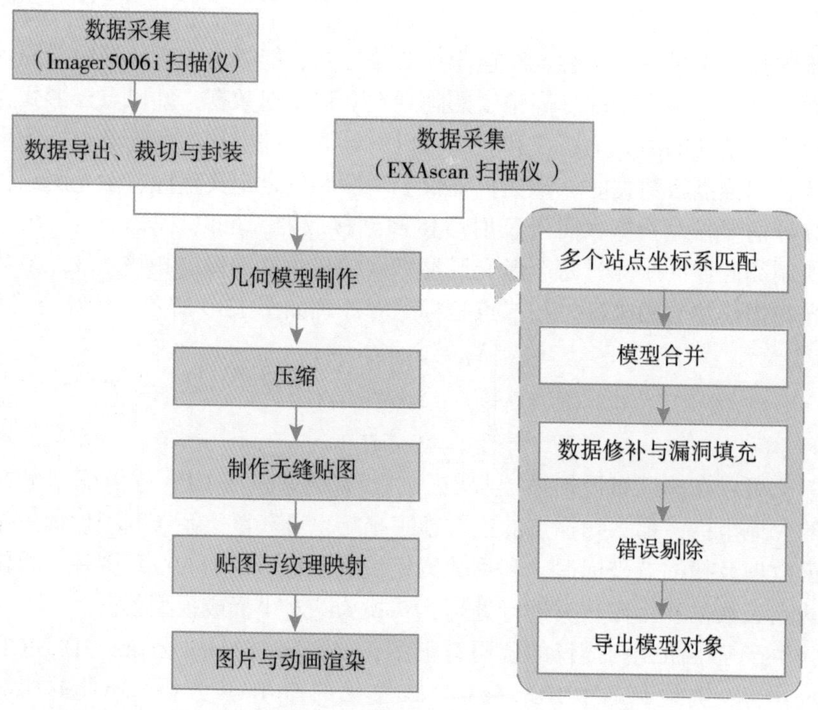

图 13-10　基于设站式激光扫描仪采集点云数据到三维重建的流程图

图 13-11 为三维激光扫描仪获取的某古建筑的点云数据，对应的三维重建效果如图 13-12 所示。

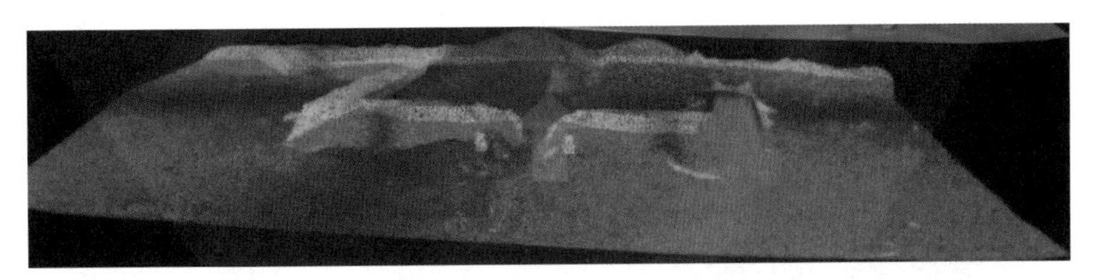

图 13-11　三维激光扫描仪获取的某古建筑的点云数据

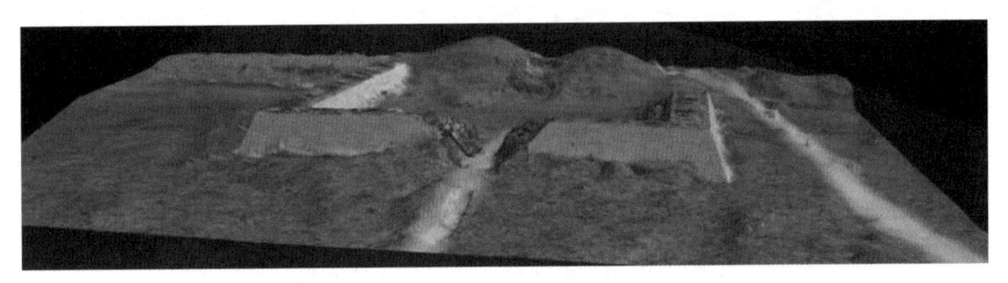

图 13-12　基于激光扫描点云数据重建的某古建筑三维模型

13.5　基于街景数据的城市三维重建

采用车载移动测量系统，采集城市沿街的街景数据，构建基于街景数据的城市三维模型。其采集原理如图 13-13 所示，图 13-14 为深圳市基于车载移动测量技术的实景三维应用。

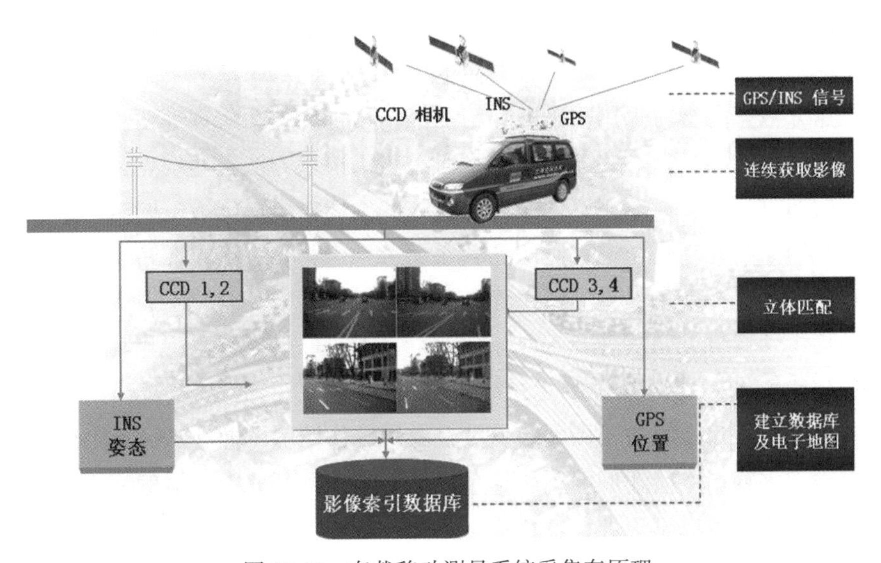

图 13-13　车载移动测量系统采集车原理

图 13-14　深圳市基于车载移动测量技术的实景三维应用

13.6　室内外空地一体化全景影像三维建模技术

相比室外的三维建模，室内建模的难点是三维数据获取，目前普遍采用地面激光扫描与手持式激光扫描点云融合的方法。针对不同的扫描对象，采用不同分辨率和不同测距的扫描仪进行数据获取，这样既能减少数据的冗余，又能充分表现细节。对于小型扫描对象，一般采用手持激光扫描仪进行细节部分扫描，利用地面激光扫描仪获取对象中较为平坦且细节粗糙的部分，最终需要将两者的数据纳入统一的参考框架下。

在进行点云数据融合时采用粗配准和精配准相结合的方法实现地面激光扫描和手持式激光扫描点云数据的融合。其中，粗配准是通过人工选取方法在两块点云数据中寻找公共特征点，然后通过坐标转换模型实现点云粗配准，也称作全局配准，同时，配准参数作为精配准的初始值。精配准是通过改进的迭代最近点（Iterative Closest Point，ICP）算法进行迭代配准，以提高配准精度，实现无缝拼接的效果。

另外，基于计算机立体视觉（Stereo Computer Vision）和近景摄影测量（Close-range Photogrammetry）的便携式三维数字化系统也是一个高效率的信息获取工具（图 13-15）。

便携式三维数字化系统通过摄影的手段获取目标物体的图像，从而确定图像中对象物体的空间位置、形状、方向外形和运动状态。在很多领域都有很广泛的应用。它的优点在于：瞬间获取被测物体大量物理信息和几何信息；是一种非接触性测量手段，不伤及测量目标，不干扰被测物的自然状态；是适合动态物体外形和运动状态测定的手段；也是对微

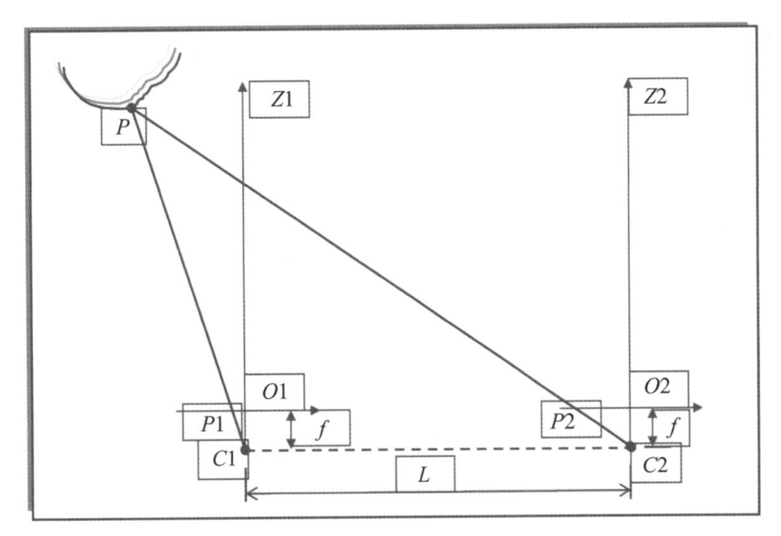

图 13-15 立体视觉测量系统基本原理

观和对较远目标测量手段；有基于严谨理论和现代软件，根据不同处理方法、技术手段和硬件投入，可提供千分之一至万分之一的精度；是基于数字图像信息和数字影像的技术，便于存储、管理和再现。

图 13-16、图 13-17 为古建筑重新规划和保护应用示例。

原貌　　被毁后

图 13-16 韩国崇礼门

历史文化名城的室内三维模型制作，实现从室外到室内的实景三维建模，该成果既实现历史文化名城的保护、维修，也可共享给文物、旅游等行业应用，实现的效果如图 13-18所示。

图 13-17　韩国崇礼门室内外一体化三维重建

图 13-18　泰州市望海楼室内外一体化三维建模

13.7　城市场景三维重建的质量控制策略

三维重建的质量控制策略主要指模型重建过程中的数据质量检查［《三维地理信息模型数据产品质量检查与验收》（CH/T 9024—2014）］，主要涉及三维重建模型的完整性、三维重建模型特征点几何精度以及三维重建模型拓扑正确性三个方面。

三维重建模型的完整性检查是指三维数据的生产是否覆盖生产规定所定义并在影像立体中可见的地物类型与实体。

结合城市人工目标三维重建的特点，上述质量控制策略主要以立体像对的立体模型为依据，可通过将提取的矢量特征点（或特征线）投影到立体影像上进行检查。

从三维重建的角度来看，三维模型检查主要包括几何模型检查和拓扑结构检查。

（1）几何模型的检查主要是在模型建立后，将建立的三维模型与立体像对中的立体模型进行比照，检查三维模型几何结构的正确性，并确定精度超限需要重新量测的地物。

实践中可以按点、线、面与体的不同层面来检查其模型结构的正确性。对应不同的层面，其检查方式和检查内容也有区别。

① 点检查：三维重建模型的特征点几何精度检查，是指影像重建内业生产的特征点几何精度是否满足相关数据生产规范［《三维地理信息模型生产规范》（CH/T 9016—2012）］所定义的精度要求；也包括边缘提取的特征点精度以及样条插值的精度，具体涉及特征点平面精度、特征点高程精度等。

② 线检查：主要检查房屋边缘垂直、平行条件是否满足。房屋边缘大部分表现为垂直与平行结构，但在实际量测过程中一般难以满足。当前普遍采用的方法是对不满足垂直与平行结构的部分，使用格网功能进行编辑改正。

③ 面检查：主要检查面结构是否合理，共面误差是否满足给定的限度。

④ 体检查：模型高度是否正确，组合是否完整，几何结构是否合理。

（2）拓扑结构检查：三维重建模型的拓扑正确性检查，是指基于三维模型点、线、面、体之间的几何约束关系，对三维模型的拓扑结构所执行的质量检查［《三维地理信息模型数据产品质量检查与验收》（CH/T 9024—2014）］。遍历三维模型并与影像对中的立体影像比照，检查三维模型的拓扑结构是否正确，其主要内容包括以下三点。

① 目视检查：根据立体模型检查所建立的三维模型在视觉上是否与立体影像在主要结构特征上一致。

②冗余面检查：检查是否存在破坏完整性的冗余面。

③复杂房屋及其附属设施间的外拓扑检查。

13.8　城市场景三维重建管理平台

目前可选择的国内外三维管理平台包括：

（1）立得空间信息技术股份有限公司：TrueMap Globe；

（2）武大吉奥信息技术有限公司：GeoGlobe；

（3）超图 SuperMap；

（4）国外 Skyline；

（5）中地数码：MapGIS 平台。

其中，GeoGloble 是由武汉大学测绘遥感信息工程国家重点实验室研发的网络环境下全球海量无缝空间数据组织、管理与可视化软件。GeoGlobe 通过对全球海量影像数据、地形数据和三维城市模型数据高效组织、管理和可视化，从而实现任何人、任何时候、在任何地点，通过互联网以任意高度和任意角度动态地观察地球的任意一个角落。GeoGlobe 以其优秀的卫星图库与地形资料，通过 3D 技术的应用，让用户拥有身临其境的感觉。GeoGlobe 包括三部分：GeoGlobe Server、GeoGlobe Builder 和 GeoGlobe Viewer。GeoGlobe Server 通过分布式空间数据引擎，管理所有注册的空间数据，并提供实时多源空间数据的服务功能。GeoGlobe Builder 实现对海量影像数据、地形数据和三维城市模型数据的高效多级多层组织，为实现全球无级连续可视化提供数据基础。GeoGlobe Viewer 则装在客户端，通过网络获取服务器端数据，三维实时显示、查询、分析。

GeoGloble 软件平台的主要性能体现在数据管理能力、应用服务能力和可视化能力三个方面。其主要特点包括：①二维、三维一体化设计，具有自主知识版权的软件平台；②支持与 GIS 平台的无缝集成；③多源、多尺度的空间数据无缝组织与可视化；④开放的接口方便实现二次开发与业务系统的无缝集成应用；⑤通过支持 WMS，WCS 和 WFS 服务规范，实现空间信息共享与服务；⑥支持遥感图像处理的应用集成；⑦支持嵌入 IE 浏览器的应用；⑧支持 Google Earth 的 KML 导入［《城市地理空间信息共享与服务元数据标准》(CJJ/T 144—2010)］。

数据管理平台的二三维一体化技术体系（图 13-19)，有机整合了强大的 GIS 功能和绚丽的三维可视化效果，突破了单纯三维软件“中看不中用”的应用瓶颈，提供了三维空间数据管理与查询、三维符号体系、二三维空间分析等实用 GIS 功能。通过将二三维一体化技术贯穿应用于包括服务器、组件、桌面、客户端和移动端等全系列产品，可以构建实用的、满足深度业务需求的三维 GIS 应用。

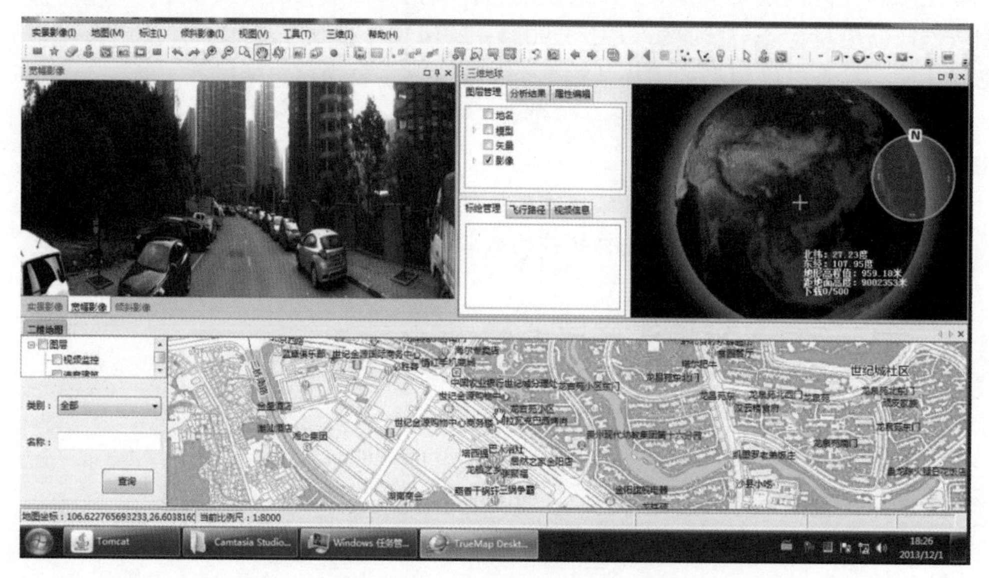

图 13-19　二三维一体化平台

思考题

1. 城市三维重建可用的遥感数据源主要包括哪些?
2. 阐述基于倾斜摄影立体像对的城市三维重建流程和关键环节。
3. 介绍基于机载激光扫描技术的三维重建的原理和流程。
4. 阐述基于车载移动测量系统的三维重建的步骤和业务流程。
5. 请比较地面激光扫描技术、机载激光扫描技术和倾斜摄影航空影像对的三维重建不同点。

6. 如何高效重建城市三维模型的纹理信息？
7. 如何实现基于城市街景数据的三维重建？
8. 请阐述室内外一体化三维重建的技术解决方案和应用前景。
9. 城市三维建模的质量控制有哪些策略？
10. 当前城市三维重建有哪些软件平台？请举例说明城市三维模型的用途。

参考文献

[1] 国家测绘地理信息局. CH/T 9015—2012 三维地理信息模型数据产品规范［S］. 北京：测绘出版社，2013.

[2] 国家测绘地理信息局. CH/T 9016—2012 三维地理信息模型生产规范［S］. 北京：测绘出版社，2013.

[3] 国家测绘地理信息局. CH/T 9017—2012 三维地理信息模型数据库规范［S］. 北京：测绘出版社，2013.

[4] 国家测绘地理信息局. CH/T 9024—2014 三维地理信息模型数据产品质量检查与验收［S］. 北京：测绘出版社，2015.

[5] 中华人民共和国住房和城乡建设部 . CJJ/T 157—2010 城市三维建模技术规范［S］. 北京：中国建筑工业出版社，2011.

[6] 中华人民共和国住房和城乡建设部 . CJJ/T 144—2010 城市地理空间信息共享与服务元数据标准［S］. 北京：中国建筑工业出版社，2010.

[7] 国家测绘地理信息局. GB/T 35628—2017 实景地图数据规范产品［S］. 2017.

[8] Wehr A，Lohr U. Airborne laser scanning—An introduction and overview［J］. ISPRS Journal of Photogrammetry and Remote Sensing，1999，54（2-3）：68-82.

[9] 高艳丽，陈才，张育雄 . 数字孪生城市：智慧城市建设主流模式［J］. 中国建设信息化，2019（21）：8-12.

第14章　城市遥感变化检测方法

变化检测技术是对不同时段目标状态发生的变化进行识别、分析的关键技术，是目前数字影像处理与理解领域的前沿分支。20世纪70年代末，随着卫星对地观测成为现实，人们就开始研究利用卫星周期性重复对地观测的特点，利用遥感数据提取地表变化信息，进行变化检测。变化检测技术通过比较两个不同时相的遥感影像数据，从中获取地物的变化信息，其在城市土地覆盖变化监测、城市化动态监测、环境变迁动态监测、自然灾害监测、农作物估产等多方面具有显而易见的优势。

城市变化检测是通过不同时间的观察进而识别城市中一个物体或现象的状态差异的过程。术语“变化检测”，主要是指对两幅或多幅数字图像进行的变化检测。它检测的变化包括目标的位置和范围的变化及目标类型、属性的变化。计算机全自动化和人机交互操作是遥感图像解译、变化检测的发展趋势。城市遥感图像的变化检测目前已经得到广泛的应用，如城市的扩张、违法用地等。本章分别介绍城市遥感变化检测的概念、应用、流程框架以及基本算法，其中着重阐述变化检测的基本算法，包括基于像素、基于对象的变化检测方法，以及分类后比较法和基于深度学习模型的城市变化检测方法。

14.1　城市变化检测需求

城市是指非农业产业和非农业人口集聚形成的较大居民点，是人口、产业、经济、技术、文化、建筑密集的场所，是人类生活、生产的主要区域。随着国家或地区社会生产力的发展、科学技术的进步以及产业结构的调整，城市化成为区域发展的必然趋势，而随着人类科技进步，城市发展速度日益加剧。而过快的城市发展通常伴随环境污染、生态破坏、城市布局分散、土地利用效率低、交通拥堵、公共服务设施分布不均衡等威胁城市安全、影响城市管理的问题，制约着城市高效发展。

随着遥感技术的发展，遥感数据的日益普及，由于遥感影像具有数据获取速度快、周期短、大面积同步观测等优势，目前已经成为城市规划、建设、管理等各个环节重要的监测手段。利用多时相遥感影像对城市变化进行检测也已经得到越来越广泛的重视。遥感影像变化检测技术能够跟踪城市发展、监测生态环境变化、协助城市管理，对于研究人类与自然环境交互关系、了解城市发展状况、辅助城市管理决策有着重要的意义。

如图14-1所示，是利用高分遥感影像观测2009年至2015年同一个城市的建设发展过程。

14.1.1　城市建设监控需求

利用遥感影像变化检测技术，识别并提取城市范围内道路、建筑物、构筑物等人工地物变化，可以了解城市建设的进程，城市扩张趋势、工程建设进度等。

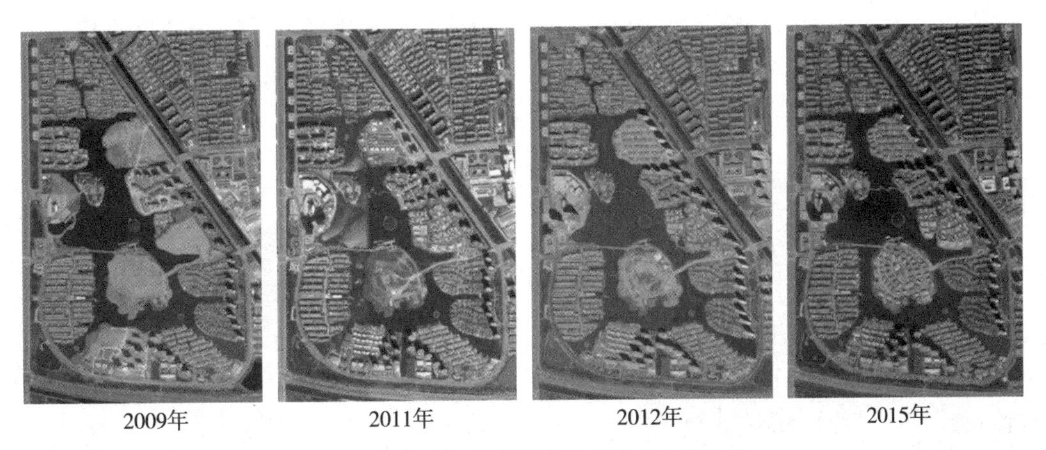

图 14-1 多时相遥感影像用于城市变化检测

图 14-2 为湖北省武汉市武昌区南湖街，其中（a）、（b）分别为 2011 年 7 月与 2012 年 4 月的卫星遥感影像，该区域 2011 年至 2012 年正进行房屋拆迁。

（a）2011年武汉市南湖街影像

（b）2012年武汉市南湖街影像

图 14-2 2011 年至 2012 年湖北省武汉市武昌区南湖街卫星遥感影像

图 14-3 展示了利用对象级变化检测方法提取两个时相影像中的新增和拆除建筑，图 14-4 为该方法进行建筑物变化检测的精度。通过遥感影像变化检测技术可以快速发现、准确定位和提取城市地物的变化，监测工程建设进度，了解城市化进程。

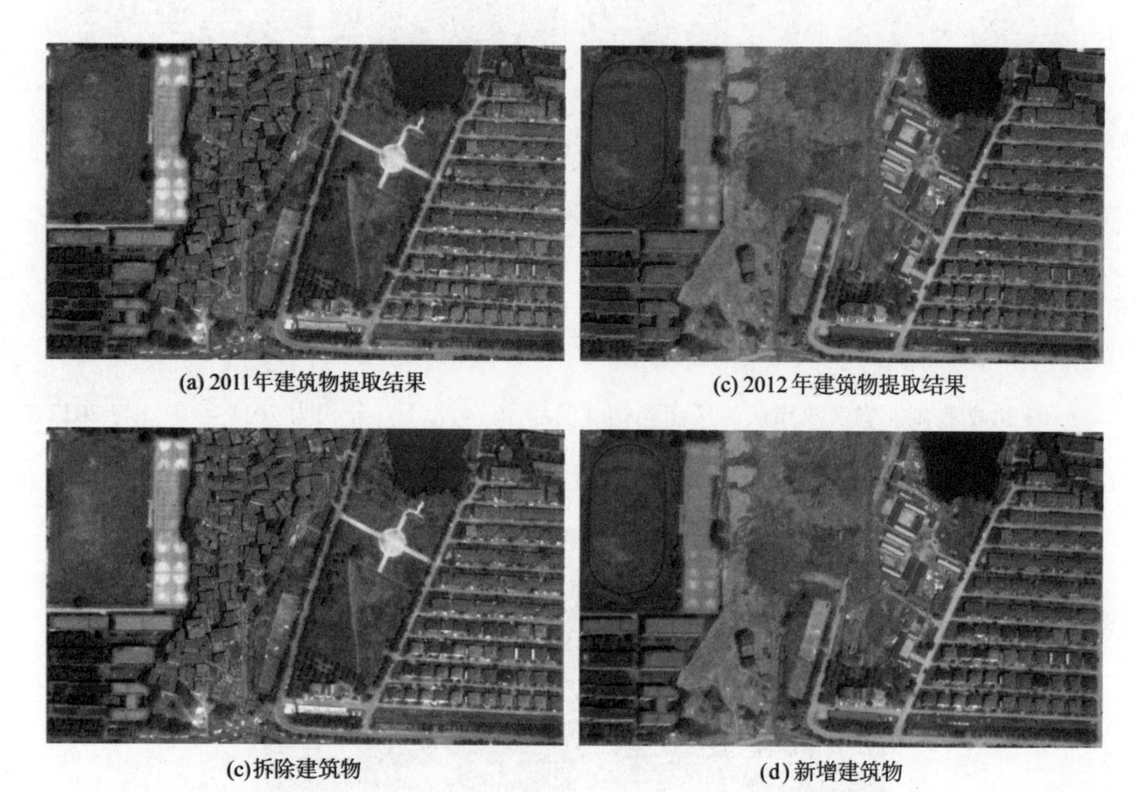

图 14-3　2011 年至 2012 年湖北省武汉市南湖街建筑物提取和变化检测结果

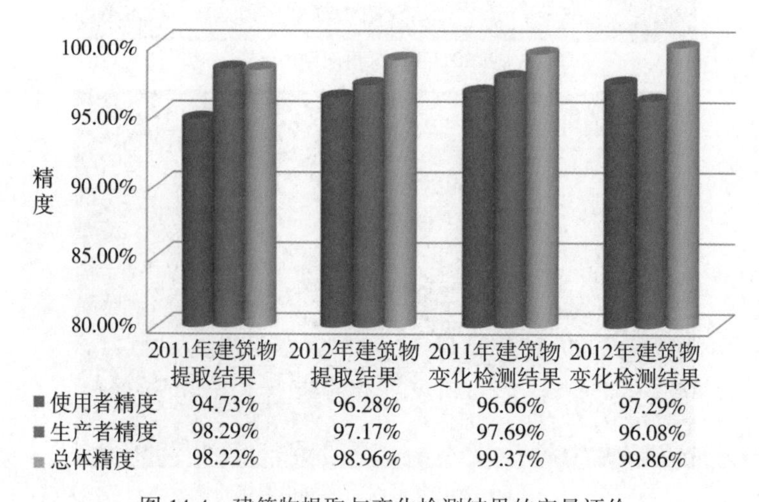

	2011年建筑物提取结果	2012年建筑物提取结果	2011年建筑物变化检测结果	2012年建筑物变化检测结果
■使用者精度	94.73%	96.28%	96.66%	97.29%
■生产者精度	98.29%	97.17%	97.69%	96.08%
■总体精度	98.22%	98.96%	99.37%	99.86%

图 14-4　建筑物提取与变化检测结果的定量评价

14.1.2　城市管理监测需求

高分辨率遥感数据具有高空间、高光谱和高时间等特性，可以更精细地观测城市各类建设要素、调查城市资源环境要素、掌握城市变化变迁要素。利用遥感影像变化检测技术开展城市精细化管理，有助于促进城市规划、建设、管理和服务水平的提升。目前，城市遥感变化监测已经在城市土地利用监测、违法建筑监测、违章堆弃查处等方面得以应用。

14.2　城市遥感变化检测的技术难题

遥感影像变化检测是根据不同时期遥感影像的差异来推导地物变化的过程。由于影像获取过程中会受到传感器成像位置、相机姿态、系统误差等传感器自身因素的影响，以及太阳高度、大气状况、天气条件、光照条件、阴影遮挡、季节物候变化等外部环境的影响，造成地物未变化时仍存在影像变化。遥感影像变化检测的关键，一是识别不同时期遥感影像的差异，二是在所有影像差异中鉴别地物差异。

城市遥感变化检测则是利用遥感影像变化检测技术，针对城市建设和发展问题，识别城市范围内的地物变化。相较于城市外区域，城市地表地物类型更多样，人工地物更集中，地物复杂程度更高。在城市的快速建设和扩张过程中，城市不断占用边缘区土地，将周围耕地、林地、水域变成城市用地，城市内部也在发生日新月异的变化。城市遥感变化检测具有高空间分辨率、小尺度、变化频率高、检测结果时效性强等特点，使城市遥感变化检测更为复杂、困难。城市规划、管理、决策需求却对遥感影像变化检测结果的准确度、效率等提出更高的要求，因此给城市遥感影像处理与分析带来更大的挑战。

（1）阴影、植被的遮挡。城市地区内城市绿化树木、高层建筑等具有一定高度的地物更为密集，植被和高层建筑及其阴影的遮挡造成了大量地表信息的损失，如图 14-5 和图 14-6 所示。

由于不同时相遥感影像获取时传感器位置不同而造成相同地物的投影差异，形成大量非地物变化的影像变化，增加了变化检测难度。

（2）存在屋顶加盖，需要开展三维变化检测。

城市地区地表变化类型多样，不仅存在类型的变化、横向的拓展，还存在建筑物的加层、顶层搭建阳光屋、阳光棚等现象。这种小尺度的地物变化不仅对影像分辨率提出更高的要求，也对变化检测方法提出更高要求，通常需要三维处理和分析手段来解决该类问题。

现有的二维空间数据表达存在高程信息缺失、语义信息不足、层次化表达缺乏、空间关系粗略等局限，因此无法满足城市精细化管理、三维变化检测、自动驾驶等国家重大需求。

（3）社会经济活动频繁，人口集中，受空管限制，航空和无人机获取数据受限、难度大。

图 14-5　上海市浦东新区陆家嘴遥感影像

图 14-6　辽宁省阜新市某区域遥感影像

14.3　城市遥感变化检测框架和流程

如图 14-7 所示，遥感影像变化检测过程主要分为五个阶段。

1. 影像选择与获取

综合考虑变化检测需求、目标特征以及数据获取成本和可行性等因素，确定遥感影像

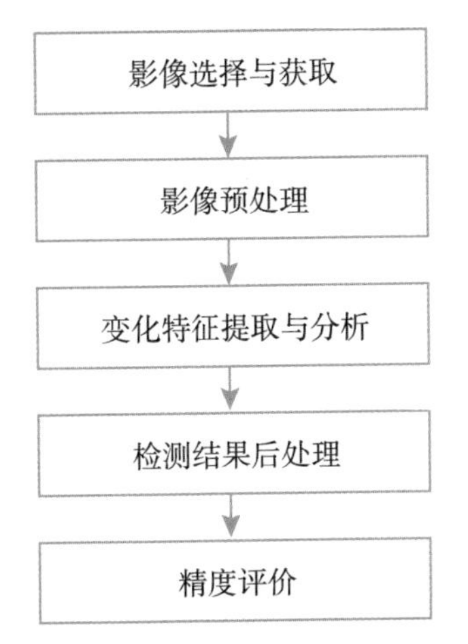

图 14-7 遥感影像变化检测基本流程

的类型、来源、分辨率、波段、时相等，并收集数据。

2. 影像的预处理

为尽量减小影像差异对变化检测结果的影响，需对影像进行一系列预处理。一般通过辐射校正减小不同时相影像获取时因大气状况、光照条件等环境因素差异造成的辐射差异，通过影像匹配等几何校正手段减小影像的位置差异，通过影像增强提高影像质量，突出变化检测特征。

3. 变化特征提取与分析

变化特征的提取是遥感影像变化检测的关键，通常需要确定变化分析的基元、是否需要分类及分类体系、多时相影像的比较方法、变化的定量描述方式以及变化提取的方法等。

4. 检测结果后处理

在变化特征提取与分析后得到的变化检测结果中，通常存在一些伪变化图斑。为提高检测精度，在变化特征提取与分析步骤之后会通过滤波或形态学等算法进行后处理以优化提取结果。

5. 精度评价

通过建立评价指标和方法，将变化检测结果与地表真实变化情况进行比较，以定性和定量地分析其结果的可靠性与准确性，从而检查和改进上述过程，提高变化检测的精度。

变化检测结果的精度评价，通常将变化检测的变化和非变化结果视为二值分类结果，利用混淆矩阵计算生产者精度（Producer Accuracy，PA）、用户精度（User Accuracy，UA）、总体精度（Overall Accuracy，OA）等来评价变化检测结果的准确性（表 14-1）。

表 14-1　**六种像素级变化检测方法比较**

像元个数		参考结果	
		实际变化	实际未变化
检测结果	检测变化	正检 （Ture Positives，TP）	误检 （False Positives，FP）
	检测未变化	漏检 （False Negatives，FN）	正检未变化 （Ture Negatives，TN）

1）生产者精度（PA）

变化类别的生产者精度是指正确检测出的变化在实际变化中所占的比率，其计算公式即 PA=TP/（TP+FN）。

2）用户精度（UA）

变化类别的用户精度是指正确检测出的变化在所有检测变化中所占的比率，其计算公式即 UA=TP/（TP+FP）。

3）总体精度（OA）

总体精度是指正确检测出的变化与正确检测出的非变化占总量的比率，其计算公式为 OA=（TP+TN）/（TP+FP+FN+TN）。

14.4　城市遥感变化检测方法

变化检测方法一般是针对特定应用提出来的，传统的影像解译主要靠人工进行，依赖于解译人员的经验，可重复性和精度都不高，处理周期也较长，同一地区或大范围的解译工作量大，多幅影像的对比解译的重复劳动量大。因此快速、自动的检测方法日益受到重视，特别是随着遥感信息源的不断增加、数据量急剧增长，需要研究技术手段和实用的方法，满足对数据现势性要求。

遥感影像变化检查的核心在于影像变化信息的提取与分析，根据分析基元不同，变化检测方法可以分为基于像素、基于对象的变化检测方法。根据变化分析比较策略，可分为分类后比较法和基于深度学习模型的城市变化检测方法。

14.4.1　像素级变化检测方法

像素级变化检测方法以影像内像素为分析单元，通过特定方法如影像差分、影像回归、像素比值等提取影像像素灰度值的变化信息，一般不顾及像素之间的关系。

1. 差值法

影像差值法对多时相影像中对应像素的灰度值进行相减，结果影像代表了两个时间影像的变化。表达式如式（14-1）所示。影像差值法可以应用于单一波段（称作单变量影像差分），也可以应用于多波段（称作多变量影像差分）。

$$Dx_{ij}^{k} = x_{ij}^{k}(t_2) - x_{ij}^{k}(t_1) + C \tag{14-1}$$

式中，i 、j 为像素坐标值；k 为波段；t_1、t_2 为第一幅影像时间、第二幅影像时间；C 为常量，用来得到正值。

由于最后只要找到变化的区域，为此更改影像差值公式（14-1）为公式（14-2）。

$$Dx_{ij}^{k} = |x_{ij}^{k}(t_2) - x_{ij}^{k}(t_1)| \tag{14-2}$$

对差值影像进行统计处理，计算差值影像的均值和标准差。如果差值影像中像素的灰度值满足公式（14-3），就认为该像素发生变化。

$$Dx_{ij}^{k} - m \geqslant T_d * \mathrm{STD} \tag{14-3}$$

式中，m 为差值影像均值；STD 为差值影像标准差；T_d 为门限值。

用对应像素灰度值直接相减的效果很差，一般都取窗口，用窗口均值代替窗口中心像素的灰度值进行计算。

2. 相关系数法

相关系数法计算多时相影像中对应像素灰度的相关系数，结果代表了两个时间影像中对应像素的相关性。一般是取窗口，计算两个影像中对应窗口的相关系数，以表示窗口中心像素的相关性。如果相关系数值接近 1，则说明相关性很高，该像素没有变化；反之，则说明该像素发生了变化。通过公式（14-4）得到相关系数，如果相关系数 r 满足公式（14-5），就认为该像素发生变化，T_r 为门限值。

$$r_{ij} = \frac{\sum_{m=1}^{n}(x_m - \bar{x})(y_m - \bar{y})}{\sqrt{\sum_{m=1}^{n}(x_m - \bar{x})^2}\sqrt{\sum_{m=1}^{n}(y_m - \bar{y})^2}} \tag{14-4}$$

$$r \leqslant T_r \tag{14-5}$$

式中，n 为一个窗口内所有像素的个数；$\bar{x}$，$\bar{y}$ 分别为待配准影像和基准影像的相应窗口内像素灰度的平均值。

3. 比值法

比值法通过计算已配准的多时相影像对应像素的灰度值的比值来完成变化检测分析。如果在一个像素上没有发生变化，则比值接近 1，如果在此像素上发生变化，则比值远大于或远小于 1（依靠变化的方向）。数学表达式如公式（14-6）所示。

$$Rx_{ij}^{k} = \frac{x_{ij}^{k}(t_2)}{x_{ij}^{k}(t_1)} \tag{14-6}$$

比值法的处理过程和影像差值法差不多，只是最后对窗口均值求比值而不是求差值。当 Rx_{ij}^{k} 满足公式（14-7）时，则认为该像素发生了变化。

$$Rx_{ij}^{k} \leqslant T_l \quad 或 \quad Rx_{ij}^{k} \geqslant T_h \tag{14-7}$$

式中，T_l 和 T_h 分别代表低门限和高门限。

4. 影像回归法

在影像回归变化检测方法中，时间 t_1 获得的影像中的像素应该可以表示成时间 t_2 获得的影像中的对应像素灰度值的一个线性函数，所以可以使用最小均方误差估计来估算此线性函数。如果两幅影像 (i, j) 点处的像素灰度值分别为 $x_{ij}^k(t_1)$ 和 $x_{ij}^k(t_2)$，其中 k 表示波段数。由 $x_{ij}^k(t_1)$ 经过估计出的线性函数计算得到的第二幅影像对应像素估计值为 $\hat{x}_{ij}^k(t_2)$，则差值影像可以表示为

$$Dx_{ij}^k = \hat{x}_{ij}^k(t_2) - x_{ij}^k(t_2) \tag{14-8}$$

通过选择合适的阈值，可以确定变化的区域。影像回归法可以用于处理不同时期影像的均值和方差存在差别的情况。

5. 变化向量分析法

多光谱遥感影像数据可以用一个具有与影像光谱分量相同维数的向量空间来表达。影像中一个特定的像素可以用此向量空间中的一个点来表示，向量空间的坐标与相应光谱分量的亮度值有关。因此，与每个像素有关的那些数据值在多维空间中定义了一个向量。如果一个像素在时间 t_1 到 t_2 内发生了变化，向量描述的变化可以用 t_2 时的向量与 t_1 时的向量的差来定义，这个差向量就称为光谱变化向量。如果使用这个变化向量分析两个时间影像的变化，则称它为变化向量分析法。如果光谱变化向量的幅值超过了某个特定的阈值，就认为发生了变化。这个向量的方向包含了变化类型信息。

6. 主分量分析法

主分量分析法（PCA）使用主要分量变换。在原始数据的协方差或相关矩阵中，我们可以发现：如果一个线性变换定义了一个新的直角坐标系，那么数据就可以表达成不相关形式。新坐标系的各个轴由矩阵的相应特征向量定义。每个像素可以用它的原始向量（如像素亮度值）和特征向量的向量乘积进行变换，然后可以得到新空间（如一个新像素向量）的坐标。每个特征向量可以看成一个定义的新波段，并且，每个像素的坐标可以看成它在那个“波段”中的亮度。每个新“波段”所表达的总场景变化量由相应特征向量的特征值给出。PCA 已经应用于由两个或多个日期的波段所组成的影像数据序列中。当区域没有显著变化时，影像数据之间会有很高的相关性，而当区域发生了显著的变化时，它们的相关性就会很小。假设多时相影像数据序列中的变化的主要部分与恒定的类型相关联，那么有局部变化的区域会在由影像产生的更高的主分量中得到加强。协方差矩阵确定的主分量与那些使用相关矩阵确定的主分量有所不同。

7. 归一化影像差值法

归一化影像差值法对原始影像差值法作了一点改变，在这一方法中，两幅影像在比较之前进行了归一化，产生了具有可以比较的均值和方差的影像，经过归一化后的影像再相减生成差值影像。有很多方法可以进行归一化，最常用的方法是使用均值和方差。影像的归一化可以通过式（14-9）进行：

$$\mu_k = a_k + b_k(x_k - \bar{x}_k) \tag{14-9}$$

式中，x_k 是第 k 个波段的像素值；$\bar{x}_k$ 为给定影像第 k 个波段的均值；μ_k 是第 k 个波段的输出值；a_k 和 b_k 是参数，可以分别表示为

$$a_k = \bar{\mu}_k\ ;\ b_k = \frac{s_{\mu k}}{s_{xk}} \tag{14-10}$$

式中，$\bar{\mu}_k$ 为 μ_k 的均值；s_{xk} 和 $s_{\mu k}$ 分别为 x_k 和 μ_k 的标准差。

归一化影像差值方法可以提高检测的性能，但是变换系数的选择非常重要。在归一化过程中，均值和方差需要在变换前进行计算，也增加了程序运行的时间。

8. 内积分析法

在内积分析方法中，像素灰度值被看作多光谱的向量，两个向量之间的区别通过两向量间夹角的余弦来表示，如果两个向量彼此一致，内积就等于1；如果两个不同时期的对应像素发生了改变，内积就会在-1 和 1 之间变动。生成一幅单波段影像来记录内积，根据内积的不同值来体现影像变化。

设 $\boldsymbol{x}_{(t_1)}$，$\boldsymbol{x}_{(t_2)}$ 为取自两幅不同时间影像对应像素的光谱向量，两向量的内积可以表示为

$$\langle \boldsymbol{x}_{(t_1)},\ \boldsymbol{x}_{(t_2)} \rangle = \sum_{k=1}^{b} \boldsymbol{x}_{(t_1)}^{k} \boldsymbol{x}_{(t_2)}^{k} \tag{14-11}$$

表面反射值的差异可以表示为

$$d = \frac{\langle \boldsymbol{x}_{(t_1)},\ \boldsymbol{x}_{(t_2)} \rangle}{\sqrt{\langle \boldsymbol{x}_{(t_1)},\ \boldsymbol{x}_{(t_2)} \rangle \langle \boldsymbol{x}_{(t_1)},\ \boldsymbol{x}_{(t_2)} \rangle}} \tag{14-12}$$

由于 $-1 < d < 1$，内积可以用式（14-13）表示：

$$c = a_1 d + a_0 \tag{14-13}$$

式中，a_1、a_0 为两个常数，使得内积 c 能取得合适的非负间隔。

9. 纹理特征差值法

灰度共生矩阵强调灰度的空间依赖性，其特点是体现了在一种纹理模式下的像素灰度的空间关系。此处用影像区域纹理特性值作为该区域中心像素的变化检测对象，我们选对比度作为纹理特征。

灰度共生矩阵的各元素值由式（14-14）确定：

$$p_{ij} = \frac{p(i,\ j,\ d,\ \alpha)}{\sum_i \sum_j p(i,\ j,\ d,\ \alpha)} \tag{14-14}$$

式中，$p(i,\ j,\ d,\ \alpha)$ 是灰度分别为 i 和 j，距离为 d 且方向为 α 的像素点对的出现次数。

$$f = \sum_{i,\ j} (i-j)^2 p_{ij} \tag{14-15}$$

表达式为

$$Dx_{ij} = f_{ij}(t_2) - f_{ij}(t_1) + C \tag{14-16}$$

式中，f_{ij} 为纹理特征值，i，j 为像素坐标值；t_1、t_2 为两幅影像的获取时间，C 为常量。

10. 矩特征差值法

若将影像看作一个二维随机过程，标准化的中心矩具有平移、旋转、比例及线性变换不变性等优良性质，因而适于作描述影像的特性。在理论上，足够多的一组矩就可完全描述任何影像，与任何其他变换一样，低阶矩描述的主要是能量分布较大的概略信息，而高阶矩主要是描述影像中的细节信息。用影像区域不同的矩特性作为该区域中心像素的变化检测对象。

矩：
$$m_{pq} = \sum_x \sum_y x^p y^q f(x, y) \tag{14-17}$$

中心矩：
$$u_{pq} = \sum_x \sum_y (x - \bar{x})^p (y - \bar{y})^q f(x, y), \quad \bar{x} = \frac{m_{10}}{m_{00}}, \quad \bar{y} = \frac{m_{01}}{m_{00}} \tag{14-18}$$

利用影像的二阶及三阶矩可以得出影像的七个不变矩，选取其中之一：
$$I = (u_{20} - u_{02})[(u_{30} + u_{12})^2 - (u_{21} + u_{03})^2] + 4u_{11}[(u_{30} + u_{12})^2(u_{21} + u_{03})] \tag{14-19}$$

两影像相减，表达式为
$$DI_{ij} = I_{ij}(t_2) - I_{ij}(t_1) + C \tag{14-20}$$

11. 自适应性典型相关法

典型变换是将两组随机变量之间的复杂相关关系简化，即把两组随机变量之间的相关性简化成少数几对典型变量之间的相关性，而这少数几对典型变量之间又是互不相关的。此方法将用来对提取的区域统计特性、区域纹理特性、区域矩特性进行筛选、重组，然后再变化检测。

12. 相关法

影像相关是最基本的一种影像匹配方法。研究影像匹配的问题正是为了找出在所检测的两幅影像中“相同或相似的程度”，从而得到不同的区域即变化。显然，相关程度越大，变化越少；反之，变化则越大。相关系数测度是影像相关中最常用的方法之一。相关法是利用两个信号的相关函数，评价它们的相似性，对相似的程度进行量化，得出变化与非变化的结果，常用的相似度测度有：相关系数、相关积测度、协方差函数测度、差的绝对值和、差的平方和、互信息法。

13. 小波变换系数差值法

将同一目标区前后时相的遥感影像进行小波分解，若目标未发生变化，两时相对应区域的小波系数接近，若目标发生了变化，对应区域的小波系数差别大。对两时相遥感影像各波段对应的小波系数求差，得到的小波系数在目标未发生变化的区域接近 0，发生变化区域的小波系数绝对值大，能量高，因此当对其进行小波逆变换，得到的影像在目标发生变化处的图斑亮度值大，而未变化处的亮度值小，根据图斑亮度差异就可以区别出发生变化的目标。

表 14-2 对以上其中六种方法作了综合比较。针对如图 14-8 所示的武汉市某地 2002 年

和 2004 年 QuickBird 影像，比值法变化检测结果如图 14-9 所示。图 14-10 和图 14-11 分别为建筑物和道路的变化检测结果示例。

表 14-2　**六种像素级变化检测方法比较**

	灵敏度	检出率	速度	复杂度	误检	漏检	噪声影响
灰度差值法	一般	部分	很快	低	少数	部分	一般
矩特征差值法	很灵敏	部分	较慢	较高	部分	无	一般
影像回归差值法	低	部分	较快	较高	部分	大部分	一般
归一化影像差值法	很灵敏	部分	较快	一般	部分	部分	一般
相关法	很灵敏	大部分	一般	一般	部分	部分	较高
小波变换系数差值法	很灵敏	全部	很快	低	少数	无	轻微

（a）2002 年武汉市某区 QuickBird 影像

（b）2004 年同一地区 QuickBird 影像

图 14-8　变化检测数据源

图 14-9　比值法变化检测结果

图 14-10　建筑物变化区域放大后的检测示例

图 14-11　道路变化区域放大后的检测示例

像素级变化检测方法简单且易于操作，但随着高分辨率遥感影像的普及，其缺陷越发凸显，影响变化检测精度的因素主要包括：①工作量大、效率不高；②检测结果对影像的辐射差异等外界影响较为敏感；③提取变化像素的阈值难以确定；④椒盐噪声明显。

14.4.2　对象级变化检测方法

对象级变化检测方法弥补了像素级变化检测方法难以处理高分辨率影像数据的缺陷，该类方法以多时相影像对象作为变化特征提取和分析的基元，需对多时相遥感影像进行影像分割，同时还需要考虑多时相影像对象的对应问题，再通过比较不同时期影像对象的特征或类别差异来确定变化。

同名对象的多时相影像对象构造方式，是指分别对不同时相的遥感影像进行影像分割，将不同时相影像形成各自的影像对象集合（图 14-12）。在变化检测过程中，为了实现不同时相影像对象的变化分析，需建立多时相影像的同名对象关系（即不同时相遥感影像上的影像对象之间的对应关系）。这是最为理想的多时相影像对象构造方式，可以真正实现对象与对象的比较，进行影像对象变化分析过程中，可以充分利用对象的光谱特征、纹理特征、大小和形状等几何特征，对象的空间关系等上下文特征。但是，同名对象方式的实现难度较大。

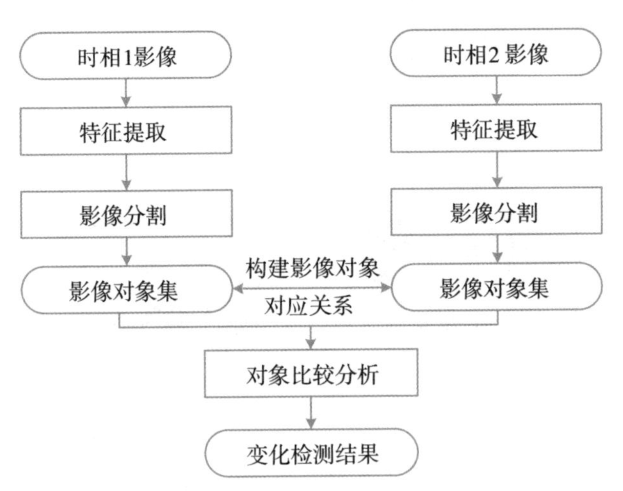

图 14-12　同名对象构造变化检测流程

此外，因受传感器本身（如传感器成像位置、相机姿态、系统误差等）以及外部环境（如太阳高度、大气状况、天气条件、光照条件、阴影遮挡、季节物候变化等）等多种因素的影响，不同时相的遥感影像存在较大的光谱和几何差异，即使在未发生地物变化的情况下，不同时相遥感影像的分割结果也会存在较大的变化。因此如何建立不同时相遥感影像中影像对象的对应关系，确定同名对象则成为同名对象方式得以实现的关键和难点。

图 14-13 为天津市河西区梅江生态居住区的卫星遥感影像，获取时间分别为 2009 年 5 月与 2016 年 3 月。梅江生态居住区是天津四大居住片区之一，自 1999 年至今，一直存在各种开发建设项目，是变化较为频繁的区域。

基于建筑区-建筑物双尺度同名对象的城市建筑物变化检测，首先利用多尺度分割和多时相影像对象匹配算法，通过设定不同的尺度阈值得到大小两个尺度的影像对象集合；再检测大尺度影像对象中建筑区的变化，以变化的建筑区的重点区域，检测其中变化的建筑，最终实现建筑物变化检测。图 14-14 与图 14-15 分别为双尺度同名对象城市建筑物变化检测过程与最终得到的不同时相的变化建筑物检测结果。

14.4.3　城市遥感影像分类后比较方法

分类后变化检测技术是最简单的基于分类的变化检测分析技术。分类后比较方法可用于两幅或多幅配准后的影像，包括一个分类步骤和一个比较步骤，要求对多时相影像的每

图 14-13　天津市河西区梅江生态居住区 2009 年、2016 年遥感影像

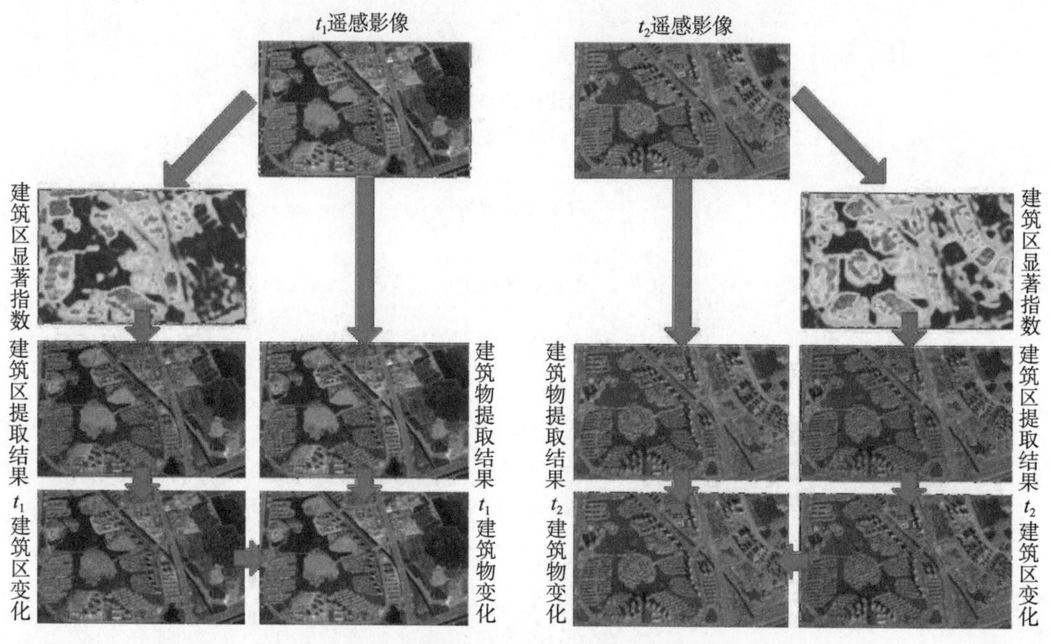

图 14-14　基于建筑区-建筑物双尺度同名对象的城市建筑物变化检测过程

图 14-15　不同时相变化建筑物检测结果

一幅影像单独进行分类，然后对分类结果影像进行比较。如果对应像素的类别相同，则认为该像素没有发生变化，否则认为该像素发生了变化。分类的方法可以是监督分类方法，也可以是非监督分类方法。分类后比较法在 20 世纪 70 年代末已经开始使用，也曾被 Skole 和 Tucke（1993）成功用于亚马逊流域的热带雨林监测。分类后变化检测的一个重要的进步是可以克服由于多时相影像的传感器性质、分辨率等因素的差异带来的不便，不需要数据归一化过程，因为两幅影像是单独分类的。分类后比较法可以检测到非城区与城区的转变、森林与农田的转变、一般土地的使用情况及沼泽地的变化等。

分类后比较法在使用时也会受到自身的一些限制，这些限制因素包括以下三个方面。

首先，分类后比较法对于类别的合理划分要求比较高。类别划分得过细，会产生大量的边缘点，从而造成检测误差的增加；类别划分得过粗，又会忽略一些类别之间的差异，不能很好地反映实际情况。

其次，分类和变化检测步骤的分离。当分类与变化检测成为相对独立的两个过程时，比较分析就基于从两幅影像中得到的处理过的信息而不是原始信息。这会减少信息量，从而造成准确性下降。

再次，分类后比较法对于分类错误比较敏感。因为分类后比较法需要对用于变化检测的多幅影像分别分类，任何一幅影像的分类错误都会造成结果的错误，这就等于增加了错误发生的几率。

图 14-16 为济南市名泉保护区变化检测结果，其中（a）和（b）分别为该区域内 2019 年和 2020 年高分遥感影像，（c）和（d）为两时段的影像分类结果，图（b）内红色框内房屋为分类后变化检测检出的变化区域。

14.4.4 基于深度学习模型的城市变化检测方法

深度学习模型具有强大的学习表现能力和先进的性能，已经被广泛应用于计算机视觉、语音识别和信息检索等多个领域。随着遥感数据爆炸式增长时代的到来，深度学习模型作为挖掘遥感大数据信息的有效手段，正在被逐步应用于不同类型的遥感任务，基于深度学习模型的遥感影像变化检测研究得到了如火如荼的发展。

与传统的机器学习方法相比，深度学习模型可以高效、自动地提取复杂对象中不同层次的抽象特征，能够大幅度地提高模式识别的精度。在变化检测研究领域，深度学习模型可以从同源或异源的多时相遥感影像之中有效地提取空间-光谱一体化特征，所提取的抽象特征对噪声有着较强的鲁棒性，可用于建立多时相遥感影像中地物的非线性相关性特征，实现变化检测结果的准确获取。

早期，以堆叠自编码器（Stacked Auto-Encoders，SAE）、卷积自编码器（Convolutional Auto-Encoders，CAE）、深度置信网络（Deep Belief Networks，DBN）为代表的深度学习模型在变化检测研究中得到了大量的应用。随着深度学习算法的不断优化与发展，卷积神经网络（CNN）、循环神经网络（Recurrent Neural Networks，RNN）和深度神经网络（Deep Neural Networks，DNN）及以这些网络为基础框架进一步改善得到的 Vgg 16、PCANet、FCN、SegNet、UNet、UNet++等深度学习网络模型，为遥感影像变化检测研究的发展注入了新的活力。

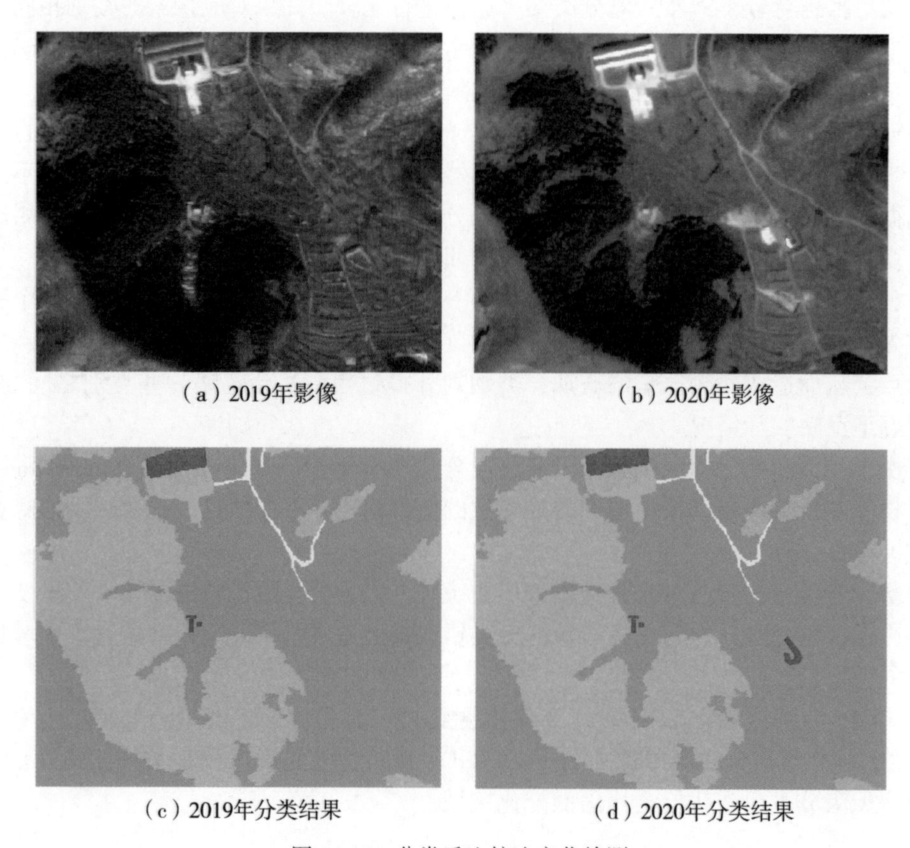

（a）2019年影像　（b）2020年影像

（c）2019年分类结果　（d）2020年分类结果

图 14-16　分类后比较法变化检测

现阶段，多数应用于遥感影像变化检测研究的深度学习模型，其训练过程均是基于反向传播算法的监督训练。当缺乏足够数量的标注样本时，深度学习模型所提取特征的描述能力可能会受到限制，进而对变化检测结果的准确性产生影响。因此，如何高效获取训练样本并提取学习有效特征仍是一个值得关注的问题。而当标注样本数量过少或完全无标注样本数据时，利用深度学习模型开展弱监督或无监督条件下的遥感影像变化检测研究，减少伪变化发生，提高检测精度，也是未来基于深度学习模型遥感影像变化检测研究的一个主要方向。

思考题

1. 遥感影像变化检测技术在城市规划、建设、管理、服务中有哪些应用？

2. 影响城市遥感影像变化检测精度的因素有哪些？

3. 比较面向对象的城市遥感影像变化检测方法和基于深度学习模型的城市遥感影像变化检测方法各有什么优缺点？

参考文献

[1] 贾永红．数字图像处理［M］．武汉：武汉大学出版社，2003.

[2] 廖明生，朱攀，龚健雅．基于典型相关分析的多元变化检测［J］．遥感学报，2000，4（3）：197-201.

[3] 汤玉奇．面向对象的高分辨率影像城市多特征变化检测研究［D］．武汉：武汉大学，2013．

[4] 孙显，付琨，王宏琦．高分辨率遥感图像理解［M］．北京：科学出版社，2011.

[5] 王永明，王贵锦．图像局部不变性特征与描述［M］．北京：国防工业出版社，2010.

[6] 张路．基于多元统计分析的遥感影像变化检测方法研究［D］．武汉：武汉大学，2004.

[7] 周启鸣．多时相遥感影像变化检测综述［J］．地理信息世界，2011（2）：28-33.

[8] Abd El-Kawy O R，Rød J K，Ismail H A，et al. Land use and land cover change detection in the western Nile delta of Egypt using remote sensing data［J］. Applied Geography，2011，31（2）：483-494.

[9] Adams J B，Sabol D E，Kapos V，et al. Classification of multispectral images based on fractions of endmembers：Application to land-cover change in the Brazilian Amazon［J］. Remote Sensing of Environment，1995，52（2）：137-154.

[10] Allen T R，Kupfer J A. Application of spherical statistics to change vector analysis of landsat data：southern appalachian spruce-fir forests［J］. Remote Sensing of Environment，2000，74（3）：482-493.

[11] Chen G，Hay G J，Carvalho L M T，et al. Object-based change detection［J］. International Journal of Remote Sensing，2012，33（14）：4434-4457.

[12] Chen G，Zhao K，Powers R. Assessment of the image misregistration effects on object-based change detection［J］. ISPRS Journal of Photogrammetry and Remote Sensing，2014，87：19-27.

[13] Skole D，Tucker C. Tropical deforestation and habitat fragmentation in the Amazon：satellite data from 1978 to 1988［J］. Science，1993，260（5116）：1905-1910.

第15章　城市自然资源遥感监测应用

自然资源是指天然存在、有使用价值、可提高人类当前和未来福利的自然环境因素的总和。由于遥感技术具有观测范围广、更新速度快、数据综合性强的特点，成为城市自然资源监测的常用方法。本章分析了遥感技术在城市自然资源监测中的应用需求，阐述了利用高分辨率遥感影像进行城市规划监管、绿地监测和城市市情监测应用实践。

15.1　城市遥感技术在自然资源监测中的应用需求

以多源高分辨率遥感影像为框架可实现对各类自然资源进行分层分类的实景管理，形成一个完整的支撑生产、生活、生态的自然资源立体时空模型（图15-1）。

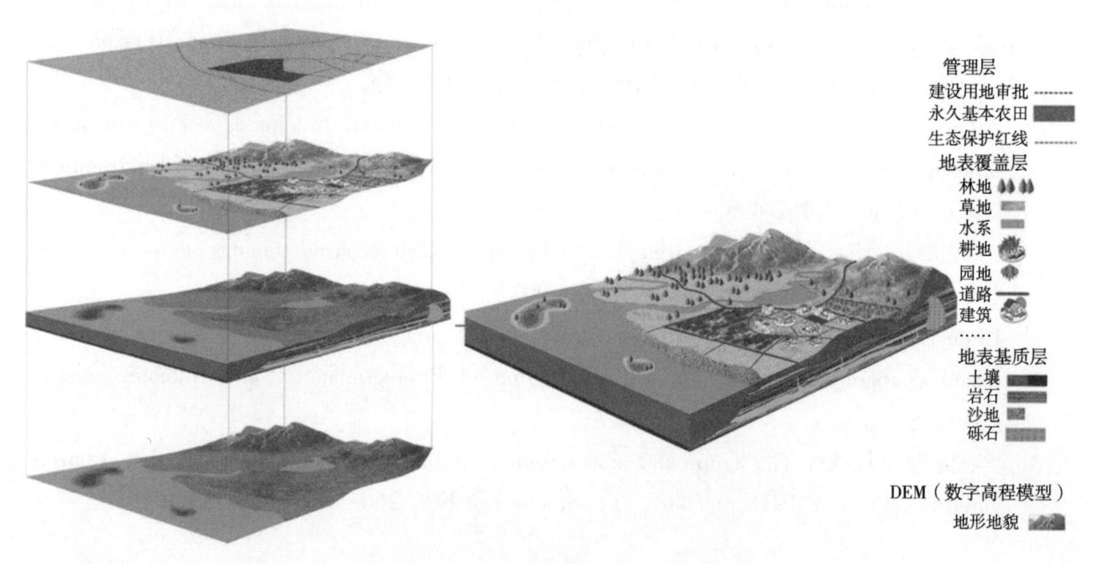

图15-1　自然资源数据空间组织结构图

自然资源监测是在基础调查和专项调查形成的自然资源本底数据基础上，掌握自然资源自身变化及人类活动引起的变化情况的一项工作（陈玲等，2019）。自然资源的监测根据尺度范围和服务对象可分为常规监测、专题监测和应急监测。常规监测是围绕自然资源管理目标，对我国范围内的自然资源定期开展的全覆盖动态遥感监测；专题监测是对地表覆盖和某一区域、某一类型自然资源的特征指标进行动态跟踪，掌握地表覆盖及自然资源数量、质量等变化情况，专题监测主要包括地理市情监测、重点区域监测、地下水监测、海洋资源监测和生态状况监测等；应急监测需要第一时间为社会焦点和难点问题的决策和管理提供第一手的资料和数据支撑。

城市遥感平台通过搭载可见光、红外、高光谱、微波、雷达等探测器实现对城市定期影像覆盖和数据获取，可支持城市周期性的自然资源调查监测和应急监测。

自然资源调查是监测的基础，分为基础调查和专项调查。基础调查对自然资源共性特征开展调查，是查清各类自然资源体投射在地表的分布和范围，以及开发利用与保护等基本情况，掌握最基本的全国自然资源本底状况和共性特征。以各类自然资源的分布、范围、面积、权属性质等为核心内容，以地表覆盖为基础，按照自然资源管理基本需求，组织开展我国陆海全域的自然资源基础性调查工作。专项调查为自然资源的特性或特定需要开展专业性调查，是针对土地、矿产、森林、草原、水、湿地、海域海岛等自然资源的特性、专业管理和宏观决策需求，组织开展自然资源的专业性调查，查清各类自然资源的数量、质量、结构、生态功能以及相关人文地理等多维度信息。

为全面细化和完善全国土地利用基础数据，掌握详实、准确的全国国土利用现状和自然资源变化情况，我国曾分别于1984年、2007年、2017年开展了3次全国土地调查。县级国土资源管理部门每年会根据上级下发的土地利用现状数据库和遥感影像数据，对土地利用现状、土地权属及行政区划变化进行外业实地调查，完成土地变更调查。

2013年，国务院决定开展第一次全国地理国情普查工作，普查内容包括自然地理要素的基本情况和人文地理要素的基本情况。历时3年完成普查工作，获取了陆地国土范围内全覆盖、无缝隙、高精度的“山、水、林、田、湖、草”地理国情信息。

15.2 城市规划遥感监测应用

采用高分辨率卫星与航空遥感技术，可为城市规划提供科学的决策依据，并对城市建设中的各种违法建设和不良发展倾向及时采取措施，保证城市规划有效实施和城市健康发展（邵振峰等，2018）。具体的内容包括以下四个部分。

1. 建立服务于城市规划的多时相多尺度城市遥感影像数据库

利用卫星遥感影像进行城市规划监管时，通常选用影像分辨率为2~5m的遥感影像；当采用建设项目数据库与变化信息相叠加来发现和提取变化信息，进行城市规划动态监管时，可选用影像分辨率为0.61~2m的遥感影像。

将不同时相和不同分辨率的遥感影像进行配准、纠正、融合以及增强等处理后集中入库，建立多时相多尺度遥感影像库。

2. 基于最新现势性的遥感影像进行城市规划

将遥感影像库中影像数据与规划信息库中各种规划数据信息相叠加，可简单、快速地实施城市布局规划、历史文化保护区规划、旧城改造规划、土地变更调查、城市交通规划，或用于城市规划的调整。

3. 动态监测并建立规划信息库

将城市空间规划数据库、重点建设项目“一书两证”数据库、审批数据库、“四线”等规划基础数据集中入库，建立规划信息库。在此基础上，实施规划动态监测，具体功能包括以下三项。图 15-2 为基于遥感影像实施湖泊监测时获取的湖泊变化信息。

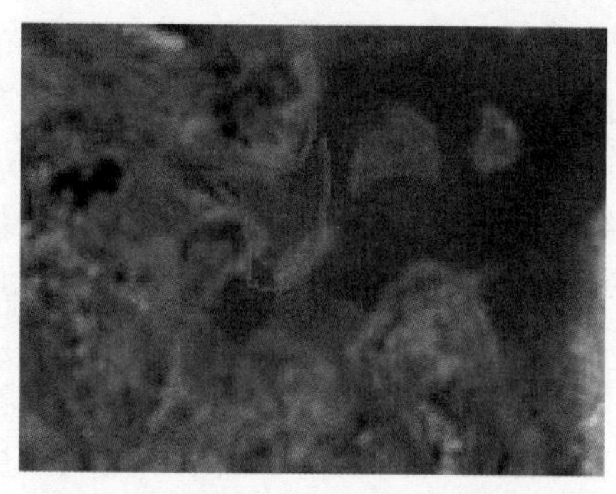

（a）1999 年某湖泊卫星影像

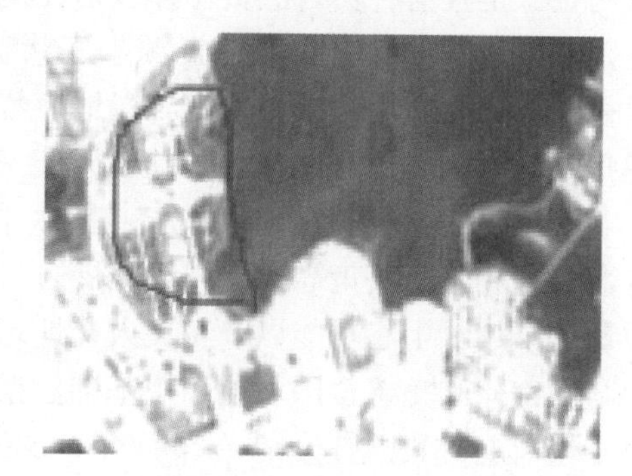

（b）2002 年同一湖泊卫星影像

图 15-2　湖泊变化图斑入库

（1）实现对城市用地规划实施情况的动态监测，包括对城市总用地范围、规模的控制监测，以及城市各类用地布局、范围和性质是否改变情况的监测。

（2）实现对城市建设工程规划实施情况的动态监测，包括各类建筑物、构筑物、水厂、污水厂等基础设施工程建设的监测。

（3）实现对城市“四线”规划实施情况的动态监测。“四线”是指红线（道路）、绿线（园林绿化、山体、风景名胜区）、紫线（历史文化街区、历史建筑）、蓝线（江河、湖泊、湿地），此外，还可包括黄线（重大基础设施、公共设施及其用地控制）等。

4. 建立城市规划遥感监管系统

城市规划遥感监管系统主要是利用从遥感影像中获取的变化图斑与城市空间规划、“一书两证”库、“四线”等相叠加，发现城市规划建设中的违法用地并实施监管。因此，可基于遥感影像建立一套完善的城市规划动态监管系统，充分利用地理属性数据和各种规划资源信息等，实现数据集成和信息共享，将各种违法建设案件动态、多方位地显示在公众面前，从而提高工作效率，减少城市规划建设中的违法建设行为，为城市规划行政主管部门提供强有力的技术支持。

遥感技术在城市规划的监测的流程图如图 15-3 所示。根据城市现有基础数据情况、航空和卫星影像的存档情况，按照图 15-3 的框架开展规划领域的相关遥感应用。

（1）在城市现有数字化成果的基础上，对城市现状数据进一步数字化，形成现状数字图库（主要指在建的“一书两证”建设项目、临时建设项目和城市用地现状图）。

（2）在以往数字化成果的基础上，对总体规划、分区规划和控制性详规等进一步数字化，形成规划数字图库。

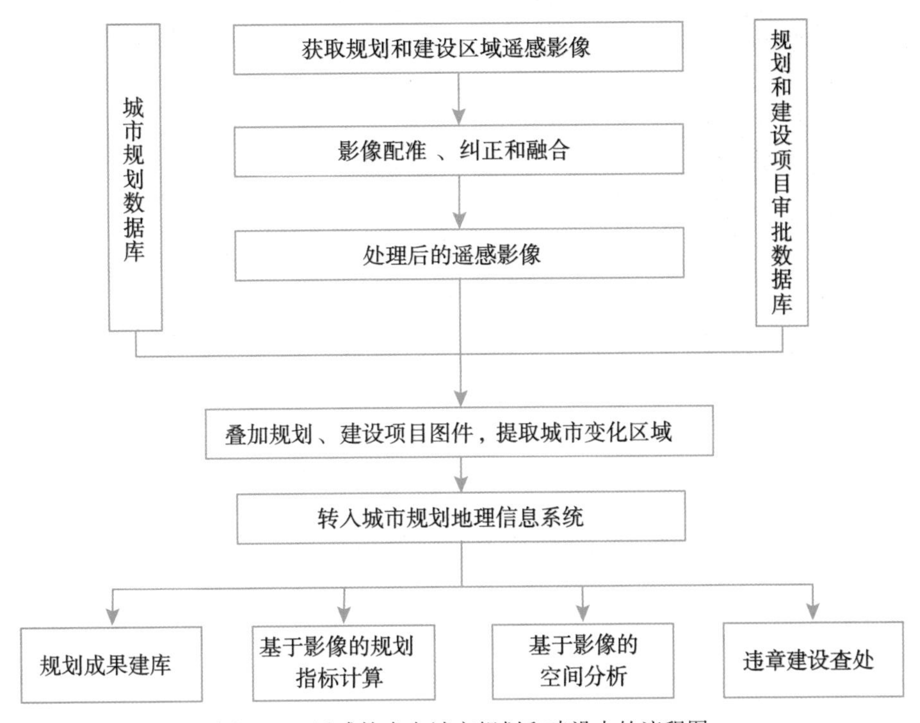

图 15-3 遥感技术在城市规划和建设中的流程图

（3）通过叠加分析等方法，掌握规划的实施情况。

（4）基于遥感影像变化检测技术提取城市规划用地中的变化图斑。

（5）建设城市规划动态监测系统，进行城市规划动态监测，以期掌握较全面的建设情况，为加强城市规划的监督力度创造条件。

在利用卫星遥感影像进行城市规划动态监测时，提取的变化图斑信息需要与城市空间规划或建设项目数据库相叠加来获取违法建设信息，从而辅助违章建设的快速确认。为了在地面覆盖复杂的情况下准确地发现城市规划中的违法建设，要求采用分辨率较高的卫星遥感影像。

基于多时相遥感影像实现城市规划动态监管，主要是对不同时相的多源影像数据进行分析处理，通过变化检测方法来获取变化信息，自动发现城市用地现状中的变化信息，保证变化信息提取的客观性和正确性，减少作业人员的工作量。经过自动化方法提取的变化信息由于受影像投影差和分辨率过高的影响，会存在伪变化信息较多、变化信息过碎的现象，因而采用面向对象的影像分割方法，采用人机交互解译的方法提取。最后，将空间规划等图件和入库后的变化信息相结合，进行对比分析，从而得出城市规划用地现状和性质。

如图 15-4 所示，为利用遥感手段监测出土地利用结构调整的情况，其中左图是 1995 年的遥感影像，该处土地用来种植农作物，右图是 1999 年时，土地已经被用来养殖了。因而通过遥感的手段，能够掌握土地利用变化情况。

图 15-4　利用遥感手段监测土地利用结构调整情况

15.3　空地协同的城市绿地遥感监测应用

城市绿地是指以自然植被和人工植被为主要存在形态的城市用地。城市绿地主要包括公共绿地、居住区绿地、交通绿地、附属绿地和生产防护绿地。

遥感影像可以用来检测地表类型和状况的变化，即利用遥感影像进行变化检测。使用两个或两个以上的时间获取的多时相高分辨率图像对城市绿地进行变化检测，是落实保护城市绿地的有效途径。然而，目前各级单位中利用遥感影像进行变化检测大多还是基于人工目视解译。目视解译在传统的城市绿地变化检测中，凭借从业人员的丰富经验，可以取得符合生产需求的结果，但是效率较低，对工作人员的能力和经验要求较高，这存在一定的局限性。近年来人工智能和遥感大数据的发展，使得基于深度学习的变化检测也迅速发展起来，利用深度学习从高分辨率图像提取特征，再进行变化检测也成为新热点。基于该方法可以提高检测效率，快速、客观、准确地对城市绿地资源进行变化检测，为后续人工交互确定城市绿地的变化区域提供参考。

图 15-5 是城市遥感进行城市绿地监测的流程图。基于卷积神经网络模型分别对两个季度的高分辨率遥感影像进行城市绿地提取，并对提取的结果作差值分析，再对差值运算后的结果采用形态学滤波进行后处理操作，得出影像区域内变化图斑。具体步骤如下：

（1）对不同时相遥感影像进行预处理操作，主要操作包括正射校正、辐射校正、图像融合、影像镶嵌、影像配准等；

（2）构建城市绿地样本库，包括采集高分辨率遥感影像和制作对应的标签，用作深度学习训练数据；

（3）基于深度学习网络，如 Fully Convolution Networks（FCN）、UNet 和 SegNet 等遥感影像语义分割网络，将不同时相的遥感影像进行分类，得到分类结果图；

（4）将不同时相遥感影像对应的分类结果进行差值运算；

（5）对差值运算后的结果图进行形态学滤波操作，具体包括腐蚀、膨胀、开运算、闭运算等，利用形态学滤波可有效去除噪声，以及保留几何形态和空间结构，可过滤掉过

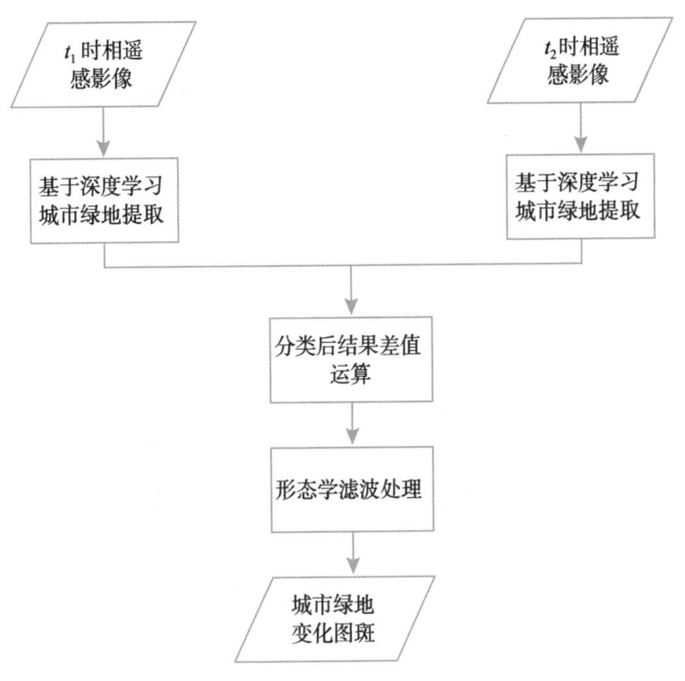

图 15-5　城市绿地遥感监测流程图

于细碎的伪变化区域。

图 15-6 为山东省济南市的城市绿地变化检测图斑，左图为 2018 年 12 月的 GF-1B 影像数据，右图为 2020 年 1 月的 GF-1 影像数据，红色实线内为 2020 年影像相对于 2019 年影像的城市绿地变化区域。将遥感和深度学习结合，可以为城市绿地监测提供更为有效、省时的帮助。把城市绿地范围投影到视频影像中，采用视频和红线结合的方式，实现了城市绿地的自动监测预警（Shao et al.，2020），如图 15-7 所示。

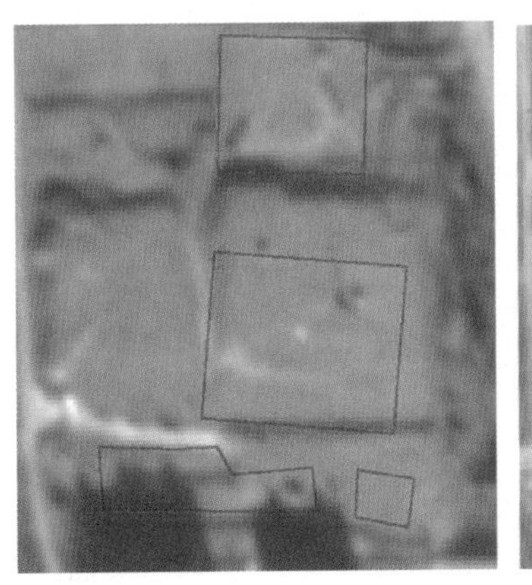
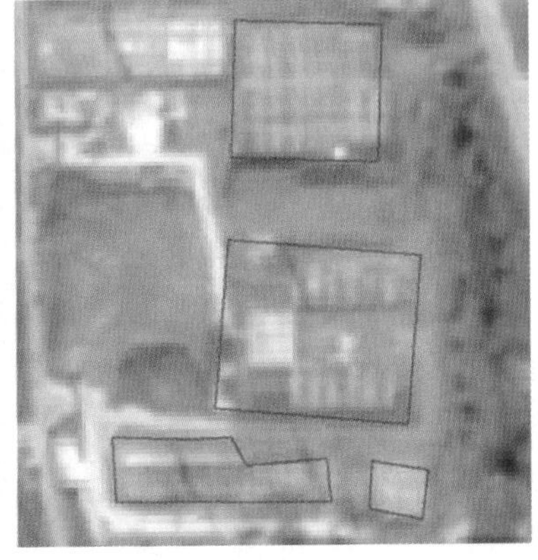

图 15-6　城市绿地变化区域示意图

图 15-7　采用视频和管理红线结合的监测示例

15.4　城市市情遥感监测应用

城市是人类生存、聚集、活动的重要场所，是由分属于经济、社会、生态等系统的诸要素构成的社会经济综合体。城镇化是一个国家在经济发展过程中的必经阶段。快速推进的城镇化，在促进经济发展、提升居民生活的同时，也使得城市空间结构日益复杂，城市问题日益凸显。城市可持续发展首先要摆脱盲目扩张的发展模式，掌握城市发展现状，划定合理的城市界线，优化城市空间格局，实现土地集约利用，以获得城市的可持续发展。城区边界是城市发展的外延和框架，城区范围的动态变化能够反映城市扩张历程和空间发展模式。对城市扩张情况进行监测及时空演变分析，深度挖掘城市发展规律，能够为科学指导城市发展和布局，改善城市环境状态，实现城市可持续发展提供有力的支撑（Li et al.，2015）。

遥感技术具有真实客观、现势性强、成本低等优势。城市扩张在遥感影像上有着明显的标志，利用遥感数据开展城市用地分类，进而提取城区范围，开展城市扩张动态分析，相比于利用统计数据进行分析具有更高的精度，且更具可靠性和实时性，能够快速、准确地获取城市发展建设的有关信息，可以全面、高效、实时地了解城市发展变化，已经成为城市扩张监测的重要技术手段（Liu et al.，2018）。

遥感影像空间分辨率的提高，为城市地区大量存在的人工地物的准确提取提供了有力基础（Sun et al.，2017）。相比于自然地物，人工地物具有单元尺度偏小，光谱特征差异大、形状纹理特征明显、空间语义信息丰富等特点；相比于中低分辨率遥感影像，高分辨率遥感影像具有更细致的观察粒度、更清晰的纹理表示、更具体的空间信息，是适合城市监测的绝佳数据源。

15.4.1　城市市情遥感检测的难点

利用遥感影像进行高精度的城区自动解译是城市市情监测的主要手段，但是也存在诸多困难（陈洪等，2013）。其一，空间分辨率的提高使得地物提取发生了从一个像元包含多个地物信息到众多像元共同组成一个地物对象的转变，单一像元的光谱信息无法代表地物的光谱特征，需要综合处理形成对象来进行表示。其二，地物细节的丰富使得“同物异谱、异物同谱”现象更加普遍，加之高分辨率遥感影像自身在光谱信息提取上的天然劣势，利用光谱信息进行地物提取变得尤其困难。其三，复杂的地物纹理、形状和城市场景，以及严重的建筑阴影也给城市监测带来了难题。另外，城市作为各类地物的有机结合，其扩张监测不同于简单的地物识别，需要综合考虑各类地物的空间语义关系。现有的城市扩张监测方法仍主要采用地物分类的思路，主要参考土地利用类型，将其中的建设用地或不透水面作为城区，导致提取结果破碎零散，难以有效应用于城市规划管理。

针对城市监测开展全国省会城市空间扩展监测和全国地级以上城市及典型城市群空间格局变化监测等工作，主要利用高分辨率遥感影像数据，采用人工作业的方式提取全国省会城市和地级以上城市多期城区边界和城市内部结构信息，开展空间格局变化分析。然而这存在人力成本高、提取效率低等问题，且主要集中分析城市空间格局变化方面，对生态环境等相关影响因素的关联分析不够（张翰超等，2018）。

15.4.2　基于渐进式学习模型的城区范围提取方法

渐进式学习模式是一类融合人工特征、先验知识以及机器特征，利用未标记样本进行机器学习的模型，共分为教学、理解、练习、测试和应用五个阶段（图 15-8）。基于渐进式学习模型的城区范围提取方法，采用半监督学习的方式，充分利用未标记样本中的数据信息，并通过先验知识和规则的约束，大量减少了样本标记工作量，提高了对样本噪声的抵抗能力。采用路网分割、场景分类方法以街区为基元进行城区提取，根据城区提取原则设计人工特征，解决了城区认定和识别的高层信息表达难题。该模型将人工特征和机器特征相结合，通过验证集分类精度实现两类特征权重的分配，能够实现在少量样本条件下的识别分类。

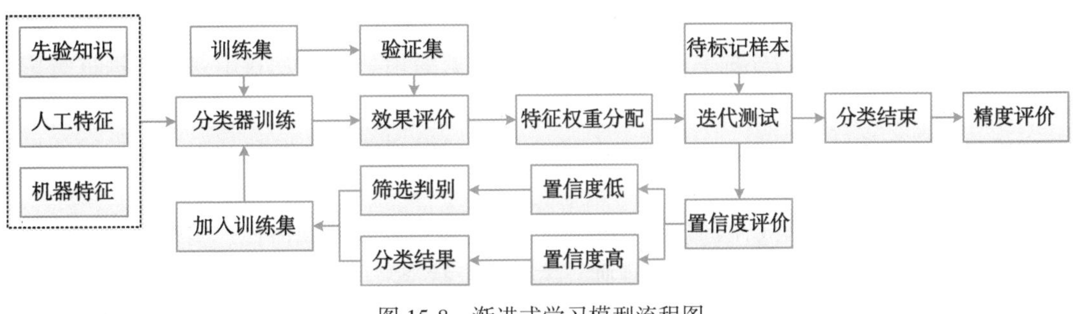

图 15-8　渐进式学习模型流程图

图 15-9 为渐进式学习模型城区提取流程图，其过程如下：

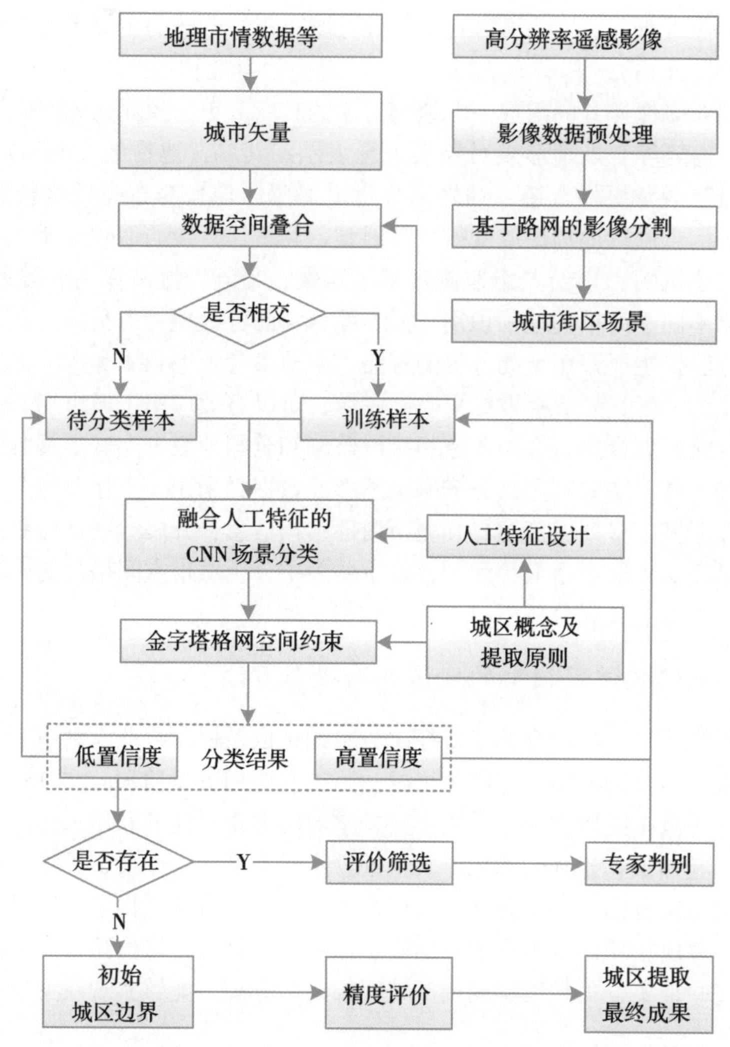

图 15-9　基于渐进式学习模型的城区提取流程图

（1）预处理，包括高分辨率遥感影像和路网数据的预处理以及利用路网数据进行影像分割；

（2）选择初始城区样本，主要通过参考全国地理国情普查数据和基础性地理国情监测成果数据；

（3）融合人工特征的 CNN 场景分类，人工特征包括有效像元占比、实地面积、灰度均值等，将人工特征转换为图像分布规则，生成人工特征波段，加入影像中，作为卷积神经网络训练样本进行输入，能够实现两者的结合；

（4）金字塔格网空间约束，通过对城区内部街区周围斑块和格网分类结果的判断来进一步验证和约束其分类结果，成功将城区判断中最为关键的集中连片原则融入其中；

(5) 精度评价，选用人工提取的高精度的城区边界作为真值，对提取结果进行定量化的精度验证。主要采用基于混淆矩阵的总体分类精度、错分误差、漏分误差和 Kappa 系数进行精度评价。

利用北京市的高分辨率遥感影像及地理国情普查成果等专题数据，通过人工勾绘的方式提取城区矢量作为真值，将基于渐进式学习模型的城区提取方法的提取结果和人工城区勾绘结果从空间形态、大小等方面进行对比，作定性分析，提取结果和人工提取城区真值的矢量边界对比叠加效果如图 15-10 所示。

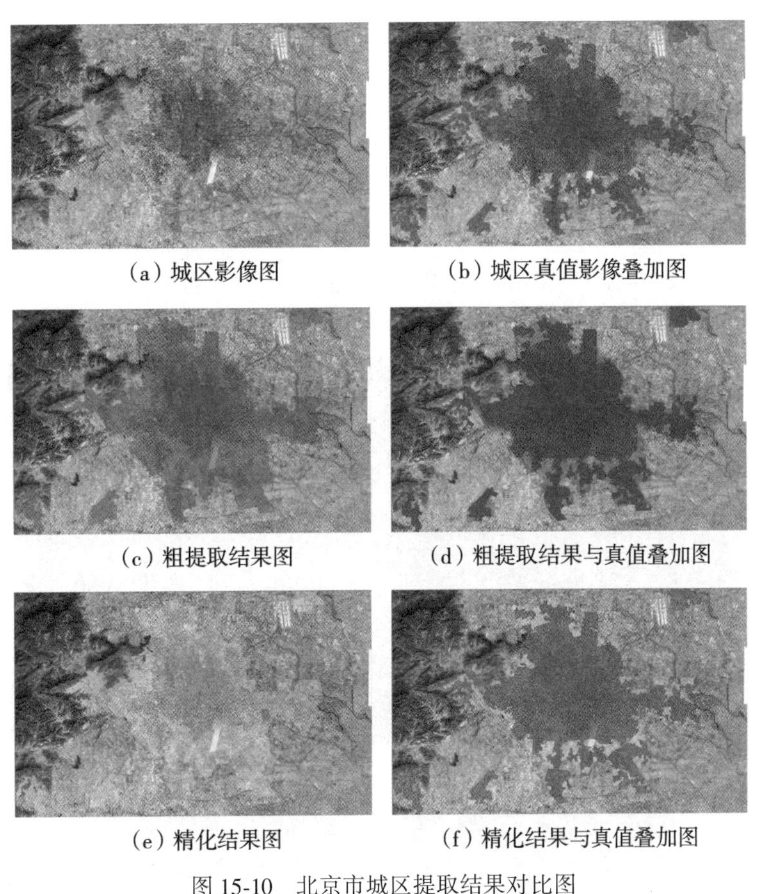

图 15-10　北京市城区提取结果对比图

由图 15-10 可见，基于渐进式学习模型的城区范围提取方法的提取结果与人工提取结果的空间形态、走向、总体大小有着较高的一致性，可自动提取出城区边界。

15.4.3　基于城市实时正射视频影像的监测

在城市市情监测中，一类典型的是交通等公共事件的监控。图 15-11 为根据城市遥感影像和视频图像生成正射视频的流程，图 15-12 为根据城市遥感影像和视频图像生成的正射视频。

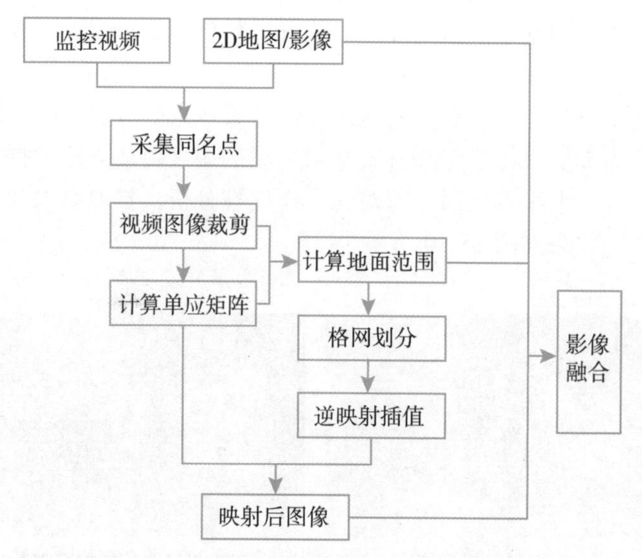

图 15-11　根据城市遥感影像和视频图像生成正射视频的流程

(a) 城市遥感影像　　(b) 城市视频图像

(c) 城市正射视频影像

图 15-12　根据城市遥感影像和视频图像生成的正射视频影像

该技术通过视频监控点的坐标位置、高度、姿态、镜头参数等信息建立视频拍摄数据与地图数据之间的映射关系，生成实时的正射视频影像，并将其与地图数据进行深度融合应用。

根据路口、小区、广场、重点区域等的摄像头，对摄像头数据和基础影像、数字高程数据进行匹配、拼接、匀光匀色和正射处理，实现了全天 24 小时任意时间段的影像更新。实时三维增强现实，正射视频实现了重点区域变化发现，这成为公安、交通、城管等多个部门视频监控数据。采用 GPU 并行计算技术，更新的影像可以直接进入大数据中心、网络瓦片切图和三维场景融合，为后期数据实时更新提供了保障。

思考题

1. 遥感技术在城市自然资源监测业务中可支持哪些应用？
2. 在利用卫星遥感影像进行城市规划监管时应如何设计应用流程？
3. 利用高分辨率遥感影像进行城市绿地变化检测的精度主要取决于什么？
4. 城市正射视频影像是如何生成的，有什么特点？

参考文献

[1] 张翰超，宁晓刚，王浩，等．基于高分辨率遥感影像的 2000—2015 年中国省会城市高精度扩张监测与分析 [J]. 地理学报，2018，73（12）：2345-2363.

[2] Shao Z F, Li C M, Li D R, et al. An accurate matching method for projecting vector data into surveillance video to monitor and protect cultivated land [J]. ISPRS International Journal of Geo-Information, 2020, 9 (7): 448.

[3] 邵振峰，张源，黄昕，等．基于多源高分辨率遥感影像的 2m 不透水面一张图提取 [J]. 武汉大学学报（信息科学版），2018，43（12）：156-162.

[4] 陈玲，贾佳，王海庆．高分遥感在自然资源调查中的应用综述 [J]. 国土资源遥感，2019，31（1）：1-7.

[5] Li X C, Peng G, Lu L. A 30-year (1984-2013) record of annual urban dynamics of Beijing City derived from Landsat data [J]. Remote Sensing of Environment, 2015, 166 (1): 78-90.

[6] Liu X P, Hu G H, Chen Y M, et al. High-resolution multi-temporal mapping of global urban land using Landsat images based on the Google Earth Engine Platform [J]. Remote Sensing of Environment, 2018, 209: 227-239.

[7] 陈洪，陶超，邹峥嵘，等．一种新的高分辨率遥感影像城区提取方法 [J]. 武汉大学学报（信息科学版），2013，38（9）：1063-1067.

[8] Sun Z C, Wang C Z, Guo H D, et al. A Modified Normalized Difference Impervious Surface Index (MNDISI) for automatic urban mapping from Landsat Imagery [J]. Remote Sensing, 2017, 9 (9): 942.

第 16 章　城市多尺度不透水面遥感提取和监测

城市内涝和城市热岛效应是典型的城市病。引起这类生态、环境和气候问题的主要原因是城市扩张迅速，包括郊区透水性较好的土地类型向透水性差的城市化用地转变，导致以植被覆盖区为主要组成部分的自然景观被建筑物和道路替代；老城区的工业用地和低密度居住用地被开发为高密度居住用地和商业用地。其中，这些不能被水渗透的人工构建面被称之为不透水面（Impervious Surfaces，IS）。不透水面对城市环境具有一系列重要影响，因而被认为是衡量城市化水平和环境质量的关键指标参数（徐涵秋，2008）。

16.1　城市不透水面遥感提取和监测需求

科学界对于不透水面的关注始于 20 世纪 50 年代的城市规划。不透水面是城市的基质景观，并主导着城市的景观格局与发展过程。降水在不透水面覆盖地区难以通过树木冠层截留蒸发重新返回大气或以入渗方式进入土壤，导致通过地表径流进入河湖网的水量比率增加（图 16-1）。

图 16-1　武汉市城市内涝情景图

与此同时，区域不透水面变化会影响病原体等非点源污染物的扩散，对城市居民的健康构成潜在威胁。与植被等自然下垫面相比，不透水面具有较强的太阳辐射吸收能力，同时所吸收能量的一部分又会以长波的形式向外辐射，显著改变城市内部的热环境，进而引发或加剧热岛效应。不透水面作为评估城市生态环境的主要因素和城市人民生活水平的一个重要指标，被广泛应用于城市土地利用分类、城市人口密度评估、城市规划、城市环境评估、热岛效应分析以及水文过程模拟等研究中（徐涵秋，2009）。图 16-2 为流域不透水面与地表径流的关系图。

图 16-2 流域不透水面与地表径流的关系图

早期的不透水面研究工作主要以实地调查和统计为主，可用的数据源有限。这种通过地面调查和人工解译得到的不透水面信息虽然在局部点上精度较高，但仅适用于小范围地区。相比之下，遥感影像因识别信息的波段范围广、监测不受地理位置及环境的限制，具有开阔的视野和瞬态成像的功能、成本低等优势，而越来越被各领域关注。近年来，遥感影像被广泛应用于不透水面研究，并被认为是目前唯一可获取大面积不透水面信息的技术手段。

16.2 城市多尺度不透水面遥感提取

不同尺度的不透水面遥感提取可选择不同的数据源，目前在城市遥感应用领域也发展了多种不同的遥感提取方法。针对全球或者区域尺度，目前主要基于 Landsat 数据和

Modis 数据采用亚像元或者像元法来开展不透水面信息的遥感提取（Shao et al.，2016）。针对局部尺度，主要采用像元法和面向对象的方法进行不透水面遥感提取，所使用的数据主要是高分辨率遥感影像数据。随着人工智能和大数据等新技术的发展，当前也出现了基于深度学习模型的不透水面遥感提取新方法。

16.2.1　基于中低分辨率遥感影像的城市不透水面提取

由于受到城市景观异质性的影响，中低分辨率遥感影像中像元所包含的光谱通常是由道路、房屋、草地、裸地或者水体等多种地物的光谱混合而成，因此二值化的结果并不能很好地表示该像元下垫面的地物类别信息。而亚像元尺度的则是以连续的 0~1 的值表示该像元中各地类所占的百分比，能更细致地反映各地物类别信息。因此，混合像元分解作为一种有效的亚像元方法，也是中低分辨率遥感影像提取不透水面的常用方法（岳文泽等，2007）。对于任一影像波段 i，混合像元分解方程式可以表示为

$$r_i = \sum_{j=1}^{n} f_{ij} e_j + \varepsilon_i \tag{16-1}$$

式中，r_i 表示混合像元可被测量到的实际反射率；f_{ij} 为端元 j 所占有的丰度；e_j 为端元 j 的反射率；ε_i 为残差。考虑到端元丰度的非负性且加和为 1，可以在式（16-1）的基础上加入如下约束条件：

$$\begin{cases} 0 \leqslant f_{ij} \leqslant 1 \\ \sum_{j=1}^{n} f_{ij} = 1 \end{cases} \tag{16-2}$$

满足式（16-2）所示的约束条件的混合像元分解方法，被称为全约束混合像元分解方法。在实际应用中，也有学者不加入约束条件，或仅加入非负性，或加和为 1 约束条件，进行线性解混，前者称为无约束混合像元分解方法，后者称为半约束混合像元分解方法。

以混合像元分解方法为例，基于武汉市 2018 年 Landsat 数据（图 16-3），采用如图 16-4 所示的方法提取不透水面，结果见图 16-5。提取精度如表 16-1 所示。

表 16-1　**提取精度（一）**

精度指标	总体	城区（不透水面>30%）	非城区（不透水面<30%）
R^2	0.87	0.82	0.84
RMSE	10.34%	8.74%	13.29%
SE	3.57%	1.91%	5.66%

16.2.2　基于高分辨率遥感影像的城市不透水面遥感提取

随着影像空间分辨率的提高，细节特征也愈加显著，但类内光谱变异性增强、同物异谱现象明显。因此由于地形起伏、高大建筑物和树冠产生的阴影，严重干扰了阴影区域下垫面的光谱。而被阴影覆盖的地区可能包含破碎的草地和道路等多种地物类别，也使得地

图 16-3 武汉市 2018 年 Landsat 影像

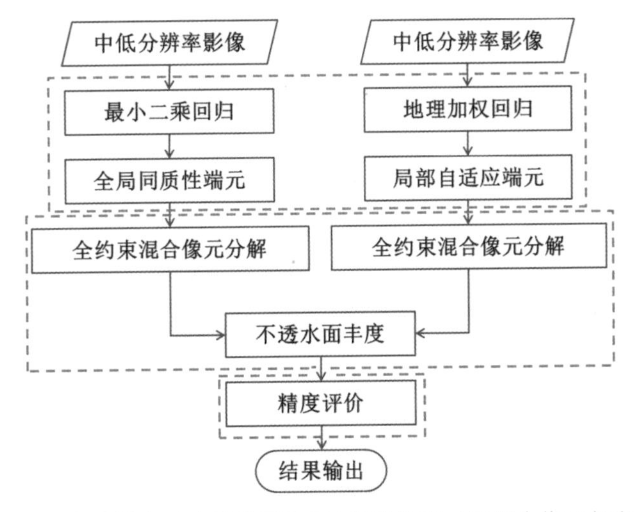

图 16-4 中低分辨率遥感影像不透水面提取流程（以混合像元方法为例）

物识别更加困难（邵振峰等，2018）。本节从基于像元的不透水面提取和面向对象的分类方法等方面介绍当前不透水面提取的常用方法。

面向对象的方法模拟人类在特征提取时的思考过程，更适用于高分影像，在处理过程中也能很好地利用空间信息。一些商业软件，如易康（eConginition）作为在面向对象分类方法基础上开发的第一款软件，已应用于越来越多的研究。面向对象分类技术中最重要的一步就是确定合适的目标大小。成功地分割结果能够得到具有最优信息的有利于进一步

图 16-5　武汉市不透水面提取效果

分类的目标。影像分割是根据像元的特征，将影像分割成具有意义的区域。而分类是指依据分割所得到的对象的特征，如光谱、形状和纹理特征等，赋予其语义信息，即判别该对象属于哪一类地物。分割将图像细分成一个个对象，细分的程度则取决于对象的大小。

基于像元的不透水面提取相当于对地物进行二值分类，即分类结果以 0 代表不透水面和 1 代表透水面。不透水面作为一种覆盖城区的主要地物类型，也可用传统的分类算法进行分类。传统的算法主要包括最大似然分类等算法。这些分类器都是基于正态分布假设的参数分类器，而在高分辨率遥感影像中，正态分布往往是不成立的。对于城郊交界的区域而言，破碎的草地、裸土和狭小的道路等复杂多变的地物类型，使用以上参数分类器难以引入其他辅助数据作为分类依据，不能获得较高的分类精度。为此，许多学者引入新的算法，如非参数分类器来提高不透水面的提取精度。常用的非参数分类器算法有人工神经网络、分类回归树和支持向量机等方法（邵振峰等，2016）。

基于卷积神经网络的不透水面提取相当于对遥感影像进行分类，以后向传播算法为例，该算法包含以下两步：一是选取样本数据进行训练。将训练数据输入网络拓扑进行正向计算，经过隐含层处理，传向输出层。二是，将这一轮的样本误差求和后求取其平均值。若输出层无法得到期望输出，则反向传播，将误差信号沿路返回，通过逐层修改各个处理单元的权值，最终使得输出结果误差达到某一标准。

记网络输入的遥感影像为 I，深度卷积网络 F 可以表示为一系列线性变换和非线性激活操作。对于包含 $2L+M$ 层的深度卷积网络 F，其前 L 层为卷积+池化层，中间 M 层为空洞卷积层，而后 L 层为反池化+反卷积层，得到最后的输出特征为

$$F(I) = \mathrm{Relu}(\mathrm{unpooling}(H_{2L+M-1}) \otimes W_{2L+M} + b_{2L+M}) \tag{16-3}$$

其中，$\otimes$ 表示反卷积操作，第 l 层的隐含节点可以表示为

$$\begin{cases} H_l = \text{pooling}(\text{Relu}((H_{l-1}) * W_l + b_l)), & l = 1, 2, \cdots, L \\ H_l = \text{Relu}((H_{l-1}) \otimes_{s_l} W_l + b_l), & l = L+1, \cdots, L+M \\ H_l = \text{Relu}(\text{unpooling}(H_{l-1}) \otimes W_l + b_l), & l = L+M+1, \cdots, 2L+M-1 \end{cases} \tag{16-4}$$

式中，$*$ 为卷积运算；$\otimes_{s_l}$ 为 s_l 步长的空洞卷积；$H_0 = I$； W_l 和 b_l 分别表示卷积核和偏置项；pooling(·)，unpooling(·) 分别为池化和反池化函数；Relu(·) = max(·, 0) 为网络的非线性激活函数。

具体流程见图 16-6。以广西壮族自治区梧州市海绵城市试点为例（图 16-7），图 16-8 为梧州市海绵城市示范区提取结果，提取精度如表 16-2 所示。

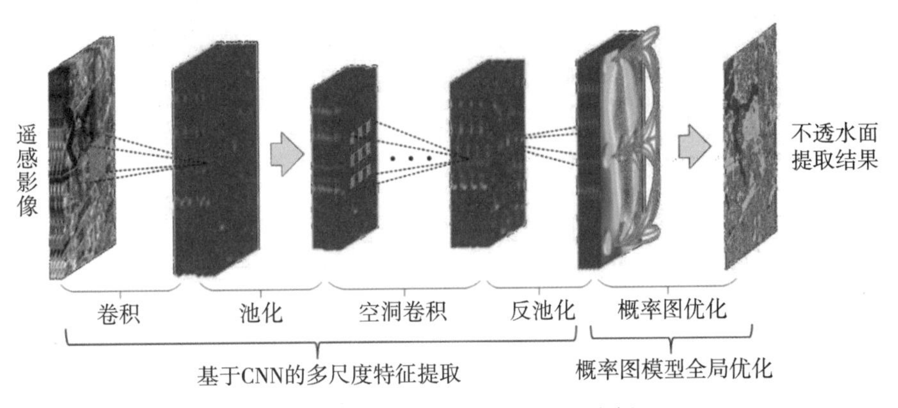

图 16-6　提取流程（以 CNN 方法为例）

图 16-7　梧州市 2017 年资源三号影像

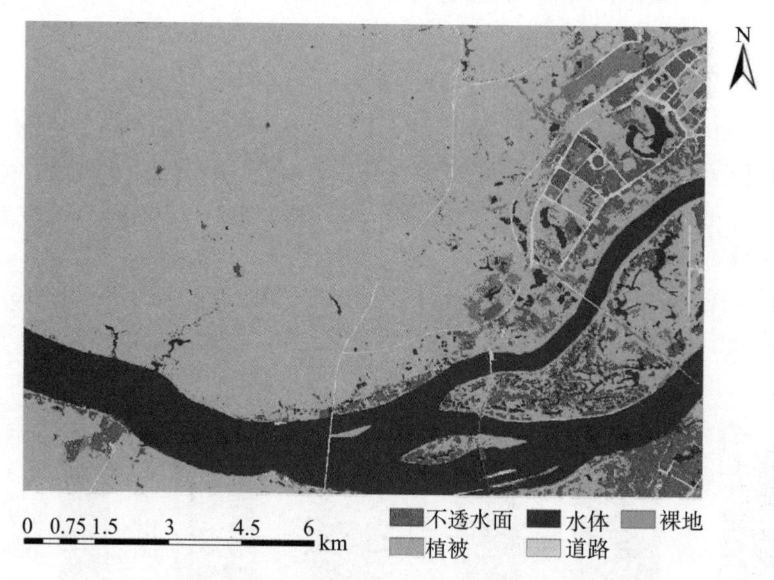

图 16-8　梧州市海绵城市示范区不透水面提取结果

表 16-2　**提取精度（二）**

类别	建筑	植被	水体	裸土	道路
生产者精度	98. 27%	93. 08%	99. 51%	92. 71%	96. 30%
用户精度	97. 87%	92. 19%	99. 64%	96. 34%	92. 86%
总体精度	96. 35%				
Kappa 系数	0. 95				

16. 3　城市多尺度不透水面遥感监测

不同尺度的不透水面遥感监测需要选择不同的数据源，目前在城市遥感应用领域也发展了多种不同的遥感监测方法。针对全球或者区域尺度，目前研究主要基于 Landsat 数据和 Modis 数据开展不透水面遥感监测。针对局部尺度、城市尺度或街区尺度，主要基于高分辨率遥感影像开展不透水面遥感监测。而应急监测更是可以基于无人机测量来获取数据，或与地面传感网结合来发现变化，采用基于深度学习模型和方法实现不透水面遥感监测。

16. 3. 1　基于中低分辨率遥感影像的城市不透水面遥感监测

在全球、国家或区域的尺度上，城市扩张总在不断驱动不透水面的变化，这些变化信息对于全球气候变化研究、生态环境监测等领域具有重要作用。基于中低分辨率遥感影像的城市不透水面遥感监测主要检测土地覆盖转换和改变。由于 Landsat 数据用于连续监测地表动态信息的可能性仍受限于无云地表观测数据的可用性（Shao et al.，2016）。因此，一些研究多利用非连续时相的 Landsat 影像提取不透水面变化。多时相的 Landsat 影像提取不透水面动态信息，多采取单时相遥感影像提取不透水面的方法，首先获得各个时相的不透水面空间分布图，再通过各时相间的对比分析获取不透水面分布的时空变化信息（Shao et al.，2014）。

本节以梧州市为例，采用梧州市 2007 年至 2018 年 5 期的 Landsat 数据进行不透水面监测，如图 16-9 所示。

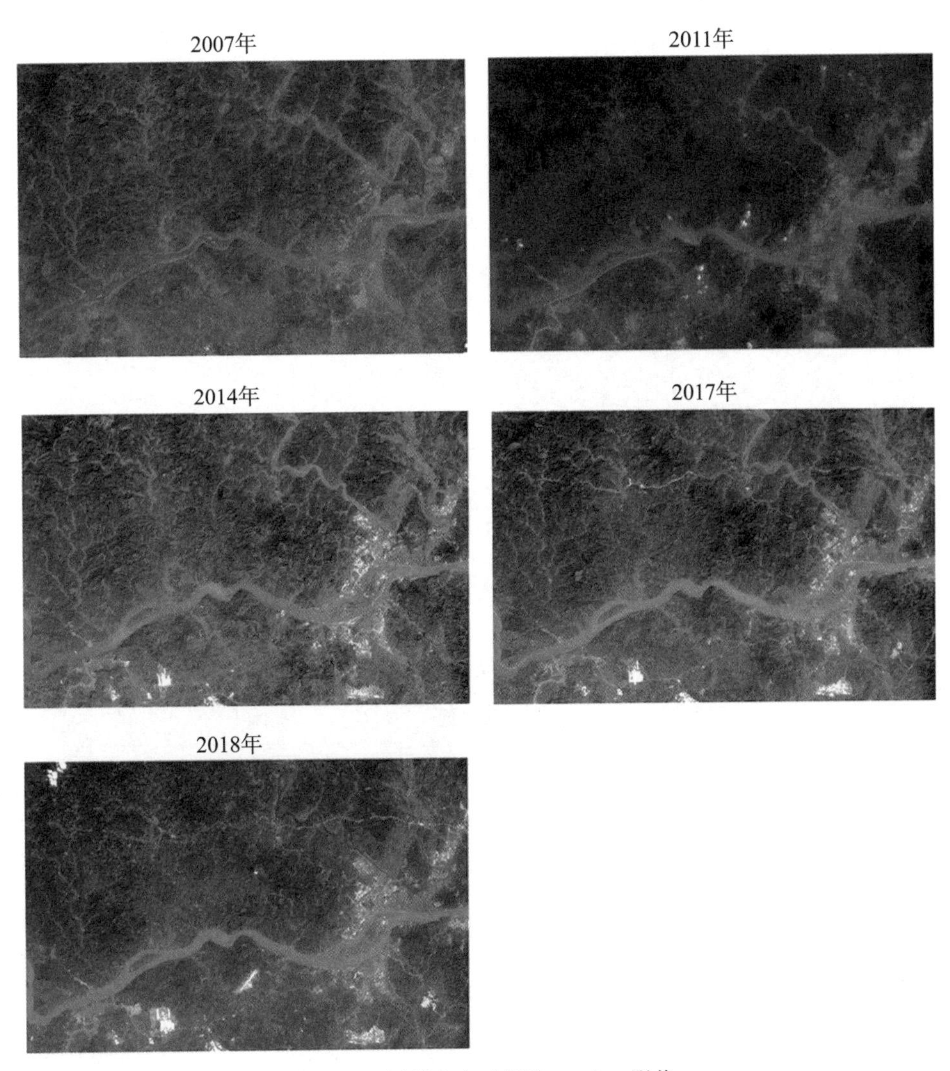

图 16-9　梧州市多时相的 Landsat 影像

从图 16-10 可看出，梧州市的不透水面呈现出逐年增长的趋势，2007 年到 2018 年，城市周边有明显扩张。监测结果如表 16-3 所示。

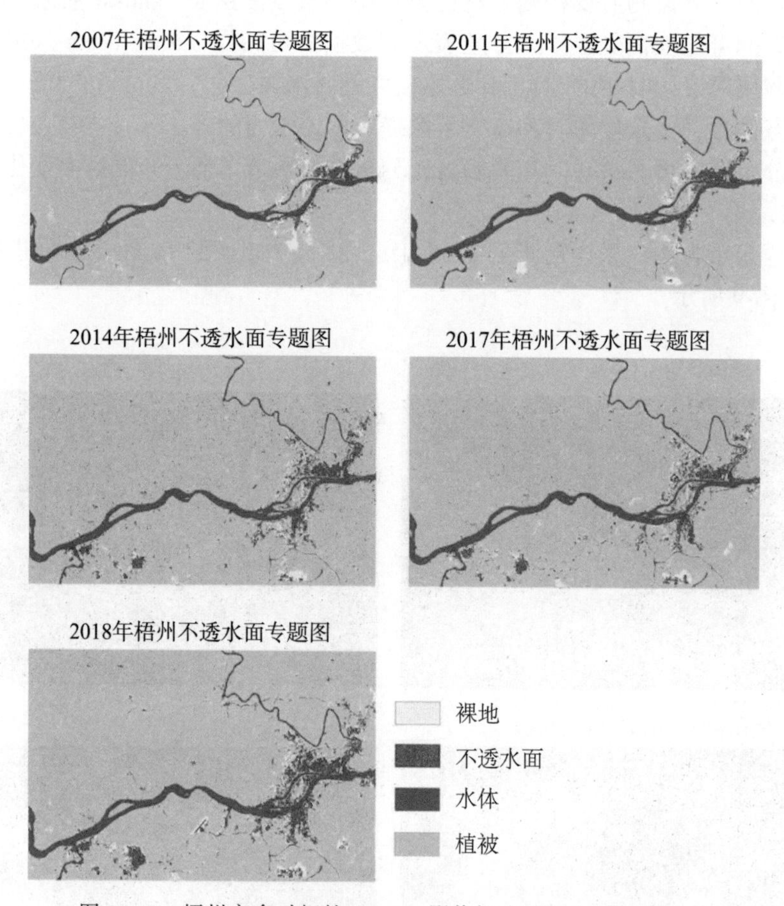

图 16-10　梧州市多时相的 Landsat 影像提取不透水面监测结果

表 16-3　**监测结果定量化表达**

年份	裸地	不透水面	水体	植被
2007	7. 573%	2. 485%	7. 676%	82. 266%
2011	6. 289%	3. 476%	7. 676%	82. 560%
2014	8. 817%	6. 943%	7. 676%	76. 564%
2017	8. 601%	7. 367%	7. 676%	76. 357%
2018	12. 950%	7. 649%	7. 676%	71. 725%

16. 3. 2　基于高分辨率遥感影像的城市不透水面遥感监测

基于高分辨率遥感影像的城市不透水面遥感监测可以实现局部尺度下的城市地表覆盖监测（邵振峰等，2018）。

如图 16-11 所示，以珠海市横琴新区为例。基于高分二号和 WorldView 卫星影像，采用深度学习方法开展了 2009 年至 2018 年的横琴新区不透水面遥感监测。

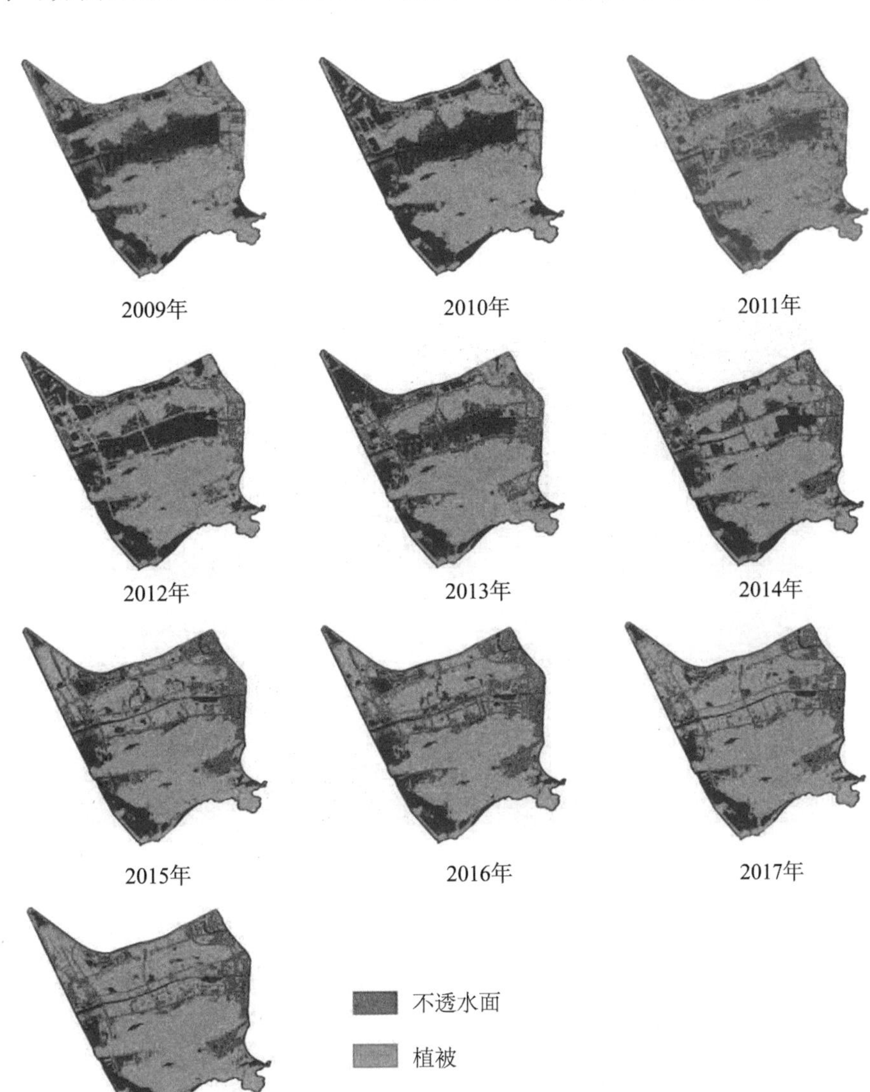

图 16-11　基于高分辨率遥感影像的横琴新区不透水面监测结果

16.4　城市不透水面信息在海绵城市规划和建设中的应用

当前中国正在推进海绵城市建设，减少城市开发建设对生态环境的影响，具体指标是要将 70%的降雨就地消纳和利用，到 2020 年，城市建成区 20%以上的面积达到目标要求；到 2030 年，城市建成区 80%以上的面积达到目标要求（Li et al.，2016）。

因此，如何精确提取不透水面信息已成为目前国内外城市环境规划管理及“海绵型”

生态城市研究领域的前沿与热点问题（李德仁等，2010）。

以武汉市为例，武汉是一座超大城市，市域面积 8569km²，常住人口已经突破 1000 万。武汉市城市变迁的历史就是一部与水抗争和与水融合的历史。图 16-12 记载了 1931 年、1998 年和 2016 年武汉曾经发生的严重内涝，这些场景真实地记录了武汉市的水患困扰。近几年来，“到武汉看海”之痛，河湖污染之忧，流域控水调水之虞，直接影响着城市的水安全、水生态和水资源。武汉市的海绵城市建设，需要解决蓄与净的冲突、渗与滞的纠结、排与用的矛盾，如何科学统筹考验着这座城市。

图 16-12　1931 年、1998 年和 2016 年武汉严重内涝场景

在海绵城市规划过程中，由不透水面的分布现状得到城市不透水的薄弱环节和区域；在建设过程中，要对海绵城市的理想区域（低不透水面比率区域）进行检测和保护，同时对不理想区域（高不透水面比率区域）进行改造，改造的过程同样依托于不透水面的分布（图 16-13）。从城市热岛效应分析，对城市中不透水面的准确评估能预评估城市热岛效应的状况。从而在城市规划和建设中，合理、高效地制订绿化方案和提高植被覆盖率。对于区域洪涝灾害而言，借助土地利用类型的不透水面盖度差异估算分布式水文模型的参数，有助于在区域内洪水灾害评估中建立量化的模型。

按照“适应需要，定制服务；增强时效，降低费用；融合信息，提高效率”的总体指导思想，设计一套满足流域以及局部项目规划需求的不透水面提取方法，综合利用高分辨率遥感和多种地面现代测绘手段，将规划审批需要的不透水面控制指标进行分解计算，制作城市高精度不透水面专题数据。具体技术流程如下。

1. 武汉市多尺度遥感影像获取和处理

选取武汉市南湖等典型水系，将空间分辨率为 0.8m 的资源三号和 WorldView 影像、

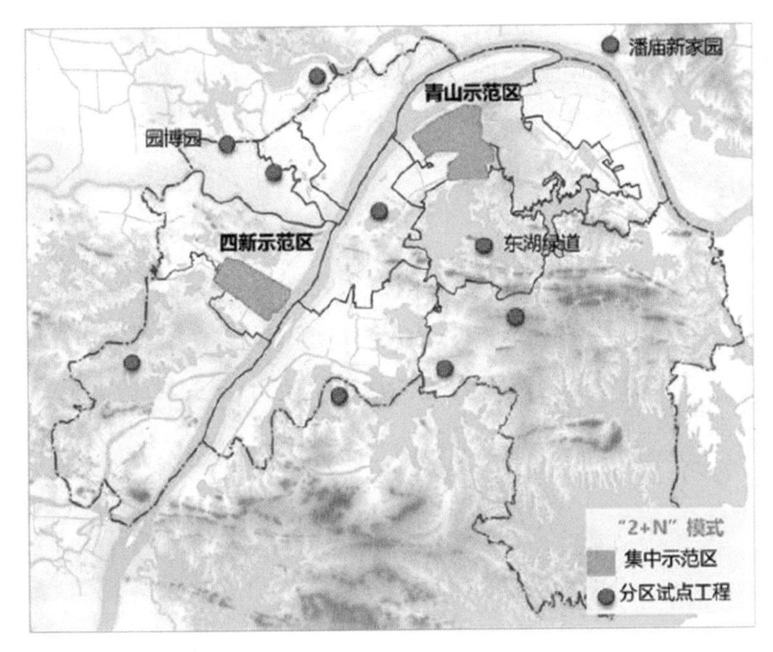

图 16-13 武汉市海绵城市规划示意图

Landsat 卫星影像生成正射影像；将地图与影像进行匹配，对影像进行分割。

2. 武汉市米级和分米级分辨率遥感影像样本库构建

深度学习的优势是可以学习到比人工设计特征更多的图像特征，然而当前都面临大样本库缺失的瓶颈。我们将首先针对高分辨率遥感影像不透水面提取需求，研究如何根据影像特点、地物尺度、影像质量构建一个样本量过万的米级和分米级分辨率遥感影像样本库，为未来武汉市构建基于深度学习模型的城市不透水面监测提供基础训练样本，这是武汉市海绵城市建设的本底数据库之一，是海绵城市建设最基础的数据库资源。

3. 多尺度多特征融合的武汉市遥感不透水面信息提取模型构建

针对高分二号遥感影像，开发面向对象的不透水面提取，包括影像分割、阴影检测、影像分类、分类后处理、专题图制作等功能。

在城市复杂地表区域，影响不透水面提取精度的阴影问题和树木遮挡问题并没有得到有效解决，仅使用高分辨率影像的光谱特征、空间特征来提取城市不透水面具有信息不足的先天缺陷。而研究融合武汉市多源数据的特征，实现对阴影区域或有遮挡区域不透水面的定量提取模型。

4. 规划辅助指标分解

根据规划业务对流域或区域透水性指标要求，分解规划指标。

针对武汉市的中心城区，采用高分辨率遥感影像作为数据源，精确提取了武汉市米级分辨率尺度的不透水面分布。经过统计计算得知，目前武汉市中心城区不透水面所占的比例高达 78.754%，这也揭示了武汉市近年来持续内涝的根本原因。

武汉市青山区南干渠片区是海绵城市示范区，图 16-14 为 2014 年该区域的资源三号高分辨率遥感影像，城市不透水面提取的结果是：透水面占 42.5%，水面只有 3.5%，不透水面高达 54.0%。

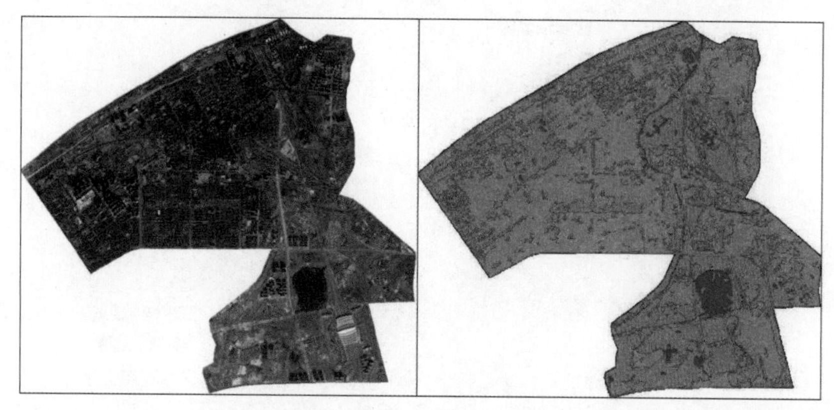

图 16-14　2014 年武汉市青山区南干渠片区资源三号遥感影像及不透水面提取结果
（绿色为透水面，蓝色为水面，红色为不透水面）

2015—2017 年，该区域完成了海绵城市改造。图 16-15 为 2017 年该区域的 WorldView 高分辨率遥感影像，空间分辨率为 0.5m。城市不透水面提取的结果是：透水面增加到 57.8%，水面增加到 4.3%，不透水面下降到只占 37.8%。

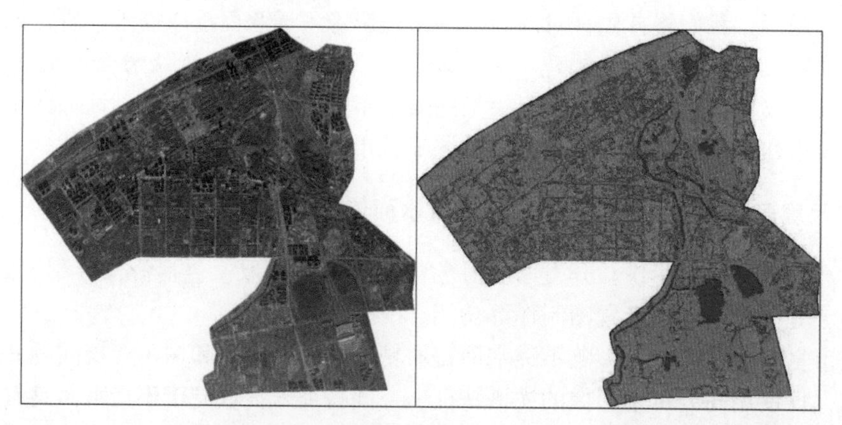

图 16-15　2017 年武汉市青山区南干渠片区 WorldView 遥感影像及不透水面提取结果
（绿色为透水面，蓝色为水面，红色为不透水面）

根据海绵城市规划控制指标，城市规划部门对每一块土地的透水性指标重新进行规划，并提交给城市建设部门以对该区域进行改造。以青山港驳岸改造为例，城市规划部门提供该区域的透水性指标，城市建设部门按照不同区段过流能力及景观要求，将青山港分别设计为植生挡土墙驳岸、生态缓坡驳岸、草阶驳岸、稻田肌理湿地驳岸。驳岸同步布置有雨水花园、植被缓冲带等海绵设施，进一步降低面源污染对港渠的影响。图16-16为青山区生态护岸线海绵改造后真实场景。

图16-16　青山区生态护岸线海绵改造后真实场景

思考题

1. 如何克服云对城市不透水面遥感提取和监测的影响？
2. 不透水面变化监测数据如何应用于城市热岛分析和水文模型？
3. 举例说明城市不透水面遥感监测与海绵城市建设的关系。
4. 高光谱遥感影像是如何识别海绵城市建设中的透水性铺砖地面和非透水性铺砖地面？

参考文献

[1] 徐涵秋．一种快速提取不透水面的新型遥感指数［J］．武汉大学学报（信息科学版），2008，33（11）：1150-1153．

[2] 岳文泽，吴次芳．基于混合光谱分解的城市不透水面分布估算［J］．遥感学报，2007，11（6）：914-922．

[3] 邵振峰，张源．基于多源高分辨率遥感影像的2m不透水面一张图提取［J］．武汉大学学报（信息科学版），2018，43（12）：1909-1915．

[4] 邵振峰，张源，周伟琪，等．基于测绘卫星影像的城市不透水面提取［J］．地理空间信息，2016，14（7）：1-5．

[5] 邵振峰，潘银，蔡燕宁，等．基于Landsat年际序列影像的武汉市不透水面遥感监测［J］．地理空间信息，2018，16（1）：1-5．

[6] 李德仁，龚健雅，邵振峰．从数字地球到智慧地球［J］．武汉大学学报（信息科学版），2010，35（2）：127-132．

[7] 徐涵秋．城市不透水面与相关城市生态要素关系的定量分析［J］．生态学报，2009，29（5）：1656-1662．

[8] Shao Z F, Liu C. The integrated use of DMSP-OLS Nighttime Light and MODIS Data for monitoring large-scale impervious surface dynamics: a case study in the Yangtze River Delta [J]. Remote Sensing, 2014, 6 (10): 9359-9378.

[9] Li D R, Luo H, Shao, Z F. Review of impervious surface mapping using remote sensing technology and its application [J]. Geomatics & Information Science of Wuhan University, 2016, 05 (41): 569-577.

[10] Shao Z F, Fu H Y, Fu P, et al. Mapping urban impervious surface by fusing optical and SAR Data at the decision level [J]. Remote Sensing, 2016, 8 (11): 945-966.

[11] Shao Z F, Zhang Y, Zhou W Q. Long-term monitoring of the urban impervious surface mapping using time series Landsat imagery: a 23-year case study of the city of Wuhan in China [C] //Paper Presented at the International Workshop on Earth Observation & Remote Sensing Applications, 2016.

第17章　城市热岛遥感监测技术与实践

城市热岛效应是城市化进程中出现的最为明显的城市生态环境问题之一。本章介绍城市热岛效应的概念，以及热岛效应研究的三类方法：地面气象资料观测法、遥感监测法和边界层数值模拟法。由于通过遥感手段获取的数据具有时间同步性好、覆盖范围广等优点，可以克服地面传统观测手段的相关缺陷，遥感监测方法逐渐成为城市热岛效应研究的主要方法。本章重点阐述了城市热岛效应遥感监测的三类方法，包括基于温度的热岛监测方法、基于植被指数的热岛监测方法和基于热力景观的热岛监测方法，最后对城市热岛效应遥感监测实践进行了案例分析。

17.1　城市热岛的概念和城市热环境遥感监测需求

人类活动是自然界最大的进化驱动力之一，加速了全球生态系统的进化进程，同时极大地改变了自然界原有的景观，如城镇化带来城市景观格局的改变，形成集聚的建筑物、产业经济活动、人居社区与被分割覆盖的自然及半自然的水体和绿色植被之间的网络组合。2000年，世界上居住在城市的人口达到45%，2018年有55%的人口居住在城市，预计到2050年，这个比例将达到66%。城市化给自然环境带来多方面的影响。城市化对气候最重要的影响之一就是城市热岛和温室气体排放，已经并将继续影响着城市微气候。

17.1.1　城市热岛的概念

人类很早就发现城市的大气环境具有与乡村及山区不同的特点。1833年，英国人Lake Howard在对伦敦城区与郊区的气温进行同时间的对比观测后，第一次对伦敦城市中心的温度比郊区高的现象进行了文字记载；Manley于1958年首次提出城市热岛（Urban Heat Island，UHI）的概念，此后许多学者对城市热岛做了大量的研究。现在普遍认为，城市热岛效应是指当城市发展到一定规模，由于城市下垫面类别的改变、大气污染以及人工废热的排放等使城市温度明显高于郊区的现象（Gallo et al.，1993；Voogt et al.，2003；肖荣波等，2005；彭少麟等，2005）。如图17-1所示，城市地表材料（水泥、沥青等）在吸收大量热量的同时也释放热量，进而在城市形成类似高温孤岛的现象，是一种由于城市建筑及人类活动导致热量在城区空间范围内聚集的现象。研究表明，城市热岛的形成除区域气候条件外，主要与城市化程度、人口密度、下垫面性质改变以及大气污染物浓度增加有密切关系，这些影响因子以一种极其复杂的方式相互作用于城市微气候。

城市化发展过程中，城市下垫面发生了很大的改变，水泥、柏油路面及建筑物所占的面积和比例越来越高，而绿地、水体的面积和比例大幅下降，城郊下垫面以植被、农田及

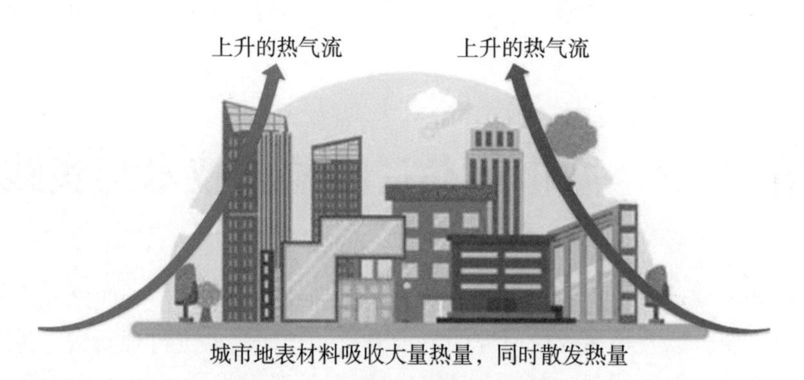

图 17-1　城市热岛效应示意图

水体为主，造成城区和城郊的下垫面差异显著。城市不透水面等下垫面的反射率和热容量比绿地小，在相同的太阳辐射条件下，城市下垫面吸收太阳辐射高于郊区下垫面，升温也更迅速；而城市内高层建筑林立，建筑墙体与墙体、墙体与地面之间多次反射吸收热量。这都使得城市近地层空气温度维持在一个较高值。

城市内人口聚集，人类活动中产生的热排放对城市气候也有很大影响。人类生活中电器的使用、工业生产中气体的排放和交通运输车辆尾气的排放，都在不停地向大气散发大量人为热和粉尘气体，使城市成为一个庞大的发热体。人为热排放对城市气候的影响是多方面的：一方面，人为热排放直接向近地层大气散发热量，使得空气温度升高；另一方面，人类活动产生热排放的同时也大量排放二氧化碳等温室气体，增加了近地层大气对地表长波辐射的吸收，进一步加剧了城市热岛。

城市所处的大气候背景对城市热岛也有影响。处于不同地理位置的城市，其热岛强度不同，如海滨城市与内陆城市，海滨城市受海陆风、海洋比热容大的影响，其日变化最大，热岛强度要低于内陆城市。有时外部气象条件，如气压场稳定、气压梯度小、无风无对流运动，热量不易散发，也会加剧城市热岛。

17.1.2　城市热环境遥感监测需求

根据《中国气候变化蓝皮书（2019）》，从 1961 年至 2018 年的统计数据来看，20 世纪 90 年代中期，中国的极端高温事件开始明显增长，如图 17-2 所示，中国平均气候风险指数在 1961—2018 年平均值增加了 54%。气候变化引起的极端高温事件及其导致的生命财产威胁需要得到更多的重视。

在过去几十年中，城市热岛研究主要采用三类方法：地面气象资料观测法、遥感监测法和边界层数值模拟法。

地面观测法主要以城郊固定气象台资料为基础，与流动观测资料配合进行城郊气温对比研究。城郊地面观测气象数据对比法是最早的城市热岛研究方法，这种方法使用统计学方法等对城区和郊区的气象资料进行分析，得到该区域热岛强度。20 世纪 80 年代，周淑贞等（1982）最早对上海市的城市热岛效应进行研究，利用上海市市区与远郊的气象观

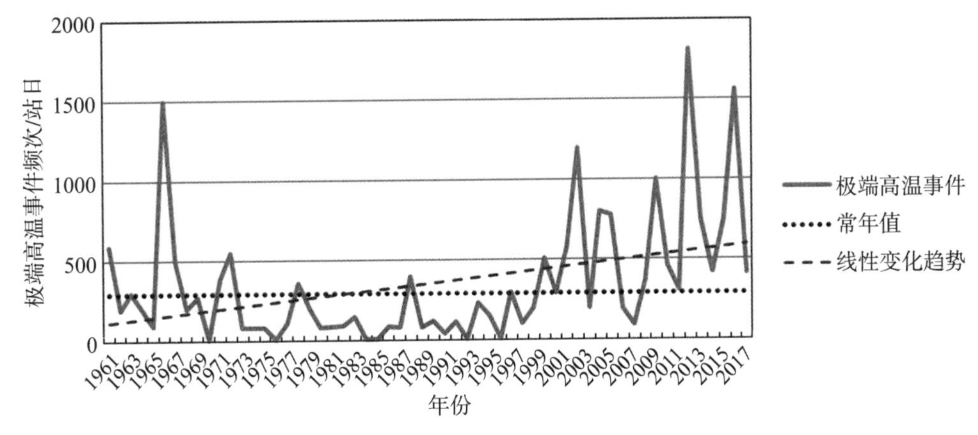

图 17-2 1961—2018 年中国极端高温事件频次

测资料，发现上海城市热岛效应十分明显，市区气温高于郊区气温。季崇萍等（2006）利用 1971—2000 年北京 20 个气象观测站的温度资料，研究了北京城市化进程对城市热岛效应的影响、城市热岛的变化特征，结果表明在城市化进程中城市热岛强度也随之增大。

地面气象资料观测法在城市热岛的最初发现与认识阶段发挥了无比重要的作用。但是由于气象站点分布较为稀疏，点尺度上的研究很难真实、有效地扩展到城市热岛平面布局、内部结构等面尺度研究上，难以满足城市尺度各类热岛问题的研究需要，目前仅依赖地面传统观测手段的城市热岛研究越来越少。

遥感监测根据不同地物吸收太阳长波辐射特性，形成各自不同的波段辐射值，使用热红外传感器对下垫面地表温度进行观测，再通过计算机进行处理得到地表温度图像（李召良等，2016）。徐涵秋等（2003）对厦门市 1989 年和 2000 年的两幅 Landsat 影像的热红外波段进行地表温度反演，通过对不同时相的反演温度进行正规化、等级划分和引入城市热岛比例指数，研究城市热岛时空变化规律，结果表明随着城市建成区的增大，城市热岛的面积也在扩大。

边界层数值模拟则是利用从一维到三维中尺度模式对特定高度下的空间区域的温度、湿度和风场进行空间数值模拟。以热力学和动力学理论为基础，研究地球与大气之间的热力交换过程，对城市下垫面能量平衡与能量交换及温度场的基本特征进行定量分析。陈燕等（2004）利用一个三维非静力区域边界层数值模式，对杭州地区城市热岛现象进行数值模拟，结果表明杭州热岛效应明显。与地面气象观测站资料以及遥感反演地表温度结果相比较，数值模拟结果与实测结果可以较好地吻合。

边界层数值模拟较多侧重于研究单纯的城市大气环境问题，内容局限于对城市内外近地层气象要素的比较分析，模拟的尺度范围局限于数百米至数千米，另外下垫面复杂性和资料的不完整性也限制了边层数值模拟法的发展。

近年来，随着遥感技术的快速发展，研制出大量先进的遥感传感器与设备，通过遥感手段获取的数据具有时间同步性好、覆盖范围广等优点，并且当前高分辨率卫星热红外遥感技术逐渐发展完善，遥感观测方法在城市热岛的观测研究中逐渐占有一席之地。目前常用的卫星遥感热红外数据源如表 17-1 所示。

表 17-1　　城市热岛遥感研究主要数据源及特性

平台/传感器	通道	光谱范围（μm）	重复周期（天）	空间分辨率（m）	适用范围	优点	缺点
NOAA/AVHRR	4	10.5~11.3	0.5	1100	宏观热岛动态监测	观测范围广，观测周期及时间短，数据同步性好，价格低廉	分辨率低
	5	11.5~12.5					
Terra/MODIS	31	10.78~11.28	1	1000	宏观热岛动态监测	相当于 NOAA 的后继传感器，但空间分辨率有所提高	分辨率较低
	32	11.77~12.27					
	10	8.117~8.475	16	90			
	11	8.475~8.817					
Terra/ASTER	12	8.935~9.275			研究地表热场分布特征与下垫面覆盖类型、城区分布格局之间的关系	可见光及热红外通道数据同源，数据分辨率高，有多个热红外通道	发射时间较晚，无存档数据，数据昂贵，获取不易，周期较长
	13	10.17~10.95					
	14	10.95~11.65					
Landsat/TM/ETM+	6	10.4~12.5	16	120/60	描述热场的细部信息及城市热岛效应	可见光及热红外通道数据同源，数据分辨率高，存档数据多	单通道，难以消除大气影响，周期较长，数据过境时期热岛效应较弱
	10	10.6~11.2					
Landsat TIRS	11	11.5~12.5	16	100	描述热场的细部信息及城市热岛效应	可见光及热红外通道数据同源，数据分辨率高，有两个热红外通道，存档数据多	周期较长，较难获取不同年份中相同甚至相近日期的可比性强的影像

遥感监测法也存在局限性。由于遥感传感器获取的是下垫面地表温度，而非近地面空气温度，不能体现真实的城郊气温差异。已有相关研究将地表温度转换为空气温度，但这种方法的误差较大。遥感数据获取受多方面条件限制，如大气条件、云层遮盖程度等，遥感数据分辨率不高对城市热岛效应的研究也有影响。

17.2 城市热岛效应遥感监测方法

城市热岛是城市化气候效应的主要特征之一，是城市化对气候影响的最典型的表现。目前研究城市热岛效应的遥感监测方法主要有基于地表温度反演的热岛监测方法、基于植被指数的热岛监测方法、基于热力景观的热岛监测方法和基于降尺度的高分辨率热岛反演方法等。

17.2.1 基于地表温度反演的热岛监测方法

遥感是用传感器接收地物反射辐射或发射辐射的能量，研究城市热岛效应一般选用热红外扫描影像，热红外遥感记录的是地表物体的发射辐射、环境及大气的辐射之和。在陆地卫星遥感使用的10.4~12.5μm 热红外波段中，太阳辐射能量很小，绝大部分能量来自大地辐射。尤其在白天，热红外波段遥感所对应的只有大地热辐射，太阳辐射的反射可忽略不计。热红外波段遥感主要反映的是地物在热红外区的辐射能量值，地物的辐射能量与温度的关系可由斯蒂芬-玻耳兹曼定律表示：

$$W = \varepsilon\sigma T^4 \tag{17-1}$$

式中，ε 为辐射体的发射率（≤1）；σ 为斯蒂芬-玻耳兹曼常数；T 为地物的热力学温度（K）。

亮温（即亮度温度）和地温（即地表温度）密切相关，而气温又主要来自地面的长波辐射，所以亮温、地温和气温三者是密切相关的。一般认为，三者之间可以相互换算，这便是利用遥感影像进行热岛效应监测的理论基础，实际应用中由于城市范围不大，有时也可以直接利用亮温表征城市热岛，称为城市亮温热岛。用亮温对城市下垫面热场分布作对比研究，具有简便易行、速度快、资料同步、点位密集等优点。

目前基于温度的遥感监测方法可分为基于亮温的监测方法和基于地温的监测方法。

基于亮温的监测方法一般假设研究区大气条件接近理想情况，大气对辐射亮温的影响可忽略，直接用亮温研究城市热岛强度。利用热红外波段反演地面亮温时，实际中会有一定的误差，这主要与模型中所采用的参数有关，如地物的 ε 值随着地物材料的不同会有所差异，但是实际的测量又比较困难。目前为使反演的地面热场更加精确，一般采取热红外波段数据加入其他辅助数据，并且改进反演模型，将诸如人工神经网络等新算法引入反演流程，以提高其精度。此类方法的基本框架如图 17-3 所示。

基于遥感影像亮温图，一般可得到热岛效应的时空分布规律：城区温度高于郊区，建成区为高温区；按功能分区的城市温度分布规律为工业区>居住区>植被区>水域。

基于地表温度的监测方法考虑了大气和辐射面的多重影响，将传感器获取的亮度温度反演为地表温度。城市热岛效应遥感监测数据源多为卫星热红外波段影像数据，常用的卫星数据源主要有 NOAA/AVHRR、Terra、Aqua/MODIS、Terra/ASTER、Landsat 红外波段数据等。针对不同卫星搭载的不同传感器，国内外研究者提出了多种地表温度反演方法，大致可分为：劈窗算法、适用于单波段热红外数据的单窗算法和普适性单通道算法等（毛克彪等，2005）。基于地表温度反演，关于城市热岛遥感监测的研究多集中在分析城

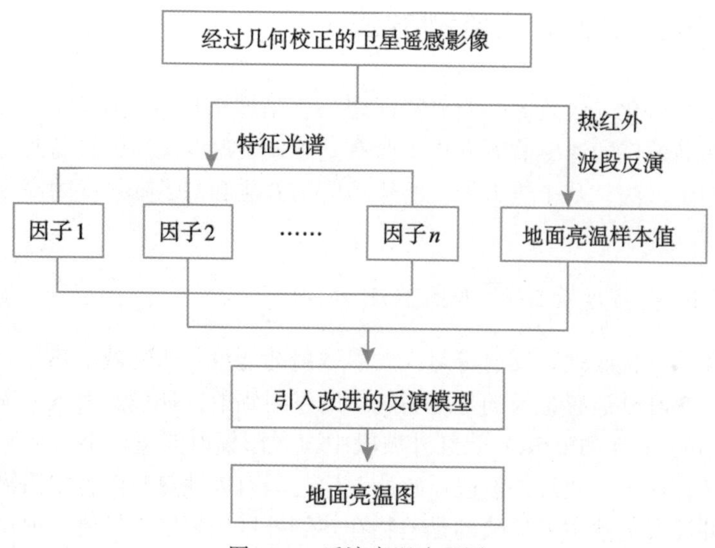

图 17-3　反演亮温流程图

市热岛的空间分布特征、探讨城市热岛的形成机制和影响因素以及利用多时相遥感数据研究城市热岛的变化特征等。

我们选取武汉市 2009 年、2014 年、2018 年这三个时间节点的热红外影像数据进行地表温度的反演与城市热岛的研究，对近十年来城市热岛效应的动态变化进行分析。图 17-4 为不同时期武汉城市热岛分级图，结果表明在城市发展的过程中，城市热岛区域不断扩展。

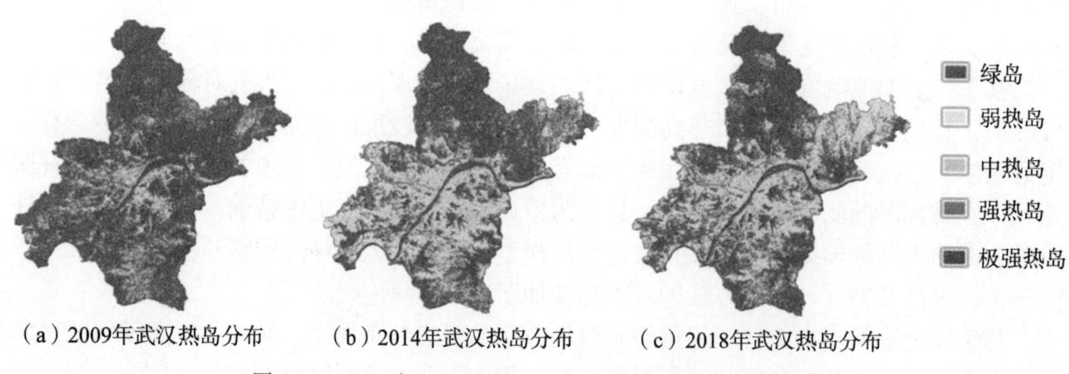

图 17-4　2009 年、2014 年、2018 年武汉城市热岛分级图

17.2.2　基于植被指数的热岛监测方法

植被指数是反映地表植被信息的重要信息源，被广泛用来定性和定量评价植被覆盖及其活力。城市化过程中，植被、水面等土地覆盖类型被水泥、沥青等组成的不透水面取

代，这个过程导致地表水分蒸腾减少、径流加速、显热的存储和传输增加等一系列生态环境效应，这其中最显著的两个特征是植被覆盖减少以及城市热岛效应（岳文泽等，2006；田平等，2006）。

1993 年，Gallo 等首次运用由 AVHRR 数据获得的植被指数估测了城市热岛效应在引起城乡气温差异方面的作用。结果表明，同地表辐射温度一样，植被指数和城乡气温之间也存在明显的线性关系，而且在解释平均最低气温的空间变化方面更为有利。田平等（2006）以 ETM+遥感影像作为数据源，提取杭州市区地表亮温和 NDVI 数据，然后利用监督分类等方法，得出杭州市区热岛强度与 NDVI 之间的定量关系模型，较好地反映了该区域热岛效应和植被覆盖指数的关系。武佳卫等（2007）以 TM 和 ETM+遥感影像作为数据源，反演上海市地表温度，以此分析上海城市热岛扩展的时空演变格局，揭示地表温度与植被覆盖具有强烈的负相关关系，植被分布面积的增加对城市热岛强度的降低具有积极作用。徐涵秋（2011）以 MSS 和 TM 影像作为数据源，提取福州市 1976 年、1986 年、1996 年、2006 年的归一化不透水面指数（NDISI）、NDVI、水体指数（MNDWI）、地表温度等主要参数，对这些地表参数变化及其对城市热环境的影响进行分析，查明了造成福州成为“火炉”城市的主要因素是城市地表不透水面增加、植被和水体面积的减少和破碎，以及通风不畅。

我们针对 NDVI 等驱动因子与地表温度的季节性关系进行研究。选取 2017 年上海市不同季节的三景 Landsat 8 影像，对冬季、过渡季节、夏季地表温度进行研究。图 17-5 为上海市城区冬季、过渡季节、夏季地表温度分布图，对驱动因子与地表温度进行相关分析，研究结果显示 NDVI 对地表温度的影响随着季节的不同而呈现不同的变化。

17.2.3 基于热力景观的热岛监测方法

借鉴景观生态学的研究方法，引入了“热力景观”概念，建立了基于热力景观的热岛监测方法，运用景观指数并结合 GIS 空间分析理论和技术，用景观的观点来研究城市热环境，建立一套热环境空间格局和过程研究方法以及评价指标体系，使传统的对热环境空间格局的定性研究进入了定量阶段（陈云浩等，2002）。

热力景观是城市与周围环境相互作用而形成具有高度空间异质性的热力区域，它由相互作用的热力斑块以一定的规律组成（陈云浩等，2002）。热力景观要素根据形状和功能的差异，可分为热力斑块、热力廊道和热力基质。热力基质是指在热力景观中占主体的相对均质背景的组成部分。热力斑块是一个与包围它的斑块不同的镶嵌体，具有相对的匀质性。热力廊道是指不同于两侧基质的狭长地带，如绿廊、街道、河渠、道路等在热力景观上反映出的带状热力景观。借鉴景观生态学的研究方法，进一步创建了热力景观空间格局的评价体系，定义了分维数、形状指数、多样性、优势度、破碎度等评价指标，对景观斑块复杂程度、斑块形状特征、热力景观多样性、景观斑块破碎程度等特点进行分析。

陈云浩等（2002）选取 1990 年、1995 年与 1998 年的夏季与冬季上海区域的 Landsat 影像作为数据源，将不同日期影像进行归一化处理以消除不同月份卫星影像的初始地温和太阳辐射差异对热环境影响。将夏季与冬季的差值图像、夏季与冬季的均值图像和上海统

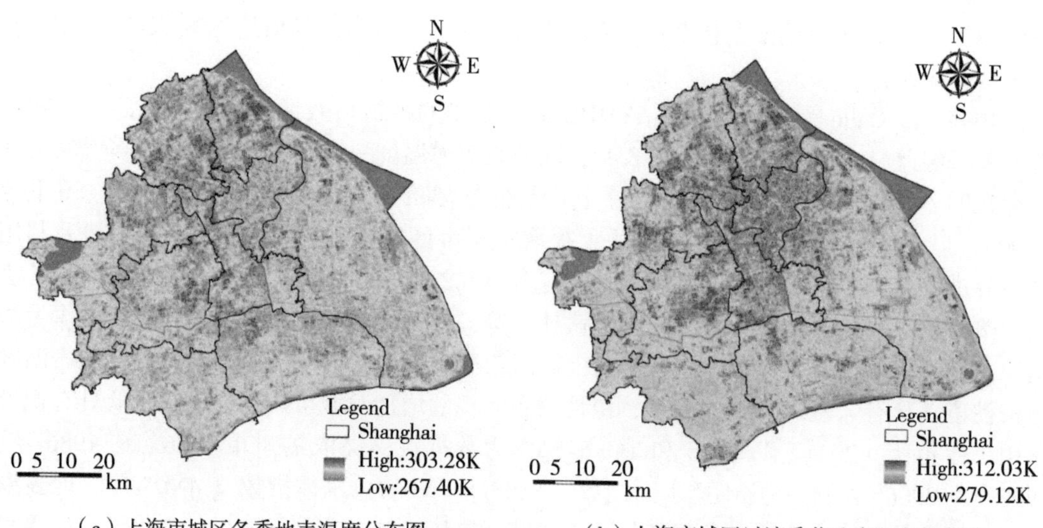

（a）上海市城区冬季地表温度分布图　　（b）上海市城区过渡季节地表温度分布图

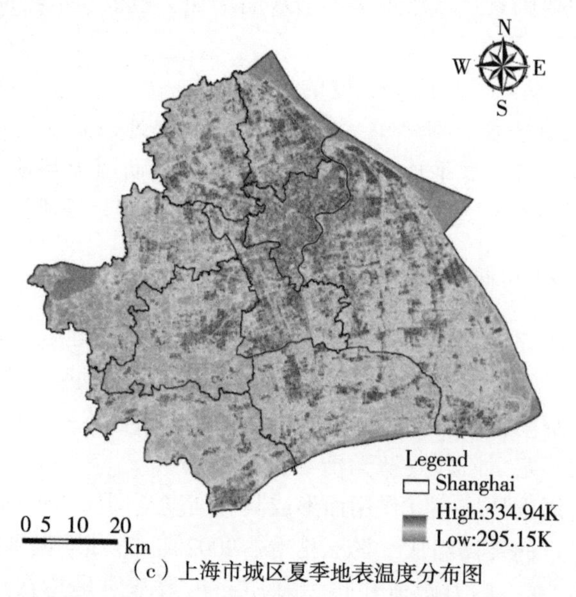

（c）上海市城区夏季地表温度分布图

图 17-5　上海市城区冬季、过渡季节和夏季地表温度分布图

计热耗作为热力景观划分逻辑波段。首先对其进行监督分类和 GIS 分析，提取出绿化、水体和热中心三类。将上述三类剔除，进行非监督分类。热力景观划分的具体流程如图 17-6 所示。

按照上述流程将上海市 1990 年、1995 年、1998 年热力景观类型进行划分，分为水体、绿化、热中心、低差低耗、低差高耗、高差低耗、高差高耗七类，借助 ArcGIS 软件对热力景观评价指标进行计算，得到 1990 年、1995 年、1998 年热力景观格局对比结果，如表 17-2 所示。

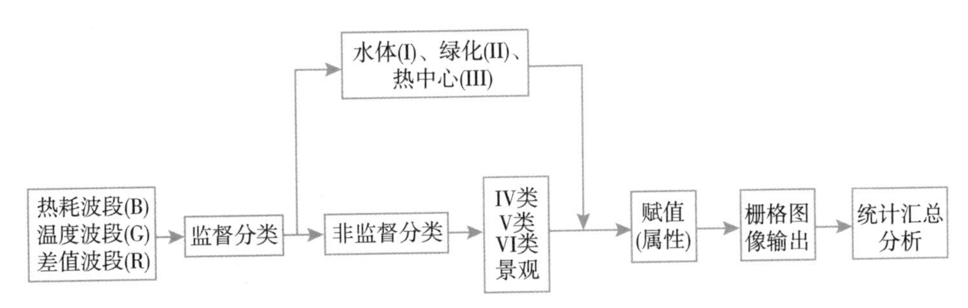

图 17-6 热力景观斑块划分流程图

表 17-2 **1990 年、1995 年、1998 年热力景观格局对比表**

类型	1990 年				1995 年				1998 年			
	块数	破碎度	多样性	分离度	块数	破碎度	多样性	分离度	块数	破碎度	多样性	分离度
水体	21	0. 32	0. 03	1. 03	85	1. 66	0. 08	2. 70	65	1. 52	0. 05	2. 84
绿化	428	0. 98	0. 25	0. 71	400	1. 15	0. 22	3. 44	615	2. 03	0. 23	1. 23
热中心	142	2. 76	0. 12	3. 47	383	5. 45	0. 21	4. 17	317	4. 40	0. 15	3. 74
低差低耗	657	9. 69	0. 30	5. 67	648	4. 84	0. 28	2. 85	1297	9. 53	0. 33	3. 87
低差高耗	282	8. 16	0. 19	7. 29	334	4. 93	0. 19	4. 05	859	8. 07	0. 28	4. 13
高差低耗	1218	8. 03	0. 37	3. 45	1340	9. 11	0. 32	3. 73	1141	7. 01	0. 31	3. 11
高差高耗	1058	11. 4	0. 36	5. 27	1276	1. 57	0. 36	6. 60	1768	22. 3	0. 36	7. 95
汇总	3806	4. 23	1. 61	1. 02	4466	4. 96	1. 70	1. 11	6062	6. 74	1. 71	1. 30

徐双等（2015）对热力景观的动态变化进行研究，基于两期不同年份的 Landsat ETM+数据反演地表温度，应用移动窗口和梯度分析方法，分析长沙从城市中心到边缘 16 个方向的热力景观演变，研究 2004—2010 年长沙市中心城区热环境的空间格局变化。图 17-7 为长沙市 2004 年与 2010 年的热力景观等级分布图，研究结果表明 2010 年热岛区域增大，中心城区热力景观格局在景观水平上具有明显的空间分异特征。

热力景观的概念与热力景观空间格局评价体系的创建，为研究城市热力景观变迁、定量分析城市热环境提出基础，提出一个与以往城市生态气候研究不同的视角与思路。

17.2.4 基于降尺度的高分辨率热岛反演方法

在目前地表温度研究的常用数据源中，具有较高空间分辨率的 Landsat 卫星的重复观测周期为 16 天，当遇到较差观测条件时，卫星对同一地理位置的有效观测需要更长的时间间隔；而空间分辨率较低的传感器，如 MODIS 的重复观测周期为 1/2 天，SEVIRI 则每隔 15 分钟对同一位置观测一次。由于卫星传感器在设计时需要权衡空间分辨率和扫描带宽，目前还没有一个同时具有高空间、高时间分辨率的能覆盖全球的热红外卫星遥感平

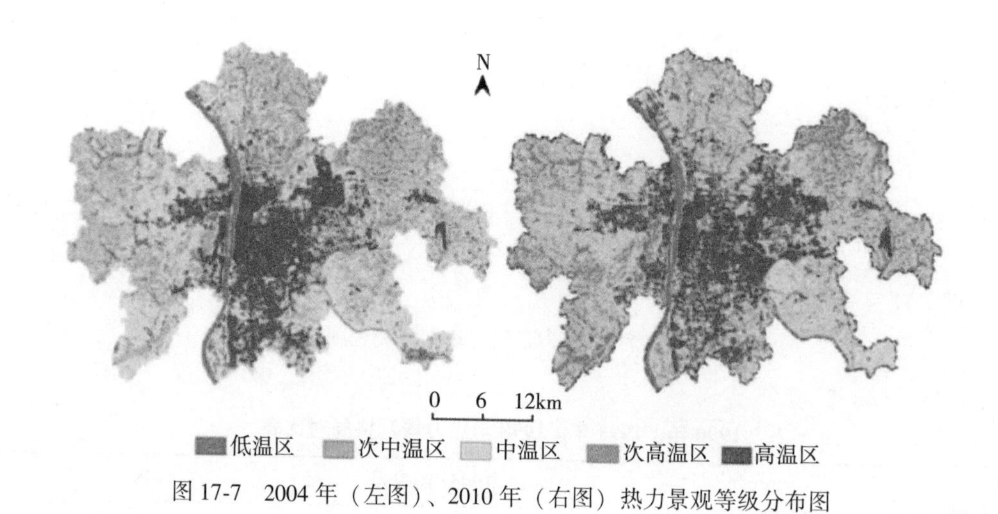

图 17-7　2004 年（左图）、2010 年（右图）热力景观等级分布图

台，限制了全球温度变化领域定量研究的扩展，如何获得高时空分辨率的地表温度数据是亟需研究的关键问题。

尺度这一概念在生态学、地形地貌学等研究领域有着广泛的科学意义。降尺度是提高空间分辨率，其目的是比较和整合不同种类的数据集以校准和验证在一系列应用领域中出现的不同模型（占文凤等，2011；邹照旭等，2018）。在遥感领域，降尺度的意义是减小遥感影像的像元大小，以使遥感影像具有更多的纹理和细节信息。降尺度方法是获取高时空分辨率地表温度的有效途径之一，近年来国内外学者相继提出了多种地表温度降尺度方法。现有的地表温度降尺度方法可分为基于统计模型的地表温度降尺度方法与基于物理模型的地表温度降尺度方法。

基于物理模型的地表温度降尺度方法的前提是假设像元内部各端元温度相同，并且各端元的辐亮度不随尺度的变化而变化，利用辐射平衡以及普朗克公式，以全色波段、近似比辐射率、有效比辐射率等参数为输入量，实现地表温度尺度转换。基于统计模型的地表温度降尺度方法以可见光近红外数据计算的光谱指数（NDVI 等）作为输入变量，对地表温度与光谱指数进行线性或非线性的回归建模。统计模型的降尺度性能整体较好，但是在干旱地区、城区等复杂地表区域的效果欠佳（Jiang et al.，2018）。

杨英宝等（2017）提出了一种针对城市和复杂区域地表温度的降尺度模型 NDSI-RF。在 NDSI-RF 方法中，以归一化沙土指数 NDSI（Normalized Difference Sand Index）、土壤调节植被指数 SAVI（Soil Adjusted Vegetation Index）、归一化水体指数 NDWI（Normalized Difference Water Index）、归一化建筑指数 NDBI（Normalized Difference Building Index）为降尺度因子，NDSI-RF 方法的具体流程如图 17-8 所示。首先使用随机森林回归方法，建立低空间分辨率降尺度因子与低空间分辨率地表温度的关系模型，然后根据尺度不变效应，将上述关系模型应用于高空间分辨率的尺度因子，得到高分辨率地表温度预测值，与原始低空间分辨率地表温度进行回归处理后得到最终的降尺度结果。

杨英宝以张掖、南京为研究区域，以 Landsat 8 影像与 MODIS 数据为数据源，使用

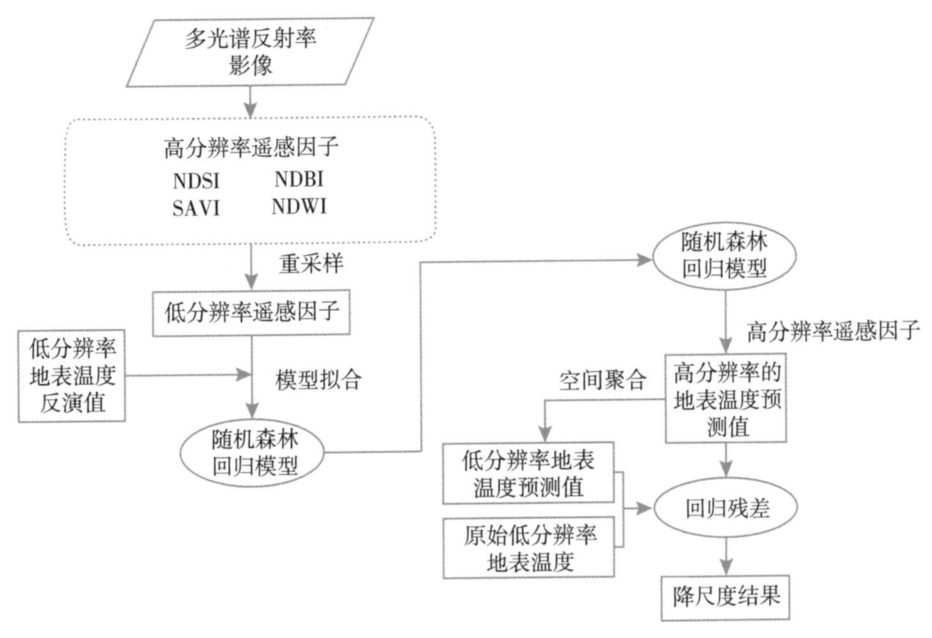

图 17-8 NDSI-RF 降尺度方法具体流程图

NDSI-RF 方法进行了地表温度降尺度，并以地面站点实测数据进行降尺度验证。张掖位于甘肃省境内，下垫面类型以植被、沙地、建筑和水体为主，南京为江苏省省会，下垫面类型以植被、建筑和水体为主。对两个研究区的降尺度结果进行分析验证后，证明 NDSI-RF 方法在沙漠地区具有更高的准确性，并在不同地区有良好的适用性。

17.3 城市热岛效应遥感监测实践

多年来国内外众多学者使用遥感监测方法对城市热岛效应进行研究，包括城市热岛的形成机制、城市热岛分布特性以及城市热岛变化等方面的分析研究。

徐涵秋等（2003）将分别在 1989 年 6 月 15 日和 2000 年 4 月 18 日获取的两幅厦门地区 Landsat 卫星热红外影像作为数据源，根据热红外影像的亮度值分别反演出厦门市 1989 年和 2000 年的地面亮温，进行亮温正规化分级，将不同时相的亮温分布范围统一到 0 与 1 之间并划分为 7 个亮温等级，进一步将两时相的亮温图像作叠加分析并生成差值影像图，同时建立城市热岛比例指数（URI）。城市热岛比例指数由城市热岛面积与建成区面积的比例计算而来，并赋予权重来表征热岛在城市建成区的发育程度。通过对 1989 年及 2000 年厦门温度等级分布、热岛比例指数的分析，该时间范围内厦门市热岛分布面积明显增加，但 URI 由 0.28 降低至 0.23，表明厦门市城市热岛面积占建成区面积的比例在降低，热岛效应有所缓解。

相对于自然表面，以房屋、广场为代表的不透水表面的比热容小，在阳光照射下升温更快。城市快速扩张导致城市不透水面面积增加，这使得城市地表平均温度不断升高，并且高大的楼房妨碍了风的流动与热量的散失，使得城市热岛现象加剧。通过分析城市热岛与不透水面之间的关联，有助于缓解城市的热岛现象，提高城市居住舒适度。

我们选取武汉市与北京市在 2009 年、2014 年、2018 年这三个时间节点的 Landsat 热红外影像数据进行地表温度的反演，将温度反演结果与分类图进行叠加，计算不透水面与非不透水面区域的平均温度。结果显示，不同时期的武汉市与北京市的不透水面区域平均温度都要高出非不透水面区域 4℃左右，随着不透水面增加，城市热岛现象愈发严重。利用相对温度表征热岛强度，在影像上随机选点，建立热岛强度 HII 与 NDBI 之间、HII 与 NDVI 之间的回归关系。从结果来看，城市热岛与 NDBI 指数呈正相关关系，NDBI 值越大，热岛强度越大。每个像元的 NDBI 指数值在一定程度上可以代表该像元覆盖范围内不透水面盖度。这也从另一个角度证实了城市热岛与不透水面之间有着密切的联系，随着城市不透水面的扩张，热岛现象会更加显著。与 NDBI 指数相反，城市热岛与 NDVI 指数呈负相关关系，NDVI 值越大，植被覆盖度越大，植被的蒸腾作用降低区域温度，减弱热岛强度。最后将热岛划分成 5 个等级，统计各级别热岛的所占比例，分析 10 年间两城市热岛效应在时间、空间上的发展，图 17-9 为 2009 年、2014 年、2018 年武汉与北京城市热岛分级图。从表 17-3、表 17-4 的统计结果来看，武汉市热岛以弱热岛、中热岛为主，弱热岛面积最大，而强热岛、极强热岛占比小；北京市同样以弱热岛、中热岛为主，但强热岛、极强热岛占比都比武汉高，平均热岛强度高于武汉。因此，从热岛面积和热岛强度角度分析，北京热岛效应比武汉强。同时，10 年间两城市热岛变化总面积相近，但从热岛强度角度来看，北京变化大于武汉，因此，北京热岛现象的扩张更加显著。

表 17-3　**2009 年、2014 年、2018 年武汉热岛强度分级统计表**

热岛强度	2009 年	2014 年	2018 年	变化
绿岛	76.68%	55.42%	52.98%	-23.70%
弱热岛	16.95%	35.21%	32.01%	15.07%
中热岛	4.38%	8.10%	11.89%	7.51%
强热岛	1.90%	1.23%	3.04%	1.14%
极强热岛	0.10%	0.04%	0.08%	-0.02%

表 17-4　**2009 年、2014 年、2018 年北京热岛强度分级统计表**

热岛强度	2009 年	2014 年	2018 年	变化
绿岛	68.66%	53.22%	44.93%	-23.73%
弱热岛	14.47%	32.51%	23.96%	9.49%
中热岛	9.72%	11.12%	20.12%	10.41%
强热岛	6.61%	3.10%	10.82%	4.21%
极强热岛	0.54%	0.05%	0.17%	-0.37%

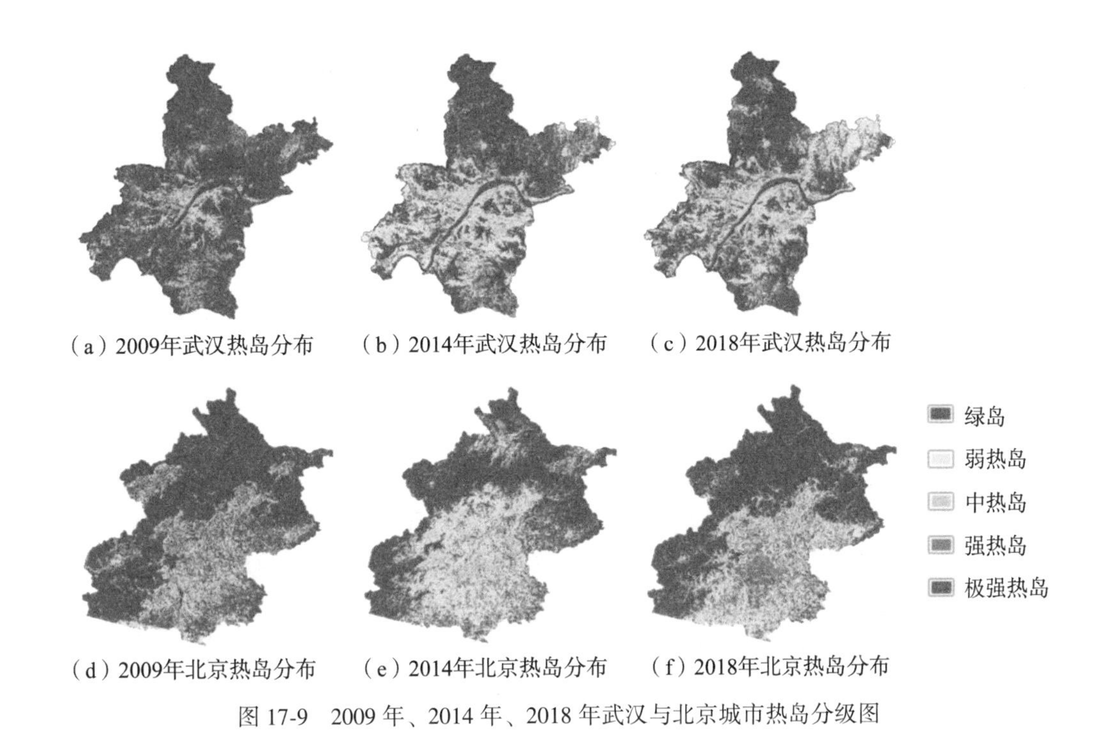

图 17-9　2009 年、2014 年、2018 年武汉与北京城市热岛分级图

周红妹等（2008）结合采用遥感动态监测与 GIS 空间分析技术，对上海市 20 世纪 90 年代以来的城市扩展以及热岛分布变化情况进行监测分析：①利用 NOAA 卫星、EOS 卫星红外波段影像进行温度反演，形成 2000—2006 年五个时相的上海城市温度分布图；②以Landsat 影像、资源卫星影像及航摄影像为数据源，采用计算机监督分类以及航片目视解译辅助的方法对上海市土地利用状况进行分类、解译，得到上海市下垫面分布图。以第一步得到的上海城市温度分布图像为基础，以上海市下垫面分布图为本底，使用 GIS 平台，对城市温度分布图像中的不同温度段分别设立掩膜区，并对不同温度段掩膜区内的地面介质进行逐像元的统计，形成不同温度段的介质分布图；以城市下垫面分布图为基础，城市温度分布图像为本底，在 GIS 平台，对城市不同下垫面分别设立掩膜区，将掩膜区内的相对温度分为 10 个等级，计算该介质在每个温度段内占掩膜区内全部介质的比例，进而评估城市不同下垫面与温度的关系。结果表明，城市扩展与热岛扩展趋势具有时空一致性，城市建成区的扩大会导致城市热岛面积的增大；城市热岛与城市下垫面有密切的关系，城市高温区下垫面主要由建筑、道路、工业区组成。

刘勇洪等（2014）分别采用了气温资料、遥感资料和城市规划资料对北京城市热岛变化进行了监测与分析。利用北京地区 1971—2012 年 20 个常规气象台站的单站逐年年平均气温资料，将 20 个气象台站按照距离北京市主城区的远近和所处位置划分为城市、近郊、远郊三类，为了避免山区台站对热岛分析的影响，将这 20 个气象台站气温订正到海平面高度，计算城市、近郊、远郊三类站点订正后年平均气温的平均值，结果表明随着北京城市的发展，北京热岛强度也在增加。选用北京市 1990 年、1996 年、2001 年、2004

年、2008 年、2012 年不同年份的 6 景晴空 NOAA/AVHRR 下午星 1B 数据，使用改进的 Becker 分裂窗方法进行地表温度反演；选用北京 1987 年、1992 年、2001 年、2005 年、2008 年、2011 年不同年份 6 景夏季晴空 Landsat-TM 影像，采用单通道算法反演地表温度。采用叶彩华等（2011）提出的地表强度指数与地表热岛比例指数对北京热岛变化进行时空分析。结果显示，使用气象资料年平均气温估算的北京城市热岛变化与利用遥感监测方法得到的城市热岛变化具有一致的趋势，NOAA/AVHRR 与 Landsat 影像两种不同分辨率的遥感数据对北京城市热岛变化监测具有一致性。

针对传统地表温度影像时空融合方法易受到像元辐射率的时空变异性影响，造成该类方法在异质性较高区域的应用中存在较大融合误差的问题，我们提出了一种综合多种遥感地表参数的 BP 网络地表温度降尺度算法，利用低分辨率传感器的多种由可见光、近红外波段影像反演的地表参数，在低空间分辨率尺度下建立 NDVI-LST 构造的趋势面特征分布模型；基于 NDVI-LST 关系特征具有一定的空间尺度不变性，引入高空间分辨率传感器反演的地表参数，利用低空间分辨率尺度下构建的关系模型实现 LST 影像尺度转换。以武汉为研究区域，首先将 ETM+反演的地表温度数据下采样为 MODIS 的地表温度产品的空间分辨率（960m），同时将 ETM+的 5 个波段的反射率数据下采样为 60m 和 960m 两个尺度，并在 960m 空间分辨率的尺度上建立降尺度模型，再将 60m 的 ETM+反射率数据应用于降尺度模型，得到 60m 的降尺度地表温度，并以实际的 ETM+反演的 60m 地表温度数据作为验证数据进行对比分析。图 17-10 为不同的地表温度降尺度方法结果与实际地表温度影像的对比图。

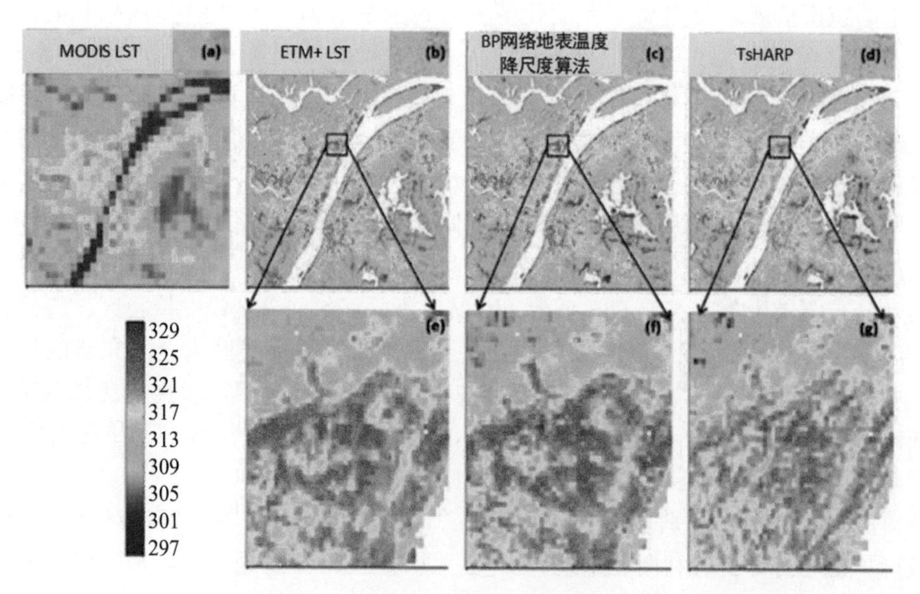

图 17-10　不同降尺度方法生成结果与实际影像的对比验证图

刘慧民（2019）将传统城市热环境静态研究框架向时空动态方向进行了一定的扩展，以武汉市为研究区域，对城市地表温度时空模式进行挖掘，分析地表温度的季节性变化。

图 17-11 为具体的研究框架，引入了机器学习领域的时序聚类方法，进行地表温度在现象层面的分区，并基于分区结果，运用数字信号处理领域的集合经验模态分解挖掘不同分区在不同时间尺度的时序规律。利用 2003 年 1 月至 2017 年 12 月之间每日 13:30 采集的 MODIS/Aqua 第 6 版第 3 级地表温度合成数据构建以月为时间分辨率的数据库。在对挑选影像进行平滑与补缺处理后，运用 K-Means 聚类方法对该数据集进行时序聚类，在现象层面实现地表温度地理分区，通过集合经验模态分解对不同类的平均时序地表温度进行分解，基于分解组分的平均周期进一步提取时序规律。

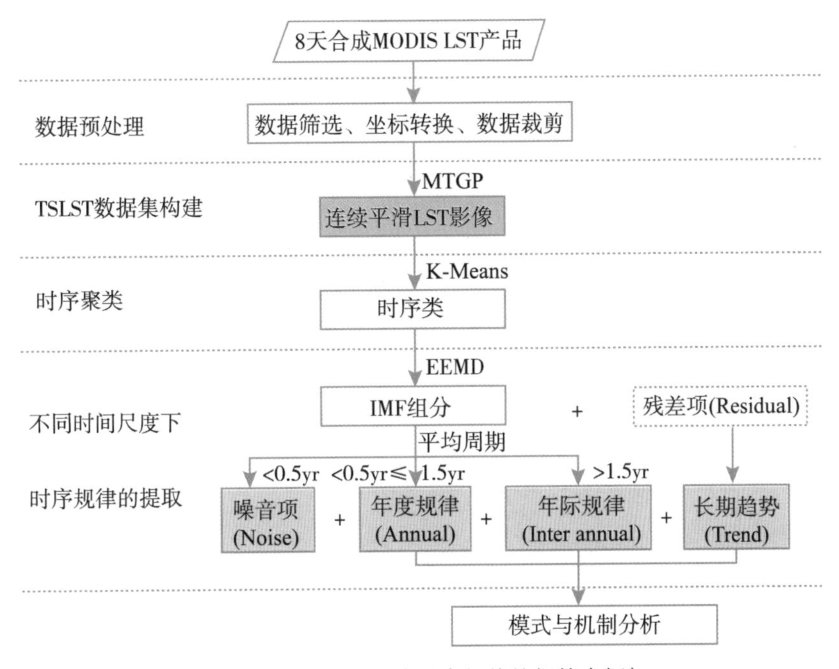

图 17-11 城市热环境时序规律挖掘技术框架

目前城市热岛遥感研究多集中在定性描述热岛效应时空分布及影响因子方面，定量化程度不高。定量研究城市热岛与其他地学过程的关系以及定量分析城市热岛时空变化与城市生态环境之间的相互作用机制是未来的研究趋势。

思考题

1. 简述城市热岛效应的概念，简述城市热岛效应产生的原因。
2. 总结城市热岛效应遥感监测的研究现状与发展方向。
3. 简要介绍目前城市热岛效应遥感监测的三类方法。
4. 阐述植被指数可用于城市热岛效应监测评估的原理。

参考文献

[1] 陈云浩，李晓兵，史培军，等．上海城市热环境的空间格局分析［J］．地理科学，2002（3）：317-323.

[2] 徐涵秋，陈本清．不同时相的遥感热红外图像在研究城市热岛变化中的处理方法［J］．遥感技术与应用，2003（3）：129-133，185.

[3] 肖荣波，欧阳志云，李伟峰，等．城市热岛的生态环境效应［J］．生态学报，2005（8）：2055-2060.

[4] 彭少麟，周凯，叶有华，等．城市热岛效应研究进展［J］．生态环境，2005（4）：574-579.

[5] 岳文泽，徐建华，徐丽华．基于遥感影像的城市土地利用生态环境效应研究——以城市热环境和植被指数为例［J］．生态学报，2006（5）：1450-1460.

[6] 田平，田光明，王飞儿，等．基于 TM 影像的城市热岛效应和植被覆盖指数关系研究［J］．科技通报，2006（5）：708-713.

[7] 武佳卫，徐建华，谈文琦．上海城市热场与植被覆盖的关系研究［J］．遥感技术与应用，2007（1）：26-30.

[8] 周红妹，高阳，葛伟强，等．城市扩展与热岛空间分布变化关系研究——以上海为例［J］．生态环境，2008（1）：163-168.

[9] 徐涵秋．基于城市地表参数变化的城市热岛效应分析［J］．生态学报，2011，31（14）：3890-3901.

[10] 叶彩华，刘勇洪，刘伟东，等．城市地表热环境遥感监测指标研究及应用［J］．气象科技，2011，39（1）：95-101.

[11] 寿亦萱，张大林．城市热岛效应的研究进展与展望［J］．气象学报，2012，70（3）：338-353.

[12] 刘勇洪，徐永明，马京津，等．北京城市热岛的定量监测及规划模拟研究［J］．生态环境学报，2014，23（7）：1156-1163.

[13] Howard L. Climate of London on deduced from meteorological observation［M］. Harvey and Darton，1833.

[14] Gallo K P，Mcnab A L，Karl T R，et al. The use of a vegetation index for assessment of the urban heat island effect［J］. International Journal of Remote Sensing，1993，14（11）：2223-2230.

[15] Voogt J A，Oke T R. Thermal remote sensing of urban climates［J］. Remote Sensing of Environment，2003，86（3）：370-384.

[16] 魏然．多源遥感地表温度数据时空融合研究及应用［D］．武汉：武汉大学，2016.

[17] 刘慧民．城市热环境时空动态分析及规划策略研究［D］．武汉：武汉大学，2019.

[18] 李召良，段四波，唐伯惠，等．热红外地表温度遥感反演方法研究进展［J］．遥感学报，2016，20（5）：899-920.

[19] 毛克彪，覃志豪，施建成，等．针对 MODIS 影像的劈窗算法研究［J］．武汉大学学报（信息科学版），2005（8）：703-707.

[20] Jiang L，Zhan W，Voogt J A，et al. Remote estimation of complete urban surface temperature using only directional radiometric temperatures［J］. Building and Environment，2018，135：224-236.

[21] 邹照旭，黄帆，赖佳梦，等．时间升尺度方法对城市地表热岛强度计算的影响研究［J］．地理与地理信息科学，2018，34（3）：26-31.

[22] 占文凤，陈云浩，周纪，等．基于支持向量机的北京城市热岛模拟——热岛强度空间格局曲面模拟及其应用［J］．测绘学报，2011，40（1）：96-103.

[23] 周淑贞，张超．上海城市热岛效应［J］．地理学报，1982（4）：372-382.

[24] 季崇萍，刘伟东，轩春怡．北京城市化进程对城市热岛的影响研究［J］．地球物理学报，2006（1）：69-77.

[25] 陈燕，蒋维楣，吴涧，等．利用区域边界层模式对杭州市热岛的模拟研究［J］．高原气象，2004（4）：519-528.

[26] 徐双，李飞雪，张卢奔，等．长沙市热力景观空间格局演变分析［J］．生态学报，2015，35（11）：3743-3754.

[27] 杨英宝，李小龙，曹晨．多尺度城市地表温度降尺度方法［J］．测绘科学，2017，42（10）：73-79.

第 18 章　城市地上生物量遥感反演及应用

随着城市化进程不断加速，城市建设水平不断提高，对区域内原有的自然环境造成了难以估量的生态影响。作为城市生态系统初级生产者的城市植被，其在生态基础设施中具有不可替代的地位，对城市植被进行定量化研究即估算城市地上生物量，对于生态城市的规划与建设具有重要的意义。城市地上生物量（Above Ground Biomass，AGB）是指某一时刻城市地区单位面积内植被的有机质总量，单位通常为 kg/m^2 或 Mg/ha，是衡量城市植被固碳水平的重要指标，其数值与分布格局不仅为城市生态系统碳循环研究提供理论支持，还为应对温室效应的造林与再造林节能减排核算提供定量化参考。其中，遥感的手段成为近些年来最主要的测量方式。遥感技术在城市生态建设中起到重要的辅助作用，能快速、准确地获取城市绿地的分布和绿化覆盖度信息，并了解城市绿地景观的组成、种类和布局。利用不同时相的高分辨率遥感影像，结合外业调查，对城市的生态绿地建设和变化信息进行提取和反演，建立植被系统数据库；有利于合理利用土地资源，维持大气的碳氧平衡、降低热岛效应、净化和美化城市环境，保证生态系统的完整性。

本章介绍了采用遥感影像进行城市地上生物量反演的技术方法和流程，可以借助遥感手段了解城市现有的植被资源总量和分布情况，建立城市数字生态遥感应用系统，实现对城市生态系统的规划建设、信息采集、资源管理、动态监测和辅助决策支持。利用遥感影像和相关系统软件，从数据上分析城市各生态系统的变化趋势，可用于指导城市管理者保护生态环境，制定科学合理的发展规划，促进城市可持续发展。

18.1　城市地上生物量遥感反演应用需求

生态监测是指利用物理、化学、生化、生态学等技术手段，对生态环境中的各个要素、生物与环境之间的相互关系、生态系统结构和功能进行监控和测试。城市生态监测，是对人类活动影响下自然环境变化的监测。通过不断监测自然和人工生态系统及生物圈其他组成部分（外部大气圈、地下水等）的状况（Kulawardhana et al.，2014），确定改变的方向和速度，并查明多种形式的人类活动在这种改变中所起的作用（Shao et al.，2020a）。其中，城市地上生物量反演也是城市生态监测中重要的一部分，可以从时间和空间范围内反映植被生长状况。

城市植被一般是指在城市里覆盖着的所有植物，包括：公园、校园、广场、球场、农田、道路等地拥有的森林、花坛、草坪、树木等所有植物的总和，属于以人工种植为主的一个特殊的植物类群，它们是城市生态系统的重要组成部分，对促进城市化的建设发展和满足居民生活有着不可替代的作用。所以，在城市中种植绿色植被是美化、净化环境及提高环境质量的重要措施，对促进城市生态系统平衡有着极为重要的意义。

城市植被具有保护和改善环境的功能。植物可以吸收二氧化碳，放出氧气，净化空气；能够在一定程度上吸收有害气体和吸附尘埃，减轻污染；可以调节空气的温度、湿度，改善小气候；还有减弱噪声和防风、防火等防护作用。城市绿化对于美化人民生活环境的功能是非常显著的（Shao et al.，2020b）。如果城市植被与城市其他自然条件、城市街道和建筑群体配合得好，就可以增添景色，美化街道和市容市貌，给城市带来生机和活力（Shao et al.，2020c）。

联合国可持续发展目标（SDGs）旨在从2015年到2030年间以综合方式彻底解决社会、经济和环境三个维度的发展问题，转向可持续发展道路（Gupta et al.，2016）。其中，关于可持续城市和社区的目标提到建设包容、安全、有风险抵御能力和可持续的城市及人类居住区，然而快速发展的城市化对淡水供应、污水处理、生活环境和公众健康都带来了压力。联合国可持续发展目标中的多个目标都提及森林等植被在可持续发展过程中的重要性。对于居住人口高度集中的城市来说，生态保护正成为城市可持续发展的首要任务。近年来城市建筑屋顶绿化景观快速兴起，成为城市中一道亮丽的风景线，促进了人类文明与自然风光的和谐共生，对构建生态城市具有积极意义。

18.2 城市生态数字园林遥感应用系统的建设内容

城市生态数字园林遥感应用系统的建设需要考虑以下六个方面的内容。

1. 城市的生态绿地建设

城市生态系统建设能够改善环境，使市民能够呼吸新鲜的空气；绿地建设能够美化城市，提升城市形象、丰富城市景观，为政府对城市的规划带来科学性和系统性。

基于城市遥感影像，叠加城市规划信息，实现对城市绿地信息（包括游园广场、公园、生产绿地、防护绿地、居住绿地、单位附属绿地、道路绿地等信息）的规划建设。

2. 城市现有的绿地资源总量和分布情况

建设数字园林系统的最大需求就是查清楚城市现有的绿地资源总量和分布情况，例如，武汉市数字园林建设，通过调查获得武汉市蕨类和种子植物有106科、607属、1066种，行道树有200多万棵。图18-1为城市生态数字园林数据采集示例。

3. 城市植被变化信息提取

利用已校正的卫星影像或航空影像和大比例尺地形图更新城市新增绿地信息，提取绿地和乔木等模型（图18-2）。

4. 对城市生态绿地实现基于影像的可视化管理

基于遥感影像或实景影像，为园林管理部门提供可视化的管理界面，直观、逼真地再现城市园林风光，管理更加人性化。

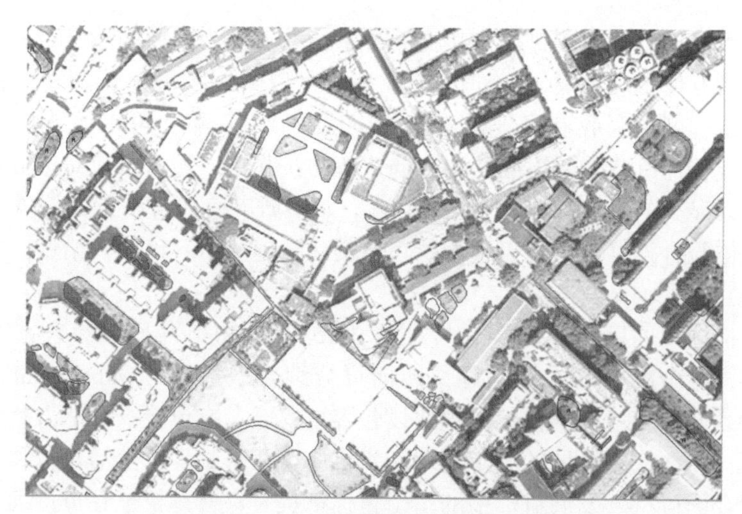

图 18-1　城市生态数字园林数据采集图

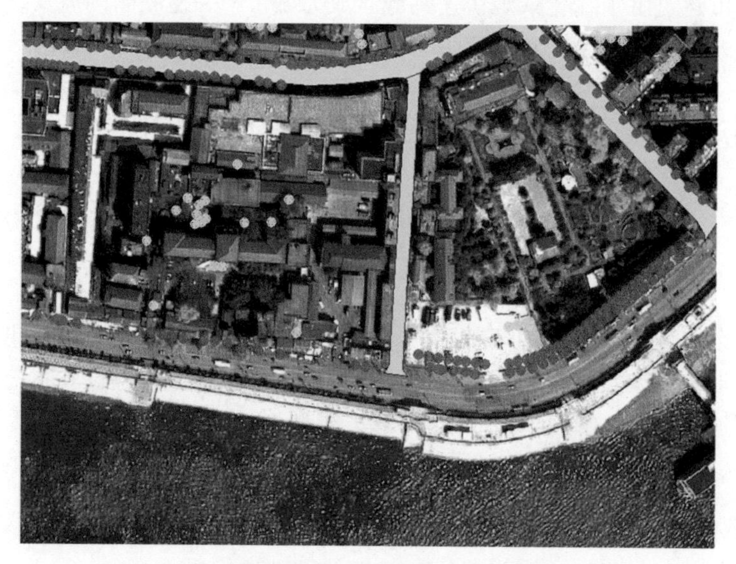

图 18-2　城市中树木模型影像立体图

5. 对现存生态绿地的监管和保护

基于变化检测技术，动态检测出城市园林绿地的变化情况，对违法占用绿地情况实现快速检测，为执法部门进行监管和违法处罚提供技术支撑。

6. 城市生态环境和灾害监测的需求

目前这方面的需求还处于研究阶段，但随着建设能源节约型和环境友好型的两型城市建设目标的提出，未来遥感技术在城市园林建设方面能够提供如表 18-1 所示的需求，这有待定量遥感技术的支撑。

表 18-1　　城市园林需求与遥感目标特性关系分析

应用需求	具体内容	应用需求的参量	遥感可获取的参量
园林资源清查	类型和数量及其分布；植被生物量估测	植被类型 植被分布 郁闭度 蓄积量 生物量	归一化差植被指数 NDVI 归一化差值植被指数 ND 比值植被指数 RVI 环境植被指数 EVI 土壤调节植被指数 SAVI 植被指数 叶面积指数
城市生态灾害调查和监测	病虫害监测	植被种类 害虫类型 受灾面积 受灾程度	微波后向散射系数 光谱反射率 表面温度 地表温度 地表湿度 植被指数 光谱反射率
城市生态环境监测	公园景观结构特征、生态环境特征调查和评估	土地覆盖类型 植被类型 植被覆盖面积 ……	地表温度 地表湿度 植被指数 光谱反射率 雷达后向散射系数

图 18-3 展示了 GIS 和遥感影像在城市数字园林中的应用对比，可以看出，基于遥感影像的城市数字园林应用更加直观。图 18-4 为可用于城市数字园林建设的高分辨率遥感影像示例，具有技术上的可行性和应用上的现实需求。

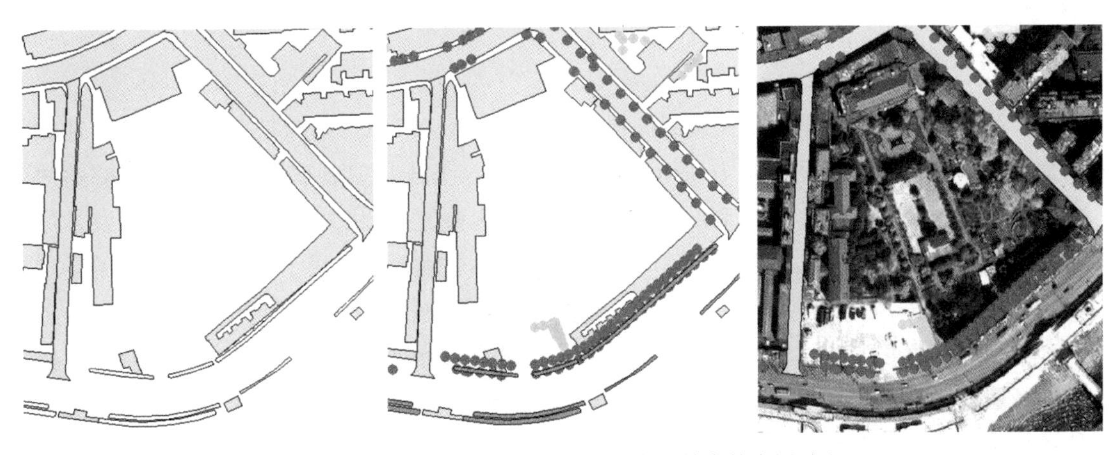

图 18-3　GIS 和遥感影像在城市数字园林中的应用对比

图 18-4　城市生态数字园林高分辨率遥感影像

18.3　城市地上生物量测量方法

遥感技术，由于其宏观动态实时多源的特点，已大量应用于森林地上生物量（Zhang et al.，2015）以及其他植被参数（Latifi et al.，2010）的估测研究。随着多尺度、多传感器类型、多/高光谱等遥感技术的发展，为城市地上生物量监测提供了强有力的工具。从遥感技术的应用和发展来看，地上生物量监测也是遥感应用最为广泛的领域之一，为确定一些植被与生物物理、生态学参量之间的关联性提供了一种便捷方法。

1. 传统测量方法

传统的测量方法是采用地面监测的技术（图 18-5）。破坏性采样是获取生物量样地数据最直接和最精确的方法，该方法得到的生物量值通常连同其他实测参数，如植被的湿重、干重，树木的胸径、树高和/或木材密度等实测参数（Chave et al.，2014）。该方法对植被造成了毁坏，并且消耗大量的时间和人力成本，因此仅适用于小面积研究区的样本数据收集（Chave et al.，2005）。目前地面监测技术仍是非常重要的，因为其结果可以提供详细情况。许多生态结构与功能的变化只能通过在野外进行监测。地面监测能验证并提高遥感数据的精确性，并有助于对数据的解释（Fassnacht et al.，2014）。尽管遥感技术能提供有关土地覆盖和利用情况变化及一些地表特征（如温度、化学组成）等综合性信息。但这些信息需要通过更细致的地面监测进行补充。

图 18-5 地上生物量传统测量方法

2. 地面遥感传感器采集方法

高光谱遥感数据具有多、高、大等特点，即波段多（几十个到几百个），光谱分辨率高（纳米数量级），数据量大（每次处理数据一般都在千兆字节以上）。因此如何快速、准确地从这些数据中提取植被的生物化学和物理信息，识别不同的植被，揭示目标的本质，则需要依据实际应用的具体要求选择最佳波段进行处理和解译。另外，高光谱的出现，使植物化学成分的遥感估测成为可能，建立各种从高光谱遥感数据中提取各种生物物理参数（如 LAI、生物量、植被种类等参数）的分析技术（Ke et al.，2016），在植被生态系统研究中是十分重要的内容。

3. 航空航天遥感采集方法

航空航天遥感采集方法是利用卫星收集环境的电磁波信息对远距离的环境目标进行监测并识别环境质量状况的技术，它是一种先进的环境信息获取技术，在获取大面积同步和动态环境信息方面“快”而“全”，在天气、农作物生长状况（Wang et al.，2008）、森林病虫害、空气和地表水的污染情况等的监测中已经普及。卫星监测最大的优点是覆盖面宽，可以获得人工难以到达的高山、丛林的资料。

由于目前资料来源增加，费用相对降低。这种监测难以掌握地面细微变化，因此地面监测、空中监测和卫星监测相互配合才能获得完整的资料。

18.4　城市地上生物量遥感数据获取

利用高分辨率卫星影像或航空影像和城市大比例尺地形图制作城市所有类型（道路、生产、防护、居住、公园、游园广场、单位附属等）的绿地和乔木的示例图，同时调查相关绿地和乔木的属性信息，并录入对应图形的属性表中，为园林管理部门提供信息服务，是遥感技术应用于城市生态建设的重要内容。

18.4.1　城市典型植被类型的光谱采集和光谱库构建

植被种类众多，植被分类是植被研究的重要组成部分，也是最复杂的问题之一。传统植被分类通常以外貌结构特征、植被动态特征和生境特征等为依据，但在大范围尺度下，这种传统植被分类的效率较低。遥感具有大面积同步观测、时效性和周期性等特点，与传统实地勘测相比，大面积植被分类效率更高，而且获取信息速度快、周期短。每种植被都有光谱信息的独特性，利用遥感影像上的光谱差异可以区分不同植被。植被光谱库的建立，对于实现植被种类的快速匹配，提高分类识别水平起着重要的作用。

通过使用地物光谱仪（ASD FieldSpec4）采集典型植被的冠层或叶片特征光谱曲线。在采集测量光谱的同时，应同时拍照记录所测植被和现场采集情况、使用 GPS 测量所测植被的地理坐标位置、记录采集时间、仪器型号、光纤视场角、天气状况、观测人员、植被生长状况以及周围环境等。

典型植被的光谱数据库类型为对象关系型数据库。存储内容包括：光谱特征曲线和采集光谱特征数据的元信息（照片、名称、时间、仪器型号、光纤视场角、天气、位置、操作人员等）。在地面光谱测量时应重点注意以下事项：

（1）在天气晴朗、光线稳定（一般中午前后 2 小时，当地时间 10 点至 14 点）的天气条件下测量，测量时注意光线发生剧变后及时白板定标；

（2）针对低矮树木，可以直接测量冠层反射率；针对树木较高或者不易直接测量，采集足够树叶后找一块平坦的地方，将树叶平铺在黑布上测量。

对野外原始数据经过预处理，设计数据库结构，并建立典型植被光谱库，为植被类型的识别和进一步的地上生物量反演和生态监测提供基础的本底数据。

野外采集过程中每一株植被的光谱曲线可视为一个实体，而植被的光谱曲线元信息可视为其属性。因此，典型植被光谱数据库存在如下实体及属性：植株编号、植株名称、经纬度（位置）、地点、光谱曲线编号、仪器型号、操作人员、光纤视场角、天气、日期、现场采集照片记录。根据上述实体及属性的描述，以及实体间的一对一关系，可以构建概念模型，如图 18-6 所示。

在典型植被的高光谱数据库中，根据已有的概念模型中实体及其属性关系，可利用物理模型描述该数据库，如关系数据库中的一些对象为表、字段、数据类型、长度、主键、外键、索引、约束、是否可为空、默认值（表 18-2）。

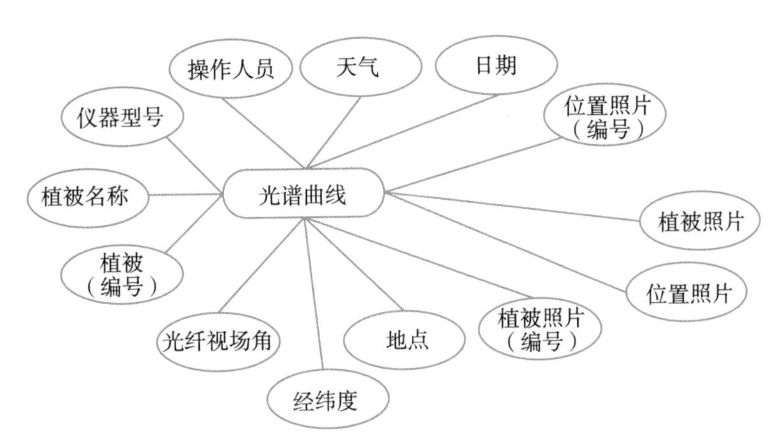

图 18-6　城市植被光谱曲线概念模型

表 18-2　**典型植被光谱数据库属性类型**

表名称	字段名称	数据类型	主键	外键	索引	约束	空
Vegspectral	SampleID(植被编号)	VARCHAR(20)	是	否	是(PRIMARY)	无	否
	Name(植被名称)	VARCHAR(45)	否	否	是(veg_name_index)	无	否
	Place(地点)	VARCHAR(45)	否	否	否	无	否
	Longitude(经度)	VARCHAR(30)	否	否	是(longitude_index)	无	否
	Latitude(纬度)	VARCHAR(30)	否	否	是(latitude_index)	无	否
	Spectrometer(仪器型号)	VARCHAR(30)	否	否	否	无	否
	Operators(操作人员)	VACHAR (45)	否	否	否	无	否
	FOV(光纤视场角)	INT(11)	否	否	否	无	否
	Weather(天气)	VARCHAR(20)	否	否	否	无	否
	Date(日期)	DATE	否	否	是(time_index)	无	否
	sitePhotoID(位置照片编号)	VARCHAR(45)	否	否	否	无	是
	vegPhotoID(植被照片编号)	VARCHAR(45)	否	否	否	无	是
	sitePhoto(地点照片)	MEDIUMBLOB	否	否	否	无	是
	vegPhoto(植被照片)	MEDIUMBLOB	否	否	否	无	是
	specCurve(光谱曲线)	MEDIUMBLOB	否	否	否	无	是

18.4.2　城市植被外业数据采集

国内外园林数据采集方式是一致的，通常分为点状（如古树名木）、线状（如行道树）和面状（如成片树木）。基于数字摄影测量工作站进行采集，对点状独立树和行树，要求逐棵进行量测；对于成片的面状树林，则采集外围线，然后根据类型基于模型库生成面状数据。

可靠的城市地上生物量观测数据是进行地上生物量有效估测的先决条件，其作用可以归为以下四类：

（1）通过分析城市地上生物量实测数据与候选遥感变量之间的相关性，确定合适的预测变量；

（2）利用地上生物量观测数据与选定的预测变量构建生物量估测模型；

（3）对估测模型进行精度评价，或对多种不同的估测模型进行对比验证；

（4）通过不确定性分析判别影响地上生物量估测精度的因子。

因此，收集高精度且具有代表性的城市地上生物量观测数据，对于成功进行地上生物量估测研究至关重要。需进行野外调查试验，采集地上生物量真值估算所需的植被结构参数信息。根据样区采集生物量地面参数，以进行后续的建模反演。

在研究区进行野外调查试验，具体来讲，首先在研究区范围内采用主观估计的方式确定样地位置，使其分布于整个研究区；针对每个样点，对单木的胸径、株高等结构参数进行测量；对于每个草地样方内，采集 1m×1m 样方的叶面积指数（图 18-7）；除此之外，利用 GPS 对所有样地的中心坐标进行测量，并记录样地内各单木、草地的名称、类型和主要的土地覆盖类型。

图 18-7　单位样方示意图

叶面积指数测量时遵循以下原则：

（1）在天气晴朗、光线稳定（一般中午前后 4 小时，当地时间 8 点到 16 点）的天气条件下测量，测量时注意上方是否有遮挡，测量叶面积指数时，一般用提前制作好的 1m×1m样框（图 18-7）选好待测样区，再测量叶面积。

（2）针对低矮灌木和高草，可以直接测量叶面积指数，针对树下低草，要测量低草上下两处的叶面积指数，取其差值作为叶面积指数。

株高、胸径测量时遵循以下原则：

（1）使用测高仪的时候要尽量站在离树大概 1.5~2 倍树高的距离内进行测量，这样测得的株高比较精确。另外，测量时一般测两次取均值作为结果。

（2）测量树的胸径时，取树高 1.3m 处进行胸径的测量。一定要将皮尺放平，否则会产生较大误差。测胸径也是取两次测量结果的均值作为最后结果。

对于样地水平生物量真值的估算，可采用已有文献提出的方法。首先，根据以胸径和株高为输入参数的体积表计算得到所有单木的体积；其次，将每个样地内所有单木体积相加获得样地总体积；最后，利用样地总生物量与样地总体积的关系式计算得到样地总生物量，并转换为样地水平的生物量值（Mg/ha）。

一般而言，特定树种的地上生物量（AGB）能够表达为 DBH、H 或 WD 的函数：

$$\mathrm{AGB} = f(\mathrm{DBH},\ \mathrm{H},\ \mathrm{WD}) \tag{18-1}$$

只要能够获取特定树种的异速生长模型，便可快速、无损地进行样地生物量计算。在构建生物量的遥感估测模型中，生物量地面观测数据必不可少。胸径（DBH）测量使用胸径围尺，株高（H）使用激光测高仪进行测量。手持差分 GPS 接收机用于精确定位样地中心点地理坐标。

通过在野外调查试验，采集地上生物量真值估算所需的植被结构参数信息，基于 MySQL 将所有野外采集样点建立数据库，该数据库类型为对象关系型数据库。通过野外调查试验，采集生物量真值估算所需的植被结构参数信息，其中包括植被株高、胸径、类型、名称、土地覆盖类型、定位等基本信息，以及植被叶面积指数、类型、土地覆盖类型、定位等基本样点信息，建立数据库进行存储。

18.5 城市地上生物量遥感反演

地上生物量（AGB），是指某一时刻单位面积内积累的植被有机质（干重）总量，单位为 kg/m^2 或 Mg/ha。在生态系统中，地上生物量主要指一定时间内单位面积所含的一个或一个以上生物种或一个生物地理群落中所有生物有机体的总干物质量（Englhart et al.，2011）。地上生物量不仅是衡量植被固碳能力的重要指标，也是评估区域碳平衡的重要参数，准确估算地上生物量是研究地球碳循环和全球气候变化的重中之重。

18.5.1 城市地上生物量遥感反演原理

植物叶片在可见光的红光波段有很强的吸收特性，在近红外波段有很强的反射特性，这是植被遥感监测的物理基础。其中，蓝光、红光和近红外通道的组合可大大消除大气中气溶胶对植被指数的干扰，通过不同波段测值的不同组合可得到各类植被指数。植被具有明显的光谱反射特征，不同于土壤、水体和其他的典型地物，植被对电磁波的响应是由其化学特征和形态学特征决定的，这种特征与植被的发育、健康状况以及生长条件密切相关。在可见光波段与近红外波段之间，即约 0.76μm 附近，反射率急剧上升，形成“红边”现象，这是植物曲线最为明显的特征，是研究的重点光谱区域（图 18-8）。许多种类的植物在可见光波段差异小，但近红外波段的反射率差异明显。

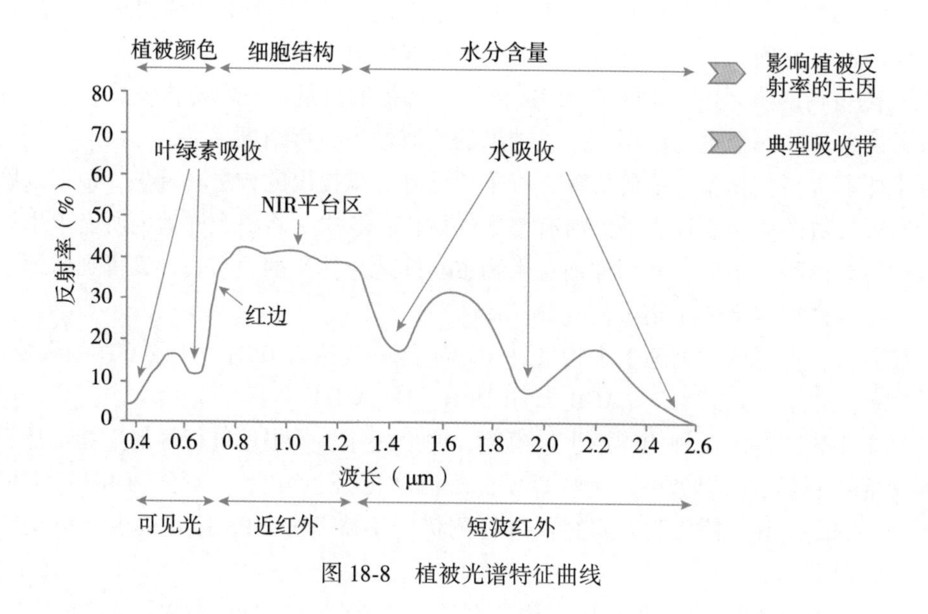

图 18-8　植被光谱特征曲线

植被指数（Vegetation Index，VI）是对地表植被活动简单、有效的经验度量，它可以有效地反映植被健康与覆盖信息，已作为一种有效的遥感数据处理手段，被广泛应用于土地覆盖变化检测、植被类型识别和生物量估测等方面。

考虑到常用的植被生物量敏感指数以及生物量变化影响显著的因子，同时结合常用的光学卫星传感器的波段设置，一般以光谱指数和纹理特征指数为主。常用的光谱指数主要包括：比值指数（SR）、归一化植被指数（NDVI）、增强型植被指数（EVI）、土壤调节植被指数（SAVI）、修正土壤调节植被指数（MSAVI）、优化型土壤调节植被指数（OSAVI）、叶绿素指数（Clgreen）、大气阻抗植被指数（ARVI）、绿度植被指数（VIGreen）。采用灰度共生矩阵（Grey Level Co-occurrence Matrices，GLCM）提取了 8 种纹理特征，许多研究表明，提取自小窗口的纹理特征较大窗口的纹理特征对于像元亮度值的变化更加敏感，采用 3×3 窗口大小提取的纹理特征较其他窗口能够获得更高的生物量估测精度。具体公式如表 18-3 所示。

表 18-3　**光谱和纹理特征指数公式**

变量类型	变量	描　述
光谱波段	B	原始影像光学波段，Band i（i=1，2，3，4）
	G	
	R	
	NIR	

续表

变量类型	变量	描　述
光谱指数	SR	Simple Ratio Vegetation Index, $\frac{NIR}{R}$
	NDVI	Normalized Difference Vegetation Index, $\frac{NIR-R}{NIR+R}$
	EVI	Enhanced Vegetation Index, $\frac{2.5\times(NIR-R)}{1+NIR+6\times R-7.5\times B}$
	SAVI	Soil Adjusted Vegetation Index, $(1+0.5)\frac{NIR-R}{NIR+R+0.5}$
	MSAVI	Modified Soil Adjusted Vegetation Index, $NIR+0.5-\sqrt{(NIR+0.5)^2-2\times(NIR-R)}$
	OSAVI	Optimized Soil Adjusted Vegetation Index, $(1+0.16)\frac{NIR-R}{NIR+R+0.16}$
	Clgreen	Green chlorophyll index, $\frac{NIR}{G}-1$
	ARVI	Atmospherically Resistant Vegetation Index, $\frac{NIR-(2\times R-B)}{NIR+(2\times R-B)}$
	VIGreen	Green Vegetation Index, $\frac{G-R}{G+R}$
纹理特征	ME	Mean, $\sum_{i,j=0}^{N-1} iP_{i,j}$
	HO	Homogeneity, $\sum_{i,j=0}^{N-1} i\frac{P_{ij}}{1+(i-j)^2}$
	CON	Contrast, $\sum_{i,j=0}^{N-1} iP_{i,j}(i-j)^2$
	DI	Dissimilarity, $\sum_{i,j=0}^{N-1} iP_{i,j}\mid i-j\mid$
	EN	Entropy, $\sum_{i,j=0}^{N-1} iP_{i,j}(-\ln P_{i,j})$
	VAR	Variance, $\sum_{i,j=0}^{N-1} P_{i,j}(1-\mu_i)$
纹理特征	SM	Second Moment, $\sum_{i,j=0}^{N-1} iP_{i,j}^2$
	COR	Correlation, $\sum_{i,j=0}^{N-1} i\frac{\sum_{i,j=0}^{N-1} ijP_{i,j}-\mu_i\mu_j}{\sigma_i^2\sigma_j^2}$
		$\mu_i=\sum_{i=0}^{N-1} i\sum_{j=0}^{N-1} P_{i,j}$; $\mu_j=\sum_{j=0}^{N-1} j\sum_{j=0}^{N-1} P_{i,j}$; $\sigma_i^2=\sum_{i=0}^{N-1}(i-\mu_i)^2\sum_{j=0}^{N-1} P_{i,j}$; $\sigma_j^2=\sum_{j=0}^{N-1}(j-\mu_j)^2\sum_{j=0}^{N-1} P_{i,j}$

18.5.2　城市地上生物量遥感反演

本小节介绍城市地上生物量遥感反演的总体技术流程，如图 18-9 所示。

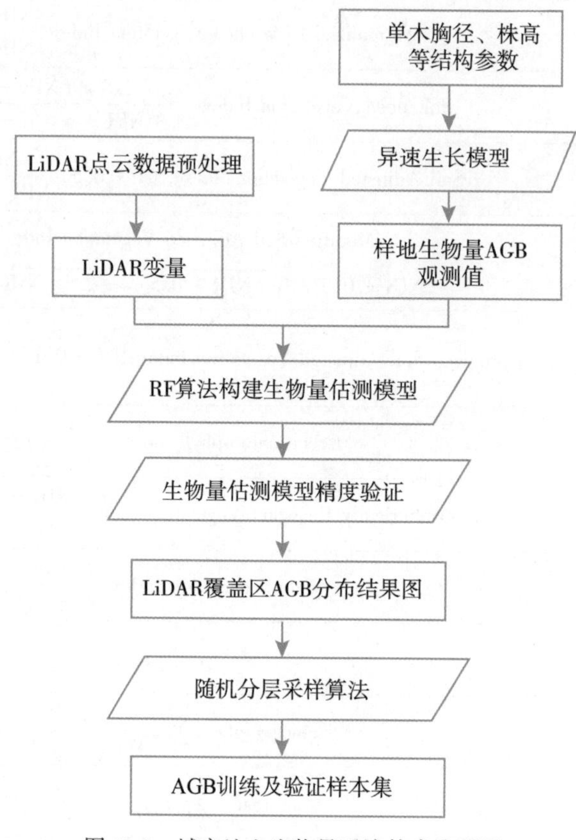

图 18-9　城市地上生物量反演技术流程图

（1）以城市区域内典型样区野外实地调查的地上生物量参数计算样地的地上生物量，利用样地的生物量与机载 LiDAR 提取的高度信息等变量采用回归法估算典型样区的地上生物量，建立典型样区基于机载 LiDAR 的地上生物量估算模型。

（2）从机载 LiDAR 估算的地上生物量结果中提取样本数据，与从高分辨影像数据提取的波段反射率、植被指数以及纹理特征进行城市范围内地上生物量估算。

（3）利用遥感影像光学特征变量，以及分层随机采样获得的训练数据集，可采用随机森林（Random Forest，RF）构建城市地上生物量反演模型。

随机森林（RF）反演模型作为新型分类和预测算法，采用自助法重采样技术，从容量为 N 的训练集中有放回地随机抽取样本产生新的训练样本集，独立进行 K 次抽样，产生互相独立的自助样本集 K 个，从而产生的 K 个分类树构成随机森林。该方法实质是一种改进的决策树算法。

RF 模型的具体实施步骤如下（图 18-10）：

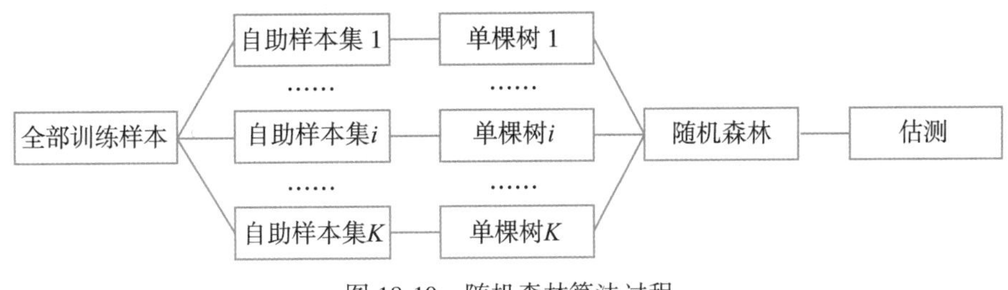

图 18-10 随机森林算法过程

①基于自助法重采样技术，从大小为 N 的训练集中产生 K 个自助样本集，每棵树的全部训练数据即为每个自助样本集，每次没有抽取的样本构成 K 个袋外数据（Out-of-Bag, OOB）。

②单棵树由每个自助样本集生长而成，在树的各节点处，随机从 M 个特征中选择 m 个特征（$m \leqslant M$），再从 m 个特征变量中挑选一个特征进行分支生长，这里的特征选择依据的是节点不纯度最小原则。这棵树最大限度生长，不做通常的修剪。

③根据多棵树构成的 RF，对待测数据进行判别或预测，在分类问题中，分类树投票数产生的分数决定了分类结果；在回归问题中，则是将每棵树的估测值平均得到最终估测值。

随机森林算法作为一种组合学习算法，具有分类和预测速度快，大部分参数无需调整，对大样本数据处理效率高，不会出现过拟合现象，强大的抗噪能力以及能够对分类或预测变量的重要性进行排序等优点。由于简单有效，随机森林算法已经应用于植被结构参数，尤其在生物量的反演研究中，并取得了较好的效果。Baccini 等（2008）基于 MODIS 数据和生物量地面实测值，采用 RF 算法首次成功估测了非洲森林生物量。Latifi 等（2010）采用多光谱和 LiDAR 数据，对比了 RF 和 KNN 方法对森林生物量的估测效果，结果显示 RF 获得了最佳估测精度。Fassnacht 等（2014）结合高光谱和 LiDAR 数据，对比了 RF、KNN、SVM 等五种预测算法的森林生物量估测精度，结果发现 RF 的反演精度优于其他预测模型。

18.5.3 城市地上生物量反演模型精度评价

地上生物量反演模型精度，即反演结果的准确性，需要使用相关验证指标进行判定。选择判定系数（R^2）、均方根误差（RMSE）以及相对均方根误差（RMSEr）为模型精度的验证指标（图 18-11），将精度最高的预测模型作为最终选定的反演模型。

（1）判定系数（Coefficient of Determination, R^2），也称可决系数或决定系数，是指在线性回归中，回归平方和与总离差平方和之比值，其数值等于相关系数的平方。它是对估计的回归方程拟合优度的度量。R^2表达式：

$$R^2 = \frac{\mathrm{SSR}}{\mathrm{SST}} = 1 - \frac{\mathrm{SSE}}{\mathrm{SST}} \tag{18-2}$$

式中，SST = SSR + SSE，SST（Total Sum of Squares）为总平方和；SSR（Regression Sum of

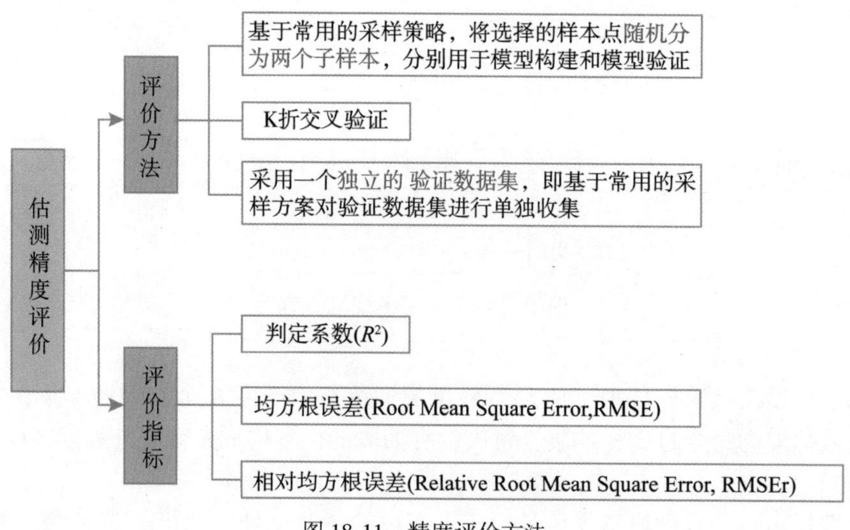

图 18-11　精度评价方法

Squares）为回归平方和，SSE（Error Sum of Squares）为残差平方和。

（2）均方根误差（Root Mean Square Error，RMSE），是观测值与真值偏差的平方和观测次数 n 比值的平方根。在实际测量中，观测次数 n 总是有限的，真值只能用最可信赖（最佳）值来代替。方根误差对一组测量中的特大或特小误差反应非常敏感，所以，均方根误差能够很好地反映测量的精密度。均方根误差，当对某一量进行多次的测量时，取这一测量列真误差的均方根差（真误差平方的算术平均值再开方），称为标准偏差，以 σ 表示。σ 反映了测量数据偏离真实值的程度，σ 越小，表示测量精度越高，因此可用 σ 作为评定这一测量过程精度的标准。RMSE 表达式：

$$\mathrm{RMSE}=\sqrt{\frac{\sum_{i=0}^{n}(X_{\mathrm{obs},\ i}-X_{\mathrm{model},\ i})}{n}} \tag{18-3}$$

（3）相对均方根误差（Relative Root Mean Square Error，RMSEr），是均方根误差和验证样本平均值的比值。RMSEr 表达式：

$$\mathrm{RMSEr}=\frac{\mathrm{RMSE}}{\mathrm{Average}(X_{\mathrm{obs}})} \tag{18-4}$$

输入对象：生成的地上生物量反演模型；生物量验证样本及其坐标文本文件；掩模掉非植被区的光学特征变量。

输出对象：与验证样本相对应的生物量预测值。

通过将基于 LiDAR 数据提取的样本生物量值作为新的样地观测数据，从中选取在空间上具有代表性的地上生物量样本，再以从光学遥感影像中提取的变量集合建立地上生物量反演模型，并利用验证数据集对各模型的效果进行精度验证，最后实现对全部区域内的地上生物量制图。经实验分析和精度评价结果显示，RF 的估算精度最高，具体评价指标如表 18-4 所示。

表 18-4 **地上生物量反演模型评价结果**

反演模型	R^2	RMSE	RMSEr
RF	0. 6913	26. 9786	0. 4418

18.5.4 城市地上生物量专题图制作

城市地上生物量及其空间分布格局的精准、快速、高效监测与估算，不仅是了解城市植被碳循环和能量流动的基础，还是衡量城市植被发挥生态调节、环境保护和资源修复作用的依据，也是研究植被覆盖状况与城市生态建设的基础。

通过构建城市地上生物量的最佳反演模型，制作地上生物量分布专题图，如图 18-12 及图 5-2 所示。

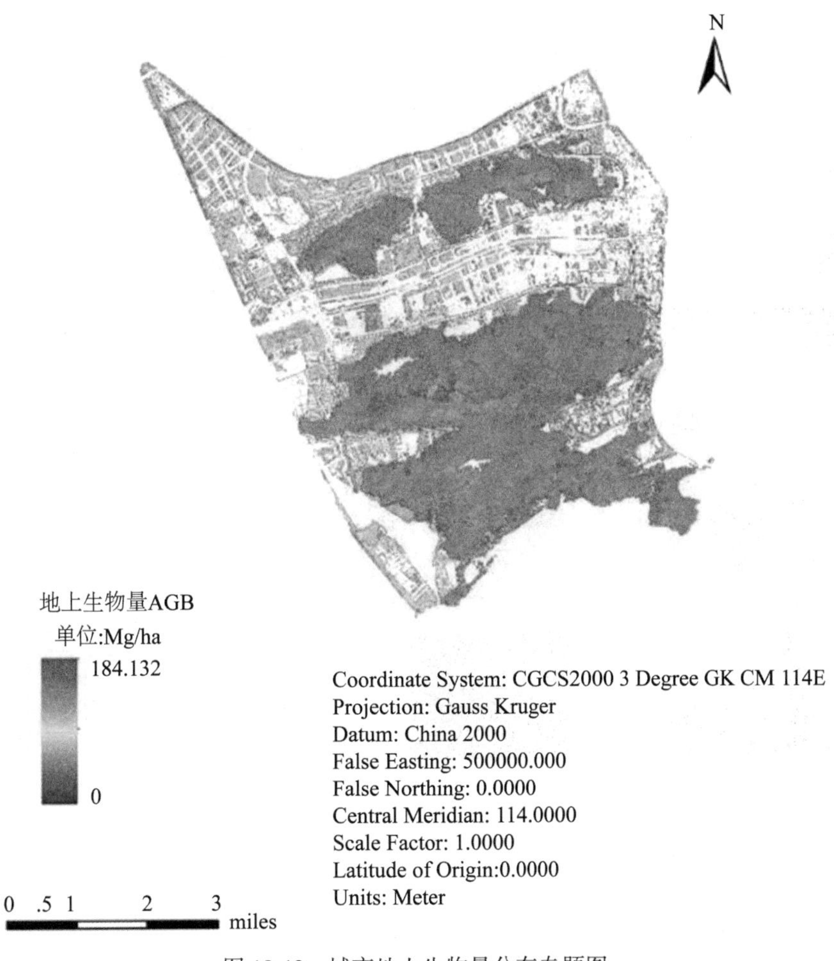

图 18-12 城市地上生物量分布专题图

遥感数据具有宏观、实时动态等特点，随着其分辨率的提高，使得城市地上生物量高精度估算成为可能。通过 LiDAR 数据和光学数据的结合，提取与地上生物量相关性较大的各种特征参量，同时利用样地观测数据，从中选取在空间上具有代表性的生物量样本，建立城市地上生物量反演模型，实现对整个研究区的生物量反演，并进行精度评价和区域生物量制图。

18.6　面向服务架构的城市生物量遥感监测

遥感对地观测技术可以对城市环境的生态功能、生态效应、生物量、生态稳定性及其生态变化特征与趋势进行监测与评估，促进生态系统的良性发展。利用天-空-地传感网，构建一个城市实时植被参数采集和监测系统，满足城市内实时环境参数获取、环境监测、环保决策的多重需求。城市生物量遥感监测的内容主要包括城市绿地覆盖、植被地上生物量分布、城市生态功能分区等规划信息。

一个面向服务的城市生物量监测系统，能把环保、气象、规划等多领域的需求在面向服务架构下，通过传感器网络把各种观测数据汇聚到统一的数据中心注册，各行各业共享相关专题数据，挖掘面向专题或综合的深层次应用，将之称为面向服务架构的城市生物量遥感监测网，如图 18-13 所示。有了这个环境监测网，就可以全面监测植被，了解环境的变化情况和变化规律。

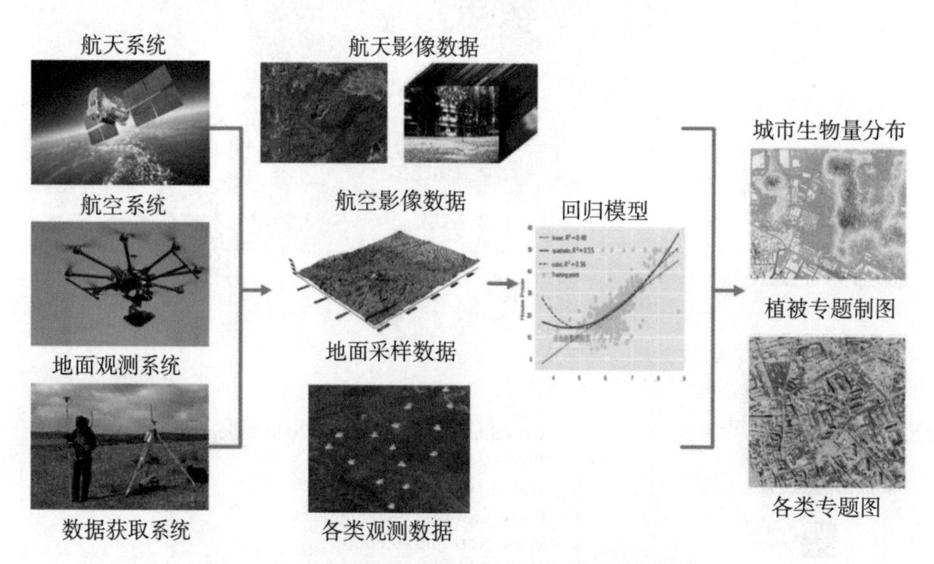

图 18-13　面向服务架构的城市生物量遥感监测服务

思考题

1. 在城市生态监测过程中，遥感与常规手段相比有什么特点？

2. 城市生态园林遥感应用系统主要包括哪些功能?
3. 城市植被有哪些典型特征? 举例说明如何通过城市遥感技术识别这些特征。
4. 城市地上生物量遥感反演有哪些方法? 影响其反演精度的因素主要有哪些?

参考文献

[1] Baccini A, Laporte N, Goetz S J, et al. A first map of tropical Africa's above-ground biomass derived from satellite imagery [J]. Environmental Research Letters, 2008, 3 (4): 45011-45019.

[2] Chave J, Andalo C, Brown S, et al. Tree allometry and improved estimation of carbon stocksand balance in tropical forests [J]. Oecologia, 2005, 145 (1): 87-99.

[3] Chave J, Réjou-Méchain M, Búrquez A, et al. Improved allometric models to estimate the aboveground biomass of tropical trees [J]. Global change biology, 2014, 20 (10): 3177-3190.

[4] Englhart S, Keuck V, Siegert F. Modeling aboveground biomass in tropical forests using multi-frequency SAR data—A comparison of methods [J]. IEEE Journal of Selected Topics in Applied Earth Observations and Remote Sensing, 2011, 5 (1): 298-306.

[5] Fassnacht F E, Hartig F, Latifi H, et al. Importance of sample size, data type and prediction method for remote sensing-based estimations of aboveground forest biomass [J]. Remote Sensing of Environment, 2014, 154: 102-114.

[6] Gupta J, Vegelin C. Sustainable development goals and inclusive development [J]. International environmental agreements: Politics, law and economics, 2016, 16 (3): 433-448.

[7] Kulawardhana R W, Popescu S C, Feagin R A. Fusion of lidar and multispectral data to quantify salt marsh carbon stocks [J]. Remote sensing of environment, 2014, 154: 345-357.

[8] Ke L, Zhou Q, Wu W, et al. Estimating the crop leaf area index using hyperspectral remote sensing [J]. Journal of integrative agriculture, 2016, 15 (2): 475-491.

[9] Latifi H, Nothdurft A, Koch B. Non-parametric prediction and mapping of standing timber volume and biomass in a temperate forest: application of multiple optical/LiDAR-derived predictors [J]. Forestry, 2010, 83 (4): 395-407.

[10] Wang F M, Huang J F, Wang X Z. Identification of optimal hyperspectral bands for estimation of rice biophysical parameters [J]. Journal of integrative plant biology, 2008, 50 (3): 291-299.

[11] Zhang L J, Shao Z F, Diao C Y. Synergistic retrieval model of forest biomass using the integration of optical and microwave remote sensing [J]. Journal of Applied Remote Sensing, 2015, 9 (1): 096069.

[12] Shao Z F, Li C M, Li D R, et al. An accurate matching method for projecting vector

data into surveillance video to monitor and protect cultivated land [J]. International Journal of Geo-Information, 2020, 9 (7): 448.

[13] Shao Z F, Ding L, Li D R, et al. Exploring the relationship between urbanization and ecological environment using remote sensing images and statistical data: a case study in the Yangtze River Delta, China [J]. Sustainability 2020, 12 (12): 5620.

[14] Shao Z F, Tang P H, Wang Z Y, et al. BRRNet: a fully convolutional neural network for automatic building extraction from high-resolution remote sensing images [J]. Remote Sensing, 2020, 12 (6): 1050.

第19章　城市地质灾害遥感

我国山地丘陵区约占国土面积的65%，地质条件复杂，构造活动频繁，地质灾害隐患多、分布广、防范难度大，是世界上地质灾害最严重、受威胁人口最多的国家之一。大量城市分布在山地、高原和丘陵地区，滑坡、泥石流、岩崩等地质灾害对这些城市的可持续发展构成了潜在的威胁。此外，路面塌陷、地面沉降等灾害也严重威胁沿海和平原城市。全球气候变化进一步加剧了城市地质灾害发生的规模和频率（崔鹏等，2014）。

本章讲述了利用遥感技术进行城市地质灾害调查和监测的可行性和应用方法，并提出了建立城市地质灾害遥感监测预警系统的具体内容。

19.1　城市地质灾害遥感需求

遥感技术应用于地质灾害调查，可追溯到20世纪70年代末期。在国外，此项遥感技术应用开展得较好的有日本、美国、欧共体等。日本利用遥感图像编制了全国1∶5万地质灾害分布图；欧共体各国在大量滑坡和泥石流遥感调查基础上，对遥感技术应用于地质灾害防治的方法进行了系统总结，指出了识别不同规模的滑坡和泥石流所需的遥感图像的空间分辨率、遥感技术，并通过结合地面调查的分类方法，开展了用GPS测量及雷达数据监测滑坡活动可能达到的程度。美国地质调查部门通过对美国路易斯安那州沿海区域和密西西比河下游泛滥平原区域进行详细的地质填图，查清了可渗透和不可渗透沉积岩以及断层情况，这些资料对合理规划沿海区域的开发行为和最大程度地降低土壤流失至关重要。

我国山地丘陵区面积约占国土面积的2/3，地表的起伏增加了重力作用，很多城市和乡镇都依山傍水而建，加上人类不合理的社会经济开发活动，地表结构遭到一定程度的破坏，极易发生滑坡和泥石流等自然灾害（葛大庆等，2019）。我国地质灾害遥感调查是在为山区大型工程建设或大江大河洪涝灾害防治服务中逐渐发展起来的。20世纪80年代初，湖南省率先利用遥感技术在洞庭湖地区开展了水利工程的地质环境及地质灾害调查工作。其后，我国先后在雅砻江二滩水电站，红水河龙滩水电站，长江三峡水电站，黄河龙羊峡水电站，金沙江下游乌东德、白鹤滩和溪洛渡水电站库区开展了大规模的区域性滑坡、泥石流遥感调查。从20世纪80年代中期起，又分别在宝成、宝天、成昆铁路等沿线进行了大规模的航空摄影，为调查地质灾害分布及其危害提供了信息源。20世纪90年代起，主干公路及铁路选线也使用了地质灾害遥感调查技术。近年来，在全国范围内开展了“省级国土资源遥感综合调查”工作，各省（区）都设立了专门的“地质灾害遥感综合调查”课题。这些调查大多为中—中小比例尺（1∶25万~1∶50万）的地质灾害宏观调查，主要调查的成果有：识别地质灾害微地貌类型及活动性，评价地质灾害对大型工程施工及运行的影响等。

在城市防灾抗灾和救灾中，遥感技术能够起到预警、动态监测、灾情评估、辅助决策等作用。利用城市遥感数据可广泛开展地质灾害的孕灾条件及诱发因素调查、灾害解译和编目等工作，为城市地质灾害防治提供全生命周期的技术支撑（高慧丽、范建勇，2015）。具体包括：地质灾害隐患的早期识别、长期监测和灾后评估。城市遥感技术还可用于针对地质灾害易发性、危险性和风险评估，为救灾和减灾决策提供重要的依据。

近年来遥感技术得到了快速发展，特别是多光谱、高光谱遥感技术不断成熟，机载孔径雷达（SAR）及干涉孔径雷达（InSAR）的出现（Chen et al.，2016），使得可以接收和处理的城市高分辨率遥感数据越来越多，波段越来越细。RS、GPS、DBS、GIS的高度集成，为遥感信息的数据挖掘、数据综合和数据融合提供便利的条件和合适的工具。利用遥感信息对地质灾害进行分析、识别和监测，进而建立地质灾害动态监测系统，是防灾减灾的一项重要途径（Zhong et al.，2012）。对各类地质环境和地质灾害体的电磁信息进行归类，查找最优的特征信息，可以为地质灾害体的类型和形貌特征的分析和预警提供依据。国内外的实践结果表明，遥感技术能使对地质灾害的防治由盲目被动转为“耳聪目明”，能及时发现并超前预报，为主管部门决策提供依据，有效地保护人民生命财产安全，最大限度地减少损失。

19.2　基于遥感技术的城市地质灾害调查

本节介绍基于多源遥感技术如何开展孕灾环境调查、地质灾害识别等城市地质灾害调查工作。

19.2.1　城市孕灾环境遥感调查

地质灾害的孕育因素包括地层岩性、地质构造、地表覆盖、地形地貌等，降水、地震和人类工程活动则为主要的诱发要素。一般情况下，岩性脆弱、裂隙发育、植被稀疏、地形陡峻的地段，在强降水过程中容易发生地质灾害（李为乐等，2019）。遥感技术具有宏观性强、时效性好、信息量丰富等特点，不仅能有效地监测预报天气状况进行地质灾害预警，研究查明不同地质地貌背景下地质灾害隐患区段，同时对突发性地质灾害也能进行实时或准实时的灾情调查、动态监测和损失评估（许强，2020）。地质遥感灾害的特征信息提取主要是分析表征地质灾害发育的区域环境，即研究地层岩性、地质构造、地形地貌、植被、水系等环境因素的光谱特征（李振洪等，2019）。

城市地质调查是保障城市安全的巨手，城市地质遥感把所有可利用的信息汇编和公布，具体包括：①基岩和地表物质的类型；②冲积物厚度和性质；③蓄水层以及物质的地球化学特征。

城市地质遥感调查主要是指利用多源遥感影像数据，并对这些数据进行处理、分类，提取信息，建立遥感监测信息数据库。对城市地质灾害体的多种特征（包括灾害体形状、大小、阴影、色调、位置、活动等）与影像之间的对应关系及与周边地质地理环境的关系进行研究，结合必要的地面补充调查，对城市地质灾害体进行解译、分类与提取。

图 19-1（a）为巴东黄土坡地质灾害体三维影像，可用于定性调查该地区地形地貌，目视解译滑坡边界、后缘和范围等。如右边两道冲沟（3 道沟和 4 道沟）中间明显存在滑坡壁、滑坡台地等显著标志。基于三维影像开展滑坡边界圈定、面积和方量计算、滑坡壁和滑坡长度测量等，如图 19-1（b）所示，可为滑坡调查提供精确的依据，改善传统依靠估算的不确定性。

滑坡受重力作用滑动，坡度是非常重要的影响因素之一，坡度平缓的地区发生滑动的可能性较小，如平地不存在滑坡；坡度过大的地方则主要表现为岩崩、土崩；大部分滑坡发生在 20°~60°坡度范围，因此坡度是滑坡调查的必要内容之一。如图 19-1（c）所示，为巴东黄土坡地质灾害体坡度图。

坡向影响地表覆盖物分布。向阳的一面植被可能更茂盛，植物的根系更发达。植被根系会影响地表土壤的附着力、地下土壤的空隙。经过雨水的浸泡和冲刷，不同坡向的地表会呈现差异，导致斜坡的稳定性也有所区别。如图 19-1（d）所示，为巴东黄土坡地质灾害体坡向图。

地表曲率代表地表的起伏度，在曲率大的地方，滑坡的滑动阻力更大，稳定性较大；反之，则更容易滑动。如图 19-1（e）所示，为巴东黄土坡地质灾害体剖面曲率图。

从遥感图像上获取的地质构造特征信息包括：各种构造形迹的形态特征、产状和尺度；各种构造形迹的空间展布及组合规律；各种构造形迹的性质和类型；各种构造形迹的分布规律及其地质成因；区域构造的总体特征及性质。

19.2.2 城市地质灾害特征遥感识别

下面以滑坡为例，阐述城市地质灾害体的遥感特征提取过程。

滑坡识别是滑坡灾害防治工作的首要任务，通过调查滑坡类型、形态、分布状况与活动情况，有助于查清导致滑坡形成的内外部影响因素，是进一步分析滑坡形成机理和预测其时空动态的基础（Zhong et al.，2020）。滑坡灾害体的影像特征一般显示为簸箕形、舌形、弧形等地貌特征。在彩色红外航片上，较大型的滑坡能见到明显的滑坡壁、滑坡台阶、封闭洼地以及滑坡裂隙等微地貌特征。老滑坡体上冲沟发育，边缘有耕地和居民点，发育在江河岸边的滑坡常使所在的斜坡呈弧形外突，河床被淤堵变窄。新滑坡体在彩色红外航片上显示较均匀的灰白色调，或品红色调间杂绿色斑点，这种特征反映了地表裸露程度较高，较大的滑坡体常见于垄状地貌，垄顶有稀疏的植被，显灰绿色调，垄沟有积水显示蓝色调。滑坡体遥感特征信息提取包括以下几个方面。

1. 形态和规模

滑体的平面、剖面形状，滑体的长度、宽度、厚度、面积。

2. 边界特征

后缘滑坡壁的位置、产状、高度及其壁面上擦痕方向，滑坡两侧界线的位置与性状，前缘出露位置、形态、临空面特征及剪出情况，以及露头上滑坡床的性状特征等。

(a)巴东黄土坡三维影像

(b)滑坡三维测量

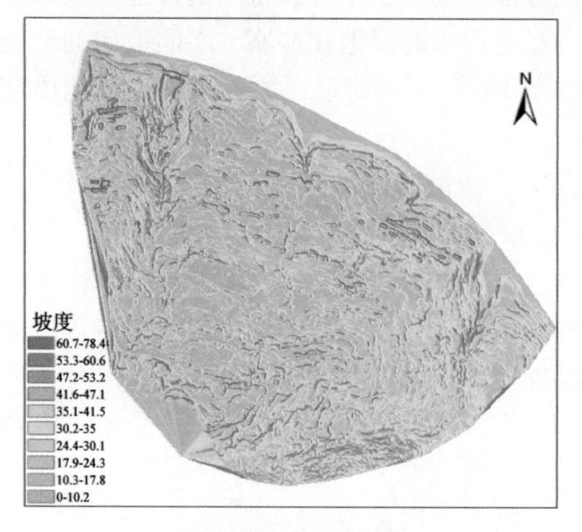

(c)城市地质灾害体坡度图

(d)城市地质灾害体坡向图

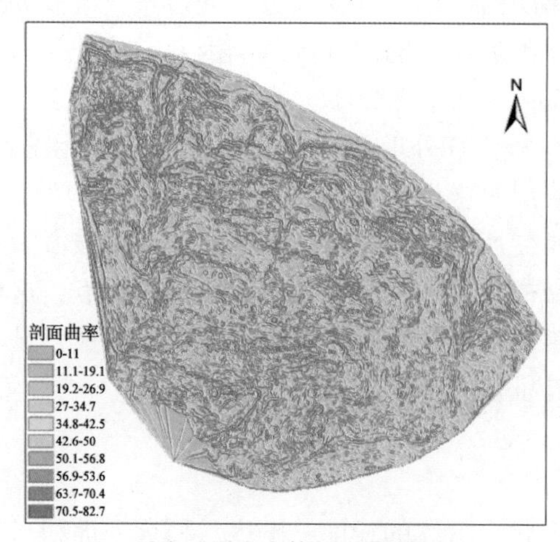

(e)城市地质灾害体剖面曲率图

图 19-1　巴东新县城地质环境调查（侯勇，2019）

3. 表部特征

滑坡微地貌形态（后缘洼地、台坎、前缘鼓胀、侧缘翻边埂等），裂缝的分布、方向、长度、宽度、产状、力学性质及其他前兆特征。

4. 内部特征

滑坡体的岩体结构、岩性组成、松动破碎情况及含泥含水情况，滑带的数量、形状、埋深、物质成分、胶结状况，滑动面与其他结构面的关系。

5. 变形活动特征

滑坡发生时间，目前发展特点（斜坡、房屋、树木、水渠、道路、古墓等变形位移及井泉、水塘渗漏或干枯等）及其变形活动阶段（初始蠕变阶段—加速变形阶段—剧烈变形阶段—破坏阶段—休止阶段），滑动的方向、滑距及滑速，分析滑坡的滑动方式、力学机制和目前的稳定状态。

图 19-2 为滑坡遥感识别示例。

（a）遥感影像

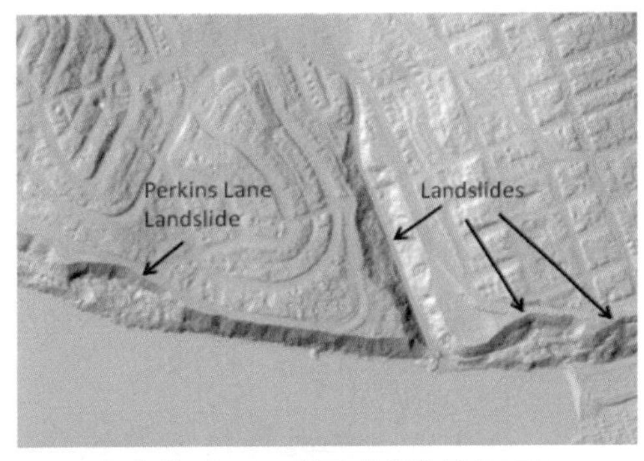

（b）基于LiDAR制作的高分辨率DEM

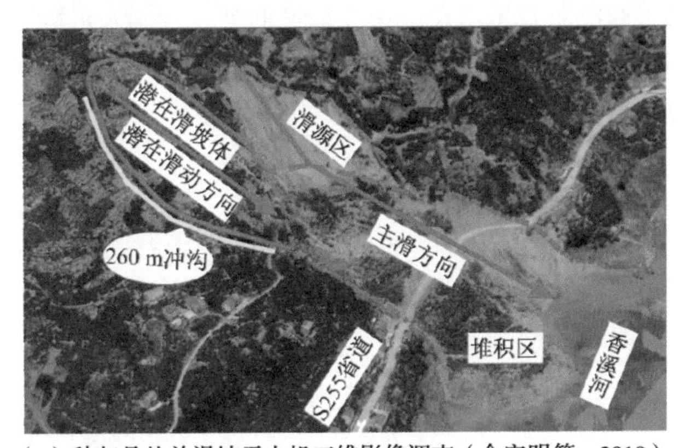

（c）秭归县盐关滑坡无人机三维影像调查（余宏明等，2019）

图 19-2 滑坡遥感识别

目前除了目视解译以外，国内外学者逐步开展基于高分辨率遥感影像、LiDAR 和 SAR 影像的滑坡自动识别方法（Dong et al.，2018；Prakash et al.，2020），各类统计、机器识别和深度学习方法也均应用于滑坡识别研究。但总体而言，滑坡遥感识别的精度和自动化水平尚难满足大规模工程应用的要求，与常规遥感分类也存在较大差距。主要原因是滑坡影响因素众多、形成机理复杂，地形和光谱特征多变。

19.3　城市地质灾害遥感监测

本节分别介绍四个方面的内容，具体包括：①基于卫星遥感技术的城市地质灾害监测；②基于无人机遥感技术的城市地质灾害监测；③城市地质灾害的地面遥感监测；④空地协同的城市地面沉降遥感监测。

19.3.1　基于卫星遥感技术的城市地质灾害监测

在灾害发生前，通过遥感影像提取灾害体特征信息，结合 GPS 和地面控制点影像库，实施灾害预警监测。随着光学遥感影像分辨率的不断提高以及卫星数目的不断增多，观测的精度不断提高，获取影像的时间间隔也大大缩短，可实现任一地点每天都有一次的卫星影像覆盖，可有效支持地质灾害隐患的早期识别，同时利用多时相遥感影像开展变化检测可以发现地表地质灾害的变化趋向（许强等，2019），如图 19-3 所示，其中红色箭头标出了滑坡方向和后缘位置。

灾害发生后，通过遥感技术实施灾害调查和监测，分析建筑物、交通和人民生命财产损失情况，同时监测堰塞湖、滑坡、泥石流等次生灾害的发生发展情况。并基于遥感影像，实施灾后重建的规划，如利用遥感影像，快速生成城镇 1：2000 的 DEM、DLG、DOQ，支持灾后规划重建。

19.3.2　基于无人机遥感技术的城市地质灾害监测

近年来，无人机摄影测量技术取得了突飞猛进的进步。无人机摄影测量无周期性时间限制，可以随时根据作业需求，灵活选择起飞场地和起降方式，可以克服云层影响，在云层下进行超低空飞行作业，数据获取相对灵活。无人机摄影测量的机动性、灵活性可以克服高切坡观测中存在的地形多变，不易架站、移站的问题，数据采集效率较传统地基测量有着颠覆性的突破。

2017 年 6 月 24 日，四川省茂县新磨村发生滑坡。由于海拔高、山坡陡峻，应急技术人员无法及时达到滑坡源区，对滑坡源区及沿途的情况一无所知。2017 年 6 月 25 日，应急技术人员通过无人机航摄及时获取滑坡源区及沿途的数字表面模型，发现滑坡右侧还存在体积达 $4.55\times10^{8}m^{3}$，与主滑体体积相当的巨型变形体，在其后缘存在一宽度达 40m 的拉陷槽［图 19-4（a）］，对坡脚数百名应急抢险人员的安全构成严重威胁。据此应急抢险人员紧急避让，撤离了抢险区。

利用无人机可进行高精度（厘米级）的垂直航空摄影测量和倾斜摄影测量，并快速生成测区数字地形图、数字正射影像图、数字地表模型。通过集成定姿定位系统，能够获

（a）2016-09-28浙江丽水苏村滑坡

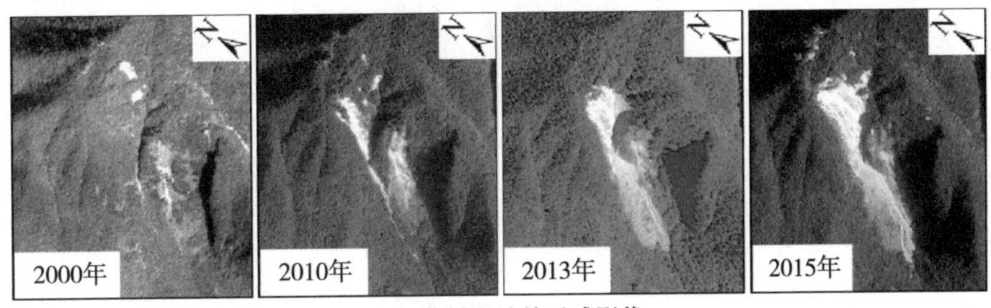

（b）苏村滑坡前遥感影像

图 19-3 浙江丽水苏村滑坡及其滑动前遥感影像（许强等，2019）

取观测区域的精确三维表面坐标，支持后续高切坡稳定性、安全性评估，支持高切坡风险预测预警等业务需求。在后续数据更新和应急数据获取时，同样也可以为数据更新或应急救灾提供快速高效的技术保障。

通过无人机快速获取高切坡及其周边小范围厘米级高精度遥感影像，为迅速调查清楚高切坡环境提供客观的数据支撑。无人机影像提高了高切坡边界范围划分、变形部位、类型和空间分布等野外调查的工作精度和效率，可以对高切坡形变等进行时空对比，可以清楚、直观地查看斜坡的历史和现今变形破坏迹象（如地表裂缝、拉陷槽、错台等），以此发现和识别安全隐患，还可进行地表位移、体积变化、变化前后剖面的精确计算，如图 19-4（b）所示。

19.3.3 城市地质灾害的地面遥感监测

雷达差分干涉测量技术（Differential Interferomertry Synthetic Aperture Radar，D-InSAR）对地表微小形变具有厘米甚至更小尺度的探测能力，这对进行地质灾害研究具有非常重要的意义。地质灾害通常可以分为两大类：渐变型和突发型。突发型地质灾害，由于在极短的时间内发生，一般很难进行监测。然而，突发型地质灾害发生之前一般先经历较小的地表形变或块体蠕动过程。因此，监测渐进式的蠕变和块体运移对于地质灾害的识别、预警和防治具有决定性的意义。而雷达差分干涉测量技术已被国际上诸多研究实践证明，它在测量地表形变位移量，监测地面动态变化方面具有很强的优越性，如图 19-5 所示。

（a）四川茂县新磨村右侧变形体（许强等，2019）

（b）多时相无人机点云变化检测

图 19-4　利用无人机开展地质灾害监测分析

图 19-5（b）中，横轴为 WGS84 中 X 坐标，纵轴为 Y 坐标，等高线展示了黄土坡高程，该地地形非常陡峭。图例颜色表示地表变形范围从 0mm 至−18mm，可见地表主要是在重力作用下向长江滑动的趋势，其中最严重的是原县城所在 1#滑坡体（右下部）。

总之，信息技术和传感器技术的飞速发展带来了遥感数据源的极大丰富，每天都有数量庞大的不同分辨率的遥感信息，从各种传感器上接收下来。这些高分辨率、高光谱的遥感数据为遥感定量化、动态化、网络化、实用化和产业化及利用遥感数据进行地质灾害监测提供了丰富的数据源。随着各类空间数据库的建立和大量新的影像数据源的出现，实时自动化监测已成为研究的一个热点。随着传感器技术、航空航天技术和数据通讯技术的不

（a）地基 InSAR

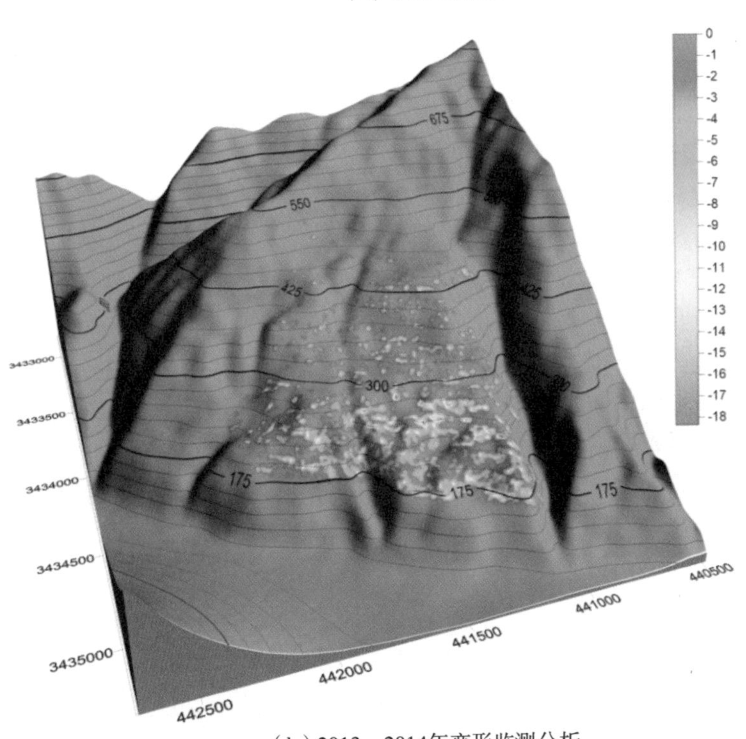

（b）2013—2014年变形监测分析

图 19-5　巴东新县城（黄土坡）地基 InSAR 滑坡监测

断发展，现代遥感技术已经进入一个能动态、快速、多平台、多时相、高分辨率地提供对地观测数据的新阶段。

19.3.4　空地协同的城市地面沉降遥感监测

地面沉降是由于地下土层压缩变形导致区域性地面缓慢下降而形成的一种地质灾害现象，它的特点是持续时间长、生成缓慢、影响范围广、成因机制复杂和防治难度大。地面沉降和地裂缝地质灾害高、中易发区，主要分布在长江三角洲、华北平原、汾渭盆地、松嫩平原、江汉平原和浙江东南沿海地区等。高易发区面积 $21\times10^4\text{km}^2$，中易发区面积 $9.1\times10^4\text{km}^2$，低易发区面积 $103\times10^4\text{km}^2$。超大城市北京市和上海市，都出现不同程度的地面沉降。另外，江苏徐州、河南平顶山、华北平原等煤矿，都出现了不同程度的地面沉降或塌陷。《全国地质灾害防治“十三五”规划》中，华北平原、长江三角洲及江浙沿海和珠江三角洲地面沉降区被列为地质灾害重点防治区。

地表形变的常规监测方法主要以水准测量、分层标和 GPS 测量为主，这些手段可以精确地获取监测点处的数值。但此类手段都需要到现场布点布网测量，不仅工作量大，耗费资金多，测量周期长，还会由于随机误差而导致监测精度降低。另外，对于大区域，地面监测网无法达到很高的空间分辨率，不适宜地质灾害的长期重复监测，给地面沉降灾害的监测预警带来诸多困难。相对于常规监测方法，雷达差分干涉测量技术（D-InSAR）可以大范围获取高时、空分辨率的地表形变细节信息，有着毫米级监测精度，具有较大的优势，得到了广泛应用（李德仁等，2004；Li et al.，2020）。

利用 D-InSAR 技术开展地表沉降研究包括图像预处理、基线计算、干涉图的生成与处理、相位解缠、地理编码及生成数字高程模型等步骤（Dai et al.，2015）。

（1）图像预处理是指对数据进行生成图像、去除噪声、图像显示和重叠区域的确定等处理过程，是为数据配准所作的准备工作。

（2）基线计算是对图像对间的各种几何参数值的计算。首先要根据参考图像的中心点求出中心点的卫星位置，然后根据该卫星位置，用 Doppler 方程求出对应的地面点坐标。根据得到的地面点坐标，再用 Doppler 方程求出其所对应的配准图像的方位时间，由此方位时间便可根据精密轨道得到卫星的空间坐标。利用地面点坐标和空间坐标便可计算像对间的各种基线参数。

（3）通过图像配准获得两个图像对的空间及光谱的重叠区域，用精密轨道资料计算两图像间的大约位移量。计算两图像的相干系数，较大的视窗下继续以相干系数计算进行配准，从而使配准结果达到亚像元级的精度。

（4）数据配准以后，计算每一个同名点上的相位差，并将计算结果灰度化后显示在屏幕上，得到干涉条纹图。

（5）经去平地效应后得到的相位图对应的高程变化仍然超过 2π，在相位图上表现为一圈沿着高程的等相位曲线。当计算每一点的高程时，必须加入相位的整周数，解决实际加多少波长的问题，称为相位解缠。数字高程模型在经过高程估算后仍然位于斜距/零多普勒坐标系中，因此对数据进行地理编码，将像元从雷达坐标系转换到地球固定参考系统，得到经过地理编码后的 DEM。

Chen 等（2016）采用小基线 SBAS 技术对覆盖北京地区的 55 景 SAR 数据进行处理，获取北京地区 2003—2010 年的地面沉降状况。研究结果显示 2003—2010 年北京东部地区最大年沉降速率大于100mm/yr。北京市东部、东北部及北部地区主要的沉降漏斗基本连成一片，朝阳东部咸宁侯—双桥是沉降严重区域，如图19-6所示。

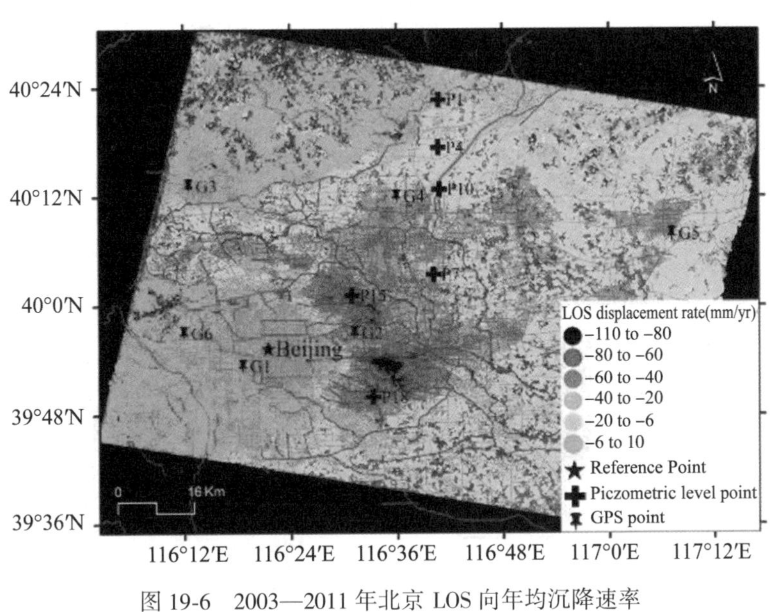

图19-6　2003—2011年北京LOS向年均沉降速率

19.4　城市地质灾害遥感监测预警系统

提取城市地质环境和地质灾害体的光谱信息并进行分类，结合多种地学信息对城市地质灾害体进行识别、预测、评价，可为灾害分析、遥感监测提供依据。要真正实现对城市地质构造和地质灾害体的动态监测，为监测城市地质灾害的发生起到预防作用，为预测城市地质灾害的发生起到前期导向，为灾害评价提供客观依据，就必须建立城市地质灾害遥感监测预警系统，开发地质灾害识别、分析、评价、预警和监测等辅助工具，实现基础地质信息遥感解译、灾害地质遥感解译分析和基础地理信息遥感解译等，系统框架如图19-7所示。

（1）地质要素遥感解译：获取和处理基本的地质信息，主要包括岩性信息提取、地层信息提取和构造信息提取等，也包括对现有泥石流、滑坡、堰塞湖、塌岸等灾害体的解译和调查，为后续持续监测和灾害分析提供标靶。

（2）基础地理遥感解译：获取、分析和处理与地质灾害有关的各类地理遥感信息，更精确地辅助地质灾害遥感信息的提取以及地质灾害的综合分析和防治，主要包括如地形地貌信息提取、植被信息提取、土地利用信息和人类工程活动等。

（3）遥感监测：利用时间序列遥感影像、降水和地震监测数据开展对滑坡诱发因素和滑坡变形的持续监测，为滑坡变形趋势分析和预警预报提供支持。

（4）城市地质灾害分析：利用知识库、模型库和方法库等获取、处理和分析与各类

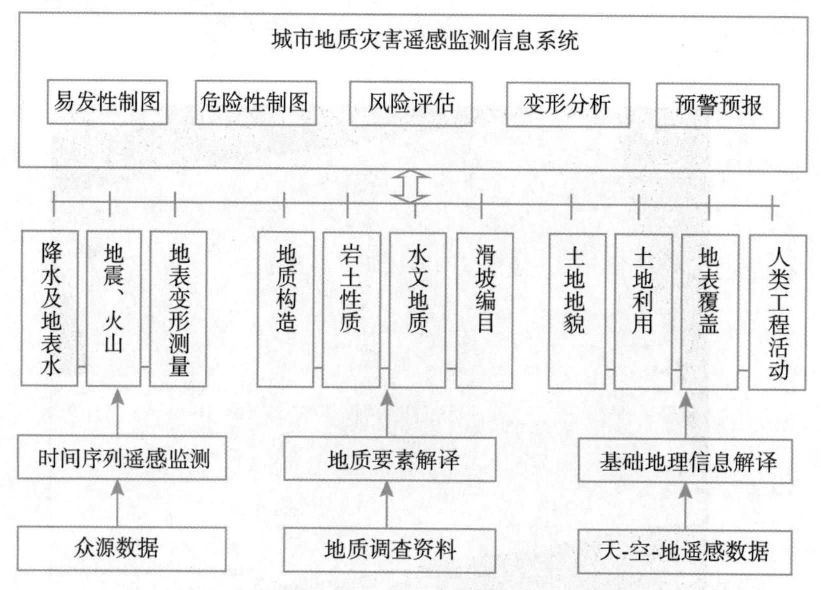

图 19-7　城市地质灾害遥感监测预警系统框架

地质灾害有关的遥感信息，获得定量化的地质灾害预测和治理信息，做灾害隐患探测，易发性、危险性和风险评估等。

灾害监测系统的建设涉及以下几个关键环节。

（1）建立典型地质岩层光谱库：针对城市地质灾害体，将实地采集得到的光谱存为光谱库文件，如图 19-8 所示。

（2）灾害特征信息提取：利用卫星影像开展大范围地质灾害调查，利用无人机影像开展近地面地质灾害孕灾环境详细核查和灾害特征提取（图 19-9）。

监测人类工程活动带来的滑坡隐患，为修建道路而开挖的高边坡容易导致滑坡、崩塌地质灾害。在进行救灾抢险和灾后评估的遥感特征数据提取时，雷达影像在获取条件上最有保障；在对大面积地质灾害信息提取中，雷达与多光谱影像比可见光全色影像效果更好；而高分辨率全色影像适合对房屋的倒塌情况以及目标结构性分析，实践中表明只有分辨率接近或者优于 1m，才能够看出房屋损伤信息。

（3）制作地质灾害专题图：面对我国辽阔的国土，特别是山区城市、矿山和大型水利工程等地区存在滑坡、泥石流等灾害，制作地质灾害分布、易发性、危险性和风险等专题图，可为城市建设和城市抗灾提供基础数据。图 19-10 为巴东新县城黄土坡滑坡各类专题图。

（4）城市地质灾害管控

地震、滑坡、泥石流、海啸等自然灾害，带给城市的灾难往往是毁灭性的。为避免严重的滑坡灾害，2017 年位于黄土坡上的原巴东县城完成整体搬迁，图 19-11 对比了搬迁前后的黄土坡遥感影像，可见原来的县城比较繁华，建筑物很多，目前滑坡区域内建筑物已经完全拆除。

（a）天河板组泥质灰岩的实地拍摄照片

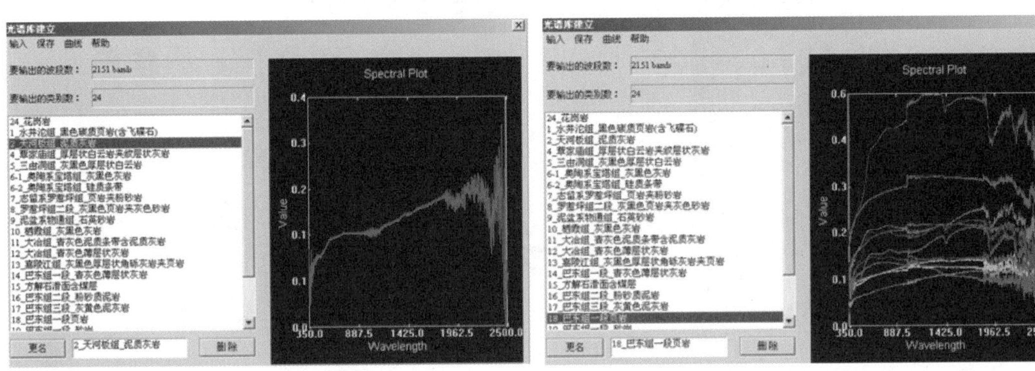

（b）天河板组泥质灰岩的光谱曲线　　（c）多条地物光谱曲线同时显示的效果图

图 19-8　地层岩性调查

图 19-9　基于无人机的巴东县城孕灾环境调查

基于该滑坡的体量、特点和影响力，在“985 学科创新平台”的支持下，中国地质大学（武汉）于 2010 年在该处建设了巴东野外大型综合试验场，从天-空-地（地表地

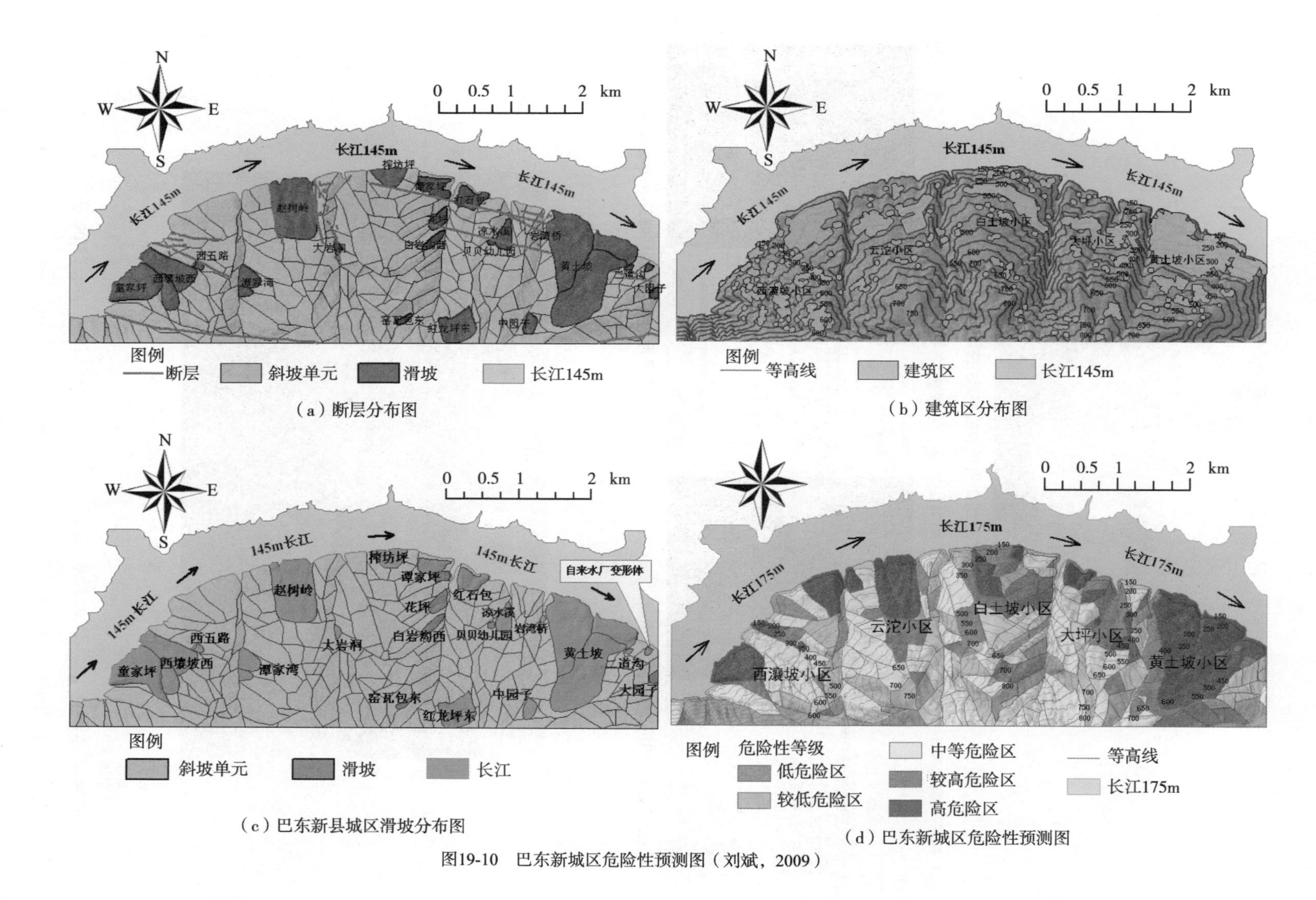

图19-10　巴东新城区危险性预测图（刘斌，2009）

(a) 搬迁前黄土坡

(b) 搬迁后黄土坡

图 19-11 城市地质灾害搬迁避让

下)开展滑坡的全方位监测、实验和研究，2020年已经获批建设三峡库区地质灾害国家野外观测研究站。同时，巴东县政府已经开始了黄土坡的生态修复工作，并与中国地质大学（武汉）合作谋划申报黄土坡国家地质公园，服务滑坡地质灾害教学、科研和科普工作。

19.5 本章小结

城市地质灾害对城市的和谐发展构成了潜在的威胁。城市地质遥感监测通过遥感技术和手段，实现对城市地质灾害体的早期识别和动态监测，支持城市地质灾害预测预警，为灾害评价提供了客观依据。本章讲述了当前城市地质遥感监测的概况和国内外城市地质遥感监测现状；阐述了利用遥感技术进行城市地质灾害监测的可行性和具体的应用方法，并提出了建立城市地质灾害遥感监测预警系统的具体内容。以巴东县城区域，特别是黄土坡滑坡为例，介绍了地质灾害孕灾环境调查，灾害识别，地质灾害监测预警系统和灾害管控等相关内容。

思考题

1. 城市地质灾害的主要种类有哪些？卫星、无人机和 LiDAR 数据在开展城市地质灾害调查和监测中能发挥什么作用？
2. 如何开展城市孕灾环境遥感调查？
3. 如何开展空地协同的城市地面沉降遥感监测？
4. 城市滑坡地质灾害的诱发因素有哪些？如何开展城市遥感滑坡灾害监测？
5. 一个城市地质灾害遥感监测预警系统应该包括哪几个方面的内容？

参考文献

[1] 长江巴东网．总投资 4986 万元　黄土坡滑坡体生态修复项目完成覆土［EB/OL］. 2019-07-09［2020-08-19］. https：//www. cjbd. com. cn/html/cjbdw/pc/cjbd95/20190719/834405. html.

[2] 崔鹏，陈容，向灵芝，等．气候变暖背景下青藏高原山地灾害及其风险分析［J］. 气候变化研究进展，2014，10（2）：103-109.

[3] 高慧丽，范建勇．地质灾害，城市发展无法承受之痛——聚焦城市防灾减灾［J］. 国土资源，2015（5）：4-13.

[4] 葛大庆，戴可人，郭兆成，等．重大地质灾害隐患早期识别中的思考与建议［J］. 武汉大学学报（信息科学版），2019，44（7）：949-956.

[5] 侯勇．地面三维激光扫描和无人机倾斜摄影三维地质建模联合实验和应用研究［D］. 武汉：中国地质大学（武汉），2019.

[6] 李德仁，廖明生，王艳．永久散射体雷达干涉测量技术［J］. 武汉大学学报（信息科学版），2004，29（8）：664-668.

[7] 李振洪，宋闯，余琛，等．卫星雷达遥感在滑坡灾害探测和监测中的应用：挑战与对策［J］. 武汉大学学报（信息科学版），2019，44（7）：967-979.

[8] 李为乐，许强，陆会燕，等．大型岩质滑坡形变历史回溯及其启示［J］. 武汉大学学报（信息科学版），2019，44（7）：1043-1053.

[9] 廖明生，裴媛媛，王寒梅，等．永久散射体雷达干涉技术监测上海地面沉降［J］. 上海国土资源，2012，33（3）：5-10.

[10] 刘斌．基于 WebGIS 的滑坡灾害空间预测与系统开发研究——以三峡坝区至巴东段为例［D］. 武汉：中国地质大学（武汉），2009.

[11] 许强，董秀军，李为乐．基于天-空-地一体化的重大地质灾害隐患早期识别与监测预警［J］. 武汉大学学报（信息科学版），2019，44（7）：957-966.

[12] 许强．对地质灾害隐患早期识别相关问题的认识与思考［J］. 武汉大学学报（信息科学版），2020，45（11）：1651-1659.

[13] 余宏明，栗志斌，邸同宇，等．基于无人机影像的滑坡地质灾害解译与稳定性评价——以秭归县盐关滑坡为例［J］. 科学技术与工程，2019，19（32）：84-92.

[14] 周超．集成时间序列 InSAR 技术的滑坡早期识别与预测研究［D］. 武汉：中国地质大学（武汉），2018.

[15] 中华人民共和国自然资源部．全国地质灾害防治“十三五”规划［R］. 2016.

[16] Chen M，Tomas R，Li Z，et al. Imaging land subsidence induced by ground water extraction in Beijing（China）using satellite radar intereferometry［J］. Remote Sensing，2016，8（6）：467-488.

[17] Dai K R，Liu G X，Li Z H，et al. Extracting vertical displacement rates in Shanghai（China）with Multi-Platform SAR Images［J］. Remote Sensing，2015，7：9542-9562.

[18] Li M H, Zhang L, Ding C, et al. Retrieval of historical surface displacements of the Baige landslide from time-series SAR observations for retrospective analysis of the collapse event [J]. Remote Sensing of Environment, 2020, 240: 111695.

[19] Dong J, Liao M S, Xu Q, et al. Detection and displacement characterization of landslides using multitemporal satellite SAR interferometry: a case study of Danba County in the Dadu River Basin [J]. Engineering Geology, 2018, 240: 95-104.

[20] Prakash N, Manconi A, Loew S. Mapping landslides on EO Data: performance of Deep Learning Models vs. Traditional Machine Learning Models [J]. Remote sensing, 2020, 12, 346.

[21] Zhong C, Liu Y, Gao P, et al. Landslide mapping with remote sensing: challenges and opportunities [J]. International journal of remote sensing, 2020, 41 (4): 1555-1581.

[22] Zhong C, Hui L, Wei X, et al. Comprehensive study of landslides through the integration of multi remote sensing techniques: framework and latest advances [J]. Journal of Earth Science, 2012, 23 (2): 243-252.

第20章　影像城市三维实景管理技术与实践

在利用科技支撑城市智慧化管理方面，城市管理者希望建立一个数字孪生的智慧城市。数字孪生城市是指通过对物理城市的人、物、事件等所有要素数字化，在网络空间再造一个与之对应的“虚拟城市”，形成物理维度上的实体城市和信息维度上的数字城市同生共存、虚实交融的格局。

城市三维空间可视化日益成为城市建设管理的重要问题，也是数字孪生城市的关键内容，从二维平面提升到三维立体已经成为数字孪生城市建设的迫切需求。构建城市实景三维模型，可以有效描述城市空间特征，实现城市三维精细化表达。城市实景三维实现对目标的实景可视化查询，对数字孪生城市进行智能化规划和管理。

随着遥感技术的发展，正射影像（Digital Orthophoto Map，DOM）和可量测实景影像（Digital Measurable Image，DMI）先后成为基础地理信息数字产品，实景三维成为数字孪生城市的重要内容，基于电子地图的城市市政精细化管理将向影像城市三维实景管理与服务方向发展。

城市实景管理将实景影像应用到数字城市管理的实践中，推动相关部门和人员科学、高效地参与城市管理和决策。本章分别阐述了从电子地图到实景影像的城市精细化管理需求、基于实景影像的城市精细化管理与服务、影像城市实景三维服务，并列出了相关应用案例。

20.1　从电子地图到实景影像的城市精细化管理需求

最初的数字城市通常是基于电子地图实现城市精细化管理与服务。随着对地观测系统的建设并推向应用，出现了基于正射遥感影像的影像城市服务，Google Earth 服务的推出，更是让遥感影像走入“寻常百姓家”。目前，遥感大数据和三维实景数据获取和建模技术的成熟，使得城市信息化系统可以提供实景影像服务。

20.1.1　基于电子地图的城市管理与服务

城市 GIS 作为城市空间数据和空间信息在计算机中的存储、表达、分析和应用的信息系统，已经从建立单个系统走向了网络：Web GIS 和 Mobile GIS。21 世纪初，城市管理者依托电子地图，建立了城市网格化管理与服务系统，是指在城市信息基础设施（覆盖全市的网络通信环境）上依托城市空间数据基础设施（特别是大比例尺电子地图数据库和大量基础地理信息资源），利用空间信息网格的思想，按一定的规则将城市空间划分为一定大小的空间区域（单元网格），将城市基础设施确定为网格化部件，将城市建设和管理中所关心的事情称为网格化事件，将政府为民提供的各类服务定位为网格化服务，同时由城市管理监督员对所分管的网格单元实施全时段监控，监管互动实现对全市分层、分级、全区域的无缝精细化管理，提供人性化服务，解决城市中人与自然、资源、环境的协调发展，构建和谐社会。图 20-1 所示为武汉市江汉区单元网格划分图，图 20-2 所示为基于电子地图的城市网格化部件及其属性管理界面。

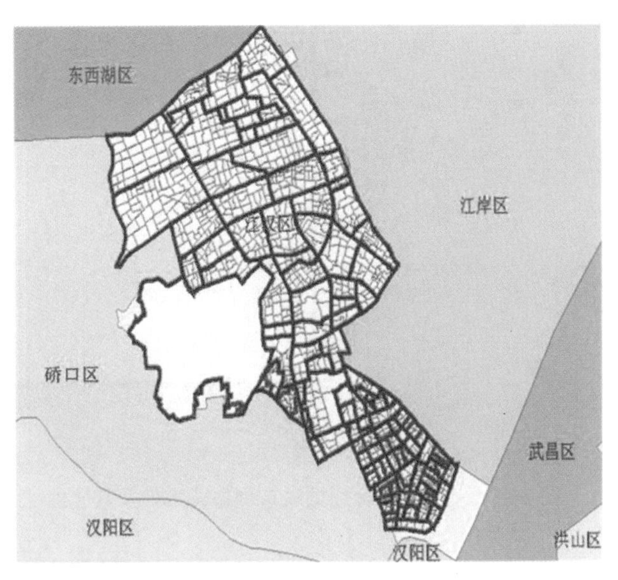

图 20-1　武汉市江汉区基于电子地图划分的单元网格

在基于电子地图的城市网格化管理与服务系统中，实现了基于该系统提供矢量电子地图叠加部件和事件，对立案的部件和事件的管理做到可追踪、可统计、可分析，对全过程实现了透明化管理，如图 20-3 所示。如果一个街道上有暴露垃圾，则监督员通过终端采集设备拍摄现场照片，并和描述该事件的短消息一起上传给网格化监督中心，如图 20-4 所示。监督中心立案后根据流程派遣相关职能部门进行处理，处理过程受监督中心监督和监督员核查。通过这样的闭环管理，实现对城市事件的管理。

20.1.2　基于正射遥感影像的影像城市服务

数字正射影像图（DOM）是对航空（或航天）像片进行数字微分纠正和镶嵌，按一定图幅范围裁剪生成的数字正射影像集。它是同时具有地图几何精度和影像特征的图像。

DOM 具有精度高、信息丰富、直观逼真、获取快捷等优点，可作为城市地图分析背景控制信息，也可从中提取自然资源和社会经济发展的历史信息或最新信息，为防治灾害和公共设施建设规划等应用提供可靠依据；还可从中提取和派生新的信息，实现地图的修测更新。

数字正射影像图制作的常规技术方法，包括采用 VirtuoZo 系统数字摄影测量工作站或者 jx-4 DPW 系统，现在还可采用 DPGrid 或 PixelGrid 平台，数据源包括航空像片或高分

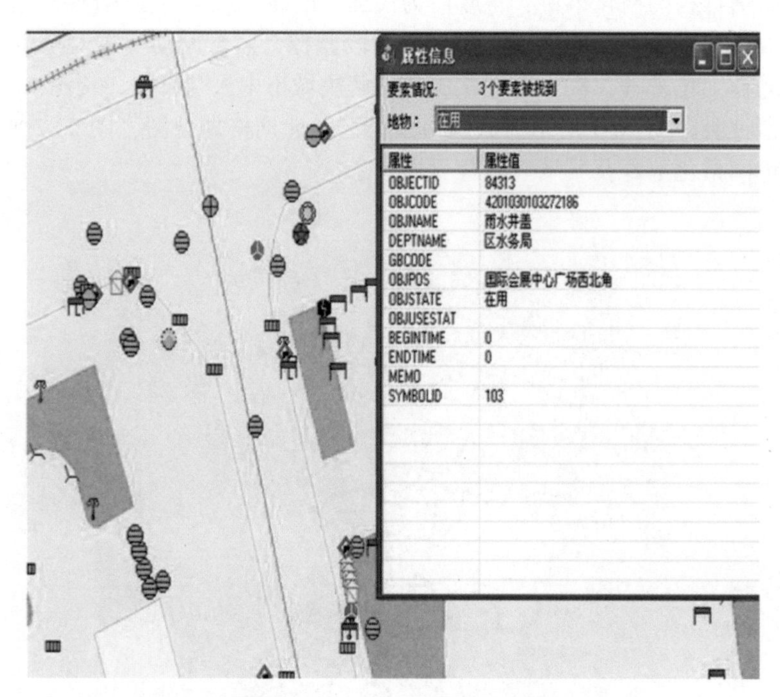

图 20-2　基于电子地图的城市网格化部件及其属性

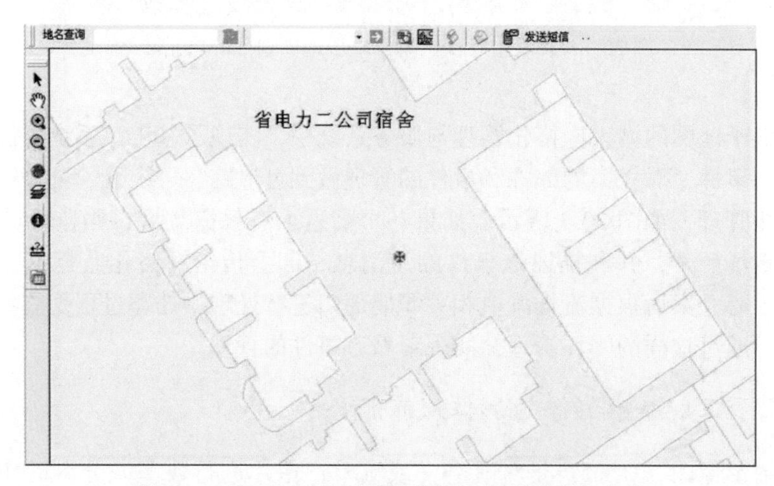

图 20-3　基于电子地图的城市网格化管理事件定位

辨率卫星遥感图像数据等。

数字正射影像图可为城管信息化带来很多全新的应用（图 20-5）。事实上，作为传统二维地图的升级产品，它可以更好地支持网格管理、市容环境、街面秩序、突发事件、广告管理和施工管理等各个方面的业务应用。

从内容上看，数字正射影像图包含了可视、可量、可查询、可挖掘的真实信息。地理空间信息服务数据从电子地图发展到可量测的影像，从而使得对象的表达更为全面

图 20-4　城市网格化管理和服务系统中的立案和核查图片

图 20-5　城市电子地图和正射影像

和直观。

2007 年，我们提出了“影像城市”的概念，影像城市通过移动测量系统，构造可量测的实景影像数据库，在互联网上发布出来，为公众服务带来富信息、可视化、可标注和挖掘的实景影像服务（李德仁、邵振峰，2008）。以 2007 年 12 月开通的“影像城市 · 武汉”网站为例，“影像城市 · 武汉”网站通过提供一个公众地理空间信息服务的平台，可为普通市民提供基于影像的民生便利，为企业用户提供信息发布影像平台（李德仁等，2009）。该平台在 2007 年开通时是中国第一个覆盖城市面积最大、最完整的城市影像公共信息平台，其数据量达到 2TB 以上，并创建了 30 万个实景兴趣点，可为个人、企业、行业和政府等提供以实景影像为特色的空间信息服务。此后，“影像城市 · 武汉”网站扩展到全国，发展成为现在的“我秀中国”平台（图 20-6）。

图 20-6　基于城市实景影像的导航服务（来源于“我秀中国”）

20.1.3　城市实景影像服务需求

基于电子地图的城市管理以二维电子地图或报表的形式来展现，二维地图是一种符号化的系统，展现到城市管理平台和智能终端上，不能直观地反映城市各类部件所在位置的环境情况，而部件所在的环境与事件的严重性有着直接的关系。与强大的用户需求相比，目前的电子地图存在以下主要缺陷。

（1）社会化属性不足：电子地图是加工后的地图，仅对测绘规范中要求的地理要素进行了测绘，没有包含详细的环境、资源、社会、经济、人文等信息，因此不能直接满足大多数行业用户和大众用户的需求。例如：公安部门仅能从电子地图中提取 20%左右的警用地理信息。

（2）现势性差：由于成图周期长，电子地图产品的更新难以跟上城市建设发展的速度。目前，我国有很多城市的大比例尺基础地形图存在数据不完整，现势性不强的问题。因此对于大多数城市而言，若采用传统的测绘方式，需要花费大量的时间和经费先进行地图修测，方可开展部件普查和网格划分的工作。

（3）电子地图是以图形数据为主的抽象描述，信息量不足，大部分是二维的。

（4）从表现的尺度来看，目前电子地图只利用了航空航天影像，所有地面目标都在同一比例尺下。而地面实景影像，有近景也有远景，是地物目标的多比例尺影像，电子地图应将它包含进来。

（5）电子地图把数据加工后的东西提供给用户，用户不能参与量测和挖掘。

因此，基于电子地图的网格化平台在城市管理中也存在以下先天性不足。

（1）“图形+报表”的数据信息量有限，不能提供足够的城市环境信息。

（2）数据表现平面化，不能有效支持对城市立面目标的管理。

在基于电子地图的城市管理系统中，所有部件均以平面投影的方式在地图上展现，而大量的城市立面管理目标（如对门面招牌、广告牌的管理）则无法在二维图上表现立体信息；对违章建筑、乱拆乱盖也缺乏数据库支持，从而导致执法失据，容易引起纠纷，这些都与该平台只管理了二维数据有关。

（3）电子地图仅有的符号化地图数据不能有效支持面向决策的高级应用。

如同其他基于图形数据和报表数据的GIS系统一样，由于数据所能提供的信息量有限，现有大多数的城市管理系统仅仅停留在"派工单"管理范畴，主要只能面向业务操作层，对GIS的许多深层次的功能并没有深入开发，对决策支持的贡献甚微。而包括视频导航、案件跟踪、损失评估、决策分析和应急指挥在内的决策支持正是城市管理最重要的高级应用，客观上呼唤着与人类视觉相关的基于遥感影像的城市管理与服务的出现。

实景影像是与人眼视觉感知一致，反映地理场景真实的空间关系、时间以及人文社会环境信息等的一种近地面数字影像。

实景影像的使用离不开二维地图，实景影像通过位置信息与地图要素、兴趣点建立关联，构成了实景地图。用户在二维地图上找到感兴趣的位置，通过位置信息关联的实景影像详细展示该位置的实景情况（图20-7）。

图20-7 实景影像与地图联动

20.2 基于实景影像的城市精细化管理与服务

集成遥感、全球定位和惯性导航等技术的移动道路测量系统，可采集具有内、外方位元素和时间参数的地面可量测实景影像。可量测实景影像可满足城市管理者对空间信息服务的实景化需求，其主要优势体现在以下三个方面。

（1）可量测实景影像可以提供城市景观的立面图像信息，这些可视、可量测和可挖掘的自然和社会信息能够弥补4D影像中不能包含的大量细节信息，提高空间信息服务数据源的信息量，提供更多更新的服务内容（李德仁，2007）。

（2）可量测实景影像是聚焦服务、按需测量的产物，能满足社会化行业用户对信息的需求，可以在传统 4D 产品与用户需求的鸿沟间起到桥梁作用。例如，公安地理信息系统需要通过实地调查补充的信息可以在实景影像上直接获取。

（3）实景影像采集工期短，操作简便，数据更新快，具有很强的现势性，可有效提高空间信息服务的准确性。

可量测实景影像与立体像对空间前方交会算法一起放在网上，任何终端上的用户即可按自己的需要进行量算和解译。图 20-8 为集成 DOM、DMI 和 DLG 的城市网格化管理平台的浏览功能，图 20-9 为集成 DOM、DMI 和 DLG 的城市管理平台的量测功能。

图 20-8　集成 DOM、DMI 和 DLG 的城市管理平台的浏览功能

图 20-9　集成 DOM、DMI 和 DLG 的城市管理平台的量测功能

20.3 影像城市实景三维服务

影像城市可以提供城市时间序列影像，再现城市的过去和现在，为城市复杂场景精细化管理、导航、辅助决策提供了三维实景服务。

20.3.1 实景影像城市管理服务

实景影像城市管理服务，突破传统二维地图和传统三维可视化 GIS 仅限于三维外观显示的局限，利用三维 GIS 对整个城市三维立体空间的统一描述，充分准确地集成表达“地下的管道、构筑物，地上的建筑、罐区、道路、植被，以及室内的房屋结构、机电管线、装饰装修、土建结构”等城市信息，形成与现实世界一致的三维立体空间框架，打造一个可快速服务发布、可视化分析的轻量化三维服务平台，帮助用户开发 3D 创新业务应用。

实景三维智慧城管信息系统适用于各级城管业务部门，以网格化城市管理模式为运行基础，运用信息化方式，解决城市管理工作存在的困难和问题，实现对各种城市管理问题的快速发现、精确定位、及时处置和有效监督等功能。该系统作为城市管理的一个开放、协同、创新平台，实现了城市共创、共建、共管新局面，加快了“数字城管”向“智慧城管”的全面升级。

通过在“数字孪生城市”上规划设计、模拟仿真等，将城市可能产生的不良影响、矛盾冲突、潜在危险进行智能预警（图 20-10），并提供合理可行的对策建议，以未来视角智能干预城市原有发展轨迹和运行，进而指引和优化实体城市的规划、管理，改善市民服务供给，赋予城市生活“智慧”。

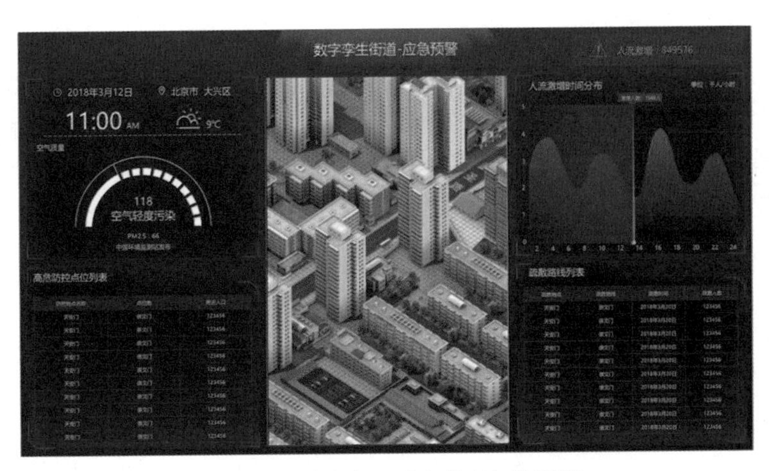

图 20-10 数字孪生城市管理智能预警

实景可视化的数字城管应用系统，可为数字城管各项业务提供可视化、可测量的应用，如城管部件的可视化定位管理、广告牌测量和内容评估、园林绿化的测量与规划等

（图 12-11）。系统可为相关部门提供远程的实景可视化的应急预案。系统特色包括以下四项。

图 20-11　黄冈数字城管系统项目

（1）基于实景的城市事件和部件案件上报：将二维地图和实景影像同屏展示并基于坐标进行联动，简化问题上报途径，实现基于实景的自动定位和案件上报。工作人员可同时浏览查看案件周边信息，直观、高效地处理案件。

（2）实景与视频的联动监控：将摄像头分布信息挂接在实景影像上，不仅能够直观地看到摄像头周围的实际环境，还能够通过实景联动调用摄像头，直观地操作摄像头的视角等。

（3）户外广告牌的可视化浏览、虚拟规划：利用可挖掘的立体影像数据和可视化系统，在影像上不仅可以测量广告牌的长、宽、高、方向等属性，还可以在实景影像上植入虚拟三维广告牌进行广告位规划，评估其对周围环境的影响，直观预见建成后效果。

（4）管理对象的实景可视化展现：将实景影像数据与 GIS 数据匹配，在实景影像上实现对城市的精细化管理。

基于众源遥感大数据，可实现全民城管公众服务平台，构建面向公众的实景影像门户网站（图 20-12），并在网站提供移动端 App 免费下载，公众通过全民城管门户网站和移动终端举报身边发现的城市管理问题。全民城管公众服务平台功能包括：便民报案模块、便民视频查询模块和便民服务模块。该系统打造一个可与市民互动的开放平台，充分利用社会资源参与城市管理，有助于及时消化城市管理中的某些社会矛盾、培养市民的公民意识。

20.3.2　实景影像城市导航服务

实景导航不是传统意义的“车载导航”，而是指以融合多源信息的可量测实景影像为导引的导航应用，应用高保真、高清晰、宽视角连续的实景影像，能够方便地在电脑、移

图 20-12　数字城管实景管理系统界面示例

动终端、嵌入式智能终端、车载导航仪上使用（李德仁，2007）。

相比二维地图，三维地图可带给人身临其境、栩栩如生的感受，其直观性和功能性远远超过二维地图，因此关于三维技术的研究一直没有停歇。传统的二维电子地图导航服务，通过简单的点、线、面图形进行二维地图表达，能够提供一般的路线规划、兴趣点（POI）查询等导航数字地图服务，其数据模型简单、数据存储小，但是信息量不足，不直观。虚拟三维导航技术，通过三维模拟、纹理贴图等技术手段可以实现对城市真实环境的模拟，但是三维导航数据制作周期长、成本高、数据量大，而且无法完整表达真实世界的地理要素信息。实景导航正是结合可量测实景影像三维技术在卫星定位导航领域中的典型应用，其数据模型基于导航数据模型与环境数据模型。导航数据模型主要以道路网作为存储的数据核心，而环境数据则主要存储一系列具有时间、空间特征的海量的沿街影像[如百度（图 20-13）、腾讯、高德、Google 等的街景影像]、视频等丰富信息的环境数据，同时还为各种环境数据建立了基于时间和空间的索引。

20.3.3　众源影像兴趣点挖掘服务

众源地理数据是由大量非专业人员志愿获取并通过互联网向大众提供的一种开放地理空间数据（单杰等，2019）。人们通过有意或者无意的行为活动，直接或间接地提供了大量的互联网数据。众源影像数据作为众源地理数据的一部分，具有基数大、来源广、携带信息丰富等特点（单杰等，2014；Christian，2010；Hossain et al.，2015；Ekin et al.，2015）。随着互联网技术的飞速发展，各类图片分享网站、社交软件的推广，获取含有位置信息的影像数据越发简单。大量人员上传的影像数据，反映了人类出行、消费等行为规律，可以利用这些数据进行人类行为分析和旅游信息的挖掘等研究。

近年来，随着手机硬件技术的发展，大量智能手机嵌入了摄像头、GPS、加速度计、电子罗盘等简易传感器。基础通信设施的升级和手机市场的完善使智能手机逐渐成为大众的通信和计算中枢，大众可以随时随地获取带有地理位置的手机影像并通过互联网即时分

图 20-13　百度地图移动版街景影像

享。此外，普通数码相机拍摄的影像也可由大众在互联网上标注其地理位置并发布。

目前，大众可以发布和获得众源影像的网站包括：基于地图的服务网站，如城市吧（http://www.city8.com）、我秀中国（http://www.ishowchina.com）、Google Map（http://www.google.cn/maps）和 Bing Map（https://cn.bing.com/maps）等；社交网站和图片共享网站，如新浪微博（https://weibo.com）、Flickr（http://flickr.com/）等；以及基于智能手机的影像共享平台，如 Instagram（http://instagram.com/），该软件是目前苹果公司 App Store 最大的图片分享软件，通过该应用可以进行拍照、上传、分享、同步照片，同时还能进行地理标注。

思考题

1. 电子地图和正射影像在城市信息化管理系统中的作用和局限性分别有哪些？
2. 什么是影像城市？影像城市平台能提供哪些服务？
3. 什么是城市实景影像？包括什么内容？
4. 众源影像包含哪些内容？有什么特点？

5. 相比传统地图，实景三维影像在城市精细化管理中有什么优势？

参考文献

[1] 李德仁，邵振峰. 影像城市·武汉 [J]. 地理空间信息，2008，6 (3)：1-3.
[2] 李德仁，沈欣. 论基于实景影像的城市空间信息服务——以影像城市·武汉为例 [J]. 武汉大学学报（信息科学版），2009 (2)：4-7.
[3] 李德仁，胡庆武. 基于可量测实景影像的空间信息服务 [J]. 武汉大学学报（信息科学版），2007 (5)：3-4，7-10，48.
[4] 李德仁. 论可量测实景影像的概念与应用——从4D产品到5D产品 [J]. 测绘科学，2007，32 (4)：5-7.
[5] 单杰，邓非，陶鹏杰，等. 众源影像摄影测量 [M]. 北京：科学出版社，2019.
[6] 单杰，秦昆，黄长青，等. 众源地理数据处理与分析方法探讨 [J]. 武汉大学学报（信息科学版），2014 (4)：15-21.
[7] Christian Heipke. Crowdsourcing geospatial data [J]. Isprs Journal of Photogrammetry & Remote Sensing，2010，65 (6)：550-557.
[8] Hossain Mokter，Kauranen Ilkka. Crowdsourcing：a comprehensive literature review [J]. Strategic Outsourcing An International Journal，2015，8 (1)：2-22.
[9] Ekin O，Feng M Q，Feng D M. Citizen sensors for SHM：towards a crowdsourcing platform [J]. Sensors，2015，15 (6)：14591-14614.

第21章　城市空气质量遥感监测技术与实践

随着社会经济的发展和人类生产生活的影响，城市环境问题日渐严峻，城市空气质量问题更是其中的一个重点问题。城市空气质量对居民的健康有重要影响，空气质量恶化会增加呼吸道疾病、肺癌和其他严重慢性疾病的发病率。目前全球城市大气污染防治工作形势依然十分严峻。

根据《2018年世界空气质量》报告，世界空气污染最严重的城市前20名中，有18个城市来自南亚的印度、巴基斯坦或孟加拉国。中国非常重视城市空气质量改善，提出了一些解决空气污染的方法。目前中国环保部每小时更新全国各城市空气质量及$PM_{2.5}$实时数据。

本章将介绍城市空气质量遥感监测的相关技术和实践。首先介绍空气质量的定义和参考标准，然后介绍大气气溶胶的遥感监测及其产品，并介绍基于随机森林模型的城市$PM_{2.5}$遥感反演实践。

21.1　城市空气质量的遥感监测需求

城市空气质量的好坏反映了空气污染程度，它是依据空气中污染物浓度的高低来判断的。空气污染是一个复杂的现象，在特定时间和地点，空气污染物浓度受到许多因素影响。来自固定和流动污染源的人为污染物排放是影响空气质量的最主要因素之一，其中包括车辆、船舶、飞机的尾气、工业企业生产排放、居民生活和取暖、垃圾焚烧等。城市的发展密度、地形地貌和气候等也是影响空气质量的重要因素。

城市空气污染的污染物包括烟尘、总悬浮颗粒物、可吸入颗粒物（PM_{10}）、细颗粒物（$PM_{2.5}$）、二氧化氮、二氧化硫、一氧化碳、臭氧、挥发性有机化合物等。其中，$PM_{2.5}$指大气中空气动力学直径不大于2.5μm的颗粒物，是空气污染的一个主要来源，它既是一种污染物，又是重金属、多环芳烃等有毒物质的载体。与其他污染物相比，$PM_{2.5}$能够直接进入肺泡，因此又称入肺颗粒物，有研究表明，$PM_{2.5}$与心血管发病率和死亡率存在一定关系。日常雾霾天气大多数由$PM_{2.5}$导致，由于质量小，携带有毒物质时间长，它在空气中的聚集和停留对于环境和人类健康影响很大。

空气污染源也可分为自然的和人为的两大类。自然污染源是由于自然原因（如火山爆发，森林火灾等）而形成，人为污染源是由于人们从事生产和生活活动而形成。例如，澳大利亚从2019年9月一直持续到2020年的森林火灾（图21-1），曾一度让悉尼市区的能见度达到“危害”级别，$PM_{2.5}$达到“恶劣”级别。2019年春节期间，受烟花爆竹集中燃放影响，2月4日17时—5日2时，全国338个城市的$PM_{2.5}$小时浓度快速升高；2月5

日2时，338个城市的$PM_{2.5}$小时平均浓度达到139μg/m³，全国共有116个城市的$PM_{2.5}$小时平均浓度大于150μg/m³（$PM_{2.5}$日均标准值为75μg/m³），达到重度及以上污染。

图21-1 2019年澳大利亚森林火灾对城市环境的污染示例图①

城市空气质量监测标准主要是指空气质量指数（Air Quality Index，AQI），其分级计算参考的标准是新的《环境空气质量标准》（GB 3095—2012），参与评价的污染物为SO_2、NO_2、PM_{10}、$PM_{2.5}$、O_3、CO六项。具体说明如下。

（1）空气污染指数为0~50，空气质量级别为一级，空气质量状况属于优。此时，空气质量令人满意，基本无空气污染，各类人群可正常活动。

（2）空气污染指数为51~100，空气质量级别为二级，空气质量状况属于良。此时空气质量可接受，但某些污染物可能对极少数异常敏感人群健康有较弱影响，建议极少数异常敏感人群应减少户外活动。

（3）空气污染指数为101~150，空气质量级别为三级，空气质量状况属于轻度污染。此时，易感人群症状有轻度加剧，健康人群出现刺激症状。建议儿童、老年人及心脏病、呼吸系统疾病患者应减少长时间、高强度的户外锻炼。

（4）空气污染指数为151~200，空气质量级别为四级，空气质量状况属于中度污染。此时，进一步加剧易感人群症状，可能对健康人群心脏、呼吸系统有影响，建议疾病患者避免长时间、高强度的户外锻练，一般人群适量减少户外运动。

（5）空气污染指数为201~300，空气质量级别为五级，空气质量状况属于重度污染。此时，心脏病和肺病患者症状显著加剧，运动耐受力降低，健康人群普遍出现症状，建议儿童、老年人和心脏病、肺病患者应停留在室内，停止户外运动，一般人群减少户外运动。

① 图片引自：长江网．澳大利亚森林大火肆虐不止，已致3死5失踪．http：//news.cjn.cn/gnxw/201911/t3486065.htm.

（6）空气污染指数大于300，空气质量级别为六级，空气质量状况属于严重污染。此时，健康人群运动耐受力降低，有明显强烈症状，提前出现某些疾病，建议儿童、老年人和病人应当留在室内，避免体力消耗，一般人群应避免户外活动。

21.2　城市大气气溶胶遥感监测

大气气溶胶是指悬浮在大气中固态、液态微粒与气态载体共同组成的多相体系，粒子具有一定的稳定性且沉降速度较小，其空气动力学直径范围为 $10^{-3}\sim10^{2}\mu m$。在一般的大气研究中，气溶胶常代指大气颗粒物，其中 $PM_{2.5}$（空气动力学直径小于等于 2.5μm）和 PM_{10}（空气动力学直径小于 10μm）均为大气气溶胶的一部分。气溶胶来源广且较为复杂，主要来源于自然因素和人为因素两方面。其中，自然因素主要由火山喷发、沙尘暴，土壤和岩石等风化，森林和草原火灾，海洋上的浪花碎末进入大气，活的陆地生物和海洋植物等方面生成；人为因素主要由工业生产，交通运输，石油和煤炭燃烧，土地利用和土地覆盖变化，森林砍伐和沙漠化等人类活动导致。气溶胶主要集中分布在对流层，是低层大气的重要组成部分，同时平流层也有少量气溶胶，气溶胶随时间、空间及天气条件的变化而不断变化。

大气气溶胶对全球生态环境和气候变化具有重要的影响和意义。气溶胶是地球-大气系统的重要组成部分，能够散射和吸收太阳辐射能量，导致直接的辐射强迫，使得到达地表的辐射能量与返回到传感器的辐射能量产生差异，这种称为直接辐射胁迫。大气气溶胶通过吸收太阳辐射能量，削弱了到达地面的总辐射，导致空气温度升高；同时还能吸收地面的辐射能量，降低空气温度。气溶胶的散射和吸收太阳辐射能量，能够导致明显的升温或降温效应，对当地的生态环境和气候变化造成明显的影响。同时，大气中的气溶胶粒子能够通过改变云层的微物理特性，间接影响云辐射特性。空气气溶胶浓度增加，能够产生数量较多、体积较小的云滴，从而增加大气中云层反照率，影响辐射传输平衡，引起间接辐射胁迫。气溶胶还能够增加液态水含量和云的生命周期，气溶胶粒子作为大气中的水汽发生凝结时的凝结核，对云、雾和降水等都具有重要的意义。再者，气溶胶粒子还能够间接影响大气中的各种化学反应，能够通过改变臭氧、一氧化氮等气体分子的含量而影响气候。

同时，气溶胶粒子能够进入人体组织，严重危害人体健康。近年来，随着我国经济和城市化进程快速发展和不断加快，生物质燃烧、城市生活造成的污染物排放，空气中产生了大量的气溶胶，导致城市大气污染问题日益突出。有研究表明，大气颗粒物已成为影响我国城市空气质量的首要污染物，大气颗粒物实质上是大气气溶胶的一部分。不同粒径的气溶胶颗粒对人体造成的危害不同，一般来说气溶胶的粒径越小，对人体的危害程度越大。粒子直径在 15μm 以下的颗粒物可以留在人体的面部鼻腔和咽部，直径小于 10μm 的颗粒物能够达到人体呼吸系统的支气管区，而直径小于 2.5μm 的颗粒物能够直接进入人体肺泡，对人体造成严重危害，同时这些微粒在空气中的聚集还会导致大气能见度下降，严重影响城市交通和居民生活等。

综上所述，尽管大气中气溶胶含量相对较少，但它在大气中的影响却不容忽视。大气气溶胶对太阳辐射的吸收和散射，直接影响大气辐射平衡，不仅对局部或全球的生态环境、气候变化产生重要影响，而且能够直接危害人体健康。因此，充分了解气溶胶粒子对气候和空气质量的影响具有重要的现实意义，需要对气溶胶及其光学特性反演进行深入研究。近年来，随着遥感卫星技术的不断发展，大面积、大范围尺度的气溶胶动态实时监测得以逐步实现，卫星遥感大气气溶胶的反演研究不断开展，气溶胶的精确反演不但能够为当地环保部门生态环境保护和空气污染防治提供前期的数据基础，而且对于维持生态系统平衡、区域可持续发展和全球气候变化研究等方面具有重要的理论和现实意义。

卫星遥感技术探测气溶胶信息拥有覆盖范围广、获取信息便利、经济等特点，已经发展成为一个重要的前沿性科学技术，且正在获得长足的进展。近 30 年来，随着全球各国众多多角度、多光谱以及多偏振类型的传感器不断发射升空，在卫星遥感探测气溶胶信息方面已取得了许多研究成果，发展了多种大气气溶胶光学厚度（Aerosol Optical Depth，AOD）遥感反演算法。各种各样的 AOD 反演产品不断涌现，利用不同传感器数据获取 AOD 信息的算法也多种多样。

大气质量遥感监测的基本原理是，通过卫星遥感影像反演大气气溶胶光学厚度，然后建立大气污染物与气溶胶光学厚度的统计关系，从而估算出大气污染物的浓度和分布。因此，反演大气气溶胶光学厚度是大气质量遥感监测的前提，其反演精度直接影响估算大气质量的精度。

国际上从 20 世纪 70 年代中期开始了卫星遥感气溶胶的理论研究，针对当时已有的卫星数据研究取得了相当大的研究进展。70 年代以来，AVHRR 是使用最为广泛的卫星数据，1997 年人们开始将海洋区域气溶胶光学厚度反演的理论研究成果应用在 AVHRR 的可见光通道（0.63μm）上。当时采用的是单通道法，该方法受气溶胶光谱分布不稳定的影响，反演结果很难保证，后来发展到双通道法。

为实现对我国生态破坏、环境污染进行大范围、全天时、全天候的动态监测，我国于 1998 年开始了“环境与灾害监测预报小卫星星座系统”建设。环境卫星发射后，利用环境卫星对气溶胶光学厚度反演的研究开始逐渐增多。

目前 $PM_{2.5}$ 的监测方法主要包括地面监测和卫星遥感监测两种。地面监测虽然结果精确，但由于成本较高，且地面监测站数量少，导致监测结果时空不连续，无法获得足够多的数据来研究整个区域 $PM_{2.5}$ 的扩散方式和传输特性。卫星遥感监测具有数据获取方便、监测范围广等优势，能很好地弥补地面监测的不足。现有的 $PM_{2.5}$ 监测反演方法都是先反演大气气溶胶光学厚度，再对气溶胶光学厚度 AOD 与地面实测 $PM_{2.5}$ 的关系进行统计分析，用统计得到的关系推算无地面监测点区域的 $PM_{2.5}$ 值。在“AOD 与 $PM_{2.5}$ 具有良好的、稳定的统计关系”的基本假设下，国内外很多学者用此方法进行了大量的研究。因此，现有大量研究都集中在提高 AOD 反演精度上，如引入各种订正、加入更多辅助数据、结合数值预报模式等，也在特定研究区域内取得了比较好的结果。目前在空气污染研究领域应用最为广泛的 AOD 产品是 MODIS 的 AOD 产品。

21.3　城市大气污染遥感监测

中国城市规模排在前列的500个城市中有很多城市的空气污染指标超标。常规的城市大气环境监测手段是采用地面监测点，通过分析仪器采样监测点的数据，通过空气污染指数（Air Pollution Index，API）来评价城市大气环境质量。监测指标包含21.1节提到的六项污染物。对这些污染物的监测及分析在空气质量指标的评价体系中发挥着重要的作用。各地的空气质量监测站点，可对特定区域内的空气质量进行实时监测，但站点分布不均一，监测覆盖有效范围有限，仅能获取小范围区域内特定时间的污染物浓度，不利于对污染物浓度分布状况进行监测及表达，因此通过监测数据对污染物浓度进行由点到面的扩展监测尤为重要。有研究人员通过地面监测数据结合气象及社会数据（POI数据等），进行$PM_{2.5}$浓度由点到面的监测及预报工作（Xu et al.，2019）。目前国内外遥感技术在大气污染与城市环境保护方面的应用越来越广泛。城市大气污染的遥感监测主要是通过遥感手段调查产生大气污染的污染源的分布、污染源周围的污染物的扩散规律和影响范围等信息。一方面，遥感可观测到大气中气溶胶类型及其含量、分布情况与大气微量气体的铅垂分布；另一方面，城市植物对大气环境的指示作用可对城市大气环境质量进行判别，通过地物波谱测试数据、彩色红外遥感图像及少量常规大气监测数据，可获取关于城市大气环境质量的基本数据，并建立城市大气污染的评价模型，进行城市大气环境评估分析。

用于大气监测的遥感技术种类较多，一般有相关光谱技术、激光雷达技术及热红外扫描技术。应用于大气环境监测的电磁波谱范围主要是近紫外线到红外线范围（0.4～25μm），以及微波范围（10～200GHz）。

在遥感监测中，需要在自然光充分的条件下，利用地表之上漫射光所汇聚的光源。相关光谱技术基于光的吸收原理，在紫外光和可见光范围内，受监测气体选择吸收特定波长的光后，研究人员可以根据光强衰减程度来推算对象气体物的浓度。遥感监测系统装备装载在汽车或直升机上，目前监测污染物多为NO、NO_2、SO_2，这3种污染物组分的实际工作波长范围分别是：NO为195～230nm，NO_2为42～450nm，SO_2为250～310nm。

目前，通过激光手段对大气污染进行监测的手段发展较为迅速。激光雷达作为一种主动遥感技术，具有单色性好、高度方向性以及能量集中等优点，因此具有良好的灵敏度和分辨率。散射作用在大气遥感中占有相当重要地位，主动探测系统多是基于这种作用机制而制造的。激光脉冲射入环境监测对象介质后会因发生散射作用而衰减。射向大气的激光束遭遇气态分子时，可能发生瑞利散射和拉曼散射。

红外激光-荧光遥感器可用于监测大气中NO_2、CO、CO_2、SO_2、O_3等污染物及其浓度，其监测频率在可见光至紫外光区域，根据荧光波长和强度不同，监测可以分为定性和定量监测。图21-2为一个常见的地面组网环境监测系统，基于自组网技术的地面大气遥感传感网，自动地获取连续测量的大气环境参数。

不同程度和种类的大气污染会使遥感获取的数据存在一定程度上的失真。这种情况下，需要建立评估模型对整体的失真情况进行评价。通过地物波谱测试数据、彩色红外遥

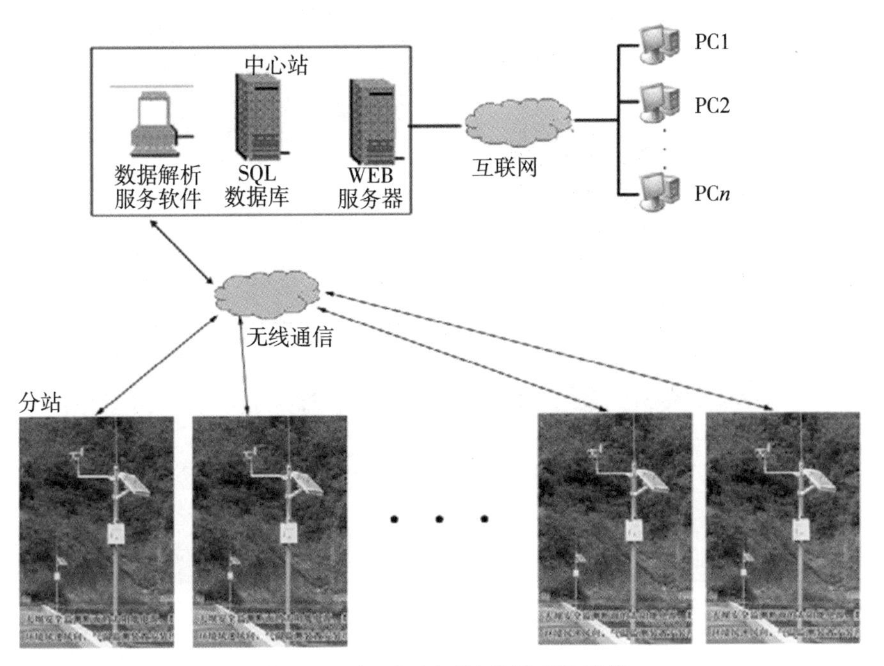

图 21-2 地面组网环境监测系统示例

感影像以及常规监测数据，可以建立评估模型，并对城市内部的大气污染物进行监测。根据监测结果，可以对城市大气污染源分布、污染物扩散情况以及污染扩散影响、污染程度等进行研究，以确定影响城市大气环境质量的主导因素，并根据可持续发展的要求，通过一定措施对污染源进行治理，有效调节与改善城市大气环境质量。

大气中的气溶胶如烟雾、尘暴等悬浮污染物是影响大气质量的主要因素，通过遥感影像可以观察到它们的分布特征。大气气溶胶根据其种类及浓度不同，在影像上呈现的色调也不同。浓度高的区域，由于其反射率、散射率大，在影像上一般呈现白色，反之，呈现灰色。结合地面站点的定期监测采样，可以对其主要组成及分布情况进行分析。通过长时间序列的监测及分析，可以获取大气污染的时空分布与变化规律。例如，NO_x、SO_2的图像灰度信息在 TM1、TM3 图像中均可以明显地看出。SO_2往往与其他颗粒物聚集在一起出现在大气中，对光波产生散射，在遥感图像上显示为灰暗、模糊影像特征。同时，高分辨率影像还可以根据烟囱的地理位置来判别烟雾污染范围与程度。

通过对遥感图像的分析，可获取可靠的大气污染资料。可见，遥感信息在城市环境动态监测方面具有其他类型数据所无法代替的优越性。同时，遥感监测应用日益广泛，遥感监测的项目增多、分辨率提高、解译性能增强，遥感监测将成为城市大气环境监测的主要手段。图 21-3 为国家国家卫星气象中心利用 FY-2D 气象卫星影像监测到的大雾天气，气象中心可以通过影像进行大气环境状况的分析以及改善。

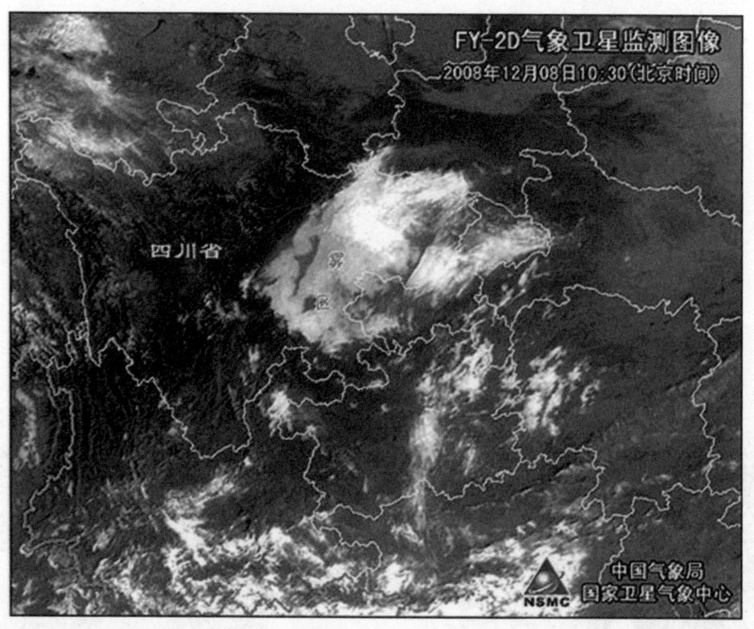

图 21-3　气象卫星大雾监测图像（2008 年 12 月 8 日 10：30，中国气象局国家卫星气象中心）

21.4　城市 $PM_{2.5}$遥感反演实践

目前 $PM_{2.5}$遥感反演方法存在以下三个方面的问题。

（1）AOD 与 $PM_{2.5}$关系的稳定性：这是通过 AOD 反演 $PM_{2.5}$的基本假设，大量研究结果表明 AOD 与 $PM_{2.5}$存在一定的统计相关性，但是时空的变化对于这种相关关系的稳定性影响较大，意味着在不同区域以及同一区域的不同时间，AOD 与 $PM_{2.5}$浓度的相关关系都存在着差异性。因此，针对特定区域、特定时间的 $PM_{2.5}$反演，该关系的稳定性起着至关重要的作用。

（2）误差传递过程：通过建立各种精细的物理模型提高 AOD 反演精度，从而能够更精确地反演 $PM_{2.5}$，但是仍然存在一个误差传递的过程。反演 AOD 是有误差的，以带误差的 AOD 反演 $PM_{2.5}$仍然会存在误差，因此，误差传递过程可能会导致某些区域的 $PM_{2.5}$反演精度偏低。现在也有大量学者通过日平均、月平均、季平均、年平均等尺度研究 AOD 与 $PM_{2.5}$的关系，这在一定程度上能够抵消误差传递过程带来的偏差。

（3）模型的适用性：通过引入各种订正、加入更多的辅助数据、结合数值模式等能够提高 AOD 反演的精度，但是加入更多的因子，就意味着引入了更多的不确定性，对模型的适用性提出了更严格的要求。因此，同样的方法换一个研究区可能效果会变得很差。

针对上述问题，本章介绍了一种基于随机森林机器学习法与 MODIS 影像相结合的 $PM_{2.5}$遥感反演方法。从 MODIS 遥感数据出发，通过机器学习的手段直接建立遥感影像与实测 $PM_{2.5}$的关系，以避免误差的传递。初步实验结果表明，反演的结果与地面实测 $PM_{2.5}$具有较好的相关性。

本节以广东省为例，广东省地处中国大陆最南部，东邻福建，北接江西和湖南，西连广西，南临南海，珠江口东西两侧分别与香港、澳门特别行政区接壤，西南部雷州半岛隔琼州海峡与海南省相望。广东省全境位于北纬 20°13′—25°31′、东经 109°39′—117°19′，东西跨度约 800km，南北跨度约 600km。全省陆地面积为 17.98×10^4km^2。广东省属于东亚季风区，从北向南分别为中亚热带、南亚热带和热带气候，是中国光、热和水资源最丰富的地区之一。以广州为核心的珠三角地区是中国城市化进程最快的区域之一，伴随而来的大气污染问题也比较突出。研究区域如图 21-4 所示，图中三角形点为 102 个环境监测站，逐小时发布 $PM_{2.5}$监测数据。

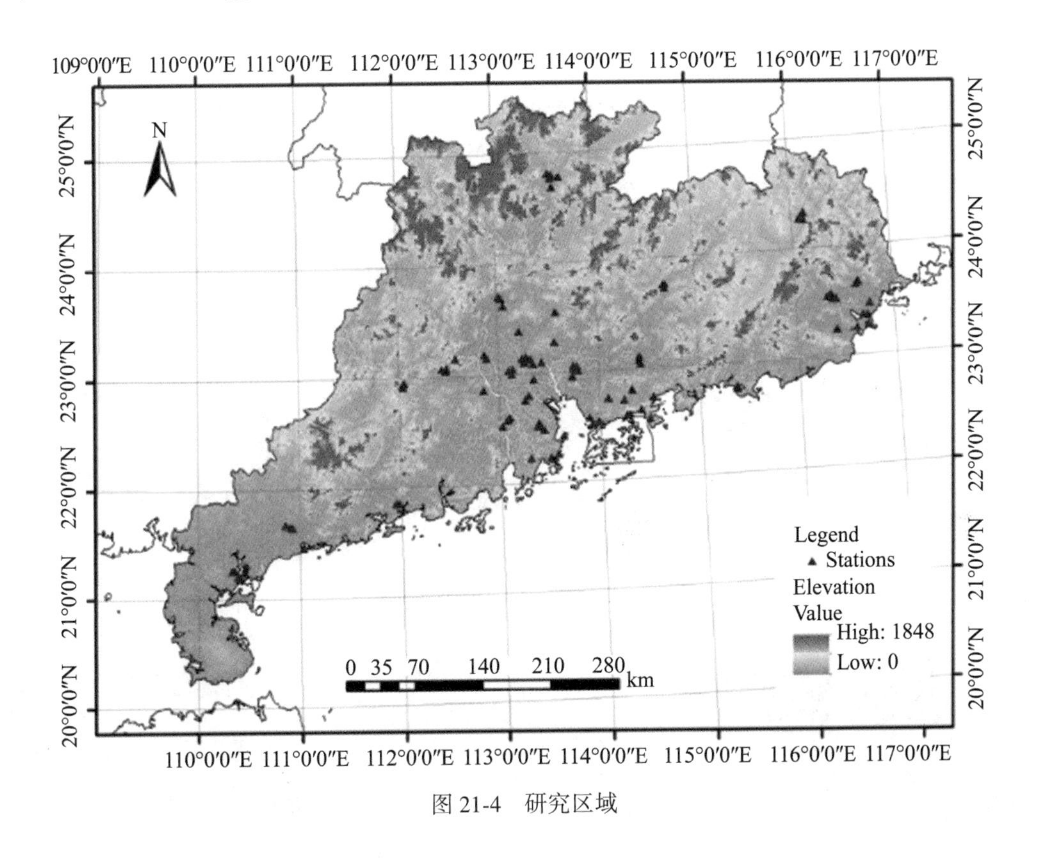

图 21-4 研究区域

采用了 MODIS 的 L2 级 1 公里数据（MOD021KM）对 $PM_{2.5}$ 进行反演。数据来源于美国国家航天宇航局（https：//ladsweb. modaps. eosdis. nasa. gov/）。该数据包含 16 个波段的发射率数据，22 个波段的反射率数据和 22 个波段的辐射率数据。作为对比，同时采用 MODIS 产品中分辨率最高的 3km 气溶胶产品（AOD）进行试验分析（http：//modis-atmos. gsfc. nasa. gov/products. html），该产品采用最新 C6 版本中的 DT 与 DB 融合算法。

受广东省气候环境的影响，MODIS 数据经常被大量云层覆盖，导致 AOD 产品上经常出现大面积数据缺失，因此需要使用插值算法弥补这些数据缺失。我们采用克里金插值方法。也有很多研究者自行反演 AOD，但是其精度往往取决于引入的更多辅助数据和特别操作。因此，为了消除其他因素的影响，本章仅使用 MODIS 发布的最高分辨率的 AOD 产品，通过最经典的线性回归方法反演 $PM_{2.5}$。由于研究区域经常被云层覆盖，我们选择 2015 年云量相对较少的几天进行实验验证。实验的 $PM_{2.5}$ 地面监测数据来源于广东省 102 个环境监测站，随机选择其中的 70 个站点用作训练，剩下的 32 个站点做测试，同时用决定系数（R^2）和均方根误差（RMSE）作为评价指标对反演效果进行对比分析。

在时间匹配方面，由于 MODIS Terra 卫星过境时间是上午 10：30，因此选取过境当天上午 10：00 与 11：00$PM_{2.5}$ 监测数据，并计算其平均值，作为卫星过境时的地面观测值。

在空间匹配方面，由于 AOD 数据空间分辨率为 3km，MODIS 数据的空间分辨率为 1km。因此，通过地面监测站点的经纬度实现监测站点与影像数据的空间匹配。同时，为了直观显示 $PM_{2.5}$ 的真实空间分布，将所有站点的 $PM_{2.5}$ 监测值通过克里金插值法，插值成空间分辨率为 1km 的数据。另外，在研究区内，受云层及其他因素的影响，AOD 数据经常出现大量数据缺失，因此，采用克里金插值法将缺失的数据进行插值。

图 21-5 给出了 2015 年 8 月 8 日的 MOD021KM 数据。为显示方便，发射率和辐射率采用 1、2、3 波段合成，反射率采用 4、5、6 波段合成。当日的数据中有部分云层，采用 MODIS 的云检测产品构建掩膜，图中的黑色区域即为云区。当日的 AOD 数据存在大量缺失，如图 21-5（d）中的黑色区域。将此数据进行克里金插值，并假彩色显示，如图 21-5（e）所示，表现出明显的区块效应。$PM_{2.5}$ 的地面观测值是点状数据，本方法利用克里金插值将点状数据

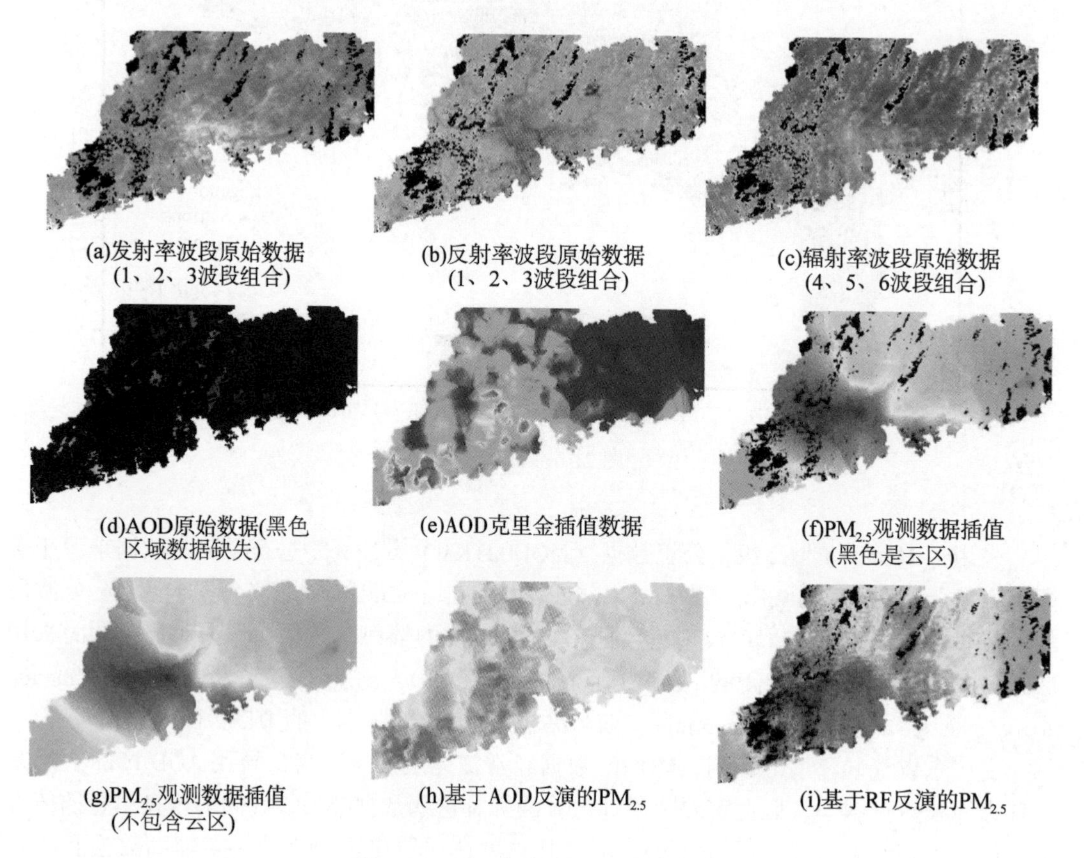

(a)发射率波段原始数据（1、2、3波段组合）　(b)反射率波段原始数据（1、2、3波段组合）　(c)辐射率波段原始数据（4、5、6波段组合）

(d)AOD原始数据(黑色区域数据缺失)　(e)AOD克里金插值数据　(f)$PM_{2.5}$观测数据插值(黑色是云区)

(g)$PM_{2.5}$观测数据插值(不包含云区)　(h)基于AOD反演的$PM_{2.5}$　(i)基于RF反演的$PM_{2.5}$

图 21-5　2015 年 8 月 8 日实验数据

插值为面状数据，如图 21-5（f）、（g）所示，其中图 21-5（f）加了云掩膜。图 21-5（h）是基于克里金插值后的 AOD 数据经过线性回归反演得到的 $PM_{2.5}$。图 21-5（i）是本方法得到的 $PM_{2.5}$结果，颜色越红，表示 $PM_{2.5}$浓度越大；颜色越蓝，表示 $PM_{2.5}$浓度越低。

从地面观测值可以看出，广东省中间区域的 $PM_{2.5}$浓度很高，东北和西南两个区域的浓度较低。AOD 反演的结果与地面观测结果差异很大，这是由 AOD 数据缺失导致的。而本方法在整体趋势上与地面观测结果非常一致，表现出中间高、东北和西南低的趋势。受云层影响，32 个验证站中仅 26 个站有数据，因此图 21-6 给出了 26 个地面观测站的统计结果。其中，横轴代表 26 个观测站，纵轴为 $PM_{2.5}$的浓度，单位为 μg/m³，OBS 指地面观测值，RF 和 AOD 分别表示基于 RF 和 AOD 反演的结果。

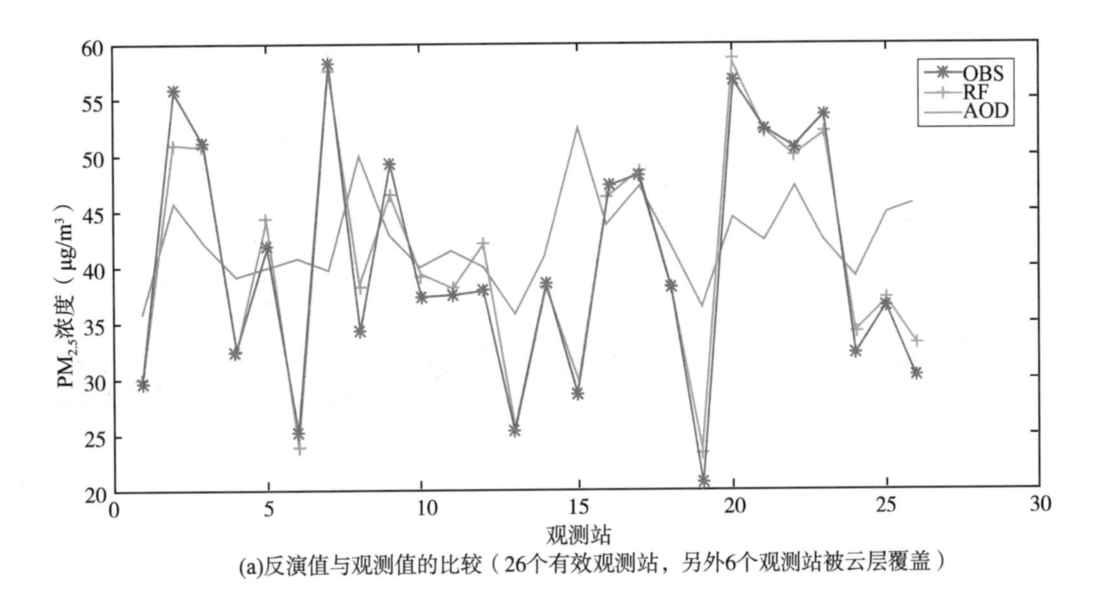

(a)反演值与观测值的比较（26个有效观测站，另外6个观测站被云层覆盖）

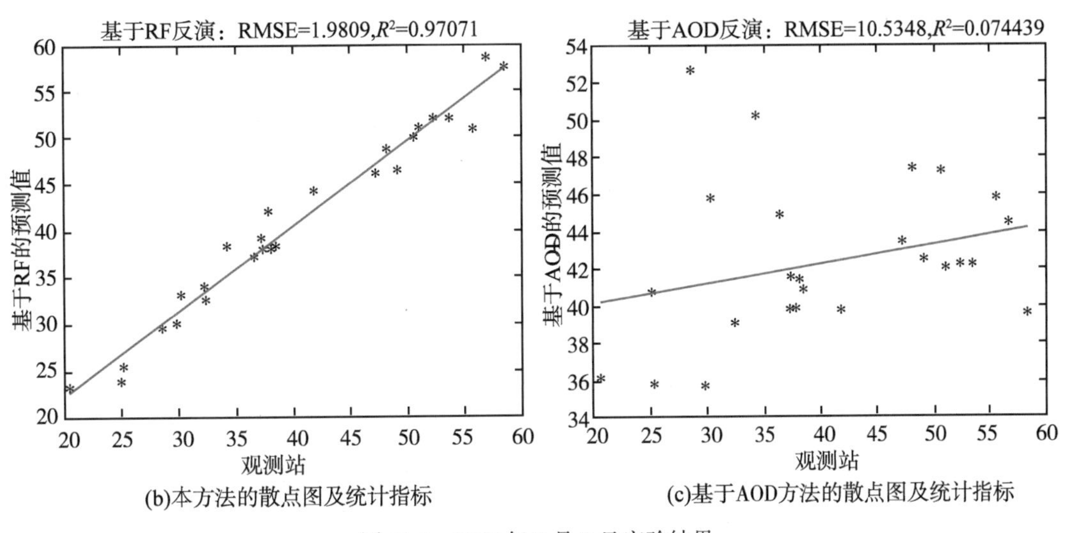

(b)本方法的散点图及统计指标

(c)基于AOD方法的散点图及统计指标

图 21-6 2015 年 8 月 8 日实验结果

由图 21-6（a）可以看出，本方法在各个观测站上的预测值都能与实际观测值有较好的匹配，而 AOD 方法匹配度较差。由散点图和线性拟合结果［图 21-6（b）、（c）］可以看出，本方法的 R^2 达到 0.97，RMSE 小于 2，表现出了极强的相关性；而 AOD 方法表现非常差，这也说明 AOD 的数据缺失对 $PM_{2.5}$ 的反演有较大的负面影响。

固定监测站点在应用中存在以下问题：①设备数量多，导致成本较高；②地点选定和建成后不适宜再次搬迁；③必须选择最具代表性的地点进行站点建设；④无法应对建筑工地、临时厂房等移动性污染源；⑤站点分布过密将浪费大量资源，分布过疏则监测结果不具代表性。所以，基于物联网的车载移动环境监测平台应运而生，图 21-7 为车载移动环境监测系统的设备，包括 GPS 天线、CCS 摄像机、云台控制摄像机和相关传感器等。表 21-1、表 21-2 为车载移动环境监测平台所采集数据。图 21-8 为监测过程中采集的实景影像。

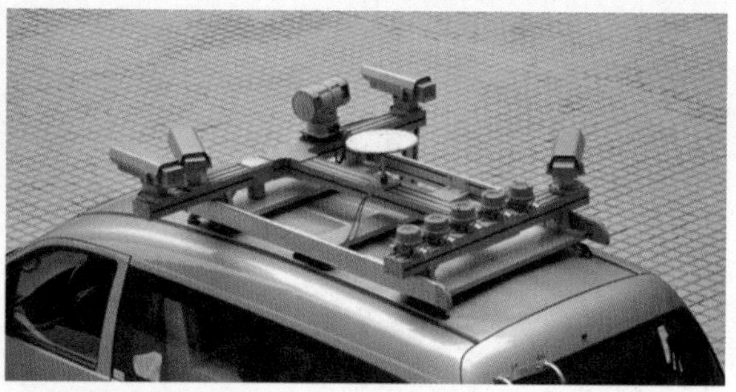

图 21-7　车载移动环境监测系统设备（GPS 天线、CCS 摄像机、云台控制摄像机和相关传感器）

表 21-1　**车载环境监测平台采集的深圳市监测数据**

2015-11-22	$PM_{2.5}$（μg/m^3）	Temperature（℃）	Air humidity（rh）	Noise（dB）	pH
11:11	67	29	52	47	6.7
11:30	43	29	50.4	52.2	6.8
11:51	57	29.5	53.3	50	6.7
13:36	64	26.6	63.5	50	6.6
13:48	62	28.7	62.3	42.4	6.7
13:54	65	27.3	64.2	46	6.7
14:04	65	26.4	70.7	47	6.6
14:08	67	26.9	66.5	44	6.8
14:17	62	26.9	61.8	50	6.9
16:48	94	28.9	56.4	52	6.5
16:53	96	27.5	61.8	44	6.5

续表

2015-11-22	$PM_{2.5}$（μg/m^3）	Temperature（℃）	Air humidity（rh）	Noise（dB）	pH
15:00	102	26.6	62.7	48	6.4
15:06	92	26.1	64.9	48	6.5

表 21-2　　车载环境监测平台采集的东湖周围环境数据

2015-02-04	$PM_{2.5}$（μg/m^3）	Temperature（℃）	Air humidity（rh）	Noise（dB）
14:05—14:15	236	11	48	66.9
14:15—14:25	270	9	51	72
14:25—14:35	312	11	47	81.4
14:35—14:45	281	12	46	80.9
14:45—14:55	232	14	53	83.9
14:55—15:05	205	13	43	60
15:05—15:15	206	13	42	67
15:15—15:25	212	14	41	75
15:25—15:35	250	15	45	63
15:35—15:45	241	14	44	57

（a）东冶路可量测实景影像

（b）团山路可量测实景影像

图 21-8　基于车载环境监测平台采集的可量测实景影像

思考题

1. 如何用遥感技术监测城市大气气溶胶？
2. 城市空气质量的影响因素主要有哪些？
3. 举例说明城市大气污染遥感监测的流程和方法？

参考文献

[1] Xu X, Tong T, Zhang W, et al. Fine-grained prediction of $PM_{2.5}$ concentration based on multisource data and deep learning [J]. Atmospheric Pollution Research, 2020, 11 (10): 1728-1737.

[2] 中华人民共和国环境保护部. GB 3095—2012 环境空气质量标准 [S]. 北京: 中国环境科学出版社, 2012.

第 22 章　城市水环境遥感监测技术与应用

城市水环境是城市环境的核心组成要素，除了水资源以外，水环境状况也对城市生态系统具有重要意义。在气候变化和人类活动的双重影响下，城市水环境脆弱且极易发生变化。研究不同时空背景下的城市水环境变化特征，揭示和监测城市水环境变化规律，对城市可持续发展具有重要意义。

现有的城市水环境监测体系主要基于人工样点调查，费时费力，难以获取大面积宏观尺度的变化特性。尤其在下垫面条件复杂的城市区域、自然环境恶劣地区，水文监测站点布设不足，野外考察难度大，传统监测手段更难以满足需求。而遥感技术具有快速、准确、大范围和实时地获取资源环境状况及其变化数据的优越性，基本克服了常规方法的缺陷，为城市水环境动态监测与分析提供了可靠的信息源。随着对地观测技术的发展，遥感数据的光谱信息逐渐丰富，时空分辨率不断提升，能够实现对地高精度、高重访（高时效）、多尺度、全天候的观测，大大提高了水环境遥感监测能力，在不同水体水环境状况时空变化规律研究中具有极大潜力。此外，我国自主研发和发射的资源系列卫星、环境系列卫星、高分系列卫星保证了城市水环境遥感监测的数据支撑。

在本章中，我们重点介绍了基于遥感技术的城市湖泊监测的迫切需求、城市湖泊变迁遥感监测、水质参数定量反演以及城市黑臭水体监测等四方面内容，并结合部分示例阐述遥感技术在城市水环境监测中的可行性和有效性。但是水体具有复杂的光学特征，尚有很多问题没有得到解决，而且我国在该领域方面的研究刚刚起步，没有形成系统的技术方法和规范。目前各部门、单位只进行零散的研究，不能形成系统的应用能力，要得到全面的应用就必须有一整套技术方法和规范。城市水环境监测的内容很多，哪些指标能采用卫星遥感技术进行有效的监测，其最佳监测光谱分辨率、监测时间频率和监测空间分辨率，还不是十分清楚，更没有形成实用模型数据库。因此需要相关学科的科学工作者深入开展城市水环境遥感监测的指标体系和国家环境信息系统的建设。

22.1　基于遥感影像的城市湖泊范围遥感监测

湖泊可以简单定义为四周陆地所围之洼地，与海洋不发生直接联系的静止之水体。湖泊作为水资源的一部分，在调蓄径流、防洪抗旱、农业灌溉、水产养殖、船舶航运、调节区域气候、维持自然界水分循环等方面扮演着至关重要的角色。

我国地域辽阔，湖泊众多、类型多样、分布广泛、变化复杂。根据第二次全国湖泊调查工作统计，21 世纪以来，全国面积大于 1.0km^{2}的湖泊共 2693 个（不包括干盐湖），总面积达 81414.6 km^2。然而，我国湖泊面临着消失退化的严峻形势。在近 30 年间，面积大于 1.0km^2 的湖泊消失 243 个，其中，因围湖而消亡的湖泊 102 个，且全部位于我国东部平原地区。尤其是在长江中下游平原湖区，填湖建房、围湖造田、围堰养鱼现象屡禁不止，导致城市湖泊大量萎缩和消亡，水质状况恶化，城市调蓄功能逐渐减弱，洪涝灾害频发，流域生态环境遭到显而易见的破坏，湖泊萎缩问题已经成为 21 世纪人类亟待解决的主要环境问题之一。

相比于自然湖泊，由于城市化进程的影响，城市湖泊的变化更大，其主要表现在湖泊数量和范围的变化、湖泊水量的变化以及湖泊水质的变化。对于城市湖泊数量和范围的变化，以武汉市湖泊为例进行说明。武汉市素有“百湖之市”的美称，然而，近年来随着武汉市人口增长与经济快速发展，城市建设发展不断加快，武汉市湖泊陷入了数量锐减、水面面积急剧缩小的严重环境问题。20 世纪 60 年代以来武汉市湖泊总面积的变化大致经历了三个阶段：①在 60 年代和 70 年代间，湖泊总面积和总数量急剧下降；②在 70 年代至 2000 年左右，湖泊面积保持相对稳定；③自 2000 年至今，湖泊面积再次出现快速下降。图 22-1 展示的是武汉南太子湖不同时期的影像数据，从中可以看出其湖泊面积急剧退缩，反映了武汉市湖泊逐渐退化萎缩的严峻形势。

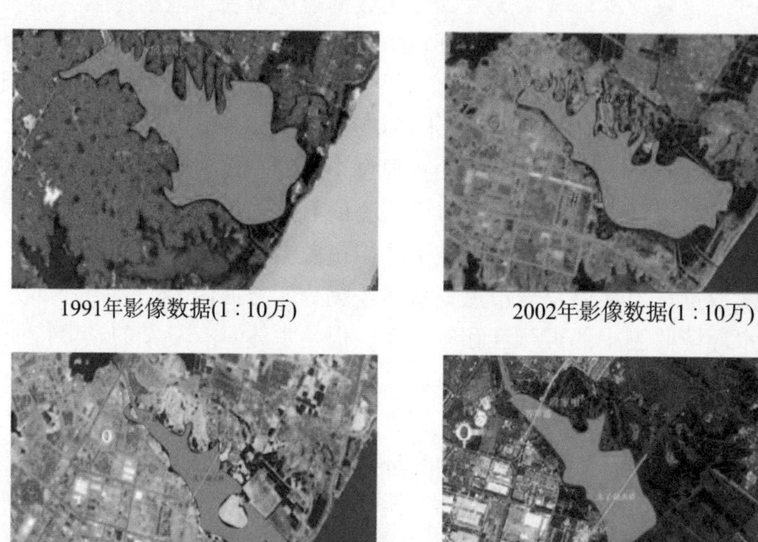

1991年影像数据(1∶10万)　　2002年影像数据(1∶10万)

2005年影像数据(1∶10万)　　2010年影像数据(1∶5000)

图 22-1　武汉南太子湖不同时期影像数据（裴来政，2018）

湖泊水质是城市湖泊面临的另一重要问题，有资料显示我国江河湖泊普遍遭受污染，全国 75%的湖泊出现了不同程度的富营养化，90%的城市水系污染严重。水污染降低了水体的使用功能，加剧了水资源短缺，南方城市总缺水量 60%～70%是由于水污染造成的。以上这些问题对我国可持续成长战略的实施带来了负面影响，城市湖泊问题已成为我国亟需解决的环境问题。

综上所述，城市湖泊面临退化消失、水量减少以及水质污染等严重的环境问题，对我国可持续成长战略的实施带来了负面影响，城市湖泊问题已成为我国亟需解决的环境问题，亟需发展有效的城市湖泊监测方法。遥感技术作为一门新兴的对地观测技术，凭借其大尺度、成本低、周期性和速度快等优点，可以作为长久监测湖泊水体的有效手段。监测研究湖泊面积的变化规律，及时把握地表—地下、河流—湖泊之间的水量平衡状况，对流域生态环境的保护和自然资源的合理利用有着重大意义。

图 22-2 为基于 Landsat 影像的武汉市 1987—2016 年湖泊面积变化分布图。

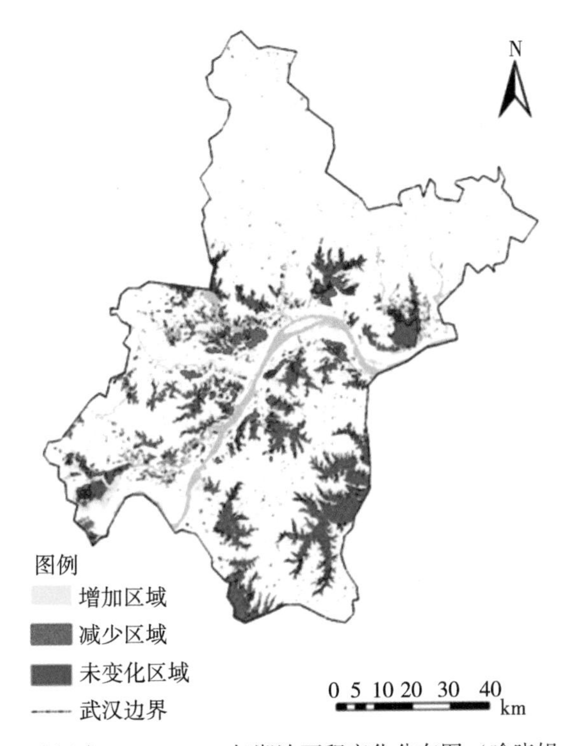

图 22-2　武汉市 1987—2016 年湖泊面积变化分布图（喻晓娟，2018）

根据上述的监测示例，遥感技术可以对感兴趣湖泊进行全域、长时间、动态观测，而且提取出湖泊的变化信息之后，还可以作进一步研究，如分析其变化背后的驱动因子。总之，遥感技术是湖泊变迁监测的有效手段，其能够用来深入研究在自然与人类活动的影响下城市湖泊的演变机制，为城市环境以及生态系统保护提供可靠的数据支撑，有效地管理和规划城市的水资源以及对水利工程进行监督。

22.2　城市湖泊富营养化蓝藻遥感定量监测新模型和方法

富营养化是一种氮、磷等植物营养物质含量过高所引起的水质污染现象。城市湖泊水体富营养化现已成为一个全球性的普遍问题，与之相伴的一个现象是蓝藻水华的频繁暴发。蓝藻会引起水质恶化，严重时耗尽水中氧气而造成鱼类的死亡。蓝藻水华已成为全世界关注的湖泊营养化控制的焦点。通过对水华发生进行监测预警，可以减少水华发生所造成的影响和损失。遥感技术具有监测范围大、速度快、周期性强、成本相对低廉等其他方法无可比拟的优点，能够快速、及时地提供整个湖泊或整个区域的蓝藻水华分布状况，同时随着高光谱、高时间、高空间分辨率遥感传感器的出现，使得利用遥感技术进行蓝藻水华暴发的精准预警成为可能。近年来，湖泊水体蓝藻水华遥感监测取得了较大进展，研究主要集中在叶绿素浓度、藻蓝蛋白浓度以及蓝藻丰度的遥感反演上。

22. 2. 1　叶绿素浓度反演

叶绿素 a（chl-a）是藻类物质中富含的色素，其含量较为稳定，易于人工测定，其浓度是反映水体富营养化程度的一个重要指标，同时还对浮游植物生物量和初级生产力的评估有着十分重要的意义。然而由于水体具有复杂的光学特性，水体中的叶绿素 a 含量易受多种因素的影响，传统的人工监测方法无法进行实时、动态、全范围的监测，遥感技术具有高空间、高光谱、高时间分辨率等优势，使其成为叶绿素浓度监测的合适手段。

1. 遥感监测叶绿素浓度的原理

水体的光谱特征比较复杂，由水体中各种光学活性物质的光辐射散射性质和吸收度决定的。纯水在可见光波段呈现出的反射率曲线是接近线性的，当水体中出现其他物质时，水体的光谱反射率曲线将出现谷值和峰值。叶绿素 a 是光学活性物质，在水体中，因叶绿素 a 浓度的不同，其光谱反射峰也会发生变化。图 22-3 为水体中含有叶绿素 a 时的水面光谱曲线图。水体中的藻类物质在蓝紫光波段（0. 42~0. 50μm）和红光波段（0. 675μm）呈现出吸收峰，若水体中含有大量叶绿素 a，由于叶绿素 a 的强吸收性，则水体反射率曲线会在这两个波段中出现谷值，而在近红外波段（0. 70μm）处，水体光谱特征将会出现一个显著的反射峰，这种现象是水体中含有藻类物质的显著特征。综上所述，遥感监测水体叶绿素 a 的基本原理就是在一定波长范围内，叶绿素 a 浓度的不同会导致水体的反射率显著不同。通过分析不同叶绿素 a 浓度水体水面上的反射光谱特征，构建叶绿素 a 的浓度与水体反射率之间的模型关系，这是利用遥感反演水体叶绿素 a 浓度的基础与关键。

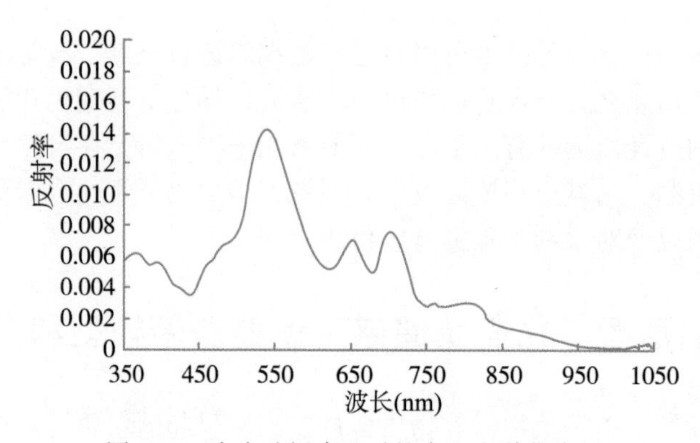

图 22-3　含有叶绿素 a 时的水面光谱曲线图

2. 叶绿素 a 浓度的反演的遥感数据源

随着对地观测技术的发展，越来越多的传感器可用于叶绿素 a 浓度的反演。综合现有研究，目前国内外学者常常利用高光谱遥感和多光谱遥感数据进行叶绿素 a 浓度的反演。

1）基于高光谱数据的叶绿素 a 浓度的反演

高光谱数据的波段范围可以从可见光延伸到短波红外，甚至到中红外，波段数高达数百个，光谱分辨率可达 10nm 以内，可形成一条近似于连续的光谱曲线。对于复杂光学特性的内陆水体，高光谱数据的多波段和狭小的光谱范围有利于排除其他水质参数的影响。因此高光谱数据是叶绿素浓度反演的重要数据源。叶绿素 a 浓度遥感反演常用的星载高光谱数据有日本的 GLI 数据、加拿大的 CASI 数据、美国的 AVIRIS 数据、Hyperion 数据和芬兰的 AISA 数据、中国的高分五号、珠海一号等。如 Hoogenboom 等（1998）基于 AVIRIS 数据提出矩阵反演模型，根据水下辐照度反演水体叶绿素。Kallio 等（2003）利用 AISA 数据获得了芬兰两个湖泊的叶绿素 a 浓度在连续两天时间内的空间位置变化。莫登奎等（2013）利用 Hyperion 数据对东洞庭湖叶绿素 a 浓度和悬浮物浓度进行反演，得到了与洞庭湖水质资料相一致的结果。对于复杂光学特性的内陆水体，Hyperion 数据的多波段和狭小的光谱范围有利于排除其他水质参数的影响。

2）基于多光谱数据的叶绿素 a 浓度的反演

虽然多光谱数据的波段数和光谱分辨率较高光谱数据低，但是其空间分辨率较高，所以多光谱数据也是水体叶绿素 a 浓度反演的一种重要数据源。水体叶绿素 a 浓度遥感反演常用的星载多光谱数据有美国 Landsat 的 TM、ETM、OLI 数据和 MODIS 数据、气象卫星 NOAA 的 AVHRR 数据，法国 SPOT 的 HRV 数据，欧洲航空局的 MERIS 数据，日本的 ALOS 数据，韩国的 GOCI 数据，中国的 HJ-1A 数据和 GF-1 数据等。赵文宇等（2017）利用 Landsat 8 OLI 数据对东道海叶绿素 a 进行光谱特性研究，发现 Landsat 8 OLI 数据的 700~800nm 波段适合检测内陆水体中叶绿素 a 浓度，尤其是叶绿素 a 浓度较高的水体，且在 Landsat 8 OLI 数据的 11 个波段中，前 5 个波段适合反演水体中的叶绿素 a 浓度。汪西莉等（2009）利用 SPOT 数据对渭河进行了遥感反演，发现 SPOT 数据某些波段值和水质参数之间存在关联。汤健等（2016）利用环境一号卫星中 CCD 数据对洞庭湖叶绿素 a 浓度进行动态监测和分析，结果表明 CCD 数据第 3 通道（HJ3）反射率与第 2 通道（HJ2）反射率和第 4 通道（HJ4）反射率之和的比值与洞庭湖水体叶绿素浓度有较高的相关性，利用此构建的洞庭湖叶绿素反演模型能够较好地反映洞庭湖叶绿素 a 的时空分布变化。

3. 叶绿素 a 遥感反演方法

由于水体的光学特性相对复杂，难以建立通用性强、精度高的叶绿素 a 反演模型。目前叶绿素 a 遥感反演方法主要可以分为三大类：经验方法，半经验/半分析方法，分析方法。

1）经验方法

经验方法是指选择与实测数据同步的遥感数据的最优波段或者波段组合与实测数据进

行统计分析，构建相关关系进而反演叶绿素 a 浓度。经验方法的主要算法有单波段模型、波段比值模型、神经网络模型等。

单波段模型：单波段模型是指通过统计分析从遥感影像的所有波段中找出一个最优的波段，构建叶绿素 a 浓度与该最优波段的反射率之间的定量关系，从而反演叶绿素 a 浓度。研究表明，叶绿素 a 的反射光谱中的反射峰或吸收谷处通常都存在最佳的波长。利用单波段构建反演模型的过程简单，但是由于水体的光学复杂性，单波段反演模型精度普遍较低。假设单波段模型为一元线性回归模型，其可以表示为

$$C_{\text{chl-a}} = A + B \times R_x \tag{22-1}$$

式中，$C_{\text{chl-a}}$为叶绿素 a 浓度；A、B 为模型的经验参数；R_x 为最佳波段 x 处的水体反射率。

波段比值模型：波段比值法是对所有波段进行组合，然后选取相关性最大的波段组合进行反演建模（汪西莉等，2009），这样有利于突出叶绿素 a 的信息，减少悬浮物、黄色物质等污染物以及大气和镜面反射的影响，从而提高反演的精度。这类方法是国内外学者最常用的方法之一。若利用波段比值构建一元线性回归模型，其可以表示为

$$C_{\text{chl-a}} = A + B \times \frac{R_x}{R_y} \tag{22-2}$$

式中，$C_{\text{chl-a}}$为叶绿素 a 浓度；A、B 为模型的经验参数；R_x 和 R_y 为最佳波段组合 x 和 y 处的遥感反射率。

神经网络模型：神经网络模型为一种非线性参数模型，通常包括三层：输入层、隐含层、输出层。朱云芳等（2017）基于高分一号影像，利用 BP 神经网络对太湖叶绿素 a 进行了反演，取得了比较好的结果。

光谱微分法：光谱微分模型率先由 Rundquist 等（1996）提出，该方法通过分析所有可能的波段，找出其中具有最佳相关性的波段的反射率以及与它们相邻的波段的反射率，计算出微分值，然后利用该微分值与叶绿素 a 浓度构建模型进行反演。光谱微分法可表示为

$$C_{\text{chl-a}} = A + B \times R(X_i)^n$$

$$R(X_i)^n = \frac{R(X_{i+1})^n - R(X_{i-1})^n}{X_{i+1} - X_{i-1}} \tag{22-3}$$

式中，$R(X_i)^n$ 为光谱微分值；$R(X_{i+1})$，$R(X_{i-1})$ 分别为相邻波段的光谱反射率；n 为求导次数。

2）半经验/半分析方法

半经验/半分析方法是将理论分析及经验统计分析进行结合构建反演模型。半经验方法的经典代表算法包括三波段法、反射峰位置法等。

三波段法：是选择三个波段（三个波段分别用 x，y，z 表示）构建反演模型（Dall'Olmo et al.，2005）。该模型的波段选择具有以下三个原则：①x 波段要位于叶绿素 a 的吸收峰附近并且与 y 波段的悬浮物和黄色物质吸收系数近似相等；②z 波段选取在各物质吸收系数最小处，目的是让纯水吸收占主导，消除后向散射的影响；③3 个波段要具有近似相等的总后向散射系数。该波段选择原则能够很好地去除悬浮物、黄色物质对水体吸收系数的强烈影响及后向散射的影响，具有明确的物理意义。

3）分析方法

分析方法是一种物理模型，其通过描述辐照度比与水质参数之间的关系，模拟电磁波在水体中的传播过程，建立辐照度比值与水体叶绿素 a 的吸收系数和后向散射系数之间的关系。其中的典型代表算法是生物光学模型。

22.2.2 藻蓝蛋白浓度遥感反演

藻蓝蛋白（PC）又称藻蓝素，是藻胆蛋白的一种。蓝藻是水体富营养化的优势藻种，而藻蓝蛋白是蓝藻的特征色素，因此藻蓝蛋白的浓度可以作为反映水体中蓝藻含量的重要指标，为预警蓝藻水华提供了新的指征。图 22-4 为蓝藻蛋白实测光谱数据。藻蓝蛋白在 620nm 处存在区别于其他藻类的吸收峰，因此国内外学者多根据这一光学特性对蓝藻进行识别、监测和定量估算。在水环境监测中，藻蓝蛋白的浓度能够有效地反映水体的初级生产力和富营养化水平，因此建立有效的藻蓝蛋白的反演模型，对于快速、实时、动态地定量监测湖泊水体的蓝藻生物量以及富营养化程度具有十分重要的意义。

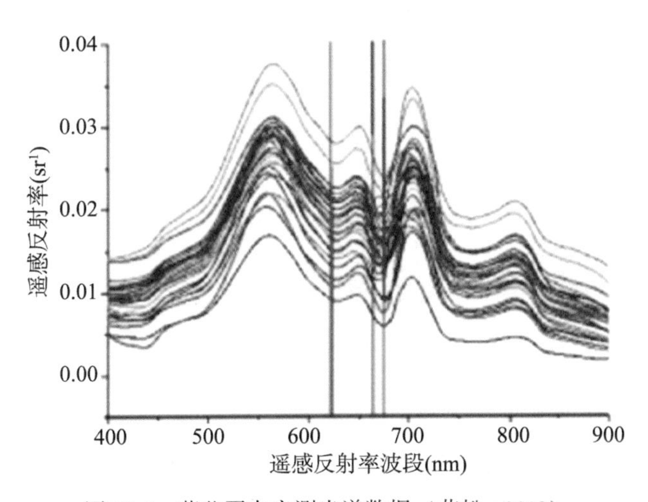

图 22-4　藻蓝蛋白实测光谱数据（苗松，2018）

国内外学者对藻蓝蛋白浓度反演做出了大量研究。如 Dekker（1993）提出一种基线法，即通过 624nm 与附近两个波段 600nm 与 648nm 所连基线的相对高度来计算藻蓝蛋白的浓度。Schalles 等（2000）提出了一种波段比值算法，利用 650 nm 与 620 nm 波段附近的遥感反射率的比值和藻蓝蛋白浓度之间的关系进行反演。Simis 等（2007）首先利用波段比值的方法计算藻蓝蛋白在 620 nm 的吸收值，然后通过吸收系数计算藻蓝蛋白浓度，实验结果表明该方法可用于以蓝藻为主的浑浊水体的藻蓝蛋白反演，是目前使用最广泛的方法之一。苗松等（2018）以哨兵-3 号数据为数据源，利用随机森林算法反演内陆湖泊藻蓝蛋白浓度。尹斌等（2011）将 Simis 半分析模型用于对滇池的藻蓝蛋白浓度反演，反演精度良好，同时还指出季节性差异导致的同生长期蓝藻细胞内色素浓度和组分的变化是导致模型误差的主要原因。鉴于随机森林算法反演精度良好，下面以该算法为例阐述藻蓝蛋白浓度反演流程，流程主要包括实地水样数据采样、藻蓝蛋白浓度的室内测量、遥感数据的获取与预处理、反演模型构建以及反演精度验证。

由于滇池、太湖、洪泽湖三个湖泊都发生过不同程度的富营养化现象，是我国湖泊治理和监测的重点对象。此外，这三个湖泊受地理位置、形成原因、气候条件、经济发展等因素的影响，它们中的水体具有完全不同的光学特性，因此选择该三个湖泊作为研究区域。

藻蓝蛋白浓度反演，首先需要实地采集水样数据并放入存储箱内保存，然后带回实验室借助相关仪器设备进行藻蓝蛋白浓度的测量，为分析、对比、校正卫星遥感反射率，最好用地面光谱仪对水面进行同步光谱测量。2016 年 7 月 22—23 日、2016 年 12 月 6—9 日和 2017 年 4 月 13—14 日分别对太湖、洪泽湖、滇池进行水面光谱测量和水样的采集，共采集 109 个实测数据，其中 76 个样本作为反演模型训练数据，33 个作为模型验证数据。

哨兵-3A 卫星是欧洲航空局于 2016 年 2 月发射升空的多光谱遥感卫星，该卫星共搭载有 4 个传感器：海洋与陆地彩色成像光谱仪、海洋和陆地表面温度辐射计、合成孔径雷达高度计和微波辐射计。其中海洋与陆地彩色成像光谱仪传感器是一种中分辨率线阵推扫成像光谱仪，其共有 21 个光谱波段（包含藻蓝蛋白吸收特征峰的 620nm 波段），空间分辨率为 300m，为湖泊水质参数遥感反演提供了一种新的数据源。哨兵-3 数据可通过欧洲航空局官方网站免费下载（https：//scihub. copernicus. eu）。在利用遥感影像反演藻蓝蛋白浓度时要获取实验区实地采样日期附近少云甚至无云的影像，并借助 ENVI、ERDAS、SNAP 等遥感影像处理软件进行地形校正、大气校正、辐射校正等预处理。遥感反演需要获取准确的遥感反射率数据，因此对大气校正、辐射校正要求较高。为了确保反演精度，可在实地采样水体数据的同时，同步获取水面光谱数据，作为衡量遥感反射率数据精度的衡量标准，确保反演精度。

图 22-5 为太湖、洪泽湖、滇池藻蓝蛋白浓度的空间分布图。从图中我们可以看出，洪泽湖藻蓝蛋白浓度整体偏低，平均值为 20. 71μg/L。河口区水域由于换水周期频繁，水草较多，藻类生长迅速，藻蓝蛋白浓度较高，而其湖心湾区水体混浊，湖流扰动剧烈，藻蓝蛋白浓度最低。太湖藻蓝蛋白浓度一般为 10~20μg/L，西部藻蓝蛋白浓度偏低。滇池藻蓝蛋白浓度北部整体高于南部，滇池北部的藻蓝蛋白浓度高于 80μg/L。

为了说明随机森林反演模型的效果，将其反演结果与 Simis 半分析模型、PCI 指数模型进行对比，发现随机森林反演模型的拟合度较高，反演精度较好，MAPE、RMSE 分别为 34. 86%，38. 67μg/L，观察实验结果还发现随机森林在低中浓度（低于 100μg/L）时反演精度更好。Simis 半分析模型反演精度整体较差，RMSE 为 64. 75μg/L，MAPE 为 119. 92%，当藻蓝蛋白浓度较低时，出现明显的高估现象；反之，出现低估现象。PCI 指数模型在藻蓝蛋白低浓度区域时，其反演精度明显高于 Simis 半分析模型，但是在高浓度区域，与 Simis 半分析模型一样，反演误差较大。同时为了进一步评估随机森林反演模型的优劣，于 2017 年 8 月在巢湖采集 19 个样本点用于验证随机森林反演模型精度。藻蓝蛋白的实测值和随机森林反演值的散点图较好地分布在 1 : 1 线附近，RMSE 和 MAPE 分别达到 10. 72μg/L，22%。总结起来，由于随机森林是一种集成学习方法，反演精度较好。

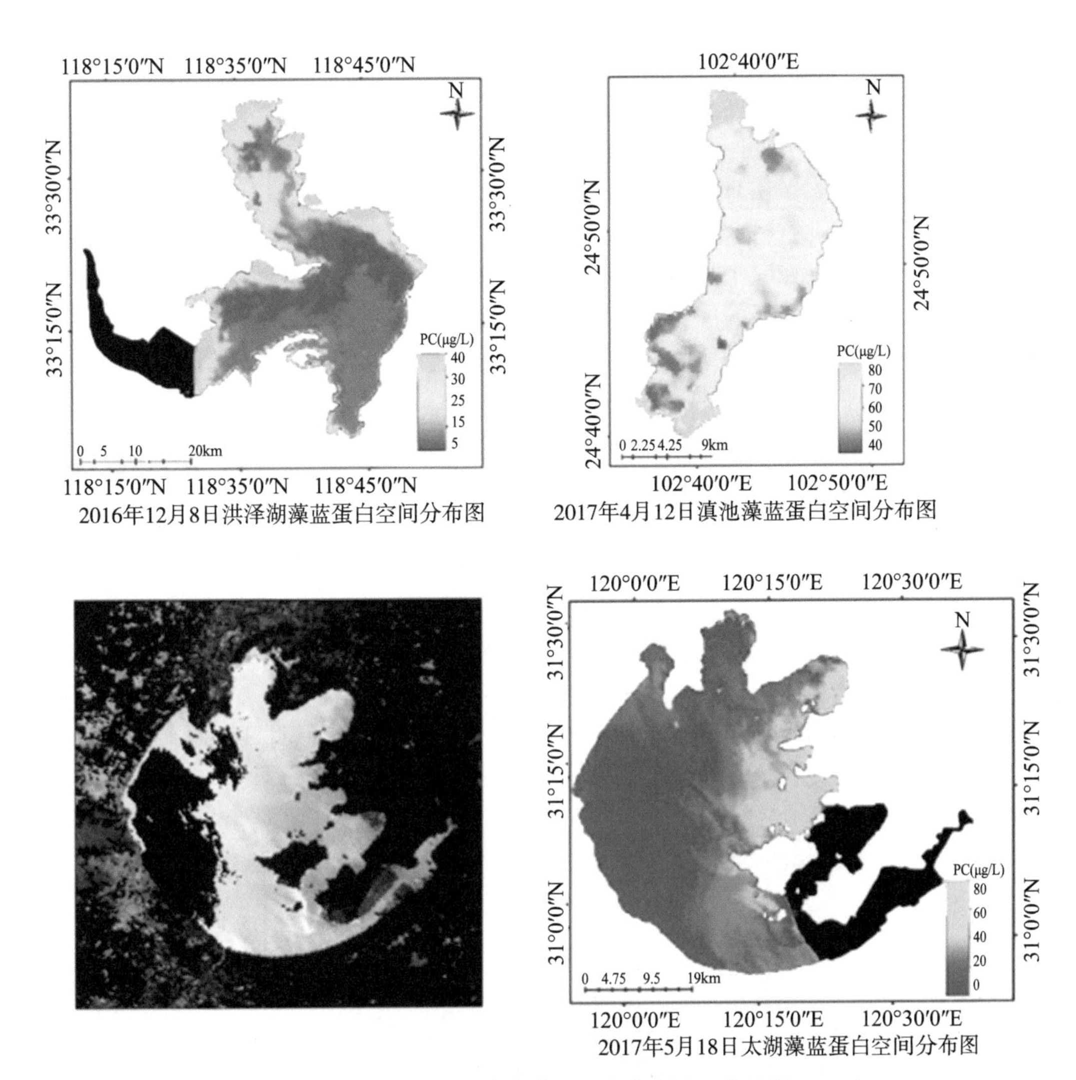

图 22-5　洪泽湖、滇池、太湖藻蓝蛋白分布图（苗松等，2018）

22.2.3　蓝藻丰度的遥感估算

蓝藻丰度是指蓝藻藻密度占总藻密度的比例。蓝藻是水体富营养化的优势藻种，然而仅仅通过叶绿素 a 和藻蓝蛋白浓度对水体中藻类进行遥感监测并不能反映蓝藻是否为优势藻种。蓝藻水华发生通常是藻类生物量在水体中逐渐累积的持续性过程。蓝藻水华暴发前后以及水华过程中，浮游植物群落不断进行演替，蓝藻丰度逐渐上升并成为优势藻种。因此水体中蓝藻丰度对于蓝藻水华的监测和预警具有重要意义，可通过蓝藻丰度的监测判断蓝藻是否为优势藻种。

利用遥感技术可以宏观、快速、实时、动态地监测蓝藻丰度，能反映蓝藻是否为优势藻种以及蓝藻丰度分布的时空差异性和变化规律，因此研究蓝藻丰度的遥感监测模型具有十分重要的意义。在构建蓝藻丰度的遥感估算模型时，要充分探讨蓝藻丰度与不同生物光学特性关系，包括表观光学特性（遥感反射率）、固有光学特性（浮游藻类吸收系数）和色素浓度，分析不同蓝藻丰度光学特征的差异。

图 22-6 为实测样点的归一化遥感反射率光谱曲线。其光谱特征如下，在 400～500nm 波段范围，由于叶绿素 a 在蓝紫光波段的吸收以及有色溶解有机质在该范围内的强吸收作用，水体的反射率较低；在 550～580nm 波段范围内，由于叶绿素和胡萝卜素的弱吸收以及细胞的散射作用，存在一个反射峰；在 675nm 波长附近，由于叶绿素对红光的强吸收作用，形成了一个较为明显的反射谷；700nm 波长附近出现了一个反射峰，这是由于水和叶绿素 a 在该处的吸收系数达到最小，该反射峰是含藻类水体最显著的光谱特征，其通常作为判定水体中是否含有藻类的重要依据。在 700 nm 波长以后水体反射率迅速下降，到 810 nm 波长附近又出现一个反射峰，该反射峰可能是悬浮颗粒物的散射形成的。我们还可以发现部分样点在 620nm 波长附近存在一个较小的反射谷，这主要是由于水体中的藻蓝蛋白在 620nm 波长附近的吸收作用引起的。同时，由于蓝藻的存在，藻蓝蛋白和叶绿素 a 在 620nm 和 675nm 波长处对光的较强吸收，导致 650nm 波长附近出现了一个光吸收的低谷，表现在遥感反射率的曲线上就形成了一个反射峰。在富营养化水体中，620nm 波长处的反射谷和 650nm 波长处的反射峰通常作为判断水体中是否含有蓝藻的主要光学特征。然而，内陆水体组成成分通常较为复杂，不仅含有较多的浮游藻类，还含有丰富的一般悬浮物，导致 624nm 和 650nm 两个波段处的反射率光谱特征不明显，如果仅依靠这两个波段的遥感反射率进行蓝藻丰度的估算会带来较大误差。

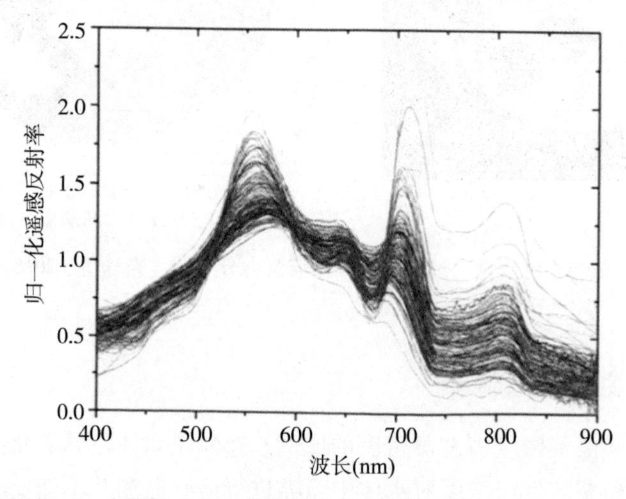

图 22-6　实测样点归一化遥感反射率光谱曲线（金琦，2017）

图 22-7 为蓝藻丰度与归一化遥感反射率的相关关系，在 400～900nm 的波段范围内，蓝藻丰度与遥感反射率之间的相关性不高，相关系数绝对值为 0～0. 7，蓝藻丰度与遥感反射率在 550nm 波长附近达到最大的正相关关系，相关系数为 0. 44，而在 620nm 波长附近，蓝藻丰度与遥感反射率存在最大的负相关关系，相关系数为-0. 69。

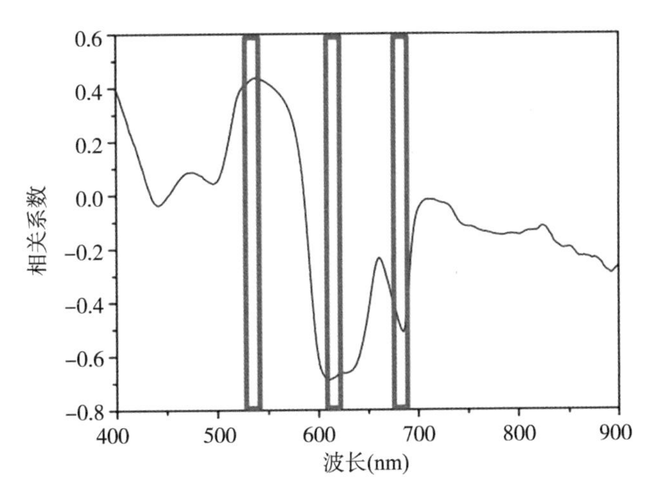

图 22-7 蓝藻丰度与归一化遥感反射率的相关性（金琦，2017）

综上所述，不同蓝藻丰度水体的遥感反射率曲线差异主要表现在 550~700nm 波长范围内。在 400~900nm 波长范围内，蓝藻丰度与 550nm、620nm 和 675nm 波长附近的遥感反射率的相关系数最大，绝对值为 0.4~0.7。

鉴于上述分析，苗松等提出了一种新的蓝藻丰度指数（NIPCB）（Miao et al.，2020）：

$$\text{NIPCB} = \frac{a_{\text{chl}}(665) - a_{\text{pc}}(620)}{a_{\text{chl}}(665) + a_{\text{pc}}(620)} \tag{22-4}$$

式中，$a_{\text{chl}}(665)$、$a_{\text{pc}}(620)$ 分别为叶绿素 a 在 665nm 波长处和藻蓝蛋白在 620nm 波长处的吸收系数。苗松等（Miao et al.，2020）发现 NIPCB 与蓝藻丰度之间存在高相干性，决定系数高达 0.87（图 22-8），这说明利用 NIPCB 能够很好地反演蓝藻丰度。此外，他们还发现 560nm 波长处的遥感反射率与 680nm 波长处的遥感反射率的比值对于大于 90%的蓝藻丰度有很好的指示作用，但是当蓝藻丰度小于 90%时，该比值不能很好地反映蓝藻丰度（Miao et al.，2020）。

因此，他们结合 NIPCB 指数提出了两步法蓝藻丰度提取模型（图 22-9），并以太湖为例，利用哨兵-3A OLCI 影像进行模型验证。图 22-10 为两步法提取的蓝藻丰度结果，两步法蓝藻丰度提取模型精度较好，平均绝对百分比误差（MAPE）为 19.25%，均方根误差（RMSE）为 29%，决定系数（R^2）为 0.69。

虽然随着传感器技术性能指标的不断提升，遥感技术在城市湖泊富营养化蓝藻遥感定量监测中扮演着越来越重要的角色，但是城市定量遥感监测仍然存在以下问题：①现场观测问题。现在的野外采样点尺度非常小，而对应的参数反演发生在图像像元尺度上，多为几十米、几百米甚至上千米，存在采样点尺度与遥感像元尺度不匹配的问题，不同空间分辨率的卫星影像，使用了同时同地的野外采样点数据，所生成的水质参数反演产品存在一定的尺度差别，针对沿岸和内陆水体光学参数观测，缺乏统一的观测标准。②水体遥感传感器的时空谱辐射问题。自 1978 年海色传感器（Coastal Zone Color Scanner，CZCS）成功

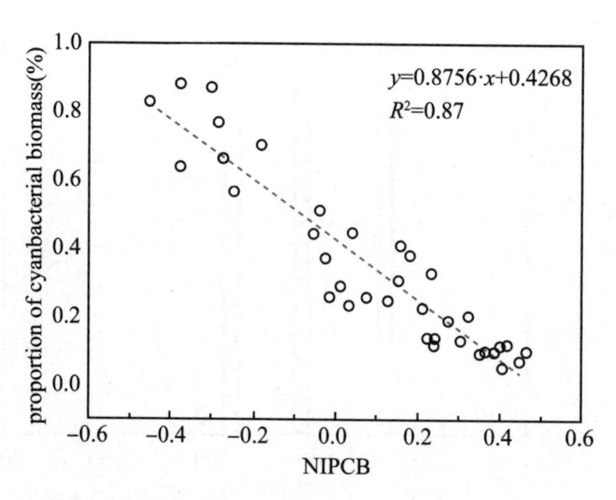

图 22-8 蓝藻丰度指数 NIPCB 与蓝藻丰度的关系（Miao et al.，2020）

发射以来，相继发射了一系列水色传感器，近岸和内陆水环境遥感研究取得了重大的进展，但还有很多涉及传感器性能（空间、时间、辐射分辨率等）的问题需要进一步探讨。③算法问题。由于水体的光学特性异常复杂，现有的大气校正、遥感反演算法还存在不足；④业务化应用问题。目前全球大部分极轨卫星观测并没有为用户提供沿岸和内陆水体的标准产品，也没有提供针对不同应用和特定区域的系列产品，而且终端用户又有着不同的需求、兴趣和应用，环境状况又是复杂多变的，很多用户对遥感数据的获取途径、处理流程等没有相关经验和专业知识能力。因此，城市湖泊富营养化蓝藻遥感定量监测还需要进一步深入开展研究。

22.3 城市黑臭水体遥感监测方法与应用

在城市，河流作为除湖泊之外另一种重要的资源和环境载体，关系到城市生存和发展以及城市环境的美化。在城市规划中，河流常被认为是城市生态系统的绿色生命线，是维持城市生态平衡的重要因素。然而，中国自改革开放以来，步入了快速城市化的进程，人口迅速向城镇快速聚集，大量的生活污水、工业废水被直接排放至城市河道中，导致河流出现黑臭现象，对市民日常生活、身心健康产生了严重影响。因此，监测、整治城市黑臭水体，控制和治理城市水体污染已经刻不容缓。

城市黑臭水体的一般定义是指城市建成区内，呈现令人不悦的颜色和（或）散发令人不适气味的水体。从视觉上来说，水体颜色异常，水面漂浮杂质较多，整体浑浊，流速慢甚至不流动，通常有排污口排放污水；从嗅觉上来说，水体散发恶臭（物体腐烂的腥臭味、化工废料的刺激性臭味等）。水污染问题已经引起了国家政府的高度重视，2015 年 2 月，中共中央政治局常务委员会会议审议通过了《水污染防治行动计划》（简称“水十条”），于 2015 年 4 月 16 日发布实施，明确要求到 2030 年，城市建成区水体黑臭现象总体需得到消除。

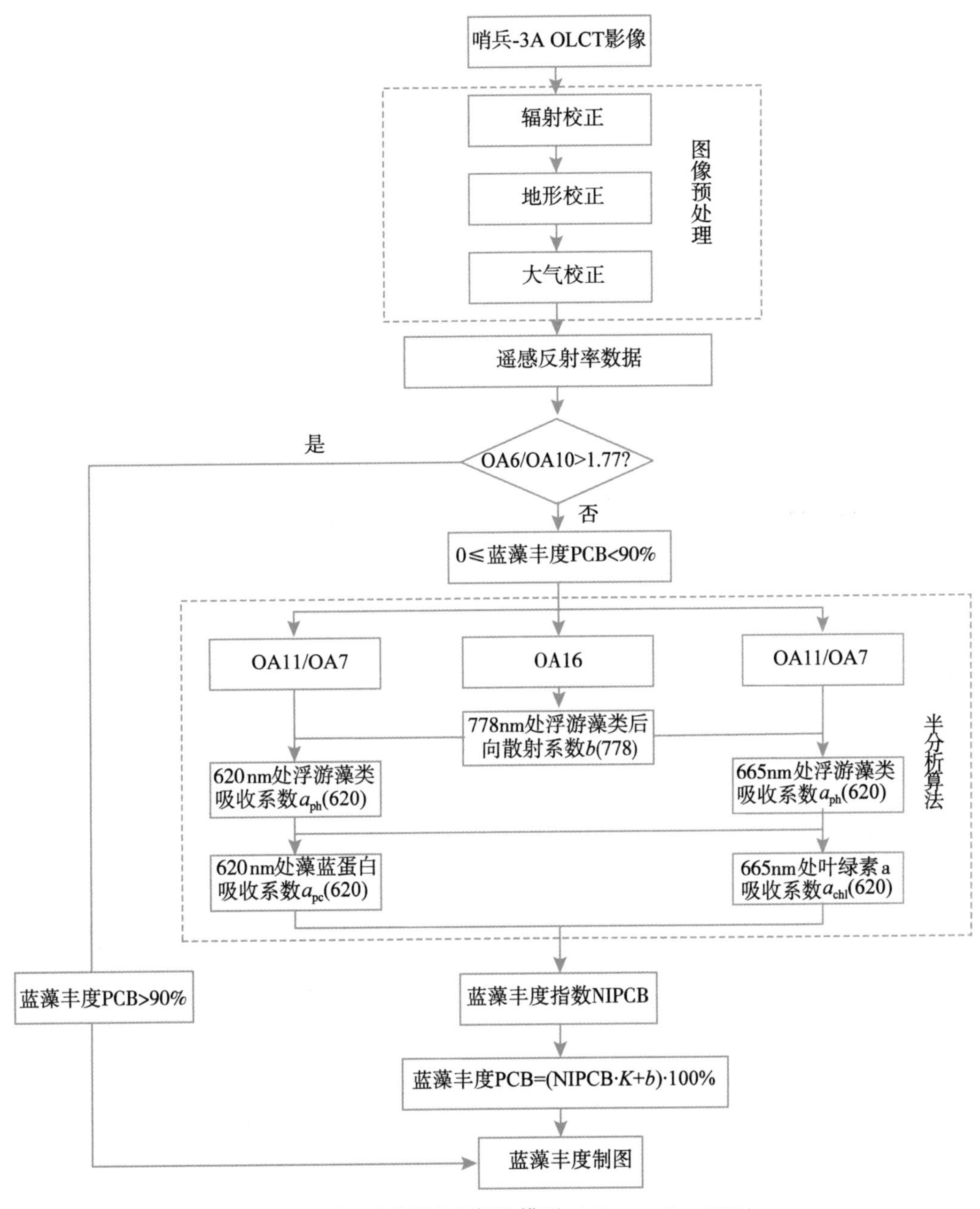

图 22-9 两步法蓝藻丰度提取模型（Miao et al.，2020）

与地面人力监测相比，卫星遥感技术覆盖范围广，能够实现全域观察，已成功运用于海洋、湖泊等大型水体的污染监测中，为水环境监测开拓了新思路和解决方法。其可以同时获取一块区域内的所有水体的黑臭情况，也可以到达偏僻的无人可及的区域；且遥感技术能够实时跟踪黑臭水体，实现黑臭水体的动态监测，评价治理效果或者及时发现新出现

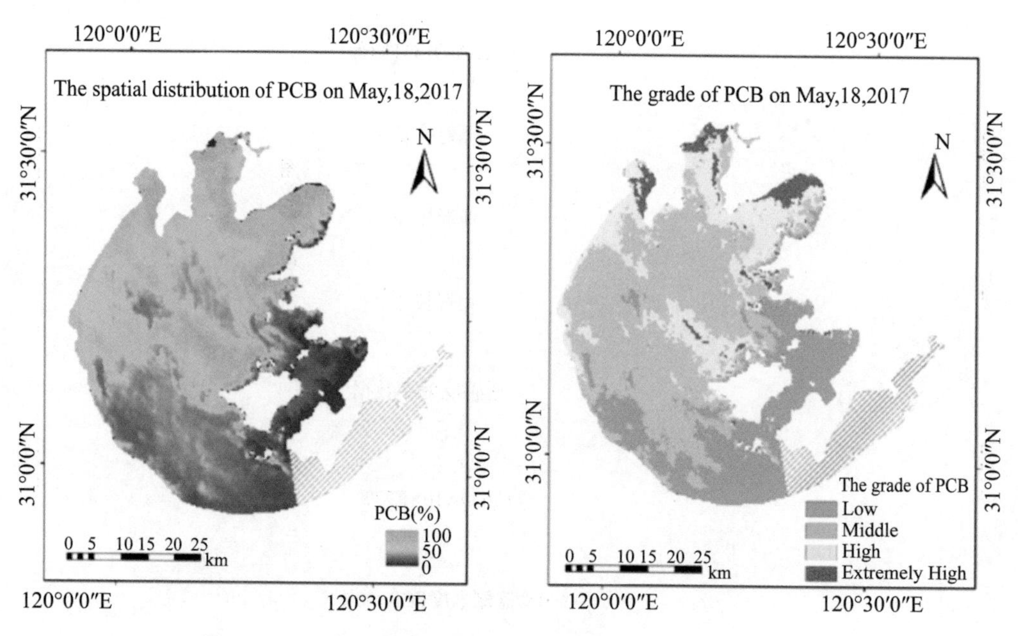

图 22-10　两步法太湖蓝藻丰度提取结果（Miao et al.，2020）

的黑臭水体，大大降低人力成本、时间成本。目前我国自主研制并发射成功的资源系列、高分系列等高分辨率卫星，为我国城市黑臭水体监测提供有效的数据源。

22.3.1　城市黑臭水体光学特性分析

地物的固有光学量（固有光学特性）是遥感探测的理论基础。城市水体黑臭的根本原因在于污染物的过度排放，污染物主要包括人类生产生活产生的糖类、蛋白质、油脂、酯类等有机碳、有机氮以及含磷化合物。这些物质在水体中分解，消耗大量溶解氧，导致水体处于缺氧、厌氧状态，厌氧微生物随之大量繁殖，并产生致黑致臭物质。污染物在水体中的溶解导致黑臭水体的光学特性有别于一般水体，分析黑臭水体的光学特性对构建城市黑臭水体识别模型具有指导意义。

图 22-11 为 3 种类型水体（南京市黑臭水体、正常水体与南京夹江饮用水源地水体）的遥感反射率光谱。在 400~900nm 波段范围内，城市黑臭水体的遥感反射率值整体较低，低于 0.025，其平均反射率在 3 种水体中最小，3 种水体的平均反射率差异明显［图 22-11（d）］。在 400~550nm 波段范围，黑臭水体遥感反射率随波长增加而上升缓慢，其他水体的光谱曲线在该波段范围上升迅速［图 22-11（b）、（c）］；在 550~580nm 波段范围，黑臭水体遥感反射率出现峰值，波峰宽度大于其他类型水体，但值最低，形状最为平缓；黑臭水体由于水体溶解氧含量低，导致水体藻含量少，在 620nm 没有明显吸收谷，在 700nm 附近没有明显的反射峰。总结起来，城市黑臭水体遥感反射率最低，在 550~700nm 范围内整体走势很平缓，虽然存在波动变化，但是峰谷不突出，这种光谱特征是遥感识别黑臭水体的重要依据。

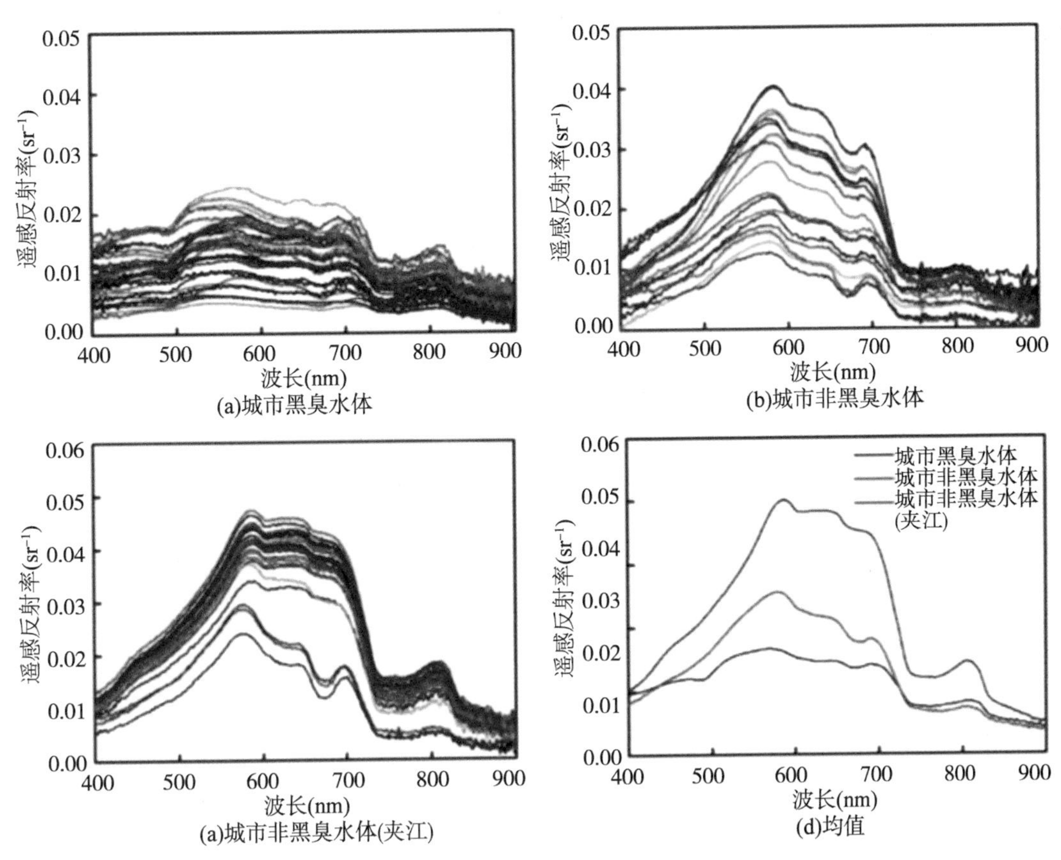

图 22-11 3 种类型水体（南京市黑臭水体、正常水体与南京夹江饮用水源地水体）遥感反射率光谱及均值（温爽等，2018）

22.3.2 城市黑臭水体遥感监测

鉴于上述城市黑臭水体的光学特征，多种黑臭水体识别方法被提出。然而我国自 2015 年后才有学者开始城市黑臭水的体调查研究，如曹红业等（2017）先后在长春、沈阳、北京、常州、无锡、杭州实地采集高光谱数据，并利用光谱指数法识别黑臭水体，重度黑臭、轻度黑臭、一般水体的验证率依次为 83.3%、57.1%、87.5%。温爽等（2018）在南京（55 个点）实地获取高光谱数据，模拟为 GF-2 多光谱数据后，采用多种方法建立识别模型，其中差值指数 DBWI、归一化指数 NDBWI 算法精度较高，验证率分别为 90.7%、93.02%。

我们通过对南宁市黑臭水体进行光谱分析，发现黑臭水体归一化指数（NDBWI）可以很好地识别城市黑臭水体，图 22-12 为 2018 年城市黑臭水体和一般水体 NDBWI 指数分布图，黑臭水体的 NDBWI 值要高于一般水体的 NDBWI，NDBWI 的计算公式为

$$\mathrm{NDBWI} = \frac{R_{rs}(\mathrm{Green}) - R_{rs}(\mathrm{Red})}{R_{rs}(\mathrm{Green}) + R_{rs}(\mathrm{Red})} \tag{22-5}$$

式中，R_{rs}(Green) 和 R_{rs}(Red) 分别为高分二号影像第二、第三波段大气校正后遥感反射率值，实际计算中使用辐射校正和大气校正后多光谱影像的光谱值，计算得到的 NDBWI 指数为无量纲值。

鉴于黑臭水体和一般水体的 NDBWI 值的差异，利用 NDBWI 值对南宁市 2018 年的黑臭水体进行识别，结果如图 22-13 所示。

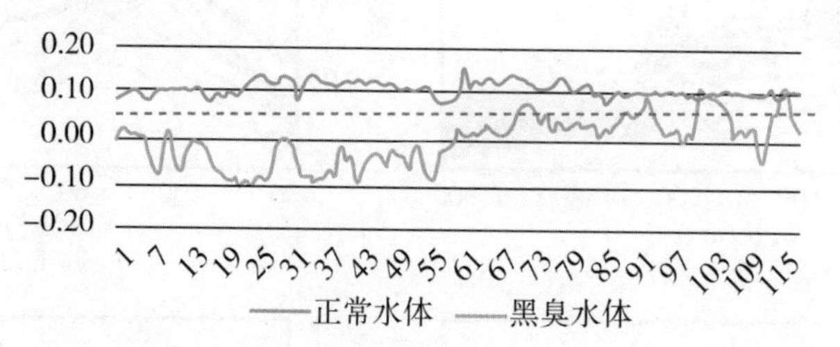

图 22-12　南宁市 2018 年城市黑臭水体和一般水体 NDBWI 指数分布

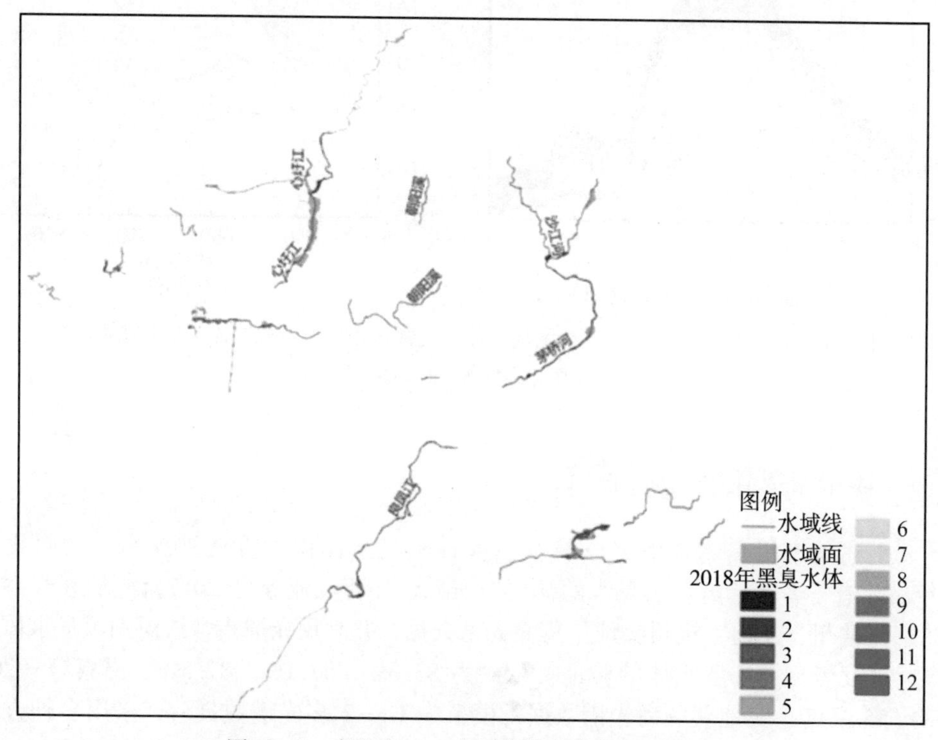

图 22-13　南宁市 2018 年城市黑臭水体识别结果

虽然利用遥感技术可以实时、动态地进行城市黑臭水体的监测，但是黑臭水体遥感监测依然存在一些问题，如水体信号弱、河道窄小、河道上方树木覆盖、大量阴影覆盖和邻近效应等，这些都会影响城市黑臭水体识别的准确率，也是我们未来需要解决的重要问题。

思考题

1. 请论述湖泊水体遥感监测的物理基础。
2. 基于遥感技术的湖泊水体信息提取包括哪些方面，它们之间有什么联系？
3. 在获得湖泊变迁的结果之后，如何分析湖泊变迁的驱动因素？
4. 总结如何开展湖泊富营养化遥感监测。
5. 如何开展湖泊黑臭水体遥感监测？

参考文献

[1] Dall'Olmo, G, Gitelson A A. Effect of bio-optical parameter variability on the remote estimation of chlorophyll-a concentration in turbid productive waters: Experimental results [J]. Applied Optics, 2005, 44 (3): 412-422.

[2] Dekker A G. Detection of optical water quality parameters for eutrophic waters by high resolution remote sensing [D]. Amsterdam Vrije Universiteit, 1993.

[3] Hoogenboom H J, Dekker A G, Althuis I A. Simulation of AVIRIS sensitivity for detecting chlorophyll over coastal and inland waters [J]. Remote Sensing of Environment, 1998, 65 (3): 333-340.

[4] Kallio K, Koponen S Pulliainen J. Feasibility of airborne imaging spectrometry for lake monitoring a case study of spatial chlorophyll a distribution in two meso-eutrophic lakes [J]. International Journal of Remote Sensing, 2003, 24 (19): 3771-3790.

[5] Miao S, Li Y, Wu Z, et al. A Semianalytical algorithm for mapping proportion of cyanobacterial biomass in eutrophic inland lakes based on OLCI Data [J]. IEEE Transactions on Geoscience and Remote Sensing, 2020, 58 (7): 5148-5161.

[6] Rundquist D C, Han L, Schalles J F, et al. Remote measurement of algal chlorophyll in surface waters: The case for the first derivative of reflectance near 690nm [J]. Photogrammetric Engineering and Remote Sensing, 1996, 62 (2): 195-200.

[7] Schalles J, Yacobi Y. Remote detection and seasonal patterns of phycocyanin, carotenoid and chlorophyll pigments in eutrophic waters [J]. Archiv fur Hydrobiologie Special Issues Advances in Limnology, 2000, 55: 153-168.

[8] Simis S G H, Ruiz-Verdú A, Domínguez-Gómez J A, et al. Influence of phytoplankton pigment composition on remote sensing of cyanobacterial biomass [J]. Remote Sensing of Environment, 2007, 106 (4): 414-427.

[9] 曹红业. 中国典型城市黑臭水体光学特性分析及遥感识别模型研究 [D]. 成都：西南交通大学，2017.

[10] 金琦. 内陆富营养化湖泊蓝藻丰度遥感估算方法研究 [D]. 南京：南京师范大学，2017.

[11] 苗松，王苗松，王睿等．基于哨兵 3A-OLCI 影像的内陆湖泊藻蓝蛋白浓度反演算法研究 [J]. 红外与毫米波学报, 2018, 37 (5): 111-120.
[12] 莫登奎, 严恩萍, 洪奕丰, 等．基于 Hyperion 的东洞庭湖水质参数空间分异规律 [J]. 中国农学通报, 2013, 29 (5): 192-198.
[13] 裴来政, 鄢道平, 张宏鑫等. 1960 年代以来武汉市湖泊演化特征及其成因浅析 [J]. 华南地质与矿产, 2018 (1): 78-86.
[14] 汤健, 薛云, 刘剑锋, 等．基于环境一号卫星数据的洞庭湖叶绿素 a 浓度反演 [J]. 安徽农业科学, 2016, 44 (27): 212-213.
[15] 汪西莉, 周兆永, 延军平．应用 GA-SVM 的渭河水质参数多光谱遥感反演 [J]. 遥感学报, 2009, 13 (4): 184-188.
[16] 温爽．基于 GF-2 影像的城市黑臭水体遥感识别 [D]. 南京: 南京师范大学, 2018.
[17] 温爽, 王桥, 李云梅, 等．基于高分影像的城市黑臭水体遥感识别: 以南京为例 [J]. 环境科学, 2018, 39 (1): 57-67.
[18] 尹斌, 吕恒, 李云梅, 等．基于半分析模型的滇池藻蓝蛋白浓度反演 [J]. 环境科学, 2011, 32 (2): 472-478.
[19] 喻晓娟．基于 Landsat 影像的 1987—2016 年武汉市湖泊面积动态变化分析 [D]. 东华理工大学, 2018.
[20] 赵文宇, 姜亮亮, 焦键, 等．基于 Landsat 8 数据的东道海子叶绿素 a 的遥感反演和监测研究 [J]. 新疆环境保护, 2017, 39 (3): 28-35.
[21] 朱云芳, 朱利, 李家国, 等．基于 GF-1 WFV 影像和 BP 神经网络的太湖叶绿素 a 反演 [J]. 环境科学学报, 2017, 37 (1): 130-137.

第23章　城市遥感技术与应用发展方向展望

在20世纪，人类的一大进步是实现了太空对地观测，即可以从空中和太空对人类赖以生存的地球开展遥感观测，并将所得到的数据和信息存储在计算机网络中，为人类社会的可持续发展服务。在短短的50年中，遥感作为一个新兴交叉学科得到了充分发展。本章展望城市遥感技术与应用发展方向。

23.1　城市遥感平台的发展方向

为了开展全球性研究，20世纪末以美国、欧洲航空局、加拿大、日本、俄罗斯等为代表，纷纷推出大型空间对地观测计划。美国联合各国推出了跨世纪的EOS计划，加拿大实施了Radarsat计划，欧洲航空局进行了ERS系列计划，美国和俄罗斯联合实施了空间站计划。日本也先后推出了JERS计划和ADEOS计划，中国开展了跨世纪航天工程。这些大型计划的实施大大促进了卫星遥感技术的发展。

目前遥感平台正朝通信、导航、遥感平台一体化方向发展，以提供实时的遥感信息服务。卫星通信、导航、遥感一体化（简称为通导遥一体化）的天基信息实时服务系统是能同时提供定位、导航、授时、遥感、通信（Positioning，Navigation，Timing，Remote Sensing，Communication，PNTRC）服务的系统（李德仁等，2017），实现卫星遥感、卫星导航定位授时、卫星通信与地面互联网的集成服务，支持军民用户在任何地方、任何时候的信息获取、高精度导航定位授时、遥感与多媒体通信服务。实时定位精度达到米和分米级，为各种类型用户提供高精度实时导航信息；精密授时达到纳秒级，提供时间信息和时间同步信息；快速遥感全天候、全天时，实时获取光学和雷达视频数据，将感兴趣的信息及时提取并推送给用户的手机和其他各类移动终端；天地一体移动宽带通信传输要克服地面通信网络覆盖范围不足的局限，为全球用户提供安全、可靠、高速的天地一体化通信和数据传输服务。

当前面临的问题是我国现有的遥感、导航、通信卫星系统各成体系、军民孤立、信息分离、服务滞后。遥感卫星需要过境或通过中继卫星向地面站下传数据，无星间链路和组网，数据下传瓶颈严重制约信息获取效率；北斗导航卫星具有短报文通信能力，但不具备宽带数据传输能力；通信卫星尚无自主的业务化卫星移动通信系统，对遥感、导航等天基信息的传输保障能力受限；且在服务模式方面主要面向专业用户，尚未服务大众。

基于当前的现状，亟需建设一个通信、导航、遥感一体化天基信息实时服务系统，引进人工智能、云计算等新技术，推动空间信息从现在的专业应用走向军民应用和大众服务，使百姓的手机上能实现全球无缝的高速通信，能使用实时的影像实现更高精度的遥感信息服务。通信、导航、遥感一体化正朝“一星多用、多星组网、天地互连、多网融合”方向发展（李德仁，2018）。

城市的人流、车流、信息流服务，对实时遥感信息服务需求迫切，通信、导航、遥感一体化天基信息实时服务系统，将能为未来的城市遥感提供更好的平台。同时，在第 5 章中也讲到了，空地多平台组网的城市遥感数据获取，将能为城市遮挡区域获取有效的多源遥感影像。

23.2　城市遥感传感器的发展方向

随着传感器研制日益深入，分辨率日益多样化、传感器波段日益细化、传感器日益专业化、应用领域日益广阔。遥感传感器的具体发展趋势如下。

（1）增加了应用波谱段，出现高光谱、夜光遥感、多角度 SAR 等新型传感器。

天空地多平台高光谱传感器为城市各类材质的精细区分、水质监测提供了可行的遥感手段和数据支撑，已开始在海绵城市、生态城市和健康城市中得到应用。

城市的社会经济活动也可通过夜光遥感来评价，由于多数夜间可见光和人类活动紧密相连，因此夜光遥感能够有效获取城市经济社会发展动态，评估城市经济社会发展可能存在的宏观问题。

多角度 SAR 成像通过融合多个角度下的目标信息，可以实现对目标电磁散射特征的完整描述和全方位成像（冉达等，2016）。相比单一角度的常规合成孔径雷达，多角度 SAR 具有空间分集的优点，通过增加系统处理的数据样本，可有效拓展被探测目标的空间谱支撑区，避免常规合成孔径雷达成像探测中存在的目标遮挡和叠掩问题，提高对城市复杂场景目标的分类和识别能力。通过结合多载频、多波形和多极化技术，多角度 SAR 最终可实现多维度 SAR 成像和探测。多角度 SAR 可以综合系统在多个观测角度上的信息，通过一定的信号处理和信息融合技术，解决传统 SAR 因地形和观测角度限制而导致的目标遮挡和叠掩等问题，获得更加完整的目标信息与特征，在城市目标检测、目标识别和分类等方面具有重要的实际应用价值。

（2）主被动遥感一体的传感器系统正在研制中，未来将能为城市遥感复杂场景的信息获取提供更好的解决方案。

23.3　城市遥感应用发展方向

23.3.1　从城市遥感对地观测数据服务到“对地观测脑”实时信息服务

原来建立的对地观测卫星系统仅仅是感知地球的手段，只能单纯获取数据，后期需要人对数据进行再处理并决策。能否结合脑科学与认知科学等领域的理论知识将对地观测卫星系统上升成为“对地观测脑”呢？现在天上有导航卫星、遥感卫星和通信卫星，正好像人的眼睛（遥感、导航卫星）、耳朵（通信卫星），将通信、导航、遥感卫星一体化组成一个系统，形成一个大脑，这个大脑能够对“眼睛”“耳朵”感知的数据进行智能化处理，为用户提供 PNTRC 的功能，即这些信息可以发送到用户的接收设备中，这就是对地观测脑产生的过程。

对地观测脑是一种模拟脑感知、认知过程的智能化对地观测系统，通过结合地球空间信息科学、计算机科学、数据科学及脑科学与认知科学等领域知识，在天基空间信息网络环境下集成测量、定标、目标感知与认知、服务用户为一体的一种智能对地观测系统(李德仁等，2017)。对地观测脑实质上是通过天上卫星观测星座与通讯导航星群、空中飞艇与飞机等获取地球表面空间数据信息，利用在轨影像处理技术、星上数据计算分析技术等对获取的数据信息进行处理分析，获取其中有用的知识信息服务于用户决策，从而实现天、空、地一体化协同的实时智能对地观测。

要实现对全球服务，预计需要 200 颗遥感卫星、300 颗通信卫星。服务指标是时间分辨率 5 分钟，即要求的图像目标在 5 分钟内找到，分辨率和导航精度达到 0.5m，在轨处理与通信时间小于 1 分钟便送达用户移动端，开拓 B2B、B2G 和 B2C 的空天信息智能服务，通过建设对地观测脑，实现“一星多用、多星组网、多网融合、智能服务”。

在数字城市地理空间框架中，遥感数据是重要的城市时空基础设施。在智慧城市建设中，对地观测脑也必将是数字孪生的智慧城市的重要组成部分，为城市提供实时的遥感信息服务。

23.3.2 从对城市地表的观测到对城市时敏目标和事件的观测

传统的遥感平台能够提供城市地表静态遥感数据，对城市地表进行观测。而行人、车辆等运动目标是城市一大特点，对行人、车辆等目标的观测，研究其特性对城市的发展具有重要意义。传统的遥感平台获取的地表的静态信息，无法提供运动目标的动态信息。对运动目标的观测，需要采用高时间分辨率的遥感传感器。随着遥感传感器的快速发展，视频卫星以及无人机可以通过视频录像的方式获取地面的动态信息，能够提供城市运动目标的动态信息，实现从对城市地表的观测到城市运动目标和事件的观测。

视频卫星具有高时间分辨率和高空间分辨率，车辆、船只、飞机是卫星视频的主要运动目标，基于卫星视频的动目标检测与跟踪对城市的发展具有重要意义。天空地多平台的视频大数据将为城市时敏目标和事件提供监测和预警服务。前文的图 1-10 为基于吉林一号视频卫星的船只检测和跟踪服务。

无人机作为一种新型遥感传感器，具有高空间分辨率、图像实时传输、成本低、灵活性强等多种优点，是一种重要的空间数据采集平台。在复杂的城市环境，行人和车是主要的运动目标，基于无人机的异常行为检测能及时发现人群中危险信号，避免突发性群体事件的发生，对城市人流、车流、物流等进行实时监测。如图 23-1 所示，通过无人机进行行人检测，可以实时人群计数；图 23-2 所示为基于无人机的社交距离指数估计图，基于无人机对行人社交距离进行估计，实时监测行人间的距离。

23.3.3 面向需求的城市遥感大数据服务

遥感数据是典型的大数据，不仅具有空间性、时间性、多维性、海量性、复杂性等特点，还包含空间不确定性。由于城市遥感大数据膨胀速度远远超过了常规的事务管理型数

图 23-1　基于无人机影像的行人检测

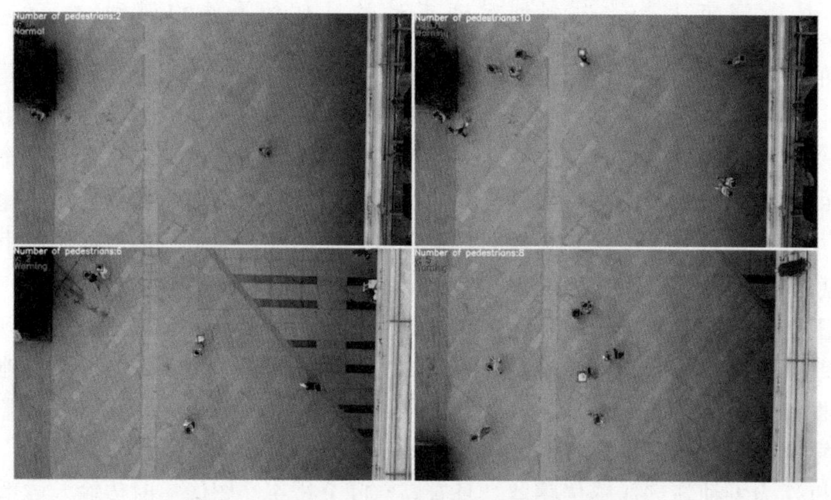

图 23-2　基于无人机影像的社交距离指数估计

据，形成空间大数据的生态局面。因此，如何有效地融合城市遥感大数据，提取互补信息，剔除冗余信息，是一个极其重要的科学问题，也是城市遥感大数据亟待解决的技术难题。

与当前服务于从数字城市到智慧城市建设所需要的高分辨率遥感数据获取能力形成鲜明对比的是，遥感信息处理能力十分低下，存在的主要瓶颈问题是现有的遥感图像分析和海量数据处理技术，主要针对单一传感器设计，没有考虑多源异构遥感数据的协同处理要求：①难以实现多元化的遥感大数据的信息提取和统一表达；②难以满足基于内容的多源异构数据的信息检索需求；③难以从多元化影像数据中自动获取场景的语义认知，对遥感大数据的信息利用率低。遥感信息处理技术和数据获取能力之间出现了严重的失衡，陷入了“大数据、小信息”的悖论怪圈。而且，由于大量堆积的数据得不到有效利用，海量的数据长期占用有限的存储空间，将造成某种程度上的“数据灾难”。城市遥感大数据挖掘就是要实现从城市遥感大数据中探求、挖掘自然和社会的变化规律，为各类管理和服务提供辅助决策依据。

“时-空-谱关联”观测模型提供了面向需求的城市遥感观测模型，多谱段、多尺度、多角度、多时相的遥感数据结合机器学习手段，使得城市遥感信息提取技术从统计模型、物理模型逐渐进入数据模型阶段，基于城市遥感大数据可更好地开展城市地表参数反演，支撑韧性城市环境研究。利用“大样本数据集+完备参数刻画能力”的数据模型来代替传统的“小样本数据集+先验知识约束”的物理模型，这种改变也必将是遥感大数据时代地表参数遥感反演的一种变革。与此同时，可服务于城市环境科学研究中涉及的大气、植被、水质、地表、生态和城市社会经济活动等要素的其他类型城市大数据，也通过各类传感网汇聚到城市的大数据中心，知识样本库的增加和算法的改进，基于深度学习的精度将有很大的提升空间。

城市遥感大数据与空间信息、水文数据进行有效接合，可监测反映城市下垫面产汇流特征的相关因子（包括研究区域的半透水面、透水地面、不透水面分布情况，地表温度、湿度、地表蒸散发信息等），深度结合城市水文观测数据，可以在城市水文过程研究中得到更为客观的灾害风险或灾情预测研究结果。采用遥感大数据和其他大数据融合，开展社会经济活动监测研究。探讨基于城市遥感大数据和其他城市大数据的融合挖掘方法，为城市社会经济活动常态化监测提供技术支撑，为城市环境可持续性监测提供可行的解决途径，为提升城市韧性提供辅助决策服务。

思考题

1. 请介绍可满足城市需求的遥感传感器的未来发展方向。
2. 举例说明遥感技术在城市可持续发展中的新应用。
3. 城市实时影像服务在城市应急事件中能提供什么信息?
4. 视频卫星影像和夜光遥感影像在城市信息化中能发挥什么作用?
5. 论述城市遥感应用技术和应用的发展前景。

参考文献

[1] 李德仁，邵振峰．论新地理信息时代［J］．中国科学，2009，39（6）：579-587.
[2] 李德仁．论天地一体化对地观测网络［J］．地球信息科学学报，2012，14（4）：419-425.
[3] 李德仁．建设天基信息实时服务系统的设想［J］．人民论坛，2017，000（18）：26-27.

[4] 李德仁，沈欣，李迪龙，等．论军民融合的卫星通信、遥感、导航一体天基信息实时服务系统［J］，武汉大学学报（信息科学版），2017，42（11）：1501-1505.

[5] 李德仁．展望大数据时代的地球空间信息学［J］. 测绘学报，2016，45（4）：379-384.

[6] 李梦学，Townshend John R，吴炳方．中国对全球地球观测系统的贡献［J］. 遥感学报，14（3）：571-578.

[7] Zhang B，Chen Z C，Peng D L，et al. Remotely sensed big data：evolution in model development for information extraction［J］. IEEE，2019，107（12）：2294-2301.

[8] 李德仁. 论军民深度融合的通导遥一体化空天信息实时智能服务系统［J］. 网信军民融合，2018（12）：12-15.

[9] 冉达，尹灿斌，贾鑫. 多角度合成孔径雷达成像技术研究进展［J］. 装备学院学报，2016，27（4）：86-92.

[10] 李德仁，李熙. 论夜光遥感数据挖掘［J］. 测绘学报，2015，44（6）：591-601.

[11] 李德仁，王密，沈欣，等. 从对地观测卫星到对地观测脑［J］. 武汉大学学报（信息科学版），2017，42（2）：143-149.